航|空|航|天|新|兴|领|域|高|等|教|育|教|材

航天测控技术

SPACE
TT&C TECHNOLOGY

主　编　马　宏
副主编　李贵新

国防工业出版社

·北京·

内容简介

航天测控是航天器发射、在轨运行、空间资源运用、变轨返回等过程中天地联系的唯一手段,是保证航天器各阶段正常飞行,并有效发挥应用效能不可或缺的重要支撑,其主要是对运载火箭、卫星和飞船等进行跟踪测量、遥测遥控和通信,以精确测定其飞行轨迹,获取内部状态参数和载荷等数据,并进行运行控制,涉及雷达、光学、通信、导航、天文测量、自动控制、计算机等技术领域。

本书全面介绍了航天测控的原理、专业技术、系统发展和工程实践,给出了大量工程设计常用公式、图表、数据和计算方法,着重阐述了跟踪测量、遥测遥控和数据传输等方面专业知识和主要成果。本书适合航天测控相关专业学员,可作为有关专业高年级本科生教材,也可作为从事航天测控事业的工程技术人员的参考书。

图书在版编目(CIP)数据

航天测控技术/马宏主编. -- 北京:国防工业出版社,2025.3. -- ISBN 978-7-118-13572-5

Ⅰ.V556

中国国家版本馆CIP数据核字第2025X8L935号

※

国防工业出版社出版发行
(北京市海淀区紫竹院南路23号 邮政编码100048)
三河市天利华印刷装订有限公司印刷
新华书店经售

*

开本 787×1092 1/16 印张 20¾ 字数 472千字
2025年3月第1版第1次印刷 印数1—1500册 定价150.00元

(本书如有印装错误,我社负责调换)

国防书店:(010)88540777　　　书店传真:(010)88540776
发行业务:(010)88540717　　　发行传真:(010)88540762

航天测控技术

主　　编 马　宏
副 主 编 李贵新
顾　　问 杨文革　张国亭
参编人员（按姓氏笔划排序）
　　　　　　丁　丹　史学书　吴　涛　张廷华
　　　　　　庞鸿锋　董力源　焦义文

前　言

航天测控系统是指对运载火箭、卫星和飞船等进行跟踪测量、遥测遥控和通信，以精确测定其飞行轨迹，获取内部状态参数和载荷等数据，并进行运行控制的专用系统，是航天器发射、在轨运行、空间资源运用、变轨返回等过程中天地联系的唯一手段，是保证航天器各阶段正常飞行，并有效发挥应用效能不可或缺的重要支撑，具有作用距离远、测量精度高、测控范围广、实时性强、可靠性高等特点，涉及雷达、光学、通信、导航、天文测量、自动控制、计算机等技术领域。

航天测控技术起源于第二次世界大战前后的导弹试验，利用雷达、光学测量设备完成跟踪测量，利用无线电遥测设备、遥控设备完成导弹工作参数测量和安全控制。但其作为完整的航天测控系统，则是在人造地球卫星出现之后才逐步形成的。美国实施载人登月计划，将航天测控多个功能统一为一套系统，共用天线和信道，称为统一载波测控系统。该系统测控频段得到逐步提高，测量精度得到大幅改善。在此基础上，为了提高测控覆盖率，又出现了以中继卫星为代表的天基测控系统。当前，我国航天发射密度加大，在轨航天器数量急剧增加，深空探测不断取得突破性进展，这就要求航天测控系统具有更广的轨道覆盖、更精确的轨道测量、更高的数据传输速率和更远的作用距离，能够承担更多目标、更复杂的测控通信任务，为我国星座建设、载人航天、深空探测等任务提供支撑和保障。

本书共分9章，第1章为航天测控技术概述，阐述了航天测控的概念与内涵、地位与作用、发展历程与趋势。第2章为航天测控基础，包括航天测控频段、链路分析、空间定位方法、轨道确定与控制等基础知识。第3章为光学跟踪测量技术，重点阐述光学测量技术的特点、光学测量系统的分类、光学测量系统的组成、光学测量系统的主要技术指标、光学外弹道测量技术、空间目标物理特性测量技术、光学测量标校技术及光学测量技术发展。第4章为无线电跟踪测量技术，包括无线电测距技术、无线电测速技术、无线电测角技术及无线电测量标校技术。第5章为无线电遥测遥控技术，以遥测数据的获取、传输和处理为主线，重点介绍了遥测信息采集编码技术、遥测遥控信息传输技术、遥测数据处理及遥控数据生成与保护。第6章为统一载波测控技术，在前序无线电跟踪测量技术和无线电遥测遥控技术的基础上，重点阐述标准统一测控技术和扩频测控技术，并介绍了统一载波测控技术发展。第7章为星地高速数据传输技术，重点介绍高速数据传输系统，星地高速数据传输流程、频段与极化、调制方式、信道编码、新技术、信道参数、链路预算、链路计算实例等。第8章为天基测控技术，重点介绍跟踪与数据中继卫星系统和全球导航卫星系统为航天器提供高精度测轨、数据传输定时服务的测控技术。第9章为深空测控技术，介绍了深空测控通信面临的技术挑战，着重阐述了深空大口径天线技术、超低噪声温度接收技术、大功率发射技术、干涉测量技术、天线组阵技术等。

全书由马宏牵头组织编写。第 1、2 章由马宏编写，第 3 章由张廷华编写，第 4、8 章由李贵新编写，第 5 章由焦义文编写，第 6 章由吴涛编写，第 7 章由丁丹编写，第 9 章由史学书编写，全书由马宏、李贵新统稿。在编写过程中，杨文革教授、张国亭研究员对本书的体系结构和编写内容进行了指导。本书编写还参考了《航天测控系统工程》《飞行器测控与信息传输理论与技术》《无线电测控技术基础》《船载微波统一测控系统概论》等著作，在此表示衷心感谢。

本书适合航天测控相关专业学员，可作为有关专业高年级本科生教材，也可作为从事航天测控事业的工程技术人员的参考书。由于编者水平有限，书中难免有疏漏和不足之处，诚挚希望相关领域的专家和广大读者批评指正。

作者
2024 年 7 月

目 录

第1章 航天测控技术概述 ... 1
1.1 航天测控概念与内涵 ... 1
1.2 航天测控地位与作用 ... 3
1.3 航天测控技术发展 ... 5
1.3.1 航天测控技术发展历程 ... 7
1.3.2 航天测控技术发展趋势 ... 10
习题 ... 12
参考文献 ... 13

第2章 航天测控基础 ... 15
2.1 航天测控频段 ... 15
2.1.1 无线电波频段划分 ... 15
2.1.2 航天测控频率选择 ... 16
2.2 航天测控链路分析 ... 20
2.2.1 接收机信号和噪声 ... 20
2.2.2 测控链路预算 ... 22
2.3 空间定位方法 ... 25
2.3.1 空间坐标系统 ... 25
2.3.2 空间定位几何 ... 28
2.3.3 常用定位方法 ... 30
2.4 航天器轨道确定与控制 ... 32
2.4.1 航天器轨道类型 ... 32
2.4.2 航天器轨道确定 ... 36
2.4.3 航天器轨道控制 ... 39
习题 ... 40
参考文献 ... 40

第3章 光学跟踪测量技术 ... 41
3.1 概述 ... 41
3.1.1 光学测量技术的特点 ... 41
3.1.2 光学测量系统的分类 ... 41
3.2 光学跟踪测量系统 ... 42
3.2.1 光学测量系统的组成 ... 42
3.2.2 光学测量系统的主要技术指标 ... 46

3.3 光学外弹道测量技术 …… 49
 3.3.1 测角体制的外弹道测量原理 …… 49
 3.3.2 测角体制外弹道参数解算 …… 49
 3.3.3 光学测量数据处理与误差分析 …… 52
 3.3.4 外弹道光学测量系统 …… 53
3.4 空间目标物理特性参数测量技术 …… 54
 3.4.1 空间目标光度测量 …… 54
 3.4.2 空间目标红外辐射特性测量 …… 56
3.5 光学测量标校技术 …… 60
 3.5.1 测量误差与标校 …… 60
 3.5.2 光度测量系统标校 …… 62
 3.5.3 红外辐射测量标校 …… 63
3.6 光学跟踪测量技术发展 …… 64
 3.6.1 大口径自适应望远镜 …… 65
 3.6.2 全天时光学测量 …… 68
习题 …… 69
参考文献 …… 70

第4章 无线电跟踪测量技术 …… 71

4.1 概述 …… 71
4.2 无线电测距技术 …… 72
 4.2.1 脉冲测距 …… 72
 4.2.2 侧音测距 …… 74
 4.2.3 伪码测距 …… 79
 4.2.4 音码混合测距 …… 82
 4.2.5 距离测量误差 …… 84
4.3 无线电测速技术 …… 85
 4.3.1 多普勒测速原理 …… 85
 4.3.2 多普勒频率提取与测量 …… 88
 4.3.3 双频多普勒测速 …… 91
 4.3.4 脉冲多普勒测速 …… 93
 4.3.5 速度测量误差 …… 95
4.4 无线电测角技术 …… 96
 4.4.1 测角基本方法 …… 97
 4.4.2 圆锥扫描测角 …… 100
 4.4.3 单脉冲测角 …… 103
 4.4.4 相位干涉仪测角 …… 109
 4.4.5 角度测量误差 …… 110
4.5 无线电测量标校技术 …… 113
 4.5.1 角度标校 …… 114

4.5.2　距离零值标定 ··· 114
　　4.5.3　校相 ·· 115
　习题 ··· 116
　参考文献 ··· 117

第5章　无线电遥测遥控技术 ·· 119
5.1　概述 ··· 119
　　5.1.1　无线电遥测技术概述 ··· 119
　　5.1.2　无线电遥控技术概述 ··· 121
　　5.1.3　数字信息传输技术概述 ··· 125
　　5.1.4　遥测遥控技术的发展 ··· 129
5.2　遥测信息采集编码技术 ··· 130
　　5.2.1　传感器 ··· 130
　　5.2.2　PCM 编码 ··· 131
　　5.2.3　遥测帧格式 ··· 133
5.3　遥测遥控信息传输技术 ··· 138
　　5.3.1　数字信号传输技术 ··· 139
　　5.3.2　遥测信息传输技术 ··· 153
　　5.3.3　遥控信息传输技术 ··· 169
5.4　遥测数据处理 ··· 174
　　5.4.1　遥测数据处理分类 ··· 174
　　5.4.2　遥测数据处理方法 ··· 174
5.5　遥控数据生成与保护 ··· 177
　　5.5.1　遥控指令数据类型与格式 ··· 177
　　5.5.2　遥控数据安全保护 ··· 180
　习题 ··· 183
　参考文献 ··· 185

第6章　统一载波测控技术 ·· 187
6.1　概述 ··· 187
　　6.1.1　统一载波测控系统的功能作用 ··· 187
　　6.1.2　统一载波测控系统组成及基本工作流程 ····································· 187
6.2　标准统一测控技术 ··· 190
　　6.2.1　标准统一测控信号形式 ··· 190
　　6.2.2　频分复用调制与解调 ··· 191
　　6.2.3　信道电平设计与功率分配 ··· 195
　　6.2.4　标准统一测控实现方法 ··· 201
6.3　扩频统一测控技术 ··· 208
　　6.3.1　扩频测控信号形式 ··· 208
　　6.3.2　扩频测控信号捕获与跟踪 ··· 213
　　6.3.3　扩频测控实现方法 ··· 215

6.4 统一载波测控技术发展 219
　　6.4.1 全空域多波束测控技术 219
　　6.4.2 超宽带隐蔽测控技术 222
　　6.4.3 随遇接入测控技术 223
　　6.4.4 激光统一测控通信技术 225
习题 226
参考文献 226

第7章 星地高速数据传输技术 227

7.1 星地高速数据传输系统 227
　　7.1.1 星地高速数据传输概述 227
　　7.1.2 卫星过境预报与地面站接收范围 230
7.2 星地高速数据传输关键技术 231
　　7.2.1 星地高速数据传输流程 231
　　7.2.2 星地高速数据传输频段与极化 233
　　7.2.3 星地高速数据传输调制方式 235
　　7.2.4 星地高速数据传输信道编码 239
　　7.2.5 星地高速数据传输新技术 242
7.3 星地高速数据传输信道 246
　　7.3.1 星地高速数据传输信道参数 246
　　7.3.2 星地高速数据传输链路预算 249
　　7.3.3 星地高速数据传输链路计算实例 250
习题 252
参考文献 252

第8章 天基测控技术 254

8.1 概述 254
8.2 跟踪与数据中继卫星系统测控技术 255
　　8.2.1 跟踪与数据中继卫星系统概述 256
　　8.2.2 跟踪与数据中继卫星系统工作原理 259
　　8.2.3 跟踪与数据中继卫星系统特点与关键技术 262
　　8.2.4 跟踪与数据中继卫星系统应用 265
8.3 卫星导航定位系统测控技术 266
　　8.3.1 卫星导航定位系统概述 267
　　8.3.2 卫星导航定位系统信号结构与导航电文 271
　　8.3.3 卫星导航定位系统定位原理与方法 274
　　8.3.4 卫星导航定位系统在航天测控中的应用 278
习题 281
参考文献 281

第9章 深空测控技术 283

9.1 深空测控概述 283

9.1.1 深空测控任务地面网 …………………………………………………… 283
9.1.2 深空测控任务技术挑战 ………………………………………………… 285
9.1.3 深空站组成急需解决的关键技术 ……………………………………… 286
9.2 深空大口径天线技术 ………………………………………………………… 289
9.2.1 深空天线工作原理 ……………………………………………………… 289
9.2.2 波束波导技术 …………………………………………………………… 290
9.2.3 大口径天线标校测试技术 ……………………………………………… 292
9.3 干涉测量技术 ………………………………………………………………… 293
9.3.1 DOR/DOD 测量技术 …………………………………………………… 293
9.3.2 ΔDOR/ΔDOD 测量技术 ………………………………………………… 296
9.3.3 SBI 测量技术 …………………………………………………………… 298
9.4 天线组阵技术 ………………………………………………………………… 301
9.4.1 天线组阵基本原理 ……………………………………………………… 302
9.4.2 深空天线阵布局优化技术 ……………………………………………… 307
9.4.3 天线组阵信号处理技术 ………………………………………………… 311
习题 ………………………………………………………………………………… 317
参考文献 …………………………………………………………………………… 318

第 1 章　航天测控技术概述

21 世纪是开发宇宙的世纪，也是争夺制天权的世纪。巨型互联网星座、导航星座、载人航天、深空探测等航天任务层出不穷，人类已先后将各种卫星、飞船、航天飞机和空间站等成千上万颗航天器送入太空。越来越拥挤的太空并没有变得杂乱无序。航天器始终按照自己的轨道飞行，偶尔偏离轨道也能很快"迷途知返"。地面控制中心能够时刻掌握这些航天器工作状态，并控制其完成特定任务。航天器一旦发生故障，也能得到及时抢修和"精心照料"。这一切得益于庞大复杂的航天测控系统。如果将航天器比作风筝，航天测控就是牵住风筝的那根线，地面的指挥控制系统就像放风筝的人，通过这根看不见的线对航天器的各种飞行状态进行监视和实时控制。经过多年的发展，我国建设形成了规模适度、布局合理、功能完备的航天测控网，构建起了完备的航天测控体系，实现了对我国卫星、载人航天器、月球与深空探测器、运载火箭等各类航天器的"一网管控"，以及发射入轨、在轨运行、再入返回等各飞行阶段的"近无缝覆盖"。

1.1　航天测控概念与内涵

航天测控是对航天器的测量与控制，具有作用距离远、测量精度高、测控范围广、实时性强、可靠性高等特点，涉及雷达、光学、通信、导航、自动控制、计算机等技术领域，是一门新兴的交叉学科。作为航天工程的重要组成部分，航天测控系统是对航天器进行跟踪测量、监视控制和信息交换的专用技术设施，是保证航天器各阶段正常飞行，并有效发挥应用效能不可或缺的重要支撑，与在轨航天器配合共同完成航天器工作状态控制、健康状态管理、在轨异常处置和碰撞规避等任务。作为国家空间基础设施，航天测控系统天地一体、星地紧耦合，是确保我国各类在轨航天器可靠管控、有效应用的关键环节和基本保证，是各类航天器发射入轨后与地面建立联系的唯一手段。

航天测控包含三种基本的功能：一是跟踪测量（tracking），是指对航天器及运载火箭跟踪、测量，以获得其相对于地面的运动信息，借以掌握、预报其轨迹和运行情况；二是遥测（telemetering），是指利用各种传感器获取航天器内部工程技术参数，借以了解航天器及运载火箭各部件的工作状态；三是遥控（command），是指对航天器及运载火箭进行必要的指令控制，按照任务需要改变其轨迹、姿态及安全控制等。因此，国际上一般将测控称为 TT&C。航天器入轨后转入应用阶段，通信（communication）更为重要，是指将航天器上测量仪器、观测仪器（统称"有效载荷"）所获取的数据通过下行链路传输到地面测控站，包含天地语音、电视和载荷数据等通信功能，因此又将测控系统称为航天测控与通信系统（T&C），本书中简称"航天测控系统"，其系统功能如图 1-1 所示。

跟踪测量包括跟踪、测距、测速和测角四部分内容，主要采用光学和无线电跟踪测量

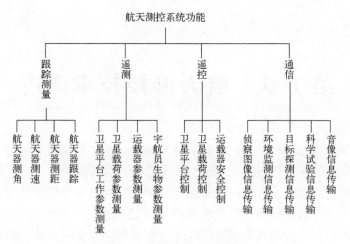

图 1-1 航天测控系统功能

技术。"跟踪"是指在实施测量之前，利用外部引导信息，完成对目标的搜索和捕获，保持运动目标处于测量站观察范围内，保证测量过程的连续性。"测距"是通过测量光信号或无线电信号的传输时延获得目标与测控站的距离。"测速"是通过测量无线电信号多普勒频率获得目标至测控站之间的距离变化率。"测角"是利用定向波束方向性确定目标与测控站之间连线的方向，测量方位角和俯仰角。航天器跟踪测量的目的是"测定轨"，建立航天器与测控站之间的无线电链路，持续获取目标运动状态，计算航天器的轨道参数。对运载器的跟踪测量是为了获得飞行状态，判断其是否偏离预定飞行轨迹。

遥测的测量包括卫星平台工作参数、卫星载荷工作参数、运载器参数、宇航员生物参数等内容。遥测系统的工作包括信息采集、信息传输和数据处理三个基本过程。信息采集是将需要测量的参数（如温度或电压等）通过传感器和变换器转换成适合采集和传输的规范信号，传感器把被测信号变成电信号，变换器把电信号变换成满足传输要求的信号。信息传输将全部遥测信号（通常是多路）通过特定信道（导线、电磁波或光波等介质）传送到远距离的接收地点（遥测接收站或测控站）。遥测数据处理是对遥测信号的提取、分析变换和综合处理，恢复出测量数据，并进行记录、处理和显示。可见，航天遥测系统实质上是通过电磁波或光波信道传输的多路数据传输系统。

遥控根据控制对象和特点，可分为靶场安全无线电遥控系统和航天器无线电遥控系统。靶场安全无线电遥控又称安控系统，是当火箭在飞行中发生故障，飞行轨迹超出允许范围而危及地面安全时，对火箭动力飞行进行终止并将其炸毁的系统。安控系统由地面安全分系统和火箭安全分系统组成。地面安全分系统对火箭飞行状态进行监视、判断，在作出炸毁火箭的决策时发送炸毁指令；火箭安全分系统接收、判别炸毁指令并点燃爆炸器，将火箭炸毁。航天器无线电遥控系统用于向航天器发送遥控指令和注入控制数据，以控制其仪器、设备的工作状态，并控制航天器达到预定的轨道和保持正确的姿态。从本质上说，航天遥控是一种特殊的航天数据通信方式，核心是保证指令的正确传送。在航天器及运载火箭遥控系统中常利用遥测信号作为监测手段，使测控站及时了解被控对象的实时状态和控制效果。

通信也称空间数据传输，简称数传。广义上的空间数据传输还包括航天器的遥测数据、遥控指令、话音、图像、视频等传输。载荷数据传输的内容通常包括侦察卫星的侦察图像信息、气象卫星的环境监测信息、预警卫星的目标探测信息、科学试验卫星的科学试验信息，以及相关视频、声音等音像信息等。遥控指令或遥测数据可以和上下行通信信息合并成统一的数据流完成数据传输。

此外，导弹在试验、定型过程中也离不开测控的支持，相应的测量和控制系统称为导弹测控系统，负责监视导弹飞行试验进程，获取飞行试验数据，为导弹性能的分析、评估和改进提供科学依据。

通过上述分析可知，航天测控技术按照航天测控功能，可分为跟踪测量技术、遥测技术、遥控技术和空间数据传输技术。

另外，航天测控技术按照航天器飞行阶段，可为发射段测控技术、在轨运行段测控技术和再入返回段测控技术。

航天测控技术还可按航天器运行轨道，分为导弹测控技术、近地航天器测控技术、高轨航天器测控技术、深空探测器测控技术和载人航天测控技术。其中：导弹测控技术具有测控手段多样、测量精度高、测控范围广、安全控制实时性强等特点；近地航天器测控技术要求较强的目标捕获和角跟踪能力，单站可观测时间短，轨道确定和预报精度受力学模型精确度影响大；高轨航天器测控技术的特点是发射和早期轨道段控制复杂，在轨运行后单站即可实现轨道完全覆盖；深空探测器测控技术的特点是深空通信距离遥远、无线电信号时延长、数据传输速率受限、高精度导航困难，以及需全球布站或国际联网实现连续长时间覆盖等；载人航天测控技术具有高可靠性、高实时性、高轨道覆盖率和高数据传输率的特点。

1.2 航天测控地位与作用

航天测控系统是航天系统不可缺少的重要分系统，是完成航天任务不可缺少的支持系统。航天测控系统是卫星工程的五大系统之一，也是载人航天工程的八大系统之一，还是导弹试验工程的三大系统之一，只要发展航天器，就需要航天测控系统的支持。航天测控系统在载人航天工程中的作用如图1-2所示。

航天测控系统在航天任务中的地位和作用主要体现在三个方面：首先，航天测控系统是航天系统中天、地两大部分联系的唯一通道。通过地面站建立地面与航天器之间的天地无线电链路，实施对航天器的跟踪测轨、遥测、遥控和通信业务。其次，航天测控系统是综合技术分析和信息交换中枢。最后，航天测控系统为各相关系统提供分析和应用处理所需基准信息。航天测控系统在飞行任务的各阶段及飞行任务完成后，提供关于航天器轨道、姿态、遥测、遥控信息及相关信息处理结果，为系统实时监控或事后分析与技术改进提供基准信息。

1. 天地联系唯一通道

航天测控系统是测控站（包括发射段测控站、运行段测控站和返回段测控站）建立地面与航天器之间的天地无线电链路，完成对航天器的跟踪测轨、遥测、遥控和通信业务。其工作过程是将指挥控制中心汇集各测控站通过下行链路获取的信息，经处理和分析后形

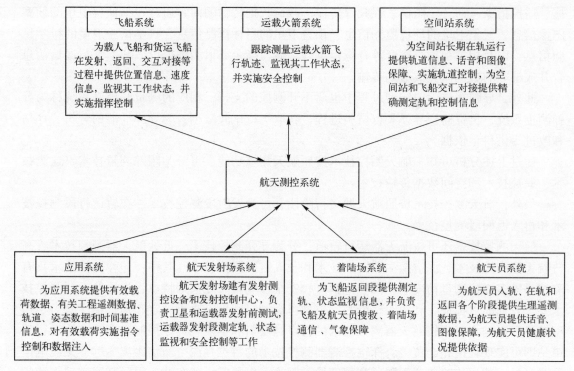

图 1-2 航天测控系统在载人航天工程中的作用

成控制决策，生成遥控指令、注入数据或对航天员的话音指示，再通过测控站上行链路发向航天器实施。

2. 综合技术分析和信息交换中枢

航天测控系统的指控中心，简称航天指控中心，是综合状态监视、综合技术分析和控制决策的中枢，全面负责飞行任务的组织指挥和调度。在航天器发射阶段，航天指控中心获取运载器工作数据和运动状态，在星箭分离后，计算卫星初轨，判断发射是否成功。航天器入轨后，航天指控中心持续获取轨道信息和遥测信息，完成对航天器飞行控制。航天器运行阶段，航天指控中心与其他航天系统交换数据，提供必要的任务支持。在航天器返回着陆阶段，航天指控中心向返回段测控站发送目标捕获引导数据，完成返回段航天器测控和着陆点精确预报任务，并将着陆点预报通知着陆场系统的搜索救援回收综合体，组织航天器返回舱搜索、航天员救援及相应的回收工作。在载人飞行期间，航天指控中心向航天员中心传送航天员生理遥测信息、话音、图像及航天器上环控生保等设备工程遥测信息，由航天员中心配合对航天员生理状态和有关设备故障进行监视分析，并提出相应控制支持建议，由航天指控中心组织综合分析后决策实施。

3. 为各相关系统提供分析和应用处理所需基准信息

航天测控系统在飞行任务各阶段，为其他航天系统提供航天器精确轨道与姿态数据、遥测原始信息与处理结果数据、时间基准信息、对航天器进行全程控制的信息等资料，供各系统进行准实时或事后详细分析和技术设计改进使用，也作为有效载荷应用数据处理的基准信息。

1.3 航天测控技术发展

我国的航天事业起步于20世纪50年代末。当时,由于航天测控任务相对较少,测控通信系统的发展基本依赖火箭与卫星型号任务的发展,往往是每种型号,研制一种相应的测控设备。60年代中期,为完成我国第一颗地球卫星——"东方红一号"任务,组建了卫星观测网,包括渭南测控中心和南宁等7个测量站,是我国航天测控系统实现从无到有的跨越。1970年4月,该网圆满完成了"东方红一号"卫星跟踪测轨任务。1973年9月,时任国防科学技术委员会副主任的钱学森提出,要建设一个统一的航天"测控网"。随即,我国开展了航天测控网论证和建设工作。

航天测控网是对运载火箭和航天器进行跟踪、测量和控制的专用网络,能够适应不同发射场、不同射向、不同运行轨道航天测控的特点和要求,主要由航天测控中心、若干个测控站、测量船和通信网组成。由于受到地球曲率限制,单个测控站的跟踪覆盖范围有限,为了扩大对航天器的跟踪覆盖率,测控站的分布地域要尽量大,最好是全球布站,并通过通信网络将航天测控中心与各测控站连接成一个有机整体,如图1-3所示。

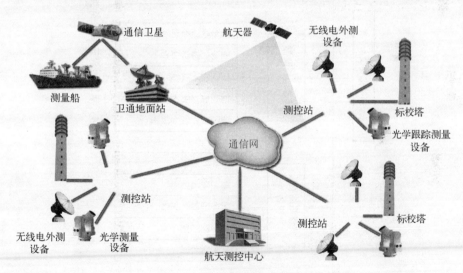

图1-3 航天测控网组成示意

2000年以后,随着我国载人航天工程、北斗卫星导航工程、探月工程、火星探测等重大航天任务加速推进,航天测控技术得到快速发展,相继研制出了无线电外测设备、光学跟踪测量设备、遥测遥控设备、统一载波测控通信系统、星载/箭载测控设备,如图1-4所示。

航天测控设备总体上可以划分为无线电测控设备和光学跟踪测量设备。统一载波测控系统作为当前测控系统的主干设备,通过建立双向无线电链路完成跟踪测量、遥测、遥控和数据传输。光学跟踪测量设备主要完成航天器发射段运载器的跟踪测量,并获取运载器光学影像,为安全控制提供依据。

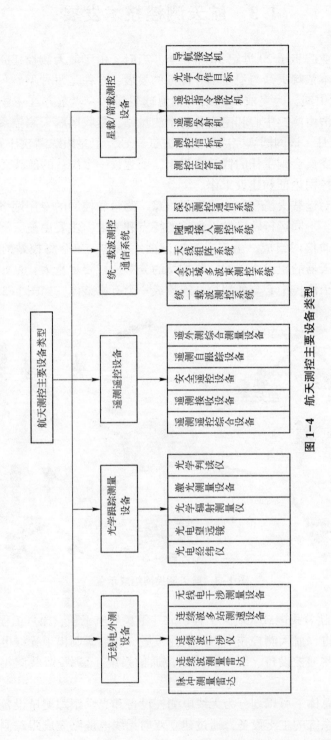

图 1-4　航天测控主要设备类型

随着测控技术水平不断发展，我国航天测控网服务能力日益提高，现已经具备支持400余颗卫星管控与空间应用、空间站长期在轨管理、月球及深空探测的测控能力。近年来，我国重大航天工程加速推进，太空竞争日趋激烈，对航天测控覆盖率、探测距离、测量精度、数传速率和运行效率提出了更高的要求。同时，随着微电子、软件无线电、卫星互联网、移动通信等技术的发展，涌现出大量航天器测控领域的新理论、新方法和新技术，呈现出一些新变化、新思路和新趋势。

本节将从发展历程和发展趋势两个方面，阐述航天测控技术的过去、现在和未来。

1.3.1 航天测控技术发展历程

航天测控技术是在导弹测控技术的基础上发展起来的。无线电测控方面，在发展初期，跟踪、遥测和遥控由三个独立的系统各自完成。20世纪60年代中期，开始提出跟踪、遥测和遥控共用载波的思想，并在设备上实现了用一个载波和多个副载波同时完成测距、测速、测角、遥测和遥控功能。在载人航天任务中，又增加了天地双向话音通信、航天员生理参数实时下传、电视信息传输等能力。为扩大对卫星的测控覆盖率，20世纪80年代，出现了数据中继卫星系统和卫星导航系统，测控模式也逐步由以地基测控为主向天地基测控相结合的模式过渡。天基测控中采用的扩频测控技术由于其优异的保密、抗干扰和多目标测控等特性，逐渐扩展到地面测控站，并成为军用卫星的主要测控手段。数据传输采用分包方式，共用射频信道，其载波频率可工作在S频段、C频段、X频段或Ka频段。光学测量方面，早在20世纪40年代，德国的阿斯卡尼亚厂为佩内明德导弹靶场研制了世界上第一台靶场使用的电影经纬仪，用于导弹飞行实况记录和跟踪测量。第二次世界大战之后，各兵器靶场陆续装备了多台套光学测量设备。20世纪60年代以后，随着电子技术、激光技术、电视技术和红外技术的发展，光学测量设备不断更新换代，已经逐步发展为综合利用胶片、激光、红外、电视等测量手段的光学测量系统，传统的电影经纬仪名称也相应地改为光电经纬仪。

1. 分离测控体制发展阶段

最初测控系统是由相互分离的跟踪测轨设备、遥测设备、遥控设备组合而成的，因而称为分离测控系统。起初，测控设备仅用于对导弹作安全控制，通常利用单台雷达来测量角度和距离就已能满足要求。但后来需要测量导弹制导系统的精度和分离制导元件误差时，这种方法的测量精度就不能满足要求了，因而在20世纪50年代中期，出现了中等精度的被动式基线干涉仪，使测量精度获得了改进。到了20世纪60年代，又将干涉仪和距离变化率测量设备联合组成测控系统配合使用，并结合最佳弹道估算方法，使弹道测量精度得到了进一步提高。但随着卫星高度的升高，上述两种测量方法的精度已不能满足要求，因此又研制了适用于跟踪高轨卫星的距离和距离变化率系统，其性能又得到进一步的提高。在这一发展阶段，由于军事竞争的推动，美国的测控技术走在世界的前列，在1957年前后建成了干涉仪卫星跟踪网（MINITRACK），在1962年又扩大为卫星跟踪和数据获取网（STADAN），同时在1958—1971年建造了载人航天测控网（MSFN）。

2. 统一载波测控体制发展阶段

测控系统的一个阶跃性突破发生在1966年，当时用于"阿波罗"登月的"统一S频段"（USB）测控系统将跟踪测轨、遥控、遥测融为一体。它是测控技术发展史上的一个里程碑。它包括四个主要的技术要素。

（1）统一载波：把跟踪测轨、遥测、遥控信号通过多个副载波调制在一个载波上，因而称为统一载波测控系统，它简化了飞船上设备，减轻了负荷质量，避免了由多个分离设备带来的电磁兼容问题，并简化了地面设备的操作、使用和维护。

（2）采用S频段：在当时的条件下，这有利于提高作用距离和测量精度，也有利于电磁兼容和满足多副载波调制时的宽频带要求。

（3）锁相技术：窄带锁相环跟踪滤波技术是喷气实验室在20世纪50年代为其深空测控网开发的关键技术，是测控系统接收部分的技术核心，这一成果被成功地用于USB系统中。

（4）伪码测距：解决了至月球的远距离无模糊测距问题。

USB系统自问世以后，就在空间技术领域中迅速地得到广泛应用，应用领域涉及各种火箭、卫星、飞船、空间站的测控，深空跟踪，导弹试验的安全控制及航空器的测控。到1979年，世界无线电管理会议决定将S频段作为空间业务频段，这促进了USB系统的进一步发展，逐渐被世界上多数国家共同接受。20世纪80年代，世界上各航天国家，如中国、美国、苏联、法国、日本、德国、巴西、印度以及国际航天组织，如欧空局、阿拉伯卫星通信组织、亚洲卫星通信组织都相继建立了各自的USB和UCB（统一C频段）测控系统。

3. 天基测控体制发展阶段

受电波直线传播特性和地球曲率的限制，地面测控站对近地航天器的覆盖范围是有限的。特别是载人航天要求较高的测控覆盖率，单靠陆海基测控网远不能满足要求。如何解决高覆盖率测控？工程技术人员提出了这样一种设想：将测控站高度提高，就可以突破俯仰角的限制，大大增加跟踪通信的覆盖率。这可形象地视为把测控设备搬到天上（同步轨道），故又称天基测控系统。可见，天基测控通信网的核心是位于地球同步轨道的同步卫星，称为跟踪和数据中继卫星（tracking and data relay satellite，TDRS）。它从远离地球3.6万千米的高空向地球俯视，与地面应用系统共同完成对用户航天器的跟踪测量、遥测、遥控和通信功能，且测控覆盖范围很大。

美国于1983年4月4日发射TDRS-1卫星，1993年1月第6颗TDRS发射后（其间第二颗发射失败），初步建成跟踪和数据中继卫星系统（tracking and date relay satellite system，TDRSS），提供测控通信服务。截至2021年3月，TDRSS已发射三代共13颗中继卫星，目前在轨服役10颗，其中第一代4颗、第二代3颗、第三代3颗；在新墨西哥州的白沙、西太平洋的关岛、马里兰州的布洛索姆角建设了地面终端站，构成全球最完备的中继卫星系统，为美国中低轨卫星、国际空间站、航空器、舰船、海洋浮标与运载火箭等用户提供中继测控和通信服务。TDRSS完全投入运行以后，美国关闭了STD网的大多数地面站，使测控网向一个新的结构体系过渡。目前美国航空航天局（NASA）将近地网（NEN）、天基网（SN）与深空网（DSN）综合为空间通信与导航网（SCaN）统一管理。苏联从1982年起，开始部署第一代"急流"（Potok）GEO军用中继卫星，截至2000年共发射了10颗一代"急流"中继卫星，由于该型中继卫星设计寿命较短，现已全部退役。俄罗斯于2011年9月开始部署第二代"鱼叉"（Garpun）GEO军用中继卫星，目前在轨一颗。民用方面，苏联从20世纪70年代末开始研制"射线"（Luch）系列中继卫星，于

1985—1995年先后发射5颗第一代"射线"中继卫星，现已全部退役。第二代"射线"中继卫星于2011—2014年相继发射了3颗，分别位于东、中、西3个节点，初步形成了三星全球覆盖星座，为国际空间站、中低轨卫星等用户目标提供天基测控与数据传输服务。我国于2008年4月发射第一颗地球静止轨道中继卫星。2012年7月，我国初步建成由空间段、地面段与用户段组成，具备全球覆盖能力的第一代中继卫星系统。其中，空间段由3颗天链一号中继卫星分东、中、西3个节点部署，构成"三星组网、全球覆盖"的基本格局。2019年3月，我国发射天链二号01星，开启第二代中继卫星系统建设；2021年12月，天链二号02星入轨；2022年7月，天链二号03星入轨。天链二号中继卫星在任务规划、系统管理、任务运行方面相比天链一号显著进步，进一步增强了我国中继卫星系统高速数据传输和多目标服务能力。欧洲和日本也建成了各自的数据中继卫星系统，用于支持其航天计划。

除了前述的TDRSS，天基测控系统还包括全球导航卫星系统（global navigation satellite system，GNSS）。全球导航卫星系统通过卫星发射无线电信号为用户航天器提供导航定位和授时服务，具有高精度、全天时、全天候、可全球覆盖及用户设备简单等优点。导航卫星任一时刻的轨道位置可以通过导航卫星播发的导航电文信息进行精确预报。用户接收卫星发射的无线电导航信号，通过测量信号到达的时间或多普勒频移，分别获得用户相对于卫星的距离或距离差等导航数据，并依据卫星发送信号的时间、卫星轨道参数（星历）计算出卫星的实时位置，从而确定用户的位置等数据。

当前有四大成熟的全球导航卫星系统在运行。美国于20世纪70年代开始发展全球定位系统（GPS），于1978年2月发射首颗卫星，1995年4月达到全面运行能力。同期，苏联/俄罗斯发展了"全球导航卫星系统"（GLONASS），1982年发射首颗卫星，1996年1月完成24颗卫星的组网运行。1999年2月，欧洲联盟正式宣布建立"伽利略"导航卫星系统（Galileo），2005年底发射第一颗试验卫星，2019年具备了完全运行能力。"北斗"卫星导航系统是我国自主建设、独立运行的全球导航卫星系统。2000年底成功发射2颗试验卫星，初步建成"北斗"导航卫星试验系统。2012年底建成"北斗"导航卫星区域系统，正式对亚太地区提供无源定位、导航、授时服务。2020年底建成"北斗"导航卫星全球系统，具备全球服务能力。定位精度优于10m，测速精度优于0.2m/s，授时精度20ns，短报文通信120个汉字/次。导航卫星系统采用"多星、高轨、测时、测距"体制，实现了全球覆盖和全天候、高精度，它能提供连续、实时、高精度的三维距离和三维速度及精确的原子钟时间信息。导航卫星由于其轨道特点，适用于近地轨道卫星定位，它与用户卫星上遥控、遥测设备组合在一起才能实现完整的测控功能。"北斗"导航系统独有的短报文功能，可以独立完成低速率的遥测遥控。

此外，为进一步推进航天测控技术发展和标准化进程，促进国际合作，在NASA和欧空局建议下于1982年成立了空间数据系统咨询委员会（Consultative Committee for Space Data Systems，CCSDS），负责开发和采纳适合航天测控和数传系统的各种通信协议和数据传输规范，以适应航天器复杂化的发展趋势。当前，CCSDS已成为国际上最权威的空间数据系统相关标准制定机构，其研究范畴拓展到空间网络互联、空间链路、航天器接口、任务操作和信息管理、空间交互支持、系统工程等技术领域，并先后公布了遥控信道编码、分包遥控、无损数据压缩、时间码格式、射频和调制系统、外测和轨道数据、高级在轨系统、空间通信协议规范、互支援参考模式、深空测控干涉测量等400余份标准建议书。

1.3.2 航天测控技术发展趋势

当前，世界航天活动呈现蓬勃发展的新态势，航天事业在国家整体发展战略中的作用日益突出，主要航天国家愈加重视发展新型航天技术，以谋求新的战略优势。美国以"下一代太空体系架构""星链"计划等为代表的太空新技术加速发展，同时在人工智能、大数据、云计算、物联网、5G通信等技术强劲带动下，将对未来太空系统建设发展产生重大影响。中国航天进入创新发展"快车道"，空间系统建设稳步推进，航天发射密度加大，在轨航天器数量急剧增加，深空探测不断取得突破性进展。航天技术发展具有如下趋势：人造地球卫星进入大规模商业应用阶段，已形成空间信息产业，小卫星技术蓬勃发展，卫星应用向由多种遥感探测器构成的小卫星星座方向发展；载人航天重新获得了重视，载人空间站和月球基地成为我国发展重点；深空探测领域竞争与合作并存，研究热点依然是月球和火星。

航天测控技术为各种轨道的人造地球卫星、无人试验飞船、载人飞船、深空探测器的发射、在轨运行和返回着陆提供测控支持，是整个航天工程中不可或缺的重要组成部分，它的发展与航天任务同步进行，相辅相成，互相推动。未来航天测控任务将具有任务复杂化、目标多样化、信息综合化和测控通信一体化等特征，要求航天测控系统具有更高的轨道覆盖、更高的测定轨精度、更高的数据速率和更远的作用距离，能够承担更多目标、更加复杂的测控通信任务。航天测控技术发展需求具体表现如下。

一是扩大轨道覆盖率。载人飞船航天员出舱活动、空间交会对接、临近空间高超声速飞行、月球探测的转移轨道段等任务要求测控系统具有更高的轨道覆盖率，逐步实现全时在线、全域覆盖的发展目标。

二是提高航天器测轨、定位和姿态测定的精度。导航卫星星座、绕月探测卫星、飞船交会对接、深空探测中的交会、绕飞、附着和采样等任务要求提高航天器轨道测量和定位的精度。同时，空间交会对接、卫星编队飞行、导航星座自主轨道确定、月球及深空探测器着陆等任务还提出了航天器间相对位置和姿态精度的更高要求。

三是显著提高数据传输速率。随着遥感卫星技术不断发展，时间分辨率、空间分辨率和光谱分辨率不断提高，遥感卫星获取的数据量激增。遥感卫星获得的大容量数据需要通过航天测控系统传回地面。此外，由高轨中继和通信卫星、低轨互联网星座等构成的天基通信网络对航天测控系统数据传输能力提出了更高的要求。

四是提高多星同时测控支持和在轨运行管理能力。截至2024年初，卫星在轨数量已超过9000颗，未来数量还将激增，在要求提高航天器自主能力、减少对地面测控管理依赖的同时，还要求航天测控网具备对巨型星座同时测控支持和高效的在轨运行管理能力。

五是深空探测距离愈加遥远，通信速率不断提高。随着我国深空探测目标向火星及更遥远的太阳系大天体延伸，探测距离已经从月球探测的40万千米拓展到火星探测的4亿千米和木星探测的10亿千米，并将于2030年开展天王星探测时达到创纪录的30亿千米，接收信号更加微弱。同时，为了在不同形式的探测任务中获取更丰富的图像、视频及各类科学探测信息，下行信息速率传输需求将由目前的 2Mbit/s 增长到 250Mbit/s。遥远的信号传输距离和显著增长的下行传输速率需求共同构成了对深空测控通信信号传输的重大挑战。

针对上述技术需求，近年来多项航天测控新技术快速发展。

1. 天基测控技术

针对基地测控站连续测控弧段短的问题，以跟踪与数据中继卫星系统为代表的天基测控通信从根本上提高了覆盖率，同时还解决了高速通信和多目标测控通信等技术难题，并具有很大的经济效益。全球卫星导航定位系统具有设备简单、使用方便、被动接收、自主定位、覆盖率高的特点，在天基测控通信领域获得了越来越广泛的应用。中继卫星系统以提升通信容量和测控覆盖率为发展重点，持续发展高动态航天器捕获与跟踪、高效调制编码、多频段天线、光通信卫星中继等技术。导航卫星系统能够为近地空间航天器提供全天候的精密位置、速度和时间（PVT）服务，重点发展星载原子钟、卫星网络时频同步、星间链路测控通信、导航星自主轨道控制等技术。

2. 高速数据传输技术

随着空间探测任务愈加复杂、卫星有效载荷传感器精度不断提高，星地链路传输数据量大大增加，并要求更高的时效性。提升星地数据传输数据速率需要卫星和地面站均采取新技术，重点发展高增益天线、低噪声接收、高效信道编码、高阶数字调制、毫米波通信、激光通信、宽带实时并行接收处理等技术。

3. 无线电干涉测量技术

无线电干涉测量技术源于天文观测，由于其超高精度的角度分辨率，目前已广泛应用于深空探测器测定轨。无线电干涉测量利用两个或多个地面站准同时接收目标航天器信号，经过相关处理可获得目标航天器信号到达不同地面站的时间差，从而获得目标相对两个地面站基线的角位置信息，其基线越长角精度越高。随着技术发展，无线电干涉测量相继出现了甚长基线干涉测量（VLBI）、双差分单向测距（ΔDOR）、双差分单向测速（ΔDOD）、同波束干涉测量（SBI）、相位参考干涉测量及空间 VLBI 等技术。

4. 天线组阵合成技术

随着深空探测距离的持续增大，接收信号强度越来越微弱，单纯依靠地面大口径天线接收微弱信号越来越困难。天线组阵合成技术是利用多个天线组成天线阵列，将各个天线接收的信号进行合成，达到增大天线口径的效果，实现遥远距离微弱信号的有效接收。天线组阵通过信号合成提高接收端信噪比，实现高速数据的传输。天线组阵合成已突破下行组阵合成、异地组阵合成、窄带全频谱合成、软件合成的并行处理等技术，当前重点开展宽带全频谱组阵合成、高效合成算法等研究。

5. 随遇接入测控技术

随遇接入的概念源于移动通信中的随机接入，是指从用户发送随机接入前导码开始尝试接入网络到与网络之间建立起基本的信令连接之前的过程。随遇接入测控试图改变现有计划建链的测控模式，能够在天基测控节点或地基测控节点具备全空域波束覆盖范围的条件下，航天器进入波束范围内即可接入测控网络开展测控，是一种全新的测控模式，需要持续发展天基 S 频段多址（SMA）全景波束形成、全空域多波束相控阵接收、测控链路感知与自适应接入等技术。

6. 激光测控通信技术

激光测控通信是利用激光作为信息载体，实现航天器轨迹测量、地面站与航天器之间上行遥控信息、下行遥测信息与有效载荷测量信息传输，是航天测控通信技术的重要发展方向。由于激光频率高、方向性好、能量集中，激光测控通信技术具有测量精度高、数传速率高、作用距离远、抗电磁干扰能力强、激光载荷体积小且质量轻等优势，正在持续突破激光链路快速捕获与稳定维持、激光测控通信一体化信号处理、激光精密测量、高码率相干激光通信等技术。

7. 星间链路测控通信技术

星间链路泛指在卫星之间进行星间通信及测量的无线链路，可以将多颗卫星互联，建立完全独立于地面系统的卫星网络，在扩大系统通信容量的同时，还可以提升整个系统的抗毁性、自主性、机动性和灵活性。为有效提升卫星星座/系统的作战运用效能，星间链路也已成为影响整个星座任务指令快速响应、情报信息及时回传、星座网络高效管控的关键因素。星间链路技术手段包括微波星间链路和激光星间链路。

8. 软件定义测控技术

软件定义测控是指借鉴"软件定义网络"设计理念，建设以通用可定义硬件平台为基础、以软件定义技术为支撑的航天地面测控系统，具备多频段、多轨道、多体制、多目标的智能化服务能力。软件定义测控技术的核心是实现测控系统软硬件解耦、各自发展的设计理念，重点发展软件定义测控系统架构、软件定义天线、软件定义信道和软件定义基带处理、可重组可重用测控算法等技术，为新一代软件定义智能化航天测控系统建设提供基础理论依据和关键技术支撑。

9. 航天测控系统安全防护技术

航天测控系统状态复杂，具有分布范围广、网络节点多、设备种类多等特点，存在被敌攻击、欺骗，甚至接管的隐患，需要从节点到链路再到网络运行体系，开展航天测控系统安全防护技术研究，重点发展基于多维复合扩频的测控链路抗干扰、航天测运控网络动态智能安全防御、基于大数据的航天测运控网络威胁深度检测与分析等关键技术研究，进而推动测运控系统从静态被动防护状态向体系化主动防御能力转变，逐步形成链路自适应控制、安全态势感知、紧急事件监测预警、攻击追踪溯源、安全主动防御、智能加固升级的智能化航天测控系统安全防护体系。

10. 航天测控系统自主运行技术

随着航天器的规模化、集群化、自主化和智能化发展，航天测控系统需要从现有程控自动化运行的阶段逐步发展到自主运行的阶段，具备工作所需的知识，并能够感知环境，从而可以作出在现有认知意义下的、人所认为的最优决策，并付诸行动。在这一阶段，航天测控系统可在已知经验范围内自行运行，无须人的看管，其关键技术包括测控服务的标准化、映射现实的航天测控系统架构、基于数字孪生的测控网等。

习　题

1. 航天测控的定义是什么，航天测控系统主要有哪些功能？

2. 航天测控系统在航天工程中的主要作用是什么？
3. 航天测控系统主要经历哪几个阶段？阐述各阶段的主要技术特点。
4. 航天测控技术发展需求有哪些？
5. 航天测控新技术有哪些？
6. 天基测控有哪两类系统？分析其工作原理和主要的区别。

参 考 文 献

[1] 于志坚. 航天测控系统工程 [M]. 北京：国防工业出版社，2006.
[2] 刘嘉兴. 飞行器测控与信息传输技术 [M]. 北京：国防工业出版社，2011.
[3] 李艳华，李凉海，谌明，等. 现代航天遥测技术 [M]. 北京：中国宇航出版社，2018.
[4] 杨元喜，郭海荣，何海波. 卫星导航定位原理 [M]. 北京：国防工业出版社，2021.
[5] 陈韬鸣，胡敏，王绍山，等. 导航星座测控管理系统 [M]. 北京．国防工业出版社，2021.
[6] 雷厉. 航天测控通信技术发展态势与展望 [J]. 电讯技术，2017，57（12）：1464-1470.
[7] 李贵新，马宏，史学书，等. 无线电测控技术与系统 [M]. 北京：国防工业出版社，2021.
[8] 刘燕都，王元钦，焦义文. 空间信息传输中的多天线技术综述 [J]. 电讯技术，2020，60（3）：350-357.
[9] 董光亮，李海涛，郝万宏. 中国深空测控系统建设与技术发展 [J]. 深空探测学报，2018，5（2）：99-114.
[10] 孔德庆，李春来，张洪波. 火星探测天线组阵数据接收技术研究和验证实验 [J]. 宇航学报，2020，41（7）：948-958.
[11] 于志坚，李海涛. 月球与行星探测测控系统建设与发展 [J]. 深空探测学报，2021，8（6）：543-554.
[12] 焦义文，马宏，刘燕都. 天线组阵频域合成方法最佳子带划分数分析 [J]. 系统工程与电子技术，2020，42（10）：2156-2163.
[13] 毛飞龙，焦义文，马宏，等. 天线组阵窄带低信噪比信号合成方法 [J]. 无线电工程，2022，52（9）：1642-1648.
[14] 王磊，姬涛，郑军，等. 中继卫星系统发展应用分析及建议 [J]. 中国科学，2022，52（2）：303-317.
[15] 蒋罗婷. 国外小卫星测控通信网发展现状和趋势 [J]. 电讯技术，2017，57（11）：1341-1348.
[16] 吴启星. 软件定义卫星研究现状与技术发展展望 [J]. 中国电子科学研究院学报，2021，16（4）：333-337.
[17] AHVAR E, AHVAR S, RAZA S M, et al. Next generation of SDN in cloud-fog for 5G and beyond-enabled applications: Opportunities and challenges [J]. Network, 2021, 1（1）: 28-49.
[18] 杨红俊. 美军航天测控企业级地面体系的发展 [J]. 电讯技术，2017，57（7）：841-848.
[19] HENRY C. AWS completes six ground stations, changes rollout strategy [EB/OL]. (2020-08-04) [2022-09-11]. https://spacenews.com/aws-completes-six-ground-stations-changes-rollout-strategy/.
[20] 刘培杰，焦义文，刘燕都. 天地一体化测控网中的随遇接入测控方法 [J]. 电讯技术，2020，60（11）：1278-1283.
[21] 张靓，杜中伟，谌明. 激光测控通信技术研究进展与趋势 [J]. 飞行器测控学报，2016，35（1）：10-20.

[22] 王彬，刘友永. 微波统一测控系统的发展趋势及建议 [J]. 无线电工程，2017，47（4）：44-48.

[23] 何熊文，詹盼盼，徐明伟，等. 中国首份CCSDS标准建议书编制及应用 [J]. 无线电工程，2022，31（5）：102-108.

[24] 李于衡，王学梅，孙海忠，等. Dove卫星高速数传技术分析 [J]. 无线电通信技术，2021，47（1）：104-109.

[25] 陈颖，谢伟，卢长海，等. 测控通信系统球面相控阵的全空域覆盖波位设计 [J]. 电讯技术，2023，63（5）：643-647.

第 2 章　航天测控基础

航天测控技术具有空间科学与信息科学等多学科交叉融合的鲜明特点，综合了无线电测量、光学测量、飞行器控制、航天通信、计算机、软件工程等多方面专业技术。本章介绍航天测控的基础知识，包括航天测控工作频段的选择、航天测控链路分析、空间坐标系、航天器定位方法及轨道确定方法等，为后续各章奠定基础。

2.1　航天测控频段

电与磁是自然界两个相互作用、相互影响的物理现象，变动的电场会产生磁场，变动的磁场会产生电场。变化的电场和变化的磁场构成了不可分离的统一的电磁场，变化的电磁场在空间传播形成了电磁波。电磁波按照发生方式可以分为无线电波、光波、X 射线（伦琴射线）、γ射线（伽马射线）等，其中，通过电磁振荡方式产生的电磁波称为无线电波。不同频段的无线电波传播方式、特点各不相同，因此它们的用途也不相同。频率的规划和分配主要考虑以下几点：一是各个频段的电波传播特性，二是各业务用频特性和需求，三是其他历史条件、制造技术发展水平。

2.1.1　无线电波频段划分

人们习惯上按照频率（或波长）的不同，把整个无线电资源划分为不同的频段（或波段）。无线电频段基本上是按电波传播特性来划分的，国际无线电管理会议规定了无线电频段划分方法和代号。国际无线电联合会（ITU）颁布的《无线电规则》中，划分了若干个频段给空间操作和空间研究业务使用，大多数是和其他业务共用的，但为深空探测划分了少量的专用频段。以往月球探测被认为是深空探测，现在《无线电规则》中明确规定，距地球 200 万千米以上的星体或空间探测才为深空探测，才能使用深空探测专用频段。但随着无线电技术的发展，各国有不同的划分办法和称谓，其中我国工业和信息化部 2023 年 7 月颁布的无线电频率划分规定中的部分频段如表 2-1 所示，航天工程中常用的频段划分方法及代号基本沿用了雷达中约定俗成的提法，如表 2-2 所示。

表 2-1　无线电频段划分

频段	频率范围	波长范围	传输媒质	传播特性	主要用途
甚低频（VLF）	10~30kHz	30000~10000m（超长波）	双线或地波	每日及每年衰减都极低，特性极稳定可靠	高功率、长距离、点与点间的通信，连续工作，现已很少使用
低频（LF）	30~300kHz	10000~1000m（长波）	双线或地波	与 VLF 相比，夜间传输相同，但稍不可靠；白天对电波的吸收大。每日与每季均有变化	长距离点对点通信，船舶助航

续表

频段	频率范围	波长范围	传输媒质	传播特性	主要用途
中频（MF）	300～3000kHz	1000～100m（中波）	电离层反射或同轴电缆	夜间衰减低，白天衰减高，夏天比冬天衰减大。频率越低，端距通信越可靠	广播、船舶与飞行通信、警用无线电、船港电话
高频（HF）	3～30MHz	100～10m（短波）	电离层反射或同轴电缆	远距离通信完全靠电离层决定，每日、每时、每季均有变化，情况好时，远距离船舶的衰减极低，不好时衰减极大	各种中、远距离通信与广播
甚高频（VHF）	30～300MHz	10～1m（米波）	天波（电离层与对流层反射）、同轴线	特性与光线相似，直线传播，与电离层无关（能穿透电离层，不能被反射）	短距离通信、电视、调频广播、雷达、导航
超高频（UHF）	300～3000MHz	10～1dm（分米波）	视线中继、对流层散射	同 VHF	短距离通信、电视、雷达、流星余迹通信
特高频（SHF）	3～30GHz	10～1cm（厘米波、微波）	视线中继、视线穿透电离层传输	同 VHF	短距离通信、波导通信、雷达、卫星通信
极高频	30～300GHz	1～1mm（毫米波）	视线通信	同 VHF	射电天文学、雷达

表 2-2 航天工程常用频段的划分

频段	频率范围	波长范围	备注
SP	230～1000MHz	130～30cm	
L	1～2GHz	30～15cm	
S	2～4GHz	15～7.5cm	
C	4～8GHz	7.5～3.75cm	
X	8～12GHz	3.75～2.5cm	
Ku	12～18GHz	2.5～1.67cm	
K	18～27GHz	1.67～1.11cm	
Ka	27～40GHz	1.11～0.75cm	
V	40～75GHz	7.50～4.00mm	空间无线电通信 Q：30～50GHz
W	75～110GHz	4.00～2.73mm	空间无线电通信 E：60～90GHz

我国目前航天无线电测控主要采用无线电频率划分规定的空间操作业务频段，包括 S 频段、C 频段、X 频段和 Ka 频段。

2.1.2 航天测控频率选择

航天测控无线电波频率选择考虑的主要因素是大气对电波传播的衰减特性，包括以下几个方面。

1. 自由空间传播衰减

电磁波在穿透任何介质的时候都会有损耗。在无线传输条件下，即使在真空，没有传输介质的吸收，发射的电磁波绝大部分也会损耗掉，而只有少部分被接收天线收集到，传输至接收机被处理。因此，通常用自由空间传播衰减来衡量无线电在发射机天线和接收天线之间受路径影响带来的损耗，与距离平方成正比，与波长的平方成反比。

2. 吸收衰减

由于航天测控系统中的无线电波必须穿透大气层，实现天地之间的双向无线电传输，除自由空间传播损耗外，其他衰减也不容忽视。

吸收衰减是指电离层中的离子和大气中的分子（特别是氧分子和水汽分子）在电磁波的作用下会发生能级跃迁，吸收电磁波的能量。其主要包括电离层中的自由电子或离子的吸收作用和氧气与水汽分子的吸收作用。

在电离层中，除自由电子外还有大量的中性分子和离子的存在，它们都处于不规则的热动中。当受电场作用的电子与其他粒子相碰撞时，就将从电波得到的动能传递给中性分子或离子转化为热能，这种现象称为电离层对电波的吸收。当频率 $f<1000\text{MHz}$ 时，电离层中的自由电子或离子的吸收起主要作用；当 $f<100\text{MHz}$ 时，电波能量会被强烈吸收，产生电波能量的损耗，频率越低，这种损耗越严重；当 $f>300\text{MHz}$ 时，其影响则小到可以忽略不计。所以航天测控信号频率一般选择 300MHz 以上。

大气吸收衰减系数曲线如图 2-1 所示，可见，当 $f<10\text{GHz}$ 时，主要是氧气的吸收，且衰减很小，基本可以忽略，形成地面与外空间的"无线电窗口"。

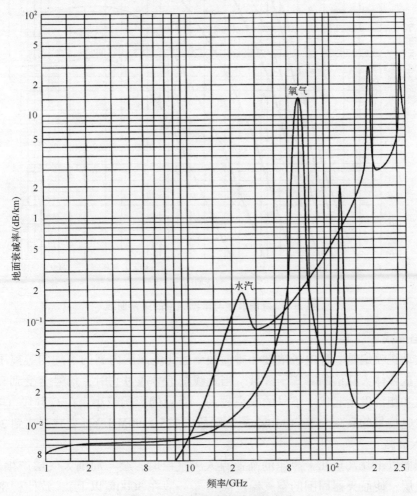

图 2-1 大气吸收衰减系数曲线

降雨、降雪、冰雹等天气现象对电波的衰减，称为降水对电磁波传播的损耗，其中降雨对电磁波的传播影响最为显著。降雨衰减与降雨强度的关系曲线如图 2-2 所示。对于 $f \leqslant 10\text{GHz}$ 的频段，在中雨（4mm/h）以上降雨强度时，需要考虑电磁波传播的衰减。对于 $f>30\text{GHz}$ 的频段，即使是小雨（1mm/h）造成的衰减也是不能忽视的。

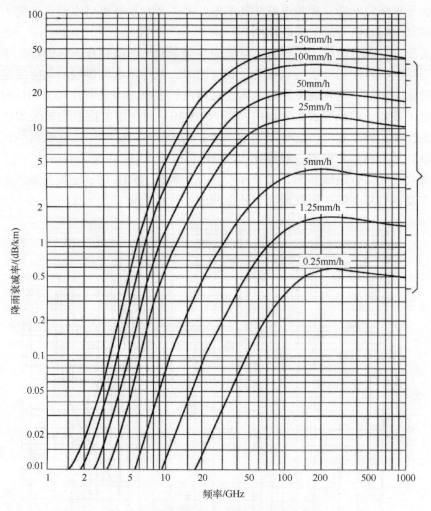

图 2-2　降雨衰减与降雨强度的关系曲线

3. 火焰衰减

火箭发动机喷焰是一种电子浓度和碰撞频率远比电离层内高的不均匀等离子体，在高空时，形成比弹体大几倍的等离子区域。当无线电信号通过它时，信号会受到衰减，并且信号的幅度和相位发生起伏。信号的频率越高，受到的影响越小。在 C 频段（4~8GHz），喷焰对无线电信号的衰减为 5~10dB；在 P 频段（225~390MHz），衰减则达到 20dB 左右。

4. 再入衰减

当航天器以十几甚至几十声速的高速再入大气层时，会与周围大气层产生激烈摩擦，并压缩大气层，使航天器周围的空气温度激增（一般在 3000K 以上），致使稠密的大气发生离解和电离，同时航天器本身的防热材料在高温下烧蚀，使航天器周围的电子密度大幅增加,从而在航天器四周形成一定厚度的电离气体层,俗称"再入等离子体鞘套",这将对无线电波的传播产生严重影响。因为等离子体能吸收和反射电波,会使航天器与外界的无线电信号产生衰减甚至全反射,雷达也无法发现它的踪迹,因此这个区域被称为"黑障区"。S、C、X等频段出现黑障的高度比较一致,为20~100km。

解决再入衰减的途径主要有两个方向:一是从信息传输手段本身入手,如选择合适的工作频率、提高发射机功率。提高无线电波的频率对降低"黑障"出现的高度有明显效果,但对走出"黑障"的高度无明显效果。提高发射机功率抵消等离子体对无线电波的衰减有一定的作用,但提高发射机功率受到器件等多种因素的影响,只能在配合频率选择有效的情况下,作为一种辅助手段使用。二是从改变等离子媒质的电特性入手,常用的如改善飞行器气动外形、外加磁场及添加物质降低电子密度等。

5. 大气折射的影响

大气折射误差也是选择频率的一个因素。电离层是色散介质,对不同频率的无线电波有不同的折射率、传播速度和传播路径,产生电波传播的色散现象,频率的变化会引起测速、测距误差的变化。在一定条件下,电离层可反射无线电波,实现远距离传播。如图2-3所示。535~1605kHz频段的中频广播和1.5~30MHz频段的短波广播,就是利用电离层反射波实现的。当无线电波频率高于300MHz时,电离层折射的影响可以忽略。在对流层,当$f<100$GHz时,可以认为对流层是非色散介质,大气折射率与无线电波的频率几乎无关,但大气折射指数随高度的升高而降低,从而引起无线电波传播路径向下弯曲,造成测速测距误差,如图2-4所示。

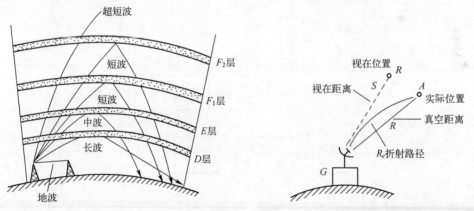

图2-3 电离层对不同波长的反(折)射效应　　图2-4 大气折射引起电波传播路径向下弯曲

同时,折射误差随仰角高度的增加而降低。因此,在精确测量中,尽可能使地面测量设备的天线保持较高的仰角。

此外,大地本身是一个有限导电的大平面,根据电磁波理论和几何光学原理,当电磁波照射地面时,会产生电磁场的反射、散射及地面介质的吸收和极化等问题,并且主要表现为两种情况:一是电磁波的镜面反射,二是电磁波的漫散射。电磁波的镜面反射指电磁波照射在较光滑平整的地面,依据类似几何光学的观点,电磁波会产生镜面反射,即电磁波的反射服从反射定律,入射角等于反射角。当目标仰角大于1.5倍天线半功率波束宽度时,受镜面反射影响小,因此雷达等待点仰角一般要求大于1.5倍天线半功率波束宽度。

但在复杂的地况、地貌下,特别是对于其他应用于高频段领域里的情况,大地表面经常不能满足镜面反射条件,此时电磁波处于漫散射状态。不同地区或同一地区的不同情况(雨、雪、杂草、季节等)都会引起地面反射、散射特性的变化。

综合各种因素,一般选择地面与外空间的"无线电窗口"为 300MHz~10GHz,使用最多的是 S 频段(1.85~2.5GHz)。对于高轨卫星,为减少衰减和提高传输速率,倾向选择更高频段。

2.2 航天测控链路分析

航天测控系统由地面测控设备和星载应答机两部分组成,其链路分为上行链路和下行链路,如图 2-5 所示。其中,上行链路按信号流程主要包括地面测控设备发射单元、发射信道(包括上混频器、滤波器、功率放大器等)、测站天线(包括双工器、馈源等)、自由空间、应答机天线(包括双工器、馈源等)、接收信道(包括低噪声放大器、下混频器、滤波器等)及接收处理单元。下行链路与上行链路传播路径相似、方向相反。下行链路按信号流程主要包括应答机发射单元、发射信道(包括上混频器、滤波器、功率放大器等)、应答机天线(包括双工器、馈源等)、自由空间、测站天线、接收信道(包括低噪声放大器、下混频器、滤波器等)及接收处理单元等。

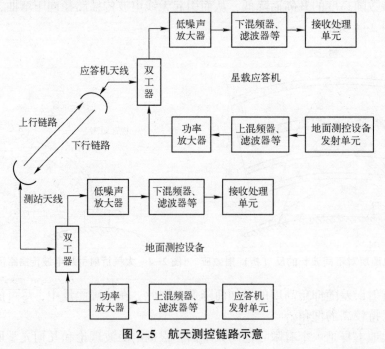

图 2-5 航天测控链路示意

2.2.1 接收机信号和噪声

无线电测控系统能够正常工作,需要在噪声和干扰下检测出信号,并通过无线电测量、数据传输完成测控和通信功能。无论是上行链路还是下行链路,决定信号能否可靠检测、跟踪测量精度、数据传输性能的主要因素是接收端信号平均功率和噪声平均功率的比值,简称信噪比(SNR)。例如,无线电测速精度取决于接收机载波跟踪锁相环输出端信噪比,侧音测距精度取决于侧音锁相环输出端信噪比,伪码测距精度取决于伪码延迟锁定环输出端信噪比(详见第 3 章)。在数字传输系统中,通常用信噪比的归一化形式 E_b/N_0 作为性能指标。E_b 为每比特能量,等于信号功率 S 与每比特持续时间 T_b 的乘积;N_0 是噪声功率谱密度,等于噪声功率 N 与带宽 B 之比;又因为每比特持续时间 T_b 与比特速率 R_b 互为倒数,因此可得

$$\frac{E_b}{N_0} = \frac{ST_b}{N/B} = \frac{S/R_b}{N/B} = \frac{S}{N} \cdot \frac{B}{R_b} \tag{2-1}$$

在无线电测控系统中,常用的信号形式是包络不变的调制载波,这时可以将平均载波功率与噪声功率之比(C/N)作为检波前的信噪比 SNR,可得

$$\frac{P_r}{N} \equiv \frac{S}{N} \equiv \frac{C}{N} \tag{2-2}$$

式中:P_r、S、C 和 N 分别为接收功率、信号功率、载波功率和噪声功率。

考虑单边噪声功率谱密度 N_0 是噪声功率 N 与带宽 B 的比值,则平均载波功率与噪声功率密度之比,简称载噪比(C/N_0)。结合式(2-1)和式(2-2),可得

$$\frac{C}{N_0} \equiv \frac{S}{N_0} \equiv \frac{P_r}{N_0} = \frac{E_b}{N_0} R_b \tag{2-3}$$

所有导体中电子热运动都会产生热噪声。热噪声在天线与接收机之间、接收机第一级的有损耦合及低噪声放大器中产生。热噪声通常是加性高斯白噪声(AWGN),其功率密度在频率 10^{12} Hz 以下为常数,通常用噪声系数和等效噪声温度来衡量天线和接收机产生的噪声功率。相关参考文献对接收机噪声系数、等效噪声温度、系统噪声温度等参数有较为详细的阐述,本书结合工程习惯,直接引用其结果。

如图 2-5 所示,在接收机输入端计算,可得的噪声功率谱密度 N_0 和系统噪声温度 T_s 为

$$N_0 = kT_s, \quad T_s = \frac{T_A}{L_r} + \left(1 - \frac{1}{L_r}\right) \cdot T_0 + T_r \tag{2-4}$$

式中:T_A 为天线噪声温度;L_r 为接收天线至接收机输入端的馈线损耗;T_0 为参考温度(T_0 = 290K);T_r 为接收机噪声折算到低噪声放大器前的等效噪声温度;k 为玻耳兹曼常数,k = 1.38×10^{-23}W/(K·Hz) = -228.6dBW/(K·Hz)。

根据多级网络级联时的等效噪声温度计算公式,可得

$$T_r = T_{LNA} + \frac{T_r'}{G_{LNA}} \tag{2-5}$$

式中:T_{LNA} 为低噪声放大器噪声温度,也称场放噪声温度;G_{LNA} 为场放增益;T_r'/G_{LNA} 为下一级(如下变频器)折算到场放输入端的噪声温度,T_r' 为下变频器的噪声温度。通常 G_{LNA} 较大,而 T_r'' 取值较小,根据式(2-5)可知 $T_r \approx T_{LNA}$,因此可得

$$T_s = \frac{T_A}{L_r} + \left(1 - \frac{1}{L_r}\right) \cdot T_0 + T_{LNA} \tag{2-6}$$

式(2-6)需要说明两点:一是系统噪声温度 T_s 是整个接收链路共同作用的结果,包

括天线、馈线损耗、低噪声放大器及后续滤波器、混频器等产生的噪声，等效为接收机全部噪声；二是噪声温度和噪声功率谱密度的计算位于接收机输入端，具体来说就是低噪声放大器的输入端。

2.2.2 测控链路预算

测控链路分析，也称链路预算，主要目的是计算测控设备接收机输出端载噪比（C/N_0）、各测量单元环路信噪比（SNR_L）及通信单元的归一化信噪比（E_b/N_0），判断测控系统能否达到信号检测、测量精度和数传性能要求。

对发射机和接收机之间基本的功率关系的研究，通常以全方向辐射源（在 4π 球面角度上均匀辐射）的假设为基础。设发射机功率为 P_t（以天线入口计算），当用各向均匀辐射的天线发射时，距发射机远处 d，接收机的功率密度 $p(d)$ 为

$$p(d)=\frac{P_t}{4\pi d^2} \tag{2-7}$$

单位为 W/m^2。从接收天线获取的信号功率为

$$P_r=p(d)A_{er}=\frac{P_t}{4\pi d^2}A_{er} \tag{2-8}$$

式中：A_{er} 为接收天线的吸收剖面（有效面积），定义为

$$A_{er}=\frac{总获取功率}{瞬时功率流通密度} \tag{2-9}$$

如果讨论的天线是发射天线，其有效面积记为 A_{et}。A_e 表示一般天线的有效面积，与天线物理面积 A_p 和效率参数 η 相互关联，即

$$A_e=\eta A_p \tag{2-10}$$

式（2-10）说明总的瞬时功率不能完全被天线获取，即由于各种因素会损耗。抛物面天线的 η 为 0.55，角形天线的 η 为 0.75。

表示天线输出（输入）功率与各向同性辐射器功率之间关系的参数，称为天线方向性或天线增益（G），即

$$G=\frac{天线最大方向辐射功率密度}{各向同性辐射平均功率密度} \tag{2-11}$$

根据天线理论，天线增益和天线有效面积 A_e、物理面积 A_p 和效率参数 η 之间的关系为

$$G=\frac{4\pi A_e}{\lambda^2}=\frac{4\pi\eta A_p}{\lambda^2} \tag{2-12}$$

式（2-8）考虑的是辐射源向 4π 球面角度上均匀辐射，而实际发射机总是使用定向天线将发射功率集中辐射于某个方向上。相对于各向同性天线，天线增益 G 用来表示实际天线在辐射方向上功率增加的倍数，因此当发射天线增益为 G_t 时，根据式（2-8）可得距离 d 处接收天线获得的信号功率为

$$P_r=\frac{P_t G_t}{4\pi d^2}A_{er} \tag{2-13}$$

由于发射天线和接收天线的增益均满足式（2-13），结合式（2-14），接收信号功率 P_r 还有如下三种表示方法：

$$P_r = \frac{P_t A_{et} A_{er}}{\lambda^2 d^2} \tag{2-14}$$

$$P_r = \frac{P_t A_{et} G_r}{4\pi d^2} \tag{2-15}$$

$$P_r = \frac{P_t G_t G_r \lambda^2}{(4\pi d)^2} \tag{2-16}$$

因此，根据式（2-4）和式（2-16），可得接收机输入端载噪比（C/N_0）为

$$\frac{C}{N_0} \equiv \frac{P_r}{N_0} = \frac{P_t G_t G_r \lambda^2}{kT_s (4\pi d)^2} \tag{2-17}$$

将式（2-17）重写，可得

$$\frac{C}{N_0} \equiv \frac{P_r}{N_0} = \frac{P_t G_t \cdot G_r/T_s}{k \frac{4\pi d^2}{\lambda}} \tag{2-18}$$

根据式（2-18），可得到链路中的以下三个关键参数。

1. 发射机等效全向辐射功率

发射机等效全向辐射功率（ERIP）定义为发射机功率 P_t 和发射天线增益 G_t 的乘积，是测控链路中发射机的关键技术指标，能够衡量发射机传输能量的能力。考虑发射支路馈线损耗 L_t（从发射机输出至天线输入口），包括波导、电缆、耦合器、旋转关节、波导开关、收阻滤波器（用于抑制发射机在接收频带的输出噪声）插损，如图 2-6 所示，则实际的发射机等效全向辐射功率为

$$\text{ERIP} = \frac{P_t \cdot G_t}{L_t} \tag{2-19}$$

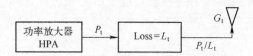

图 2-6 发射机等效全向辐射功率

2. 接收机品质因数

接收机品质因数（G_r/T_s）定义为接收天线增益 G_r 与接收机系统噪声温度 T_s 的比值，是测控链路中接收机的关键技术指标，衡量接收机收集电磁波的能力。与 ERIP 类似，考虑接收支路馈线损耗 L_r（从天线出口至场放输入端），包括波导、电缆、耦合器、开关、发阻滤波器（用于抑制发射功率对接收系统的干扰）插损，如图 2-7 所示，则实际的接收机品质因数为

$$G_r/T_s = \frac{G_r}{T_s L_r} \tag{2-20}$$

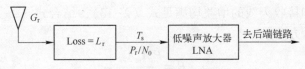

图 2-7 接收机品质因数

3. 自由空间传输损耗

自由空间传输损耗表示无线电在发射机天线和接收天线之间受路径影响带来的损耗，与距离 d 的平方成正比，与波长 λ 的平方成反比，用公式表示为

$$L_s = \left(\frac{4\pi d}{\lambda}\right)^2 \tag{2-21}$$

将式（2-19）、式（2-20）、式（2-21）代入式（2-18）可得

$$\frac{C}{N_0} = \frac{\text{ERIP} \cdot G_r/T_s}{kL_s} \tag{2-22}$$

式（2-22）中考虑的损耗包括自由空间损耗 L_s、发射机与天线间的馈线损耗 L_t 及接收天线与接收机间的馈线损耗 L_r。实际上，整个测控链路中尚有其他损耗未被考虑，如空间入射电波与接收天线间极化不匹配带来的极化损耗 L_p，大气吸收及雨、雪吸收衰减 L_{atm} 和电离层衰减 L_{ion} 等，合计为 L_0。因此，考虑上述全部损耗后的接收机载噪比公式为

$$\frac{C}{N_0} = \frac{\text{ERIP} \cdot G_r/T_s}{kL_sL_0} \tag{2-23}$$

将式（2-23）按照分贝（dB）的形式表示为

$$\frac{C}{N_0}(\text{dBW}\cdot\text{Hz}) = \text{ERIP}(\text{dBW}) + G_r/T_s(\text{dB/K}) - k[\text{dBW/(K}\cdot\text{Hz})] - L_s(\text{dB}) - L_0(\text{dB}) \tag{2-24}$$

式（2-24）是按照系统各单元性能指标对整个链路的计算，视为实际接收获得的载噪比，可表达为 $(C/N_0)_r$。而根据航天测控系统指标，在接收端需要获得一定的载噪比，才能满足跟踪测量精度和数据传输误码率的要求。这一所需的载噪比可表达为 $(C/N_0)_{\text{reqd}}$。因此，可定义链路余量或安全因子 M，表示为 $(C/N_0)_r$ 与 $(C/N_0)_{\text{reqd}}$ 的差值（分贝形式）：

$$M(\text{dB}) = \left(\frac{C}{N_0}\right)_r(\text{dB}\cdot\text{Hz}) - \left(\frac{C}{N_0}\right)_{\text{reqd}} \tag{2-25}$$

式（2-24）对于航天测控上行链路和下行链路都适用。在实际系统中，下行链路是设计的重点，其原因在于下行链路中应答机发射功率远远小于地面测控设备发射功率，其他参数差别不大，因此若下行链路满足设计指标，则上行链路通常能满足指标。表 2-3 给出了一个典型的下行链路预算实例，其中接收天线增益、接收天线噪声温度在双工器的输出端计算，系统噪声温度在低噪声放大器入口计算。

表 2-3 典型下行链路预算表

序 号	参 数	数 值
1	工作频段	2.2GHz
2	卫星发射功率	100W（20dBW）

续表

序 号	参 数	数 值
3	发射天线增益	2dBi
4	发射馈线损耗 L_t	1.4 dB
5	卫星发射 ERIP 值	20.6dBW
6	自由空间损耗 L_s	168.8dB
7	接收天线增益 G_r	50.0dB
8	接收天线噪声温度 T_A	70.0K
9	接收馈线损耗 L_r	1.3dB
10	低噪声放大器噪声温度 T_{LNA}	50.0K
11	系统噪声温度 T_s	176.91K（22.48dBK）
12	接收机品质因数 G_r/T_s	27.52dB/K
13	玻耳兹曼常数 k	-228.6dBW/(K·Hz)
14	其他损耗 L_0	6.0dB
15	接收的载噪比 $(C/N_0)_r$	101.92dB·Hz
16	所需的载噪比 $(C/N_0)_{reqd}$	95dB·Hz
17	链路余量 M	6.92dB

2.3 空间定位方法

2.3.1 空间坐标系统

航天器轨道的确定，是依靠各测控站对航天器跟踪测量，并根据测量数据通过运动方程计算而得的。观测设备根据不同的测量要求而采用不同的坐标系。也就是说，所确定的航天器轨道都是对于某一坐标系而言的，当然，各坐标系的参数是可以相互转换的。

1. 常用坐标系

航天测控领域中使用的坐标系总体上分为两大类：地球坐标系和天球坐标系。地球坐标系是固定在地球上随地球旋转的非惯性坐标系，天球坐标系是不随地球旋转的惯性坐标系。下面介绍几种常用的坐标系。

1）地心直角坐标系

地球为旋转的椭球，为建立标准的地球坐标系，需要寻找一个形状和大小与地球非常接近的数学旋转椭球体代替地球。通常要求参考椭球体的中心与地球质心重合，短轴与地球自转轴重合，起始子午线与本初子午线重合。利用该参考椭球体可以建立地心直角坐标系，如图 2-8 所示，具体定义如下。

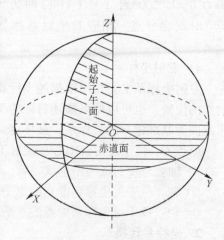

图 2-8 地心直角坐标系

原点 O：参考椭球体的中心（地球质心）；

参考平面：赤道面；

OX 轴：初始子午线与赤道面的交线，向外为正；

OZ 轴：参考椭球体旋转轴，向外为正；

OY 轴：赤道面内，右手螺旋定则确定。

地心直角坐标系是航天测控中的基本坐标系，由于该坐标系不考虑地极的移动，OZ 轴固定在地球上不动，故又称地固坐标系。

2）准地固坐标系

实际上地球的自转轴是变动的，也就是说，地极的位置随时间的不同而变动，称为极移。以地球瞬时旋转轴为 OZ 轴的地心直角坐标系称为准地固坐标系，具体定义如下。

原点 O：地球质心；

参考平面：地球赤道面；

OX 轴：本初子午线与赤道面的交线，指向春分点；

OZ 轴：地球顺时针旋转轴，指向北极；

OY 轴：赤道面内，右手螺旋定则确定。

地心直角坐标系和天球坐标系相互转换时，必须利用时间系统先转换成准地固坐标系，再转换成另一种坐标系。

3）地心赤道坐标系

地心赤道坐标系是航天器测控和数据处理中最常用的天球坐标系，又称惯性坐标系、地心赤道坐标系、历元坐标系，如图 2-9 所示，具体定义如下。

原点 O：地球质心；

参考平面：某一历元赤道面；

OX 轴：赤道面内，指向该历元时刻的春分点；

OZ 轴：与赤道面垂直，指向该历元时刻的北极；

OY 轴：赤道面内，右手螺旋定则确定。

目前，航天测控和数据处理中主要使用标准历元 2000.0，即 2000 年 1 月 1 日 12 时历元，OX 轴指向该历元时刻春分点，相应的坐标系称为 2000.0 惯性坐标系。

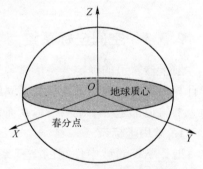

图 2-9　地心赤道坐标系

4）发射坐标系

发射坐标系主要是用来描述飞行器相对于发射点的运动，确定飞行器的质心相对于发射点的位置，也可以用来描述目标的飞行姿态，如图 2-10 所示。它是以发射点的铅垂线、水准面为基准建立的坐标系，具体定义如下。

原点 O：位于发射台中心在发射工位的地面投影；

OY 轴：与发射点的铅垂线一致，指向地球外；

OX 轴：位于过坐标系原点的水平面内，与 Y 轴垂直，由原点指向发射瞄准方向；

OZ 轴：位于过坐标系原点的水平面内，与 X 轴、Y 轴构成右手坐标系。

2. 坐标系转换

在处理航天测控数据时，需要对不同坐标系下获得的测量数据进行坐标变换，统一到

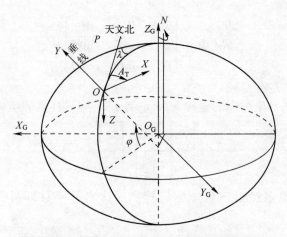

图 2-10 发射坐标系与地心直角坐标系的关系

某一种坐标系下度量。任意两种直角坐标系，可通过坐标旋转和坐标平移两种变换相互转换。而直角坐标系和其他坐标系之间的转换本书不作讨论。

1）坐标旋转

（1）绕 Z 轴旋转 Ω 角度。

坐标绕 Z 轴逆时针旋转 Ω 角度，如图 2-11 所示。
则得到新坐标与原坐标的关系如下：

$$\begin{bmatrix} x_1 \\ y_1 \\ z_1 \end{bmatrix} = \begin{bmatrix} \cos\Omega & \sin\Omega & 0 \\ -\sin\Omega & \cos\Omega & 0 \\ 0 & 0 & 1 \end{bmatrix} \begin{bmatrix} x \\ y \\ z \end{bmatrix} \quad (2\text{-}26)$$

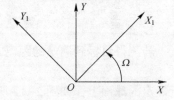

图 2-11 绕 Z 轴旋转 Ω 角度

可写成

$$P_1 = R_z(\Omega)P \quad (2\text{-}27)$$

其中

$$P_1 = \begin{bmatrix} x_1 \\ y_1 \\ z_1 \end{bmatrix}, \quad R_z(\Omega) = \begin{bmatrix} \cos\Omega & \sin\Omega & 0 \\ -\sin\Omega & \cos\Omega & 0 \\ 0 & 0 & 1 \end{bmatrix}, \quad P = \begin{bmatrix} x \\ y \\ z \end{bmatrix}$$

（2）绕 Y 轴旋转 Φ 角度。

类似地，可得

$$P_2 = R_y(\Phi)P \quad (2\text{-}28)$$

其中

$$R_y(\Phi) = \begin{bmatrix} \cos\Phi & 0 & -\sin\Omega \\ 0 & 1 & 0 \\ \sin\Omega & 0 & \cos\Omega \end{bmatrix}$$

（3）绕 X 轴旋转 Θ 角度。

类似地，可得

$$P_3 = R_x(\Theta)P \quad (2\text{-}29)$$

其中

$$R_x(\Phi) = \begin{bmatrix} 1 & 0 & 0 \\ 0 & \cos\Theta & \sin\Theta \\ 0 & -\sin\Theta & \cos\Theta \end{bmatrix}$$

2) 坐标平移

假设新坐标原点在老坐标中的坐标为 (x_0, y_0, z_0)，则平移后的坐标为

$$\begin{bmatrix} x_1 \\ y_1 \\ z_1 \end{bmatrix} = \begin{bmatrix} x \\ y \\ z \end{bmatrix} - \begin{bmatrix} x_0 \\ y_0 \\ z_0 \end{bmatrix} \tag{2-30}$$

任一直角坐标系最多经过三次坐标旋转和一次坐标平移即可变换为另一种直角坐标系。

2.3.2 空间定位几何

在航天测控中为确定飞行器轨道，无论是无线电测量还是光学测量设备，都要测量某个具体的几何参量。常用的几何参量有距离 R、方位角 A、俯仰角 E、距离和 S、距离差 r、方向余弦 l、m、n 及高度 h 等。

1. 距离

若测得目标到测站的距离 R，则目标位于

$$X^2 + Y^2 + Z^2 = R^2 \tag{2-31}$$

所确定的球面上，如图 2-12 所示。

2. 方位角

若测得方位角 A，则表明目标位于

$$Y = X\tan A \tag{2-32}$$

所表示的垂直平面上，如图 2-13 所示。

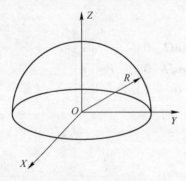
图 2-12　球面

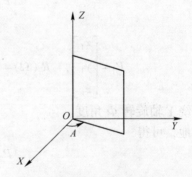
图 2-13　垂直平面

3. 俯仰角

若已知俯仰角 E，表示目标位于

$$X^2 + Y^2 = Z^2 \cot^2 E \tag{2-33}$$

所确定的垂直锥面上，如图 2-14 所示。

4. 距离和

若已知发射站与目标距离 R_1 和接收站与目标距离 R_2 之和，即 $S = R_1 + R_2$，则目标位于

旋转椭球面上，发、收站为旋转椭球的两个焦点。对图 2-15 所示的旋转椭球面，其方程为

$$\frac{x^2}{\left(\frac{S}{2}\right)^2-\left(\frac{b}{2}\right)^2}+\frac{y^2}{\left(\frac{S}{2}\right)^2}+\frac{z^2}{\left(\frac{S}{2}\right)^2-\left(\frac{b}{2}\right)^2}=1 \tag{2-34}$$

式中：b 为发、收站之间的距离。

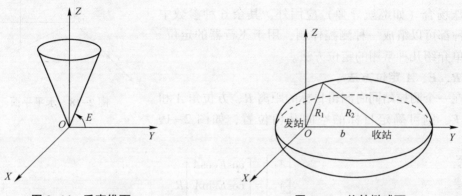

图 2-14　垂直锥面　　　　　　图 2-15　旋转椭球面

5. 距离差

若已知发射站与目标距离 R_1 和接收站与目标距离 R_2 之差，即 $r=R_1-R_2$，则目标位于旋转双曲面上，发、收站为旋转双曲面的虚、实焦点。对于图 2-16 所示的旋转双曲面，其方程为

$$-\frac{x^2}{\left(\frac{b}{2}\right)^2-\left(\frac{r}{2}\right)^2}+\frac{y^2}{\left(\frac{r}{2}\right)^2}+\frac{z^2}{\left(\frac{b}{2}\right)^2-\left(\frac{r}{2}\right)^2}=1 \tag{2-35}$$

式中：b 为发、收站之间的距离。

6. 方向余弦

方向余弦的定义为

$$l=\cos\alpha=\frac{\Delta R}{b} \tag{2-36}$$

如图 2-17 所示，若已知方向余弦 l，即知角度 α，则目标位于张角为 α 的水平锥面上。

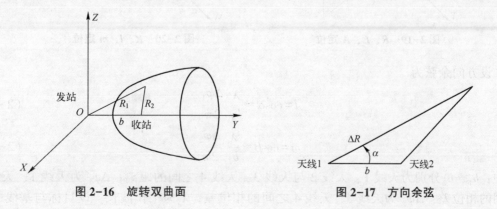

图 2-16　旋转双曲面　　　　　　图 2-17　方向余弦

m、n 同,此处不再赘述。

7. 高度

若已知高度,则目标位于水平平面上,如图 2-18 所示。

2.3.3 常用定位方法

上面所述的 7 种测量位置的几何参数,除高度参数 h 只在特殊场合(如巡航导弹)应用外,其余 6 种参数中任意 3 种都可以组成一种测控体制,用于飞行器的定位。下面简单介绍几种常用的定位方法。

1. R、E、A 定位方法

若在一个测控站同时测得目标的距离 R、方位角 A 和俯仰角 E,则可确定目标的空间几何位置,如图 2-19 所示。

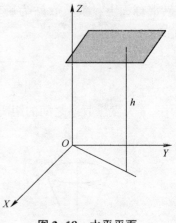

图 2-18 水平平面

$$\begin{bmatrix} x_1 \\ y_1 \\ z_1 \end{bmatrix} = \begin{bmatrix} \cos E \cos A \\ \cos E \sin A \\ \sin E \end{bmatrix} R \tag{2-37}$$

式中:(x_1, y_1, z_1) 为目标的坐标。

2. R、l、m 定位方法

R、l、m 定位方法是选择一个距离和两个方向余弦作为定位参量,即目标位于一个球面和两个水平锥面的交点。通常取两条相互垂直的测量基线的方向余弦 l、m。在这种特殊情况下,两条相互垂直的基线取正南北和正东西方向,这样两条基线正好与测量坐标系的 x、y 轴一致,如图 2-20 所示。

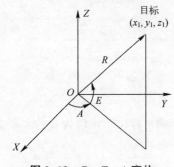

图 2-19 R、E、A 定位

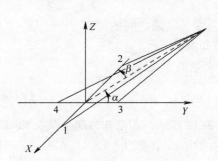

图 2-20 R、l、m 定位

设方向余弦为

$$l = \cos\alpha \approx \frac{\lambda}{b_1} \frac{\Delta\varphi_1}{2\pi} \tag{2-38}$$

$$m = \cos\beta \approx \frac{\lambda}{b_2} \frac{\Delta\varphi_2}{2\pi} \tag{2-39}$$

式中:b_1、b_2 分别为天线 1、天线 2 与天线 3、天线 4 之间的距离;$\Delta\varphi_1$ 为天线 1、天线 2 之间的相位差;$\Delta\varphi_2$ 为天线 3、天线 4 之间的相位差;λ 为工作波长。设目标与基线中心

(坐标系原点 O)的距离为 R，则目标的位置 (x_1, y_1, z_1) 可通过式（2-40）求解：

$$\begin{cases} x_1^2 + z_1^2 = y_1^2 \tan^2\alpha = y_1^2 \dfrac{1-l^2}{l^2} \\ x_1^2 + y_1^2 = x_1^2 \tan^2\beta = x_1^2 \dfrac{1-m^2}{m^2} \\ x_1^2 + y_1^2 + z_1^2 = R^2 \end{cases} \tag{2-40}$$

3. $3R$ 定位方法

$3R$ 定位方法是利用 3 个距离，即目标至 3 个测量点的距离，则目标的位置分别由以各站为球心、以各站同时测得的距离为半径的 3 个球面的交点确定，如图 2-21 所示。

设目标的位置为 (x_1, y_1, z_1)，3 个测站的位置分别是 (x_1, y_1, z_1)、(x_{12}, y_{12}, z_{12})、(x_{13}, y_{13}, z_{13})，并精确已知，则目标位置为式（2-40）的解：

$$\begin{cases} R_1^2 = (x_1-x_{11})^2 + (y_1-y_{11})^2 + (z_1-z_{11})^2 \\ R_2^2 = (x_1-x_{12})^2 + (y_1-y_{12})^2 + (z_1-z_{12})^2 \\ R_3^2 = (x_1-x_{13})^2 + (y_1-y_{13})^2 + (z_1-z_{13})^2 \end{cases} \tag{2-41}$$

式中：R_1、R_2、R_3 分别为 3 个测站与目标之间的距离。

4. $3r$ 定位方法

如果使用 1 个发射站和 4 个接收站，将测量坐标系建立在第一个接收站，测得第一接收站与其余 3 个接收站返回信号的时间差，就可以获得 3 个距离差。把第一个接收站称为主站，其余接收站称为副站，如图 2-22 所示。3 个距离差为

$$\begin{cases} r_1 = R_1 - R_2 \\ r_2 = R_1 - R_3 \\ r_3 = R_1 - R_4 \end{cases} \tag{2-42}$$

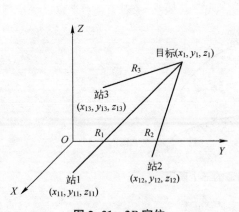

图 2-21 $3R$ 定位

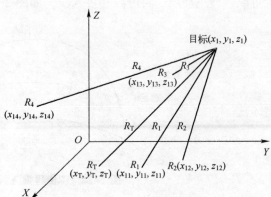

图 2-22 $3r$ 定位方法

目标的空间位置可由下列 3 个双曲面方程联立求解，即

$$\begin{cases} r_1^2 = (R_1-R_2)^2 = x_1^2 + y_1^2 + z_1^2 - [(x_1-x_{12})^2 + (y_1-y_{12})^2 + (z_1-z_{12})^2] \\ r_2^2 = (R_1-R_3)^2 = x_1^2 + y_1^2 + z_1^2 - [(x_1-x_{13})^2 + (y_1-y_{13})^2 + (z_1-z_{13})^2] \\ r_3^2 = (R_1-R_4)^2 = x_1^2 + y_1^2 + z_1^2 - [(x_1-x_{14})^2 + (y_1-y_{14})^2 + (z_1-z_{14})^2] \end{cases} \tag{2-43}$$

以上介绍了几种定位体制,可供选择的定位体制还有多种。不同的体制,对布站规则和测控设备的要求也不同,所适用的测控目标也不同,因此,选择什么样的测控体制,是测控系统总体设计需要考虑的重要问题。

2.4 航天器轨道确定与控制

决定航天器飞行轨道形状的主要因素是速度,当航天器的速度 V_R 小于第一宇宙速度 $V_I = 7.9 \text{km/s}$ 时,即 $V_R < V_I$,则航天器的轨道是与地球表面相交的椭圆时,远程弹道导弹也是如此。当航天器速度介于第一宇宙速度和第二宇宙速度 $V_{II} = 11.2 \text{km/s}$ 之间时,即 $V_I < V_R < V_{II}$,则航天器不能摆脱地心引力而成为绕地球飞行的人造卫星,其轨道多为椭圆。当航天器速度 $V_R \geq V_{II}$ 时,航天器脱离地心引力飞向太空,其轨道为抛物线($V_R = V_{II}$)或双曲线($V_R > V_{II}$),如图 2-23 所示。

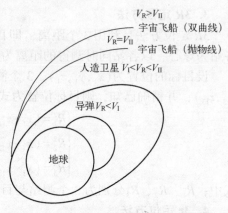

图 2-23 航天器飞行轨道与速度的关系

2.4.1 航天器轨道类型

1. 导弹飞行弹道

导弹在空中飞行时,作用在其上的力有 3 个,即重力、空气动力和发动机推力,其中空气动力又可分为升力和阻力。上述诸力中发动机推力和空气升力对导弹飞行起积极作用,重力和空气阻力则起消极作用。按照导弹受力情况,可将弹道式导弹的飞行弹道分为 3 个阶段,即主动段、自由段和再入段,如图 2-24 所示。

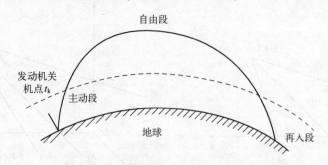

图 2-24 弹道导弹飞行弹道的三个阶段

1)主动段

主动段是指发动机工作的动力飞行段,这一段又可细分为发射段、转弯段和瞄准段。

(1)发射段。导弹从发射台上点火起飞,通常采用垂直上升的方式,其目的是尽快飞离大气层,减少空气阻力所造成的能量损失。这一飞行段的时间较短、速度较小,易于被测控设备所捕获和跟踪,但近地段的杂波干扰严重,做测量数据质量较差。

(2)转弯段。发射段结束后,导弹在弹载控制系统作用下按程序缓缓转弯,此时弹轴和速度矢量之间有一个负攻角。随着导弹加速,负攻角逐渐变小,弹道进一步转弯,直至攻角为零。弹道达到预定速度,并转到规定的方向后,转弯段结束。

(3) 瞄准段。转弯段结束到发动机关机称为瞄准段,之所以称为瞄准段,是因为此段的飞行基本上确定了导弹的落点位置。这一段的弹道近似为直线,弹道的方向基本保持不变,速度则逐渐增大。速度达到设计值后控制发动机关机即可控制导弹的射程。

瞄准段结束后即主动段结束,从理论上讲发动机关机推力应立即为零。但实际上并非如此,发动机推进剂管路阀门关闭后,尚剩余燃料,造成推力不能马上为零,影响落点准确度。为了消除这种影响,通常采用两次关机。预令关机使发动机推力减小到某一程度,再主令关机,使发动机推力尽可能近似等于零,以减小后效冲量。预令关机到主令关机时刻隔 $1\sim2s$。通常所说的主动段结束点是指主令关机点。

2) 自由段

从发动机主令关机时刻到导弹再进入大气层时刻所对应的飞行弧段为自由段。

发动机主令关机后,弹头与弹体分离,它们在没有外力控制的情况下,依靠主动段获得的能量在真空中飞行。导弹在自由段的飞行轨迹,可近似看作与地球相交的椭圆轨道的部分弧段,只要知道主动段终点时刻的位置和速度,就可求得自由段的弹道。

3) 再入段

从弹头进入大气层至弹头落地为导弹再入飞行段。再入飞行段起始点的弹道高度即再入点高度,测控领域通常定为 $70\sim80km$。在再入段,空气越来越稠密,导弹会遇到越来越大的空气阻力,当弹头飞行速度和空气密度达到一定程度时,弹头周围产生等离子鞘套,这种等离子鞘套会严重吸收和散射电磁波,给外弹道测量和遥测信号的传播带来严重影响,这就是再入黑障问题。

从理论上讲,只要精确测量主令关机点的导弹位置和速度,就可精确计算出弹头落点。但弹头由于再入大气层后受到风和空气动力及弹头本身构造的影响,将产生再入散布,要求测控系统精确测量再入点附近的弹道参数和低高度的弹道参数,才能精确计算弹头落点。

对导弹弹道参数的测量一般是在发射坐标系中进行的,对于远程导弹,经常使用地心坐标系,即大地测量坐标系。通过测量设备在测量坐标系获取的距离 R、方位角 A、俯仰角 E、距离和 S、距离差 r、方位余弦 l、m、n 及高度 h 等参数,转换为测量坐标系的弹道参数 $(t,x,y,z,\dot{x},\dot{y},\dot{z})$,然后再转换成发射坐标系的弹道参数 $(t,x,y,z,\dot{x},\dot{y},\dot{z})$。

对于巡航导弹,由于其飞行高度低、飞行路径可变,分析和测控更为复杂。

2. 卫星轨道

1) 卫星发射轨道

为了达到必要的入轨速度,卫星通常由多级火箭组成的运载工具携带入轨。与导弹发射相似,卫星的发射也是由地面垂直起飞,按给定的程序飞行,运载火箭发动机推力将其加速到所需轨道速度后星箭分离,卫星进入预定轨道。根据卫星的最终运行轨道不同,卫星的入轨方式也不同,基本方式有三种,如图 2-25 所示。

(1) 直接入轨。运载火箭各级发动机逐级连续工作,最后一级发动机推力终止时星箭分离,卫星进入预定轨道。这种方式一般适用于发射低轨道卫星。

(2) 滑行入轨。发射弹道由主动段、自由段和加速段组成。加速段结束后,卫星进入预定轨道。这种方式一般适用于发射中、高轨道卫星。

(3)过渡入轨。发射弹道由主动段、停泊(驻留)轨道段、加速段、过度轨道段和远地点加速段组成。其中,由过渡轨道变为同步轨道的任务,由星载远地点发动机完成。这种方式常用于发射地球同步轨道卫星。

20世纪80年代又出现了新的发射方式,即空中发射。具体有两种模式:一种是飞机将星箭复合体携带至1万多米高空释放和点燃运载火箭,将卫星送入轨道;另一种是由航天飞机携带至低地球轨道适时释放,然后点燃高空级火箭将其送入轨道。

图2-25所示为三种卫星发射入轨示意图。

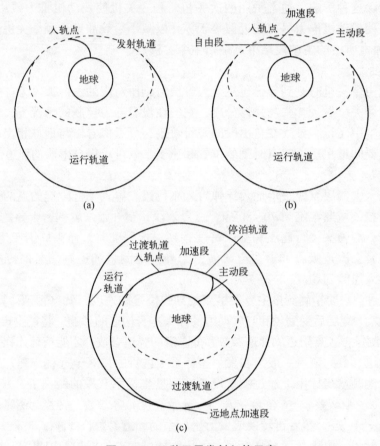

图 2-25 三种卫星发射入轨示意

(a) 直接入轨示意;(b) 滑行入轨示意;(c) 过渡入轨示意。

2)卫星运行轨道

卫星绕地球运动与行星绕太阳运动十分相似,其运动规律基本符合开普勒定律。这里将关于天体运动规律的开普勒三大定律陈述如下。

开普勒第一定律:行星绕太阳运动时,其运动轨道是一个椭圆,太阳位于椭圆的一个焦点上。这一轨道称开普勒椭圆轨道。

开普勒第二定律:相同时间内,行星和太阳的连线扫过的面积相同。

开普勒第三定律:行星绕太阳运行,其周期的平方与它们的轨道椭圆半长轴的立方成正比。

若把地球看作一个均匀球体、卫星看作一个质点,则卫星的运动可视为二体运动。地球对卫星的引力与卫星到地心距离的平方成反比,此引力称为中心引力,也称二体引力。仅在中心引力的作用下,卫星绕地球运行的轨道是一个开普勒椭圆。但实际上卫星运动并非简单的二体问题,因地球并不是一个质量均匀分布的球体,故地球对卫星的引力与中心有偏差。另外,还有许多影响卫星运动的因素,如地球周围的大气对卫星运动有阻力、太阳和月球对卫星有引力、太阳光压对卫星有作用力等。这些因素将使卫星运动产生摄动,从而使卫星的轨道成为一条接近开普勒椭圆的复杂曲线。

3) 轨道参数

卫星的轨道可由 6 个基本参数(又称轨道根数)来完全描述和确定,分别为:

(1) 半长轴 a——卫星轨道椭圆长轴的一半。它确定了卫星运动轨道的周期。

(2) 轨道倾角 i——卫星轨道平面与赤道平面的夹角。常以地心至北极方向和轨道平面正法向之间的夹角来度量,$i=90°$ 为极地轨道。

(3) 轨道偏心率 e——卫星轨道椭圆两焦点之间的距离与长轴的比值,其大小为 0~1,$e=0$ 为圆轨道。

(4) 升交点赤经 Ω——春分点与升交点对地心的张角,在赤道面内度量。

(5) 近地点辐角 ω——升交点与近地点对地心的张角,在轨道面内度量。

(6) 真近点角 f——卫星在某一时刻相对于近地点的位置,在轨道面内从近地点沿卫星运动方向度量至航天器所处位置的角度。

上述 6 个基本参数中,a 和 e 决定卫星轨道的大小和形状,i 和 Ω 决定卫星轨道平面在空间的位置,ω 决定椭圆在轨道面上的方位,f 决定卫星在轨道上的位置关系。在不考虑摄动的情况下,只有真近点角是不断变化的。图 2-26 所示为卫星轨道与轨道根数。

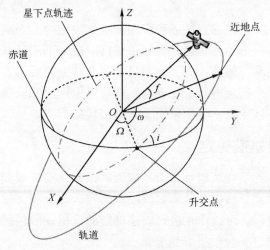

图 2-26 卫星轨道与轨道根数

图 2-26 中星下点轨道与赤道相交的两点分别叫作升交点和降交点。其中,当卫星由南半球向北半球运动时过升交点,由北半球向南半球运动时过降交点。

地球、太阳、月球和其他天体的万有引力是决定航天器飞行轨道的主要因素,当航天器在某个天体附近飞行时,该天体对航天器的作用力通常远远大于其他天体的作用力,该天体称为中心天体，这时可以把航天器的飞行轨道近似看成开普勒轨道，用圆锥曲线来加以描述：

$$r = \frac{p}{1+e\cos f} \quad (2-44)$$

式中：r 为航天器与中心天体之间的距离；p 为飞行轨道的半通径。

偏心率 $e = 0$ 的飞行轨道是圆轨道，偏心率 $0 < e < 1$ 的飞行轨道是椭圆轨道，偏心率 $e = 1$ 的飞行轨道是抛物线轨道，偏心率 $e > 1$ 的飞行轨道是双曲线轨道。

人造地球卫星的飞行轨道都是圆轨道或椭圆轨道，月球轨道航天器一般采用地心椭圆轨道从地球飞往月球。行星际航天器在飞离出发行星时的逃逸轨道通常是双曲线轨道，然后要经历一段日心过渡轨道。日心过渡轨道可以是椭圆轨道，也可以是抛物线轨道或双曲线轨道。在靠近目标行星时，再转入以目标行星为中心的圆轨道或椭圆轨道。

对于以地球为中心天体的卫星，存在一些特殊的飞行轨道，如极地轨道、赤道轨道、地球同步轨道、地球静止轨道、回归轨道和太阳同步轨道等。航天器轨道平面与地球赤道平面之间的夹角称为轨道倾角，轨道倾角小于 90° 的轨道为顺行轨道，大于 90° 的为逆行轨道，倾角等于 90° 的轨道称为极地轨道，倾角等于 0° 的轨道为赤道轨道。对于轨道高度为 36000km 的圆轨道，卫星的运行周期与地球的自转周期相同，这种轨道称为地球同步轨道。轨道倾角为 0° 的地球同步轨道为地球静止轨道，是一条特殊的地球同步轨道，采用这种轨道的卫星与地球之间是相对静止的。回归轨道是指卫星的地面轨迹经过一段时间后与以前的轨迹重叠的轨道，轨道周期与地球旋转周期均可表示为某一时间的整倍数，因此旋转地球的星下点轨迹将以一定规律进行重复。如果卫星的轨道平面绕地球自转轴方向的旋转角速度与地球绕太阳公转的旋转角速度相同，则这种轨道为太阳同步轨道，它同时也是逆行轨道和回归轨道。

卫星飞行轨道的选择是根据其任务和应用要求来决定的。对地观测的地球资源卫星和照相侦察卫星等采用近圆形的低轨道；大容量通信卫星常采用地球静止轨道；为了节省发射卫星的能量，常采用顺行轨道；为了使卫星能对全球进行观测，需采用极地轨道；如果要让卫星对地球上的某个区域进行重复观测，则可以采用回归轨道；为了使卫星始终在同一时刻经过同一纬度地区上空，必须采用太阳同步轨道。

2.4.2 航天器轨道确定

航天器轨道确定，就是利用地基或天基航天器跟踪站或星载惯性敏感器件，对航天器运动状态的带有误差的测量数据和并非精确的航天器运动方程，使用统计学原理对航天器轨道根数进行估值的过程。可以用来进行轨道确定的数据一般包括外测数据、遥测数据和卫星导航数据。轨道确定一般包括下列步骤。

2.4.2.1 数据预处理

轨道数据预处理是航天器轨道数据处理的第一步，是后续轨道确定工作的前提和基础。其主要任务是对航天器运动过程中，观测设备所获得的跟踪测轨数据进行适当的修正和统计处理，以达到对每个独立测量元素消除先验的系统误差，剔除测量中的野值，提高测量精度和测量结果的置信度。

根据跟踪测轨数据的获得和使用过程,可将数据预处理分为两大部分:数据修正和数据统计处理。

数据修正工作由测量设备在采集测量数据过程中完成,包括测站时钟同步误差、星地回路时延误差、电离层折射误差、站址坐标修正等各项修正,并对各类设备按其特性进行相应的修正。

数据统计处理工作由系统计算机在用测量设备采集到的测量数据进行轨道计算时对数据进行统计处理,包括拟合剔除野值、平滑多项式选取、平滑处理等。这类处理与航天器轨道的运动特征相关,不同的航天器飞行轨道相应的处理方式各异。

2.4.2.2 初始轨道确定

初始轨道确定是利用短弧段情况下跟踪测轨数据(测距、测速、测角、GPS 数据等),计算在某一时刻(也称轨道历元)航天器在轨道坐标系中的位置和速度,并转化成椭圆运动的 6 个轨道根数。

初始轨道确定的结果用于入轨判断和为轨道改进提供初值,实时性要求较高。2.3 节讨论了由测量值计算航天器位置和速度的方法。下面给出由位置、速度转换成 6 个轨道根数的计算公式。

设历元时刻 t_0 航天器的位置矢量和速度矢量为 $\boldsymbol{r}_0$ 和 $\boldsymbol{v}_0$,根据二体运动理论可得

$$a = \left(\frac{2}{r_0} - \frac{v_0^2}{\mu}\right)^{-1} \tag{2-45}$$

式中:μ 为地球引力常数。

$$e = \sqrt{(e\sin E_0)^2 + (e\cos E_0)^2} \tag{2-46}$$

$$i = \arccos R_z \tag{2-47}$$

$$\omega = \arctan\left(\frac{P_z}{Q_z}\right) \tag{2-48}$$

$$\Omega = \arctan\left(\frac{R_x}{-R_y}\right) \tag{2-49}$$

$$M_0 = E_0 - e\sin E_0 \tag{2-50}$$

ω 和 Ω 的计算均有象限确定问题,需用两个三角函数值:

$$r_0 = |\boldsymbol{r}_0|, \quad v_0 = |\boldsymbol{v}_0| \tag{2-51}$$

$$e\sin E_0 = \frac{\boldsymbol{r}_0 \cdot \boldsymbol{v}_0}{\sqrt{a\mu}} \tag{2-52}$$

$$e\cos E_0 = 1 - \frac{r_0}{a} \tag{2-53}$$

$$E_0 = \arctan\left(\frac{e\sin E_0}{e\cos E_0}\right) \tag{2-54}$$

$$[h_x \quad h_y \quad h_z]^T = \boldsymbol{r}_0 \cdot \boldsymbol{v}_0 \tag{2-55}$$

$$[P_x \quad P_y \quad P_z]^T = \frac{\cos E_0}{r_0}\boldsymbol{r}_0 - \frac{\sqrt{a}}{\sqrt{\mu}}\sin E_0 \boldsymbol{v}_0 \tag{2-56}$$

$$[Q_x \quad Q_y \quad Q_z]^T = \frac{\sin E_0}{r_0\sqrt{1-e^2}}\boldsymbol{r}_0 - \frac{\cos E_0 - e}{\sqrt{\mu a(1-e^2)}}\boldsymbol{v}_0 \tag{2-57}$$

$$[R_x \quad R_y \quad R_z] = \frac{\boldsymbol{r}_0 \cdot \boldsymbol{v}_0}{\sqrt{\mu a(1-e^2)}} \tag{2-58}$$

2.4.2.3 轨道改进

当不考虑摄动时，航天器的运动为椭圆轨道运动；当考虑摄动时，航天器的运动可通过椭圆轨道根数的微分方程描述：

$$\frac{d\sigma}{dt} = f(\sigma, t), \quad \sigma(t_0) = \sigma_0 \tag{2-59}$$

式中：σ 为 6 个轨道根数。如果数学模型（右函数 f）和初始条件 σ_0 是准确的，通过积分即可得到航天器的运动轨道。但事实上，数学模型（主要是一些已模型化的摄动因素包含的物理参数）和初值是不准确的，这就需要通过一系列观测值来校正上述有关参数和初始条件 σ_0，这就叫轨道改进，有时也称轨道确定。

从微分方程的角度来看，轨道改进就是将一个常微分方程初值问题转化为边值问题（观测值即边值），由边值条件反过来确定初值（初始轨道），即打靶法。轨道改进过程中要用到大量观测资料，因而不是简单地将初值问题转化为边值问题求解，而要涉及最优估计问题，因此也称统计定轨。

1. 轨道改进的数学模型

称轨道 $\sigma(a、e、i、\Omega、\omega、M$ 或类似变量）和一些物理参数 β 为状态量，记作 $\boldsymbol{X}$，包含误差的航天器观测数据（如方位角 A、高低角 E、径向距离 ρ 或径向速度 $\dot{\rho}$ 等）为 $\boldsymbol{Y}$。

状态量所满足的微分方程可表示为

$$\dot{\boldsymbol{X}} = \boldsymbol{F}(\boldsymbol{X}, t), \quad \boldsymbol{X}(t_0) = \boldsymbol{X}_0 \tag{2-60}$$

方程的解可表示为

$$\boldsymbol{X}(t) = \boldsymbol{X}(\boldsymbol{X}_0, t) \tag{2-61}$$

为便于讨论暂将其写成线性形式：

$$\boldsymbol{X}_l = \boldsymbol{\Phi}_{l,l-1} \boldsymbol{X}_{l-1} \tag{2-62}$$

式中：$\boldsymbol{\Phi}_{l,l-1}$ 为状态转移矩阵。

观测量 $\boldsymbol{Y}$ 与状态量 $\boldsymbol{X}$ 的关系如下：

$$\boldsymbol{Y}(t) = \boldsymbol{H}(\boldsymbol{X}, t) + \boldsymbol{V} \tag{2-63}$$

式中：$\boldsymbol{V}$ 为测量噪声。

通常 $\boldsymbol{H}(\boldsymbol{X}_l, t_l)$ 为非线性函数，也将其写成线性形式：

$$\boldsymbol{Y}_l = \boldsymbol{H}_l \boldsymbol{X}_l + \boldsymbol{V}_l \tag{2-64}$$

在上述基础上，轨道改进问题即状态估值问题：利用带有随机观测误差 $\boldsymbol{V}_l(l=0,1,2,\cdots,k)$ 的测量序列 $\boldsymbol{Y}_1, \boldsymbol{Y}_2, \cdots, \boldsymbol{Y}_k$ 和已知的初始状态 $\boldsymbol{X}_0$，确定某种意义下的最优估值 $\hat{\boldsymbol{X}}_0$。

2. 轨道改进的基本过程

轨道改进需要通过迭代完成，设迭代到第 j 步的初始状态 $\boldsymbol{X}_0$ 为 $\boldsymbol{X}_0^{(j)}$，轨道改进的过程如下。

第一步，求解观测量 $Y_l(l=0,1,2,\cdots,k)$ 的计算值 $H(X_0,t_l)$。这一步实际上是有摄动星历的计算，方法主要有两种：数值方法和分析方法。通过根数外推可求出各时刻的位置和速度矢量，进而求得观测量的计算值。

第二步，计算 B 矩阵：

$$B = \frac{\partial H}{\partial \sigma} \frac{\partial \sigma}{\partial X_0}\bigg|_{X_0 = X_0^{(j)}} \tag{2-65}$$

第三步，求解最小二乘估计最优准则意义下的方程，通常采用如下形式的解：

$$X_0^{(j+1)} = X_0^{(j)} + \sum_{l=1}^{k}(B^\mathrm{T}B)^\mathrm{T}B^\mathrm{T}[Y_l - H(X_0^{(j)},t_l)] \tag{2-66}$$

残差平方和如下：

$$U^{(j)} = \sum_{l=1}^{k}[Y_l - H(X_0^{(j+1)},t_l)]^\mathrm{T}[Y_l - H(X_0^{(j+1)},t_l)] \tag{2-67}$$

比较两次残差平方和之差，如果达到如下的要求，则迭代结束；否则继续迭代：

$$|U^{(j)} - U^{(j+1)}| < \varepsilon \tag{2-68}$$

式中：ε 为根据精度要求设置的收敛门限。

2.4.3 航天器轨道控制

轨道控制是对航天器施加外力，有目的地改变其质心运动轨迹的过程。轨道控制按应用方式可分为四类。

（1）变轨是使航天器从一个自由飞行段轨道到另一个自由飞行段轨道的控制。例如，地球静止卫星发射过程中为进入地球同步轨道，在其转移轨道的远地点就需进行一次或数次变轨机动。

（2）轨道保持是降低摄动影响，使航天器轨道的某些参数保持不变的控制。例如，地球同步卫星为精确保持其定点位置而定期进行的轨道修正，太阳同步轨道和回归轨道卫星为保持其倾角和半长轴施加的控制，有的低轨道卫星为减小大气阻力、延长轨道寿命进行的控制。

（3）轨道拦截是使航天器能与另一个航天器在同一时间到达空间同一位置而实施的控制过程，轨道交会是使航天器能与另一个航天器在同一时间以相同速度到达空间同一位置而进行的控制。

（4）返回轨道控制是使返回式航天器改变运行轨道，返回地面特定区域所进行的控制。返回轨道控制一般包括制动控制和再入大气层控制。

目前，绝大多数航天器使用各种质量喷射式执行机构即火箭发动机来实现轨道控制。发动机工作期间，推进剂形成高速射流排出，对航天器产生反作用推力，同时航天器质量不断降低。根据不同的轨道控制任务及所用发动机的特点，可对推力模型进一步简化。一般分为3种推力模型：当推力作用时间比轨道周期短得多时，可将推力近似为脉冲，在脉冲推力作用前后航天器位置不变，而速度矢量发生跳变；当推力很小，并且作用时间比轨道周期长得多，轨道根数在一个周期内变化很小时，称为小推力，小推力可作为摄动力处理；介于脉冲推力和小推力之间的轨道控制推力，为有限推力。通常情况下，轨道机动采用大推力短时间工作的火箭发动机，因此可近似看作脉冲推力。

航天器在控制系统作用下轨道发生有目的的改变为轨道机动。为讨论方便，根据轨道机动前后的轨道关系将轨道机动分为轨道改变与轨道转移。当最终轨道与初始轨道相交或相切时，在交点或切点施加一次冲量即可使航天器由初始轨道进入最终轨道，即轨道改变；当最终轨道与初始轨道不相交也不相切时，至少要施加两次冲量才能使航天器由初轨道进入最终轨道，即轨道转移。连接初始轨道与最终轨道的过渡轨道为转移轨道。一般情况下的轨道改变和轨道转移问题涉及内容较多且理论性较强，这里不作进一步讨论。

轨道调整是指所需的速度增量不大的轨道机动，即最终轨道与初始轨道的轨道根数之差为小量。轨道调整的目的一般是进行轨道捕获与轨道保持。航天器发射时由于不可避免的入轨误差，航天器轨道根数相对标称值存在一个小偏差，为消除这个偏差进行的轨道机动为轨道捕获。航天器在运行过程中由于受到各种摄动因素的影响，轨道根数也会发生变化，当偏差积累到一定量时，为消除这些偏差进行的轨道机动为轨道保持。

习 题

1. 测控选用无线电频段是如何考虑的？其电波传输特性如何？
2. 假设某测控站发射机输出功率 $P_t = 30\text{dBW}$，工作频率为 2025MHz，发射天线直径为 9m，假定天线效率为 0.55，发射损耗 $L_t = 3.1\text{dB}$，试计算该发射机的 EIRP。
3. 假设卫星和测站相距 1000km，卫星发射频率为 2200MHz，试计算二者之间自由空间损耗。
4. 假设地面站接收天线增益为 50.0dB，天线与低噪放之间的损耗分别是发阻滤波器 0.4dB、定向耦合器 0.2dB、波导开关 0.2dB、波导损耗 0.5dB，天线噪声温度为 70K，低噪放噪声温度为 50K，试计算接收机系统噪声温度和品质因数。
5. 为何通常选取航天测控下行链路开展链路分析，请简要说明理由。
6. 简述卫星发射入轨的三种形式。
7. 简述卫星轨道的 6 个轨道根数分别对轨道有什么影响。

参 考 文 献

[1] 贺涛，李滚. 航天测控通信原理及应用 [M]. 北京：国防工业出版社，2022.
[2] 斯克拉. 数字通信：基础与应用 [M]. 徐平平，宋铁成，等，译. 北京：电子工业出版社，2022.
[3] 陈韬鸣，胡敏，王绍山，李朋远. 导航星座测控管理系统 [M]. 北京：国防工业出版社，2021.
[4] 张庆君，郭坚，董光亮. 空间数据系统 [M]. 2 版. 北京：中国科学技术出版社，2016
[5] 刘利生，郭军海，刘元，等. 空间轨迹测量融合处理与精度分析 [M]. 北京：清华大学出版社，2014.
[6] 樊昌信，曹丽娜. 通信原理 [M]. 7 版. 北京：国防工业出版社，2014.
[7] 丁鹭飞，耿富录，陈建春. 雷达原理 [M]. 5 版. 北京：电子工业出版社，2014.

第 3 章　光学跟踪测量技术

光学跟踪测量技术主要指以光学成像原理采集飞行目标信息，经处理得到所需弹道参数与目标特性参数，并获取飞行实况图像资料的现代光学测量技术，具有测量精度高、不受黑障影响等优势，是一种古老而又发展前景巨大的跟踪测量技术。

3.1　概　　述

光学跟踪测量主要利用可见光、红外和激光等对目标进行跟踪测量，多用于运载火箭弹道测量和再入式航天器跟踪测量，是航天测控系统的重要组成部分。光学测量系统在高精度弹道参数与目标特性参数测量过程中，还涉及大地测量、气象参数测量及测量设备误差标定等技术。

3.1.1　光学测量技术的特点

光学跟踪测量多以光学望远镜为主，辅以摄影、红外、激光、电视等技术的测量设备对目标进行跟踪测量，主要的光测设备有光电经纬仪、弹道相机、高速摄影（像）机、光谱测量仪器等。飞行器测量时采用光学摄影的办法，进行角度测量，利用多站测量结果交会计算目标的空间位置。

光学测量具有如下优点：①测量精度高；②可测量飞行目标的光辐射特性参数；③可获得飞行目标影像，直观性强，并可事后复现；④不受黑障和地面杂波的干扰影响等。但与无线电测量比较，光学测量的作用距离较近；并受气象条件的限制，在阴雨、雪天等能见度低的天气条件下，难以完成测量任务。

3.1.2　光学测量系统的分类

根据光学测量系统的特点和地位，光学测量系统可分为以下三类。

1）弹道测量

光学测量系统采用多站交会或单站定位体制获得飞行器的高精度参数，高精度弹道数据是评定武器系统性能指标、分离制导误差与飞行器故障的重要数据，也是安全控制的实时信息源，还可用于鉴定与校准无线电测量设备的精度。

2）飞行实况记录

光学测量系统以摄录图像的方式记录火箭点火、起飞、离架、程序转弯、级间分离、再入及遭遇时的实况，称为飞行实况记录。记录的飞行器运行状况及异常现象，可供实时监视与事后复现，为飞行器性能评定和故障分析提供实况资料。借助某些光测设备和弹体上的标记还可以测量飞行器起飞时的离架漂移量和姿态滚动量。

3) 物理特性参数测量

光学系统可测得飞行目标的红外辐射特性、火焰光谱和发光亮度等光学物理特性参数。

3.2 光学跟踪测量系统

光学跟踪测量涉及很多光学相关基础知识，下面重点介绍光学跟踪测量系统中的主要组成部分及其基本原理。

3.2.1 光学测量系统的组成

光电经纬仪是用于飞行器外弹道测量的典型光学测量系统，可实现单台定位、实时测量，并对目标进行自动跟踪。典型的光电经纬仪实际外部结构如图3-1所示。

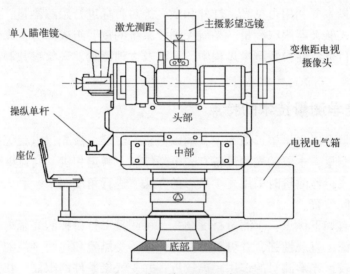

图3-1 光电经纬仪实际外部结构

光电经纬仪按照机械结构分，由头部、中部和底部三大部分组成。其中头部为光学部分，由主望远镜、瞄准镜和光路部分构成；中部是电控（如方位、俯仰跟踪电控电路板、微机控制和电机等）部分；底部是机械部分。

光电经纬仪按照系统功能划分，主要包括主摄影系统、测角系统、跟踪系统。跟踪系统接收电视红外或激光测角信息进行自动跟踪，或接收引导信息进行随动跟踪。其系统组成框图如图3-2所示。

此外，光学测量系统需要引导、时间统一、通信和气象测量等系统密切配合，方能完成测量任务。光电经纬仪具有丰富的测量手段和较宽的光谱利用范围，提高了对目标的跟踪定位能力，可实现单台对目标定位，并可对高速运动目标实行自动跟踪。

下面重点介绍系统组成中的光学系统、轴角系统和跟踪系统。

3.2.1.1 光学系统

光学测量常用的光学系统是望远镜系统，其作用是尽可能多地收集光辐射，并实现高

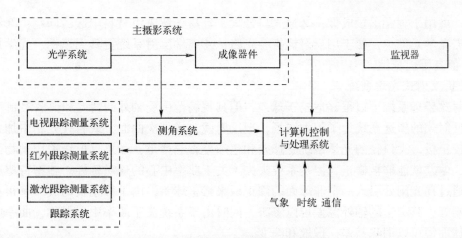

图 3-2 光电跟踪测量系统组成框图

灵敏度和高精度的测量。几何光学意义上的望远镜系统是指入射光和出射光均为平行光的光学系统,主要用于目视观测,许多天文科普望远镜的确属于望远镜系统,作为目视光学系统更关注"视觉放大率",其与内部两镜组的焦距比有关;而大型科研用天文望远镜主要用仪器观测,如感光耦合组件(CCD)、光谱仪、光度计等来记录观测信息,实际上只是一种对无穷远目标观测的成像光路,系统强调"底片比例尺",这与焦距有关。两者的共同指标是通光口径和有效视场:通光口径越大则分辨率越高、光能量越强,有效视场越大则观测的天区越大。

望远镜的结构形式有折射式、反射式和折反射式三种。在天文拍摄中,为提高分辨率和信号接收能力,天文望远镜必须增大孔径,若望远镜采用透镜形式,则对工艺制造和玻璃熔炼要求较高,且装配后的系统受重力作用其光学元件的面型也可能变化,进而影响成像质量。因此,大部分天文望远镜采用反射式光学系统或折反射式光学系统,下面就其特征分别介绍。

1) 反射式光学系统

反射式光学系统全为反射面,因此也称全反射光学系统或纯反射光学系统。采用反射式光学系统的结构可以克服折射式光学系统的缺点,而且因为光线不经过玻璃材料、不产生色差,望远镜可以在更大的光谱范围内正常工作。但是,反射式光学系统对加工面型精度的要求更严格。

最早的天文望远物镜由单个抛物面组成,使星点在抛物面的焦点上成理想像。为了扩大视场,在单镜系统增设一个反射镜,就形成双反射系统。主镜采用凹透镜;次镜位于主镜之前,可以由平面镜、凹透镜或凸透镜组成。

如果次镜是凸透镜,即卡塞格林望远镜光学系统,其有效焦距为正,结构如图 3-3 所示。如果两个镜面都为双曲面型即里奇-克莱琴(RC)望远镜光学系统,可以对球差和彗差进行校正,这种结构目前应用较为广泛。

反射式光学系统的主要特点:①不存在任

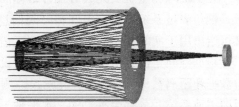

图 3-3 卡塞格林望远镜光学系统结构(见彩插)

何色差，可用于宽光谱段成像；②通光口径大，且易于解决由材料引起的问题；③结构紧凑，所需光学元件少，便于用反射镜折叠光路；④离轴反射系统更具无遮挡、光学传递函数 MTF 值高等优越性。

2) 折反射式光学系统

反射式望远系统可以很好地校正球差，但其视场范围受轴外的彗差和像散限制。

折反射式的望远系统为了扩大视场，把反射镜改成高次曲面，或者在光路中加入轴外像差的校正板。大口径的光学系统受球差和色球差影响严重，如果反射镜采用抛物面等高次曲面，球差就能够被修正，但是系统失去了关于曲率中心的球对称性。施密特望远镜光学系统通过在光阑处引入一个非球面的修正板来修正球差，由于修正板的放大率很小，且位于光阑处，其产生的轴外像差可以忽略，同时由于系统关于曲率中心对称，曲率中心有光阑的球面镜可以消除彗差、像散和畸变。

施密特望远镜光学系统所有表面的中心重合，因此能够有效地校正倍率色差，但仍然存在一个很小的轴上色差。马克苏托夫望远镜光学系统同样基于同心原理设计，不同的是其设计轻微偏离中心，以校正色差。该系统的球差校正没有施密特望远镜光学系统好，但最大的好处是所有的表面都是球面。两种折反射式光学系统如图 3-4 所示。

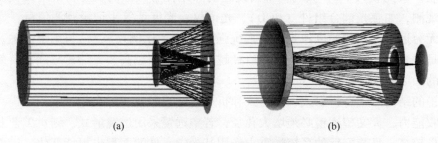

图 3-4 折反射式光学系统结构示意（见彩插）
(a) 施密特望远镜光学系统结构；(b) 马克苏托夫望远镜光学系统结构。

折反射式光学系统的优点：①由于反射面不产生色差，系统二级光谱很小，一般不存在二级光谱校正问题；②光学系统对环境温度的变化不太敏感；③系统对环境气压变化也不敏感；④比较适用于大视场的光学系统设计。

折反射式光学系统的缺点：①有中心遮挡，不仅会损失光通量，而且会降低中、低频的衍射 MTF 值；②反射面面形加工精度比折射面要求高；③装调困难，同心度不易保证。

3.2.1.2 轴角系统

光学跟踪测量主要完成对飞行目标的跟踪测量，实现对飞行目标方位角和俯仰角的测量。轴角测量系统可完成角度和时间信息的实时处理，给出适合记录和观察的显示信息，又可给出用于实时控制的角度和角速度信息，这是光学跟踪测量的核心。

根据空间定位方法，光学跟踪测量设备要想实现单站定位，则必须同时给出 A、E 两组数据和距离数据 R。因此，光学跟踪测量系统必须有表征上述三组数据的测量机构，即所谓三轴系统，分别为垂直轴、水平轴、照准轴。

以光电经纬仪为例，其三轴之间的关系如图 3-5 所示，水平轴和照准轴可以绕垂直轴在水平面内旋转。望远镜装于水平轴上，其主光轴为照准轴，与水平轴垂直，可绕水平轴在垂直平面内旋转。在垂直轴和水平轴上分别装有轴角编码器（或光学码盘）。照准轴绕垂直轴旋转的角度由装在垂直轴上的轴角编码器给出（相对某一基准方位），称为方位角；照准轴绕水平轴旋转的角度由装在水平轴上的轴角编码器给出（水平面为零基准），称为俯仰角；照准轴从原点延伸到目标的长度为距离 R。

光电经纬仪对目标跟踪的理想状态是使照准轴对准目标上的定位点，如飞行器的质心或头部、尾部等。此时，经纬仪照准轴的方位角 A_0 和俯仰角 E_0 就是光电经纬仪三轴交点至目标定位点连线的方位角 A 和俯仰角 E。事实上，这种理想状态是难以做到的，一般情况下照准轴总是偏离目标上的定位点，从而 A、E 分别与 A_0、E_0 存在一个小的角度偏离，称为跟踪不准修正量，简称跟踪修正量，记作 ΔA、ΔE。所以有下列公式：

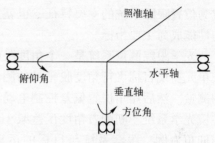

图 3-5　光电经纬仪三轴之间的关系示意

$$\begin{cases} A = A_0 + \Delta A \\ E = E_0 + \Delta E \end{cases} \quad (3-1)$$

跟踪修正量可以利用目标在经纬仪上的成像和光电经纬仪的参数计算得到。而 A_0 和俯仰角 E_0 可以从轴角编码器输出，据此可由式（3-1）得到目标方位角 A 和俯仰角 E。

3.2.1.3　跟踪系统

光学测量系统要实现对目标的跟踪测量，离不开自动跟踪技术。跟踪系统是光学测量系统的一个重要组成部分，其作用是在一定精度范围内实现光轴对空中飞行目标的跟踪。跟踪系统根据不同的控制指令分别驱动仪器垂直轴做方位方向、水平轴做俯仰方向的复合运动，使各光轴连续、稳定地跟踪空中飞行目标，以保证影像摄取和测量。因此，光学测量系统采用的跟踪系统一般都有相互独立的两套系统，一套系统负责方位方向的跟踪，另一套系统负责俯仰方向的跟踪，用于在一定精度范围内跟踪空中飞行目标。跟踪系统组成框图如图 3-6 所示。

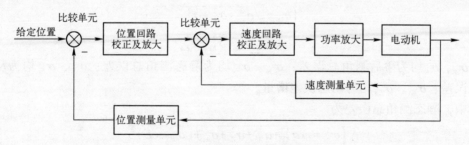

图 3-6　跟踪系统组成框图

从控制工程角度来看，两套系统的结构基本相同，都是带有速度内回路的双闭环自动控制的随动系统。通常把由速度回路校正及放大、功率放大、转速反馈等部分所构成的回路称为调速系统，或速度回路；把由位置回路校正及放大、内回路及位置信息反馈单元构成的回路称为位置随动系统，或位置回路。

位置随动系统和调速系统一样都是反馈控制系统，即通过对系统的输出量和给定量进行比较，组成闭环控制，因此两者的控制原理是相同的。调速系统的给定量是恒值，不管外界扰动情况如何，人们都希望输出量能够稳定，因此系统的抗扰性能往往显得十分重要。而位置随动系统中的位置指令是经常变化的，是一个随机变量。要求输出量准确跟随给定量的变化，输出响应的快速性、灵活性、准确性成为位置跟踪系统的主要特征，也就是说，系统的跟随性能成为主要指标。

光学跟踪测量系统是一个角度跟踪系统，通过比较单元实现目标飞行角度脱靶量的测量，即角度误差的测量。然后用角位置偏差控制电动机的转动，带着主镜光学系统不断朝着角度误差减小的方向调节。以俯仰角为例，跟踪系统与目标的运动关系如图3-7所示。

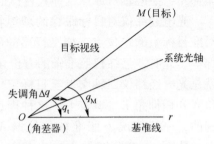

图3-7 跟踪系统与目标的运动关系

3.2.2 光学测量系统的主要技术指标

光学跟踪测量的主要技术指标包括测角精度、作用距离、跟踪性能等。

3.2.2.1 测角精度

测角精度是指光学跟踪测量系统测得的目标方位角、俯仰角测量值与真值的偏离程度。一般用均方根误差来表示，单位是角秒（"）。

影响测角精度的因素可分为静态测角误差源和动态测角误差源两种。其中，静态测角误差源有垂直轴误差、水平轴误差、视准轴误差、轴角编码器误差、零位差、定向差、判读误差等，动态测角误差源有动态摄影引起的动态误差和其他动态变形引起的误差。

1）事后测角总误差

光学跟踪测量系统在实际使用中，环境条件差，气象因素复杂，对飞行器发射初始段或再入段的跟踪角速度与角加速度都很大，因此事后测角总误差应为静态测角总误差、动态随机误差和动态误差增量的方差和开方，即事后测角总误差为

$$\begin{cases} \sigma_A = \sqrt{\sigma_{As}^2 + \sigma_{Ar}^2 + \sigma_{A\Delta}^2} \\ \sigma_E = \sqrt{\sigma_{Es}^2 + \sigma_{Er}^2 + \sigma_{E\Delta}^2} \end{cases} \tag{3-2}$$

式中：σ_A、σ_E 均为事后测角总误差；σ_{As}、σ_{Es} 均为静态测角总误差；σ_{Ar}、σ_{Er} 均为动态测角随机误差；$\sigma_{A\Delta}$、$\sigma_{E\Delta}$ 均为动态误差增量。

其中，静态测角总误差为

$$\begin{cases} \sigma_{As} = \sqrt{\sigma_{AV}^2 + \sigma_{Ab}^2 + \sigma_{Ac}^2 + \sigma_m^2 + (\sigma_P \sec E)^2} \\ \sigma_{Es} = \sqrt{\sigma_{EV}^2 + \sigma_m^2 + \sigma_P^2} \end{cases} \tag{3-3}$$

式中：σ_{As}、σ_{Es} 分别为静态方位、俯仰角均方总误差；σ_{AV}、σ_{EV} 分别为垂直轴倾斜引起的方位、俯仰角均方误差；σ_{Ab} 为水平轴不正交于垂直轴引起的方位角均方误差；σ_{Ac} 为视准轴不垂直于水平轴引起的方位角均方误差；σ_m 为轴角编码器最小量化单位产生的角均方误差；σ_p 为判读产生的角均方误差。

光学跟踪测量系统动态测角误差与静态测角误差的差值称为动态测角误差增量，不同

俯仰角 E 值下的动态误差增量 $\sigma_{A\Delta}$（方位动态误差增量）、$\sigma_{E\Delta}$（俯仰动态误差增量）为

$$\begin{cases} \sigma_{A\Delta} = \sqrt{(\sigma_f \sec E)^2 + \sigma_{Ra}^2 + (\sigma_{ca} \sec E)^2 + \left(\sigma_{VT} \dfrac{\tan E}{\sqrt{2}}\right)^2 + (\sigma_{bT} \tan E)^2} \\ \sigma_{E\Delta} = \sqrt{\sigma_f^2 + \sigma_{Ra}^2 + \left(\dfrac{1}{\sqrt{2}} \sigma_{VT}^2\right)^2} \end{cases} \quad (3-4)$$

式中：由 σ_f 为动态照相引起的动态误差；σ_{Ra} 为由速度、加速度引起的数字测角误差；σ_{ca} 为由加速度引起的视准轴晃动误差；σ_{VT} 为由风负载引起的垂直轴晃动误差；σ_{bT} 为受温度影响产生的不垂直度误差。

2）实时测角总误差

光电经纬仪在跟踪高速飞行目标时的脱靶量是来自电视或红外或激光分系统的实时测量值，但没有摄影判读误差，于是光电经纬仪实时测角总误差为

$$\begin{cases} \sigma_{A实} = \sqrt{\sigma_{A0}^2 + (\sigma_{A1} \sec E)^2 + (\sigma_{A2} \sec E)^2 + (\sigma_{\Delta A} \sec E)^2} \\ \sigma_{E实} = \sqrt{\sigma_{E0}^2 + \sigma_{E1}^2 + \sigma_{E2}^2 + \sigma_{\Delta E}^2} \end{cases} \quad (3-5)$$

其中

$$\sigma_{A0} = \sqrt{\sigma_A^2 - (\sigma_p \sec E)^2 - (\sigma_f \sec E)^2}, \quad \sigma_{E0} = \sqrt{\sigma_E^2 - \sigma_p^2 - \sigma_f^2}$$

式中：σ_A 为事后方位角总误差；σ_E 为事后俯仰角总误差；σ_{A1}、σ_{E1} 均为脱靶量测量分系统的光轴平行度误差；σ_{A2}、σ_{E2} 均为脱靶量测量分系统的模/数转换误差；$\sigma_{\Delta A}$、$\sigma_{\Delta E}$ 均为脱靶量实时测量误差；σ_p 为事后测量的胶片判读误差；σ_f 为事后测量中由动态摄影引起的动态误差。由于光学跟踪测量系统测角精度高，即 σ_{A0}、σ_{E0} 及 σ_{A1}、σ_{E1}、σ_{A2}、σ_{E2} 都较小，实时测量中的测角总误差主要取决于脱靶量测量误差 $\sigma_{\Delta A}$ 与 $\sigma_{\Delta E}$。

3.2.2.2 作用距离

光学跟踪测量系统中的作用距离包括摄影作用距离、激光测距作用距离，以及电视、红外或激光跟踪作用距离。这里重点介绍摄影作用距离。

光学跟踪测量系统主光学系统的摄影作用距离是指在一定条件下能拍摄目标的最远距离。摄影作用距离不仅与光学摄影系统的性能参数有关，还与目标状况（包括目标大小、发光度或辐射特性）、外界环境（指大气消光、大气抖动、天空亮度等）、接收器性能等有关。目标经大气成像传递环节如图 3-8 所示。

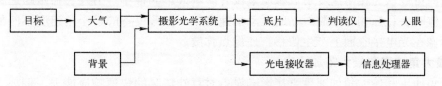

图 3-8 目标经大气成像传递环节

要使目标能被探测到，首先应使其在接收面上的光能量（或照度）能被接收器感受到；另外，像面上目标和背景的对比度也要达到一定比值。

对大气层外远距离目标的摄影成像作用距离常用如下公式估算：

$$\begin{cases} H_{背} = E_{背}t = \dfrac{(1-A^2)\pi \times 10^4}{4} \cdot B_{背}\left(\dfrac{D}{f}\right)^2 K_1' K_2' t \\ H_{目面} = E_{目面}t = \dfrac{(1-A^2)\pi \times 10^4}{4} \cdot B_{目}\left(\dfrac{D}{f}\right)^2 K_1 K_2 K_3 \left(\dfrac{\sigma_1^2}{\sigma_a^2}\right)t \\ H_{目点} = E_{目点}t = \dfrac{ID^2}{R^2 d^2}(1-A^2) K_1 K_2 K_3 \left(\dfrac{\sigma_1^2}{\sigma_a^2}\right)t \\ C = \left(\dfrac{H_{目}}{H_{背}}+1\right)^r \end{cases} \quad (3-6)$$

式中：$H_{背}$、$E_{背}$ 分别为天空背景在底片上的曝光量（lx·s）和照度（lx）；$H_{目面}$、$H_{目点}$、$E_{目面}$、$E_{目点}$ 分别为面目标和点目标在底片上的曝光量（lx·s）和照度（lx）；C 为目标与背景在底片上的对比度；r 为底片反差系数；A 为光学系统的遮拦比；$B_{背}$、$B_{目}$ 分别为天空背景亮度、目标亮度（cd/m²）；I 为目标光强（cd）；d 为目标在底片上像点直径（mm）；D 为光学系统的通光孔径（mm）；f 为光学系统的焦距（mm）；t 为快门曝光时间（s）；K_1、K_1' 分别为光学系统对目标和背景的透过率；K_2、K_2' 分别为滤光片对目标和背景的透过率；K_3 为大气透过率；σ_1 为目标对设备张角的均方根值（″）；σ_a 为目标经过大气、光学系统等环节在像面上引起的角弥散均方根值（″）；R 为目标斜距（m）。

3.2.2.3 跟踪性能

1. 工作范围

为适应各种场合，一般要求光电经纬仪的方位角转动范围为无限，高低角转动为 $-5°\sim 185°$。

2. 工作角速度和角加速度

根据目标飞行的理论弹道和布站情况，计算出光电经纬仪工作时转动的角速度和角加速度。考虑到对偏离理论弹道（尤其是故障弹）目标的跟踪拍摄，将理论结果乘以一个系数作为光电经纬仪保精度的工作角速度和角加速度的指标。

3. 最小角速度

在跟踪过程中，光电经纬仪的跟踪角速度和目标相对于测量站的运动角速度完全一致，即两者之间没有相对速度时，就能拍摄到清晰的目标图像。但在实际跟踪中，受设备性能和操作手跟踪技术水平所限，很难做到。因此，只能把相对速度限制在某个范围内，在此范围内可以认为相对速度对成像质量没有影响或影响很小。另外，在跟踪远距离目标或跟踪星体时，目标相对于测量站的运动角速度很小，若设备的最小角速度不匹配，则会造成目标像在光电接收面上产生像移，使像点弥散。

4. 最大角速度和最大角加速度

最大角速度和最大角加速度直接影响设备对意外情况的快速响应能力。例如，飞行中的目标突然发生故障，此时设备应以最大角速度和最大角加速度跟踪故障目标，并拍下实况。因此，从测量要求出发，光学跟踪测量系统的最大角速度和最大角加速度应越大越好，其值一般远大于工作角速度和角加速度，但此时设备的测量精度也会随之降低。

5. 跟踪精度

光学跟踪测量系统的视场都很小，需靠高跟踪精度确保目标维持在视场内，同时还要让红外、电视自动跟踪能工作在线性区。

3.3 光学外弹道测量技术

光学外弹道测量是通过光学测量设备跟踪拍摄目标影像，并经过数据采集处理完成飞行目标轨迹测量的过程。光学测量获得的目标飞行轨迹参数是武器试验鉴定和分析故障的重要依据。

3.3.1 测角体制的外弹道测量原理

外测体制指每一时刻能够确定目标空间飞行的弹道参数，通常为某坐标系的位置坐标 (x,y,z) 和速度坐标 $(\dot{x},\dot{y},\dot{z})$，并按一定的测量几何关系所需要的最少测量元素的组合组成相应的外测测量系统（或设备）。在光学跟踪测量中的外测体制主要有测距测角制、纯测角制。本节重点介绍测角体制的外弹道测量原理。

当光学测量设备不能同步测量目标距离时，通常会采用双站或者多站进行立体交会测量的方式获得飞行目标的空间坐标。这种通过多台设备光轴指向角度来确定飞行目标空间坐标的测量体制称为测角体制。角度交会测量方法根据参数与光学测量设备的个数分类，可分为双站交会测量和多站交会测量。双站交会测量是采用测角体制外弹道测量需要的最少设备数量，双站交会原理示意如图 3-9 所示，其中坐标系 O_1-$X_1Y_1Z_1$ 和 O_2-$X_2Y_2Z_2$ 分别为测站 1 和测站 2 的经纬仪坐标系。

测角体制的外弹道测量原理是，光学测量设备采用双站或多站异址布站，在统一的时统控制下，各设备对飞行目标进行同步拍摄，将目标拍摄在成像传感器上，同时测量摄影光轴指向的方位角和俯仰角。通过对数字视频图像进行实时无损记录，事后对所记录的目标视频信息进行判读与处理，获得目标视轴与光轴之间的角度误差，通常称为脱

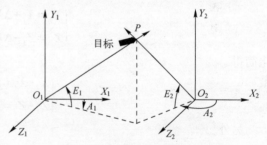

图 3-9 双站交会原理示意

靶量，利用脱靶量分别对直接测量的方位角和俯仰角进行误差修正，就得到图中的两套角度 (A_i, E_i)。根据光学测量设备与目标的空间几何关系、测角信息及已知的测量站址坐标，经过外弹道参数解算和误差修正等处理，确定飞行目标的空间坐标。

3.3.2 测角体制外弹道参数解算

双站交会测量需要利用观测数据方位角和高低角来解算被测目标的飞行轨迹，常用算法包括共面交会法和方向余弦交会法。

3.3.2.1 共面交会法

假设弹道测量系统采用两台光电经纬仪交会测量，两台测量设备布置在不同位置。在统一的时统控制下，各站光电经纬仪对飞行目标进行同步拍摄，理论上认为双站设备的像面中心和目标构成的空间射线与测量基线（两台经纬仪站址中心连线）共面，以此为依据

的交会算法就是共面交会法。

假设光电经纬仪 O_1、O_2 站址坐标分别为 (X_1, Y_1, Z_1)、(X_2, Y_2, Z_2)，测量目标 $M(X_m, Y_m, Z_m)$ 点的方位角和高低角分别为 (A_1, E_1)、(A_2, E_2)，如图 3-10 所示。将目标 M 点投影到靶场坐标系的水平面 XOZ 平面，投影点记为 M'，两台经纬仪 O_1、O_2 投影到 XOZ 平面的投影点记为 O'_1、O'_2，O_1、O_2 投影到直线 MM' 上分别为 M_1、M_2，利用几何关系解算出 M 点在靶场坐标系水平面上的投影点 M' 点坐标 X 和 Z，然后得到 M 点 Y 方向的坐标。

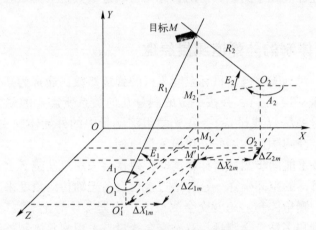

图 3-10　共面交会法示意

由图可知，M 点与 O_1，O_2 点的坐标关系如下：

$$\begin{cases} X_m = X_1 + \Delta X_1 = X_2 - \Delta X_2 \\ Z_m = Z_1 - \Delta Z_1 = Z_2 + \Delta Z_2 \end{cases} \tag{3-7}$$

化简得

$$\begin{cases} X_2 - X_1 = \Delta X_1 + \Delta X_2 \\ Z_1 - Z_2 = \Delta Z_1 + \Delta Z_2 \end{cases} \tag{3-8}$$

另外，

$$\begin{cases} \Delta Z_1 = -\Delta X_1 \tan A_1 \\ \Delta Z_2 = -\Delta X_2 \tan A_2 \end{cases} \tag{3-9}$$

由以上各式解得

$$\begin{cases} \Delta X_1 = \dfrac{(X_2 - X_1)\tan A_2 - (Z_2 - Z_1)}{\tan A_2 - \tan A_1} \\ \Delta X_2 = -\dfrac{(X_2 - X_1)\tan A_1 - (Z_2 - Z_1)}{\tan A_2 - \tan A_1} \end{cases} \tag{3-10}$$

即

$$\begin{cases} \Delta X_1 = \dfrac{(X_2 - X_1)\tan A_2 - (Z_2 - Z_1)}{\sin(A_2 - A_1)} \cos A_2 \cos A_1 \\ \Delta X_2 = -\dfrac{(X_2 - X_1)\tan A_1 - (Z_2 - Z_1)}{\sin(A_2 - A_1)} \cos A_2 \cos A_1 \end{cases} \tag{3-11}$$

于是有

$$\begin{cases} X_m = X_1 + \Delta X_1 = X_2 - \Delta X_2 \\ Z_m = Z_1 + \Delta X_1 \tan A_1 = Z_2 - \Delta X_2 \tan A_2 \end{cases} \quad (3-12)$$

由于 $O_1M = O_1M_1 = \Delta X_1 \sec A_1$，在 $\triangle O_1M_1M$ 中，可得 $Y_m = Y_1 + \Delta Y_1 = Y_1 + \Delta X_1 \sec A_1 \tan E_1$；同样，由 $O_2M = O_2M_2 = -\Delta X_2 \sec A_2$，在 $\triangle O_2M_2M$ 中，可得 $Y_m = Y_2 + \Delta Y_2 = Y_2 - \Delta X_2 \sec A_2 \tan E_2$，得到两组相似表达式：

$$\begin{cases} X_m = X_1 + \Delta X_1 \\ Y_m = Y_1 + \Delta X_1 \sec A_1 \tan E_1 \\ Z_m = Z_1 + \Delta X_1 \tan E_1 \end{cases} \quad (3-13)$$

或

$$\begin{cases} X_m = X_2 - \Delta X_2 \\ Y_m = Y_2 - \Delta X_2 \sec A_2 \tan E_2 \\ Z_m = Z_2 - \Delta X_2 \tan E_2 \end{cases} \quad (3-14)$$

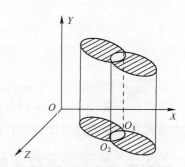

图 3-11 水平投影法适用区域示意

当 $\sin(A_2 - A_1) \to 0$ 时，ΔX_1、$\Delta X_2 \to \infty$，即当 $A_2 \to A_1$ 或 $A_2 \to \pi + A_1$ 时，ΔX_1、$\Delta X_2 \to \infty$，此时计算公式失效。也就是说，水平投影法在基线附近空域为畸变区，适用区域见图 3-11 阴影部分。

3.3.2.2 方向余弦交会法

方向余弦交会法忽略直线 O_1M_1 和 O_2M_2 的异面问题，假设双站中心和目标点构成的两条空间射线交于目标上同一点 M，如图 3-12 所示，$\triangle O_1MO_2$ 的三个内角分别为 φ_1、φ_2 和 φ_{12}，两测站之间的距离为 L。方向余弦交会法在外弹道参数解算时充分利用了两台设备的 4 个测角信息，通过计算测站离目标的距离 R_1 和 R_2，解算出空间目标的坐标值。具体计算步骤如下。

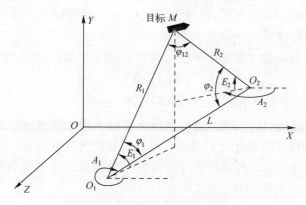

图 3-12 方向余弦交会法示意

首先，计算直线 O_1M，O_2M 和 O_1O_2 的方向余弦：

$$\begin{bmatrix} l_{R_i} \\ m_{R_i} \\ n_{R_i} \end{bmatrix} = \begin{bmatrix} \cos A_i \cos E_i \\ \sin E_i \\ \sin A_i \cos E_i \end{bmatrix} \text{ 和 } \begin{bmatrix} l_L \\ m_L \\ n_L \end{bmatrix} = \begin{bmatrix} (X_2 - X_1)/L \\ (Y_2 - Y_1)/L \\ (Z_2 - Z_1)/L \end{bmatrix} \quad (3-15)$$

在 $\triangle O_1MO_2$ 中 3 个内角的余弦分别为

$$\cos\varphi_1 = l_{R_1}l_L + m_{R_1}m_L + n_{R_1}n_L$$
$$= [(X_2-X_1)\cos A_1\cos E_1 + (Y_2-Y_1)\sin E_1 + (Z_2-Z_1)\sin A_1\cos E_1]/L \quad (3-16)$$

$$\cos\varphi_2 = l_{R_2}l_L + m_{R_2}m_L + n_{R_2}n_L$$
$$= [(X_1-X_2)\cos A_2\cos E_2 + (Y_1-Y_2)\sin E_2 + (Z_1-Z_2)\sin A_2\cos E_2]/L \quad (3-17)$$

$$\cos\varphi_{12} = l_{R_1}l_{R_2} + m_{R_1}m_{R_2} + n_{R_1}n_{R_2}$$
$$= \cos A_1\cos E_1\cos A_2\cos E_2 + \sin E_1\sin E_2 + \sin A_1\cos E_1\sin A_2\cos E_2 \quad (3-18)$$

其次，根据正弦定理计算测站到目标的斜距：

$$R_1 = \frac{L}{\sin\varphi_{12}}\sin\varphi_2 \quad (3-19)$$

$$R_2 = \frac{L}{\sin\varphi_{12}}\sin\varphi_1 \quad (3-20)$$

最后，计算得到飞行目标在发射坐标系中的空间坐标。

多站交会测量可以充分利用多台测量设备同步测量获得的角度冗余信息，通过最小二乘方法解算目标外弹道坐标，有效减小测量中随机误差的影响，提高外弹道测量精度。

3.3.3 光学测量数据处理与误差分析

多台外弹道测量系统对空中飞行目标进行同步测量，是在统一的"时空域"内进行的。由于设备制造过程中的缺陷、传动控制跟踪精度的影响、光线在大气中传播折射的影响、多路测量信息的采集、传输和记录时间的差异等，使同步测量的精度受到影响，因此需对测量数据进行误差修正。本节重点讨论目标脱靶量提取和异常数据判断与处理。

3.3.3.1 目标脱靶量提取

光学跟踪测量系统在跟踪飞行目标的过程中，由于跟踪精度，使视轴（主光轴）偏离目标一定角度，称为脱靶量，也称跟踪误差。

在成像像面上，目标像点偏离十字丝（像面）中心的偏移量 X、Y 为

$$\begin{cases} X = X_m + \Delta X_0 \\ Y = Y_m + \Delta Y_0 \end{cases} \quad (3-21)$$

式中：X_m、Y_m 为目标脱靶量；ΔX_0、ΔY_0 为原点晃动，即十字丝中心的误差，一般较小，仅为几角秒，可根据精度要求作相应修正。获得脱靶的偏移量 X、Y 后，将其转换成目标脱靶量角度值 ΔA_0 和 ΔE_0。设光学跟踪测量系统主光轴指向的方位角和俯仰角分别为 A_k、E_k，根据成像像面几何关系，有

$$\tan\Delta A_0 = \frac{X}{f\cos E_k - Y\sin E_k} = \frac{X}{f\cos E_k} \cdot \frac{1}{1 - Y\tan E_k/f} \quad (3-22)$$

对 $\tan E_k$ 进行泰勒展开，并取前两项，则有

$$\Delta A_0 \approx \tan\Delta A_0 = \frac{X}{f\cos E_k} + \frac{XY\sin E_k}{f^2\cos^2 E_k} \quad (3-23)$$

$$\Delta E_0 = \frac{1 \pm \sqrt{1 - 2\tan E_k \left(\dfrac{Y}{f} - \dfrac{X^2 + Y^2}{2f^2}\tan E_k\right)}}{\tan E_k} \tag{3-24}$$

进一步展开、简化、整理得

$$\Delta E_0 \approx \frac{Y}{f} - \frac{X^2}{2f^2}\tan E_k \tag{3-25}$$

对原始数据中的目标观测量 A_k 和 E_k 进行脱靶量修正，得到真实观测值为

$$\begin{cases} A = A_k + \Delta A_0 \\ E = E_k + \Delta E_0 \end{cases} \tag{3-26}$$

3.3.3.2 异常数据判断与处理

在光测数据处理中，一方面，目标的飞行速度参数是通过对位置量进行数值微分平滑得到的，所以测量数据中的异常值对速度参数的影响更大；另一方面，在跟踪测量时受诸多因素的影响，目标在影像上成像过大或成像不清，从而造成判读过程中判读部位不一致或判读部位不准确，进而在判读数据中引入分布十分复杂的异常值，如果不能有效地判断并剔除测量数据中的这些异常值，就可能使通过数值微分平滑得到的速度参数严重失真。因此，对于光测数据处理来说，异常值的检验与剔除就显得尤为重要。

异常值的检验与剔除方法大致分为两类：外推类算法和差分-内插类算法。

1) 外推类算法

外推类算法的基本思想是利用已知若干个连续的正常测量值来预测下一时刻的测量值，若预测值与该时刻实际测量值的误差超过设定的阈值，则认为该测量值属于异常值，应予以剔除反之为正常测量数据。

使用外推类算法的前提是异常数据是少量的、孤立的点，并且参加预测的数据是正常测量数据，否则预测值本身存在误差，将不能正确判断出异常数据的存在。外推类方法只利用了前面的数据，预测精度较低，当异常值是连续多点分布时，出现误判或漏判的可能性较高。

2) 差分-内插类算法

为了克服外推类方法的不足，可以采用差分-内插类算法。差分-内插类算法分三步实现：第一步，分段判断，对测量数据分段，计算每段数据的标准方差，并通过某种判定准则判断该数据段中是否存在异常数据，无异常数据段的标准方差将参与第二步的计算；第二步，逐点判断，采用第一步得出的全部"正常"数据段方差计算进一步逐点判断的标准方差，并依据一定准则对全部测量数据逐点判断，找出正常数据；第三步，异常数据的拟合，将第二步得出的所有正常数据拟合异常数据的估计值。

3.3.4 外弹道光学测量系统

在光测发展的 70 多年历史中，光测设备从单一的经纬仪发展成弹道测量、目标特性测量、空间目标监视、红外预警探测和光电对抗等几大类设备。在性能上朝综合性功能方向发展，而且跟踪精度逐渐提高，响应速度也日益加快。

3.3.4.1 国外外弹道光学测量系统及应用

国外光测设备种类齐全，数量多，测量精度高，更新换代快。除了大量使用的陆基型

光学测量设备，还有舰载、机载、星载型设备。弹道测量设备主要有光电经纬仪、弹道相机、激光雷达等多种设备。表 3-1 所列为国外靶场典型光电经纬仪的性能指标。

表 3-1 国外靶场典型光电经纬仪的性能指标

性能指标	KTH500	EOTS-F	SKYTRACK	K400	KINETO
组光学系统焦距/m	0.6、1、2	1、5、3	0.75、1.5、3	1.5、3	1.5、3/2、5
口径/mm	200	190	350	400	200/300
角编码器分辨率/(″)	0.62	0.648	0.648	0.648	0.36
最大跟踪速度/(°/s)	45	30	90	29	57
最大跟踪加速度/(°/s^2)	90	60	90	57	57
空间指向精度（RMS）/(″)	5（校准）	5（校准）	5（校准）	2（校准）	2（校准）
摄影频率（帧/s）	5、10、20、30	5、10、20、30	5、10、20、30	5、10、20、30	100~200
红外自跟踪	跟踪测量	跟踪测量	跟踪测量	跟踪测量	跟踪测量
电视自跟踪	跟踪测量	跟踪测量	跟踪测量	监视	跟踪测量
测距方式	激光	激光	激光	激光	激光

3.3.4.2 国内外弹道光学测量系统及应用

我国光测设备最先是从苏联、瑞士等国进口，中国科学院长春光学精密机械研究所在有关单位配合下，于 1966 年 5 月成功研制了我国第一台光学外弹道测量设备——150 电影经纬仪。之后几个研究所相继研制成功了 160、179、718、331、778、662、260 等电影（光电）经纬仪。随着技术的不断革新，我国设计的经纬仪也迈上了新的台阶。由最初仅具备光电轴角编码器发展到采用集成电路和微处理机等现代化先进技术，研制出具有变焦距捕获电视、红外、高性能伺服系统、大口径、高精度及作用距离远等特点的新一代光电经纬仪。经纬仪也从仅具备摄影功能发展到具有 CCD 实时传输、红外跟踪测量、激光主动跟踪测量及微波测量等多功能的先进设备。现在的光电经纬仪，配备可见光目标探测器、中波红外探测器、长波红外探测器，采用中大口径光学系统，可分挡定焦也可连续变焦测量，具有更远的作用距离、更高的测量精度。

3.4 空间目标物理特性参数测量技术

空间目标与背景所呈现的特性是可探测和可识别参量的科学描述，归结为空间运动特性、电磁特性、光度特性、光谱特性、图像特性、信号特性等。光度特性是目标对于可见光的反射特性，光谱特性是目标在不同光波波段反射或辐射特征随波长的分布，目标红外辐射特性包括目标辐射强度、辐射亮度（温度）及辐射光谱等重要特征信息。

3.4.1 空间目标光度测量

空间目标光度（亮度）沿用了天体光度学中星等的概念，且亮度一般是观测者从地球上观察空间目标的亮度度量值（视星等），相当于光学中的照度。空间目标光度特性的测量可以采用光度计或 CCD 进行测量。

3.4.1.1 光度计测量光度

光度计采用光电倍增管进行光度测量的方法是：光学系统汇聚空间目标反射的太阳光，经过滤光片和视场光阑，PMT 将透射光进行高压放大后，经光子鉴别器和计数器输出光子数量。其中，滤光片的作用是分挡控制入射光的透过率，以适应不同亮度动态范围的目标；光度计分挡设置不同的视场光阑，控制观测视场的大小，从而有效抑制背景的影响。为了保证光度计对暗弱目标测量时的分辨率，需要扣除天空背景，即望远镜在跟踪目标测量后，沿实测目标轨迹回归天空背景，光度计采集天光背景光度数据，在目标测量数据中扣除背景辐射的部分（图 3-13）。

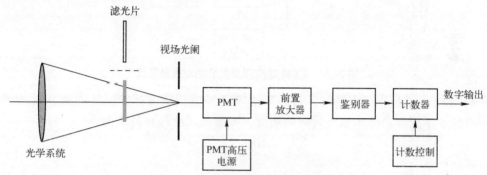

图 3-13 光度计测量系统组成及原理

设 mv_a 和 mv_b 分别为目标 a 和目标 b 的星等，n_a 和 n_b 分别为目标 a 和目标 b 的光子数，则有

$$mv_a = mv_b + 2.5 \times \lg \left| \frac{n_b}{n_a} \right| \tag{3-27}$$

如果已知目标 b 的星等并测得其光子数，当光度计探测到目标 a 的光子数时，就可以根据公式计算出目标 a 的星等。由于光度测量设备是针对暗弱信号的精密测量，不同观测时间段受观测条件的影响很大，包括太阳相角、大气湍流、云层厚度等影响因素，尤其是不同观测日期，同一目标在相同观测条件下的光度测量信号的幅值绝对值相差很大。目标的实测光度是通过将直接测量的目标光子数、已知参考星的光子数及光度进行转换得到的。在实际应用中，光测设备测量得到的实际数据表征的是目标的相对亮度，从数值上并不能完全代表目标本身的实际光度。因此，一般要根据参考星的光子数进行实际光度的归算。

3.4.1.2 CCD 测量光度

对空间目标进行 CCD 成像并采用图像处理的方法可以实现对目标星等的测量，CCD 光度测量系统的组成及原理如图 3-14 所示。空间目标的亮度是由太阳照射产生的，其照度在 CCD 靶面上表现为目标的亮度，且照度大小与其在 CCD 成像的灰度呈线性关系。利用 CCD 测量目标光度的过程是在跟踪目标的过程中记录图像信息，目标图像的灰度和代表该目标的照度，该轨道圈次任务跟踪测量结束后，沿目标运动轨迹进行天光背景回扫，并通过比对多颗星表中已知的零等参考星的图像，经过平均，得出零等星等对应的照度，并计算出目标的星等。考虑大气消光情况下的目标星等，计算公式为

$$m = 2.5 \times \lg \left| \frac{G_0 t_0}{G t_z} \right| \tag{3-28}$$

式中：m 为需要计算的目标星等；G 为待测目标的灰度和；G_0 为标准星的灰度和；$t_0 = 0.7355$ 为在 $0.38\sim0.76\mathrm{nm}$ 可见光范围内与波长无关的垂直大气透过率；t_z 为空间目标的天顶角 z（单位为弧度）时的大气透过率。

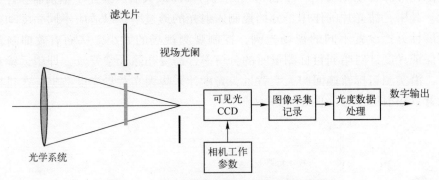

图 3-14 CCD 光度测量系统的组成及原理

在利用 CCD 进行光度测量时，首先要对零等星进行灰度标定，其方法是通过测量多颗不同方位、不同仰角已知星等目标的灰度，零等星灰度计算公式为

$$G_0 = \frac{G\tau_z}{\tau_0} \times 10^{m/2.5} \tag{3-29}$$

然后将这些零等星灰度求均值作为 G_0 的值。只要计算出待测目标的灰度，就可计算出待测目标的星等。

3.4.2 空间目标红外辐射特性测量

空间目标红外辐射特性测量是利用经过标定的红外测量系统对目标的红外辐射特性进行测量和反演，是获取空间目标真实辐射特性的直接手段。

3.4.2.1 空间目标红外辐射特性测量原理

任何辐射源（目标或背景）的红外辐射特性都是波长、时间、观测方向等许多独立变量的函数，红外辐射特性测量的目的就是在辐射源的辐射量与某一个或若干独立变量之间建立起一定的关系，例如，确定辐射强度或辐射亮度（温度）随波长、时间或空间分布等变化的情况。通常红外辐射特性测量只能在离开辐射源一定距离上投射到接收光学孔径上的辐照度或者探测器接收的辐射功率，而不能直接给出待测源的辐射特性，通过辐射测量系统的标定和辐射量之间的关系，推算出辐射源的辐射量数值。红外辐射特性测量包括目标的辐射强度测量、目标的辐射亮度（温度）测量和目标的辐射光谱测量。

目标辐射强度定义为给定方向上单位立体角内的辐射功率，单位为瓦每球面度（W/sr）。根据红外辐射理论，任何物体表面的红外辐射包括自身辐射和对周围环境辐射的反射，那么探测器上接收的不仅有被观测对象的红外辐射，而且有来自太阳、地球、大气和天空背景的红外辐射。探测器最终能接收到的辐射主要包括太阳直接辐射、地球直接辐射、地球反射的太阳辐射、目标反射的太阳辐射、目标反射的地球辐射、经地球反射到目标上又经目标反射的太阳辐射、目标自身辐射，如图 3-15 所示。这些辐射的光谱辐照度叠加就是探测器上总的光谱辐照度。可见，在红外辐射测量中直接获得的红外图像是目标和环境背景辐射的综合反映，这也就增加了测量目标红外辐射强度的难度。

第3章 光学跟踪测量技术

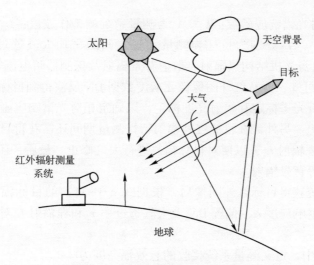

图 3-15 目标和环境红外辐射关系

目标自身辐射与目标表面温度有关，根据普朗克公式，目标的辐射出射度为

$$M_t(\lambda, T) = \varepsilon_t(\lambda, T) \times \frac{c_1 \lambda^{-5}}{\exp\left(\dfrac{c_2}{\lambda T}\right) - 1} \tag{3-30}$$

式中：T 为目标表面温度（K）；$\varepsilon_t(\lambda, T)$ 为目标表面发射率；c_1 为第一辐射常量，$c_1 = 2\pi hc^2 = 3.7418 \times 10^{-16} \text{W} \cdot \text{m}^2$；$c_2$ 为第二辐射常量，$c_2 = hc/k = 1.4388 \times 10^{-2} \text{m} \cdot \text{K}$。

目标表面对周围环境景物的反射辐射包括对太阳辐射、天空背景辐射、地球反射太阳辐射、地球自身红外辐射、地球反射天空背景辐射，表达式为

$$M_{ret} = \rho_t (M_{sky} + M_{sun} + M_{grd}) + \rho_e (M_{skyR} + M_{sunR}) \tag{3-31}$$

式中：ρ_t 为单元表面红外波段范围内目标的反射率；ρ_e 为单元表面红外波段范围内地球的反射率；M_{sun} 为单元表面接收的红外波段范围内的太阳辐射能；M_{sky} 为单元表面接收的红外波段范围内的天空背景辐射能；M_{grd} 为单元表面接收的红外波段范围内的地球自身辐射能；M_{sunR} 为单元表面接收的红外波段范围内的地球反射太阳辐射能；M_{skyR} 为单元表面接收的红外波段范围内的地球反射天空背景辐射能。

目标表面单元的总辐射通量为

$$M_{all}(T, \lambda) = M_t + M_{ret} \tag{3-32}$$

将目标看成朗伯辐射体，则目标总的光谱辐射亮度为

$$L_{all}(T, \lambda) = M_{all}(T, \lambda) / \pi \tag{3-33}$$

在大气环境下，红外测量系统对目标进行辐射测量时，目标辐射在到达红外测量系统探测器的传输过程中受到大气的衰减，同时大气自身辐射也叠加到目标辐射上到达探测器。假设红外辐射测量系统在探测器的线性响应区间工作，则大气环境下的目标辐射测量模型如下：

$$\text{DN}_t = \alpha \left[\tau_a \int_{\lambda_1}^{\lambda_2} r_\lambda L_{all}(T, \lambda) \, d\lambda + L_a \right] + \text{DN}_0 \tag{3-34}$$

式中：DN_t 为红外测量系统的红外图像像元灰度值；α 为测量系统的绝对辐亮度响应度；

r_λ 为测量系统的相对光谱响应函数;λ_1、λ_2 为测量系统的工作波段;$L_{\text{all}}(T,\lambda)$ 为被测目标总的光谱辐亮度;τ_a、L_a 分别为目标与测量系统之间的平均大气透过率、大气程辐射;DN_0 是由测量系统自身光机结构热辐射、散射背景辐射及探测器暗电流等引起的偏移值。

由式(3-33)可知,要从红外图像像元灰度数据 DN_t 反演得到目标辐射特性,需要先对红外测量系统进行光谱标定和辐射亮度标定,以确定相对光谱响应函数 r_λ 和定辐亮度响应度 α 及偏移值 DN_0。另外,在目标红外辐射特性测量期间还需获得目标和测量系统之间的大气透过率 τ_a 和程辐射 L_a,以便对目标辐射进行大气修正。最后,还要扣除反射太阳的辐射和天空、地面等背景辐射。

在红外测量系统获得目标红外图像后,根据式(3-34)的目标辐射测量模型,利用测量系统标定的辐射响应度 α、偏置 DN_0 及大气透过率 τ_a 和程辐射 L_a 对目标图像进行辐射反演。

在式(3-34)中,定义测量系统接收的有效辐亮度为

$$L_{\text{ava}}(T) = \int_{\lambda_1}^{\lambda_2} r_\lambda L_{\text{all}}(T,\lambda) \, \text{d}\lambda \tag{3-35}$$

测量系统将空间目标的辐射测量模型式(3-34)改写为

$$\text{DN}_t = \alpha(\tau_a L_{\text{ava}} + L_a) + \text{DN}_0 \tag{3-36}$$

由式(3-36)可反演得到目标辐射亮度:

$$L_{\text{ava}} = \left(\frac{\text{DN}_t - \text{DN}_0}{\alpha} - L_a\right) \bigg/ \tau_a \tag{3-37}$$

若不考虑周围环境和背景辐射,利用普朗克公式,将式(3-37)的目标有效辐射亮度 L_{ava} 转换成等效黑体辐射:

$$L_{\text{ava}}(T) = \int_{\lambda_1}^{\lambda_2} r_\lambda L_{\text{all}}(T,\lambda) \, \text{d}\lambda = \int_{\lambda_1}^{\lambda_2} \frac{r_\lambda}{\pi} c_1 \lambda^{-5} \left(\exp\left(\frac{c_2}{\lambda T}\right) - 1 \right)^{-1} \text{d}\lambda \tag{3-38}$$

从而,可利用近似数学模型或数值分析法由式(3-38)解得目标辐射温度 T_t。

对于点目标,对应单个像素的辐亮度为

$$L'_t(T_t) = \frac{1}{\pi} \int_{\lambda_1}^{\lambda_2} c_1 \lambda^{-5} \left(\exp\left(\frac{c_2}{\lambda T_t}\right) - 1 \right)^{-1} \text{d}\lambda \tag{3-39}$$

通过下式计算目标总辐射强度:

$$I'_t(T_t) = \sum_i L'_{t,i} \cdot (\text{IFOV} \cdot R^2) \tag{3-40}$$

式中:$L'_{t,i}$ 为目标区第 i 个像元的辐亮度;IFOV 为红外测量系统单元探测器的立体视场角;R 为目标距离。

利用式(3-35)可以反演目标辐射亮度,式(3-38)可以反演目标表面温度,式(3-40)可以反演点目标辐射强度。

3.4.2.2 空间目标红外辐射特性测量系统

1)红外辐射强度测量系统

地基空间目标红外辐射特性测量系统具有可见光探测和中长波红外辐射特性测量功能,整个测量系统由地平式双轴跟踪机架、主光学系统、电视测量系统、中波红外测量系统、长波红外测量系统、伺服控制系统、操作控制系统、图像判读软件、标定与数据处理

系统、时统终端、通信接口、光学引导仪和内置黑体源等部分组成。该系统的组成框图如图 3-16 所示。

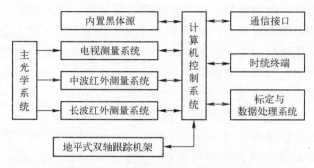

图 3-16　红外辐射测量系统的组成框图

目标特性测量过程包括两大部分。

一是目标信息获取。红外测量系统根据引导信息和电视测量系统完成对目标的捕获后，通过脱靶量提取和反馈控制实现对目标的精密跟踪，目标的红外辐射经过红外望远镜汇聚在红外焦平面探测器上，通过电机驱动 1~3μm 波段和 3~5μm 波段的滤光片盘，交替对目标的短波红外和中波红外辐射进行成像，获取目标的红外数字图像信息，并送至各自的信号处理电路，数据处理首先对探测器非均匀性进行校正，然后根据测量系统辐射标定的辐射响应度、偏移量、大气传输修正参数（大气透过率和程辐射）等数据，对目标红外图像数据进行反演计算，得到目标辐射亮度、辐射强度等特性。

二是系统辐射标定和数据处理。在长期使用中，实验室标定的数据难免有变化，特别是 CCD 的噪声等随机因素，因此还需要进行现场标定。设备上设计了内参考黑体现场标定系统，在使用前用内参考黑体进行试验前的现场标定，以减少辐射量的误差。在现场标定时，通过切入反射镜遮挡入射光路，并通过反射镜将参考黑体源辐射接入光路，黑体前装有一个五片衰减片的转盘，标定时衰减片按一定程序进入光路，同时系统对输出信号采样，然后进行计算和校正，系统软件对标定结果进行自动偏差修正。

2）红外辐射光谱测量系统

红外辐射光谱测量是利用光学成像器件和光谱分光器件对接收光场的连续光谱段进行扫描细分，在更窄的多个波段进行成像，获得同一场景多个波段的图像，这些光谱图像的集合就形成了三维光谱图像数据，通过对三维光谱图像数据的进一步分析，可以实现对目标光谱特征的提取和目标识别。

光谱测量系统主要由四个部分组成：接收光学系统、色散系统、成像系统、数据处理系统，如图 3-17 所示。接收光学系统将入射光束变成平行光射入色散元件，色散元件将进入的单束复合光分解为多束单色光，再经成像系统按照波长的顺序在透镜焦平面上，即接收探测器上成像，测量出入射光的光谱的波长和强度等。

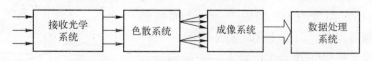

图 3-17　光谱测量仪器的基本组成框图

根据获取光谱信息的方式不同，成像光谱仪主要分为色散型成像光谱仪、滤光片型成像光谱仪、时间调制傅里叶变换成像光谱仪和空间调制傅里叶变换成像光谱仪四种。

色散型成像光谱仪是出现最早、技术最成熟、使用最广泛的成像光谱仪，它利用光栅或棱镜对目标像元的光谱进行分光，采用单元或面阵列探测器获取光谱或光谱图像。

滤光片型成像光谱仪利用光学带通滤光片传递窄带光谱辐射。目前使用的方法有调谐滤光片、离散滤光片和空间可变滤光片。空间可变滤光片的代表之一是楔形滤光片，它相对于色散型成像光谱仪和傅里叶变换成像光谱仪的光学布局更简单，但是高质量高光谱分辨率的滤光片制造难度大且价格昂贵。

傅里叶变换成像光谱仪将望远成像与双光束干涉相结合，利用像元辐射光谱与其干涉图之间的傅里叶变换关系，通过对测得的干涉图数据进行处理来获取目标像元的光谱信息，由于从像元光谱干涉图复原出光谱图需要进行傅里叶变换，所以称为傅里叶变换成像光谱仪（imaging fourier transform spectrometer，IFTS），如图 3-18 所示。

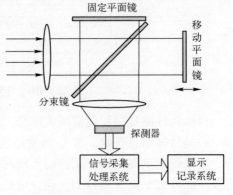

图 3-18 傅里叶成像光谱仪原理

3.5 光学测量标校技术

本节介绍光学测量系统的测量误差与标校、基于恒星场的光度测量系统标校、红外辐射测量标校。

3.5.1 测量误差与标校

光电经纬仪测量与任意一种测量手段一样，都含有测量系统误差，其中主要的系统误差项有轴系误差、定向差与零位差，大气折射误差等。

3.5.1.1 轴系误差、定向差与零位差

光电经纬仪由于制造、安装、调试上的缺陷，使经纬仪产生轴系误差和定位误差，轴系误差包括垂直轴倾斜误差、水平轴倾斜误差和照准轴系差，定位误差包括编码器定向差和高低零位差。

图 3-19 所示为轴系误差示意。假设 Z 为天顶，经纬仪三轴交于 O，OZ 为垂直轴，QQ' 为水平轴，与 OZ、QQ' 同时垂直的轴 OA 为照准轴。三个轴系误差的定义如下。

假定经纬仪的垂直轴不在 OZ 位置上（不过地心），而在倾斜一定角度的 OZ' 位置上，这个倾斜误差称为垂直轴倾斜误差，习惯上用字母 v 表示。

假定经纬仪水平轴不在 QQ' 位置上，而是倾斜到 Q_1Q_1' 位置上，即水平轴与垂直轴不垂直，该项误差

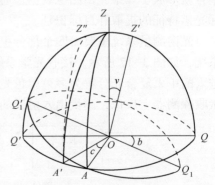

图 3-19 轴系误差示意

称为水平轴倾斜误差，习惯上用字母 b 表示。一般规定，面向照准轴（正镜情况）看过去，若水平轴向右倾斜，则 b 为负；反之则为正。

假定经纬仪的照准轴不在 OA 位置上，而偏向 OA' 位置，即照准轴与水平轴不垂直（与垂直轴也不垂直），这一误差称为照准差，习惯上用字母 c 表示。照准差 c 值的大小和符号表示了实际照准轴与理想照准轴不重合的程度和方向，从顺时针方向看（方位角增大方向），$c>0$，表示实际照准轴滞后于理想照准轴；$c<0$，表示实际照准轴超前于理想照准轴。

方位角 A 系统误差修正公式为

$$\Delta A = \alpha + \Delta A_c + \Delta A_b + \Delta A_v = \alpha + c\sec(E+\beta) + b\tan(E+\beta) + v\sin(A_H-A-\alpha)\tan(E+\beta)$$
$$= \alpha + \tan(E+\beta)[b+v\sin(A_H-A-\alpha)] + c\sec(E+\beta) \tag{3-41}$$

式中：α、β 分别为方位角、俯仰角的定向误差；v 为垂直轴倾斜误差；b 为水平轴倾斜误差；c 为照准差；A_H 为垂直轴倾斜方位角；A、E 分别为脱靶量修正后的方位角、俯仰角。

俯仰角误差是由垂直码盘定向误差和轴系误差带来的，其系统误差修正公式为

$$\Delta E = \beta - v\cos(A_H-A-\alpha) \tag{3-42}$$

式中：符号含义同上。

3.5.1.2 大气折射误差

由于地球的周围充满着大气，而空间各处大气成分、密度、温度和电离程度都不相同，介质特性也相当复杂，当电波或光波通过大气传播时，其传播已不是匀速直线运动，路径也发生弯曲，这就引起电波或光波信号的折射误差。

距地球表面 60km 以下，对电波或光波传播的影响随温度、湿度和压力而变化。将会使信号传播发生较大折射，高度越低影响越大，特别是在低空约 10km 以下，对信号的折射影响更大。许多场区的历次任务试验数据的计算结果表明，当目标到测站距离为 100km 左右、仰角为 5°～10°时，折射误差可达几十米，高低角数据的折射误差在 1″以上。

首先计算目标的积分高度初值。由图 3-20 可知，目标位置 M 的积分高度初值为 $\bar{r}_M$，即

$$\bar{r}_M = (R^2 + r_0^2 + 2Rr_0\sin E)^{1/2} \tag{3-43}$$

式中：$r_0 = R_0 + h$（R_0 为地球半径，h 为观测站到大地的高度）；E 为高低角观测数据；R 为斜距观测数据。

视在距离 $\bar{R}_e$ 为

$$\bar{R}_e = \int_{r_0}^{r_M} \frac{rn^2(r)\mathrm{d}r}{\sqrt{n^2(r)r^2 - n_0^2 r_0^2 \cos^2 E}} \tag{3-44}$$

式中：$n(r)$ 为随地心距 r 变化的折射率，可由 r 处的温度、压力和湿度计算得到。式（3-44）积分利用球面分层的数字经迭代计算可得到 $\bar{R}_e$，将它与实测的视在距离相比较，若 $|R_e - \bar{R}_e|$ 小于某个规定的 δ，则可得目标地心距 $r_M = \bar{r}_M$，否则进一步判断：

当 $R_e - \bar{R}_e > 0$，令 $\bar{r}_M = \bar{r}_M - \varepsilon^{(I)}/2$

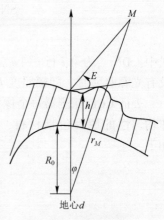

图 3-20 目标位置与地心距关系

当 $R_e - \bar{R}_e < 0$，令 $\bar{r}_M = \bar{r}_M + \varepsilon^{(l)}/2$

对式（3-44）继续运算，直到 $|R_e - \bar{R}_e| < \delta$ 为止。在第 1 次判断时，取 $\varepsilon^{(l)} = \varepsilon^{(l-1)}/2$，其中 $\varepsilon^{(l)}$ 为第一次分层积分计算 $\bar{r}_M$ 所在层距离。

有了目标的地心距 r_M 后，就可以计算地心角 φ。对地心角进行球面分层数值积分计算，积分公式为

$$\varphi = \int_{r_0}^{r_M} \frac{n_0 r_0 \cos E \, dr}{r\sqrt{n^2 r^2 - n_0^2 r_0^2 \cos^2 E}} \tag{3-45}$$

则真实俯仰角 $E^{(1)}$ 和真实距离 $R^{(1)}$ 为

$$E^{(1)} = \arctan \frac{r_M \cos\varphi - r_0}{r_M \sin\varphi} \tag{3-46}$$

$$R^{(1)} = \frac{r_M \sin\varphi}{\cos E^{(1)}} \tag{3-47}$$

经过折射修正后，可计算出光电经纬仪对应视在观测量 E_e 和 R_e 的折射修正量分别为

$$\Delta E = E_e - E^{(1)} \tag{3-48}$$

$$\Delta R = R_e - R^{(1)} \tag{3-49}$$

3.5.2 光度测量系统标校

系统良好的线性是光度测量的前提，CCD 视场较大时，非均匀性对光度测量精度影响较大，需要进行非均匀性校正。CCD 探测器接收到的光能量在电子学转换后反映的是灰度信息，通过灰度信息对系统进行非均匀性和线性的标定，由于 CCD 为面阵探测器，每个像素都对应一个灰度值，CCD 相应的数学表达使用矩阵形式，每个元素都对应一个灰度值，已知 CCD 输出灰度值 DN 与辐照度 E 的泰勒级数展开形式的关系为

$$DN = DN_0 + R_1 E + R_2 E^2 + \cdots + R_n E^n \tag{3-50}$$

式中：DN_0 为本底时输出的灰度值；R_1、R_2、R_n 分别为线性响应系数。

在稳定光源照射下，每个像元的信噪比值为

$$SNR_{i,j} = \frac{\overline{DN_k}}{\sqrt{\sum_{h=1}^{L}(DN_{i,j,k} - \overline{DN_k})^2/L - 1}} \tag{3-51}$$

式中：$DN_{i,j,k}$ 为第 i 行 j 列 k 幅图像的输出灰度值；$\overline{DN_k}$ 为 k 幅图像的平均输出灰度值。当没有光源照射时，即辐照度 E 为 0 时，输出的矩阵就是暗信号矩阵。

表征 CCD 探测器每个像元对同一光源产生不同灰度值的参数为响应非均匀性，造成非均匀性的原因包括材料、工艺、后续放大电路、转移效率等。响应非均匀性表达式如下：

$$PRNU = \frac{\sqrt{\dfrac{\sum_{i=1}^{m}\sum_{j=1}^{n}(\overline{R}_{l,i,j} - \overline{R}_l)^2}{m \times n - 1}}}{\overline{R}_l} \tag{3-52}$$

式中：$\overline{R}_{l,i,j}$ 为 i 行 j 列线性响应系数；$\overline{R}_l$ 为线性响应系数均值。

通过回归分析求解响应系数，二次响应系数很小，可以忽略，系统呈线性响应。

对比测光得到的是目标相对变化量，要想得到标准星等与仪器星等之间的偏差，需要对标准星进行流量定标。

3.5.3 红外辐射测量标校

红外辐射测量标定是以标准辐射源为基准的，通过对标准辐射源的数据采集、分析处理，建立通过光学系统入瞳辐射量与红外探测器输出信号之间的对应关系，并利用探测器的输出量反演出目标的辐射特征量，完成目标辐射的定量测量。红外辐射标定包括红外辐射光谱标定和红外辐射强度标定。

3.5.3.1 红外辐射光谱标定

红外辐射光谱标定是将单色光源作为辐射源，测量系统在不同波长处的光谱响应度。光谱响应度是光谱仪对单色光源的测量输出值与输入辐射量之比。

红外辐射测量设备辐射光谱标定系统由单色光源、平行光管、标准红外辐射计和被标定红外光谱仪组成，如图3-21所示。腔型黑体和单色仪构成单色红外辐射源，腔型黑体产生强度可控的红外辐射，复合波段的红外辐射进入单色仪后射出单色光，通过单色仪可以调节出射光的波长。将单色仪置于平行光管的焦面上，这样黑体发出的辐射经过单色仪分光及平行光管准直后就变成了大口径的平行光辐射，使标定过程中辐射源能够充满被标定设备的全视场。光谱标定过程中，调节单色仪的出射光波长，用红外光谱仪和红外辐射计交替测量平行光管反射的红外辐射，利用已经标定的红外辐射计的测量值和红外光谱仪探测器的输出电压值或量化后的数字量，建立不同波长的红外辐射与被标定光谱仪输出之间的数学方程式，得到光谱仪对不同波长的光谱响应度。

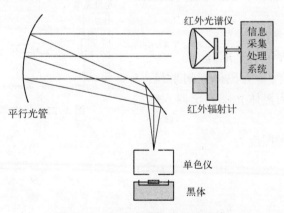

图 3-21 红外光谱标定系统组成

光谱标定模型的建立：设定腔型黑体的工作温度 T，单色仪工作波长为 λ_0，平行光管输出的 λ_0 中心窄带 $\Delta\lambda$ 内的辐亮度为 $L_{\Delta\lambda}(T)$。测量系统和红外辐射计交替测量平行光管，得到输出值分别为 G、H，则测量系统输入输出之间具有以下关系：

$$G = R_{\lambda_0} L_{\Delta\lambda}(T) + G_{bg} \tag{3-53}$$

式中：R_{λ_0} 为测量系统对波长为 λ_0 的单色光的辐亮度响应度；G_{bg} 为由背景辐射等引起的输出值。

红外辐射计输入输出之间具有以下关系：

$$H = K_{\lambda_0} L_{\Delta\lambda}(T) + H_{bg} \tag{3-54}$$

式中：K_{λ_0} 为红外辐射计对波长为 λ_0 的单色光的辐亮度响应度；H_{bg} 为由背景辐射等引起的输出值。

将黑体设置在温度 T_1、T_2 下，测量系统和红外辐射计对平行光管测量分别得到 G_1、G_2、H_1、H_2，通过运算得

$$R_{\lambda_0} = \frac{G_1 - G_2}{H_1 - H_2} K_{\lambda_0} \tag{3-55}$$

式中：K_{λ_0} 为红外辐射计的光谱响应度，是经过国家计量部门标定过的，由此可确定 R_{λ_0}。

3.5.3.2 红外辐射强度标定

红外辐射特性测量结果的准确与否，与系统各部分都密切相关。对于探测器，其响应曲线在不同环境温度、不同积分时间均不一样，随着时间的推移，器件会逐步老化，其响应曲线也有所不同；对于光学系统，由于光学镜片污染、膜系老化等使光学透过率、反射率发生变化，从而影响整个系统的辐射测量精度。因此，为获得准确的测量结果，在测量前和测量过程中都需要对整个辐射测量系统进行标定。

黑体标定是最常用的辐射标定方法，黑体标定又分为外置黑体标定和内置黑体标定，外置黑体标定常用于红外辐射测量系统工作前、后的系统标定，内置黑体标定可用于测量系统工作过程中的现场实时标定，由于内置黑体源通过转镜切入光路，只能对测量系统的部分光路和探测接收系统进行标定，所以内置黑体标定常常与其他标定方法共同使用。标准黑体直接标定示意如图 3-22 所示。

标准黑体在被标定设备的主物镜产生的辐照度为

$$E = L\Omega = L\frac{\pi r^2}{R^2 + r^2} = L\frac{S}{R^2 + r^2} \tag{3-56}$$

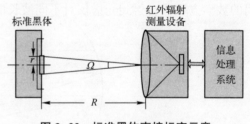

图 3-22 标准黑体直接标定示意

式中：L 为黑体辐亮度；r 为黑体光阑半径；S 为黑体光阑面积；R 为黑体光阑到仪器入瞳的距离。

近似成小面源后辐照度为

$$E_0 = L\frac{S}{R^2} \tag{3-57}$$

相对误差为

$$\frac{E_0 - E}{E} = \left(\frac{r}{R}\right)^2 \tag{3-58}$$

3.6 光学跟踪测量技术发展

光学跟踪测量系统易受到大气湍流影响，造成目标在测量系统焦平面产生光强分散、峰值降低、像点抖动等湍流效应，最终导致目标成像模糊，严重影响光学测量系统的性

能。传统光学技术无法解决动态波前扰动对光波质量的影响，目前，世界上大型的望远镜系统都采用了自适应光学技术，自适应光学的出现为补偿动态波前扰动，提高光波质量提供了新的研究方向。

1982 年，美国在夏威夷安装了世界上第一台实用化的天文观测自适应光学望远镜，用于观测近地轨道上运行的卫星、助推器及其残骸等空间目标。2013 年我国成功研制出太阳活动区多波段同时成像试验系统，突破了白天太阳自适应光学系统高时间带宽、高帧频相关夏克-哈特曼波前探测、高速波前实时处理控制、多波段太阳高分辨率同时成像等技术难题，获得了太阳活动区多波段高分辨率层析图像。随着航天器数量的激增，以及地月和深空探测需求增长，对光学跟踪测量系统的作用距离、分辨力和观测时长等关键指标提出了更高要求。

3.6.1　大口径自适应望远镜

自适应光学（adaptive optics，AO）是补偿由大气湍流或其他因素造成的成像过程中波前畸变的技术，能够实时探测并校正波前误差，使光学系统具有自动适应自身和外界条件变化而保持最佳的工作状态，提高成像系统的分辨力和激光系统的光束质量。

3.6.1.1　校正式自适应光学系统原理

校正式自适应光学系统采用波前传感器实时测量光的相位，通过可任意变形的光学元件，产生可控的光学相移实时补偿入射光的波前像差，使入射光经波前校正器后输出平面波或球面波。目前，校正式自适应光学系统应用最为广泛，技术也最为成熟。典型的校正式自适应光学系统组成示意如图 3-23 所示。

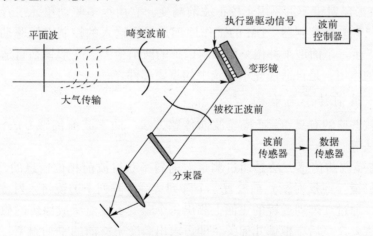

图 3-23　校正式自适应光学系统组成示意

校正式自适应光学系统由三部分组成：波前传感器（或波前探测器），获取波前像差信息；波前控制器，完成波前信息处理和波前校正器控制量的计算；波前校正器，实现波前像差校正。使用自适应光学技术的空间探测望远镜的分辨率可以提高 10 倍左右，达到 0.09″。

自适应光学系统技术的基本思想：是在光学系统中引入一个表面形状可变的反射元件（称为波前校正器）和一个波前误差传感器，用波前传感器测量出不断变化的波前误差，再用波前控制器去控制波前校正器对波前误差进行补偿校正。

（1）波前传感器：在自适应光学系统中起着至关重要的作用，其通过实时测定动态入射波前的相位畸变，为波前重构及校正提供信息。夏克-哈特曼（Shack-Hartmann）传感器是自适应光学系统中最常用的波前探测器。夏克-哈特曼传感器由一组微透镜阵列组成，通常放置在与望远镜出瞳共轭的位置上。每个微透镜对出瞳上的一个区域进行采样，这个区域称为子孔径。当入射光为平面波时，每个微透镜将目标的像成在各自的焦点处；而当湍流引起波前畸变时，入射光将不再是平面波，此时每个微透镜将采样到一个倾斜的波前，每个微透镜所成的目标的像将到达一个新的位置。由于目标的像的位置偏移量与对应的子孔径的波前斜率是线性关系，因此可以根据目标的像的位置偏移量测量出各个子孔径的波前斜率，进而重构出波前。

（2）波前控制器：主要功能是根据波前传感器的输出，计算波前斜率、进行波前重构和波前控制。广义的波前处理过程还可以将后续的D/A转换过程和高压放大过程包含进来。波前控制器需要快速完成上述计算，这对提高自适应光学系统的闭环带宽具有重要意义。

（3）波前校正器：常见的波前校正器由倾斜镜（tip/tilt mirror, TM）和变形镜（deformable mirror, DM）组成。前者用于补偿波前整体倾斜的像差，后者用于补偿整体倾斜以外的像差。

TM主要用于校正大气湍流、望远镜驱动短时误差、望远镜结构振动引起的波前整体倾斜。TM的工作原理是根据输入的控制电压驱动促动器来控制平面反射镜翻转，从而对波前整体倾斜进行校正的。通常情况下，TM应放置在光学系统的入瞳处。

DM又称变形反射镜，主要用于校正波前畸变，它由很多驱动单元组合而成，每个驱动单元都有自己独立的控制器。DM的工作原理是根据输入的控制电压驱动DM的各个促动器，使DM产生一个面型来补偿整体倾斜以外的波前像差。变形镜在自适应光学系统中起着极其重要的作用，是自适应光学系统中的重要部件之一。

3.6.1.2 波前传感与重构

目前应用较普遍的有夏克-哈特曼波前传感方法、曲率波前传感方法、相位恢复法、全息波前传感法等。

夏克-哈特曼波前传感方法是通过测量波前斜率获得波前相位信息的，如图3-24所示。在被检测物镜（或反射镜）前放置一个阵列透镜，阵列子透镜将入射待测波前划分为若干个子波面，通过在阵列透镜的焦面上测出每个畸变子波前所成像斑的质心坐标与参考波前质心坐标之差。之后，根据几何关系即可求出畸变子波前的平均斜率，继而求得全孔径波前分布。

波前重构是指利用传感器所反馈的离散数据，恢复出连续波前形状的技术，也是自适应光学的核心技术之一，应用较为普遍的重构方法是模式法和区域法。此外，直接建立波前信息与校正器控制指令的直接斜率法在实际工作中也应用广泛。

根据相位测量点与重构点相对位置的不同，有Hudgin、Southwell和Fried三种重构模型，其中Southwell模型如图3-25所示。

Southwell模型一般定义在方形网络内，波前传感器测量点位于模型网格点上，网格点

第 3 章　光学跟踪测量技术 | 67

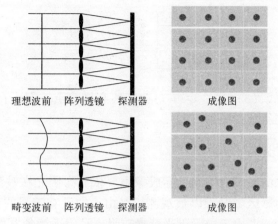

图 3-24　夏克-哈特曼波前传感原理示意

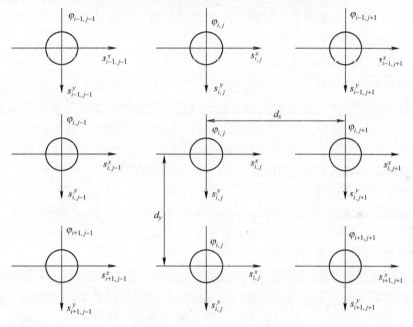

图 3-25　Southwell 模型

斜率数据记为 $s_{i,j}^x$ 与 $s_{i,j}^y$，其中下标 i, j 为网络位置，上标 x, y 为斜率方向。波前重构点也位于模型网络点上，记为 $\varphi_{i,j}$，其中下标 i, j 为重构点位置（网格位置）。相邻网格点之间的距离记为 d_x 与 d_y，其中下标 x, y 为该段距离的方向。

Southwell 模型建立的假设前提是相邻两个网格点之间的相位平均斜率与这两个网格点的波前斜率测量值的算术平均值相等。若网格点间距相同，设为 d，则可构造 x 方向斜率 $s_{i,j}^x$、y 方向斜率 $s_{i,j}^y$ 与重构点 $\varphi_{i,j}$ 之间在 (i,j) 位置处的数学关系如下：

$$\frac{s_{i,j}^x + s_{i,j-1}^x}{2} = \frac{\varphi_{i,j} - \varphi_{i,j-1}}{d} \tag{3-59}$$

$$\frac{s_{i,j}^x + s_{i,j+1}^x}{2} = \frac{\varphi_{i,j} - \varphi_{i,j+1}}{d} \tag{3-60}$$

$$\frac{s^x_{i,j}+s^x_{i-1,j}}{2}=\frac{\varphi_{i,j}-\varphi_{i-1,j}}{d} \qquad (3-61)$$

$$\frac{s^x_{i,j}+s^x_{i+1,j}}{2}=\frac{\varphi_{i,j}-\varphi_{i+1,j}}{d} \qquad (3-62)$$

利用式（3-59）~式（3-62），令(i,j)遍历所有网格点，即可在整个区域内建立待求波前相位与传感器所测斜率的关系。

3.6.2 全天时光学测量

使用可见光波段探测系统对空间目标成像主要依靠太阳光在被测目标表面的反（散）射光，但当目标进入地影区域时难以被观测，又由于白天有较强的天光背景与大气湍流，限制了对目标的成像探测。由于白天天光背景较强，且望远镜各器件产生较多杂散光，在进行白天地基光电观测时空间目标很容易湮没在背景信号中。而夜晚观测的有效时间仅仅为全天时的40%~50%，这会丧失很多目标的观测机会，使地基光电系统的观测效率大大降低。

3.6.2.1 探测光谱的选择

由于地基光电系统工作时大气背景及其复杂，使用红外波段白天探测具有独特的优势，在短波红外波段，大气的影响较小且红外波段大气透过率比可见光波段高20%~30%，对于直径小于15μm的颗粒，红外散射并不显著。短波红外相对于可见光在大气气溶胶中的透过率更高，对悬浮颗粒的穿透力更强，并且太阳光谱辐射功率随着波长的增长而减弱，天空背景在红外波段较暗，因此短波红外成为应用热点。

目前在天文学中普遍使用星等系统是Johnson & Morgan于1953年发布的J-M标准测光系统，标准测光系统将光谱区间划分为：光学U、B、V、R、I和红外J、H、K、L、M、N区间。光学波段的划分主要考虑历史传承的因素，红外波段的划分则是根据地面观测受制于大气窗口的透过能力进行的。

由于红外系统所探测的目标处于特定的较强的白天天空背景中，从而探测过程复杂化，当设计探测系统时，不仅要考虑大气传输效应，还要采用背景抑制技术，以提高系统的探测能力和识别目标能力。针对白天天空背景和天体目标辐射的特性采用了光谱滤波技术。光谱滤波的作用有两种：一是抑制过强的天空背景辐射，以提高目标-背景的信噪比；二是避免探测器器件过早饱和，以加长积分时间，提高探测极限。红外滤光片对短波红外波段（1.1~2.0μm）的透过率为95%，而对在这个波段以外的红外波段有非常大的衰减现象。

3.6.2.2 探测能力的估计

目标成像于多个像元，探测器探测能力受到大气透过率及遮光比等多种因素影响，取单个像元进行分析，光子探测器的电流光谱响应率为

$$R(\lambda)=\frac{q\lambda}{hc}\eta(\lambda) \qquad (3-63)$$

式中：q为电子电荷；h为普朗克常数；c为光速；λ为光谱频率；η为探测器量子效率。

对于背景像元，在积分时间t_{int}内产生的信号电子数S_B为

$$S_B = \frac{\eta t_{int}}{h\nu} \frac{\pi A_d L_B \tau_a \tau_0 (1-\varepsilon^2)}{4F^2} \tag{3-64}$$

式中：A_d 为探测器单个像元面积；L_B 为背景辐射亮度；F 为光学系统相对孔径的倒数；τ_a 为大气平均透过率；τ_0 为光学系统平均透过率；ε 为主镜遮挡比。

红外探测器工作时，由于观测的高星等恒星信号较微弱，红外焦平面发热产生的热噪声对观测恒星的信噪比影响较大，奈奎斯特噪声功率表达式为

$$\nu_n = (4kT_d R_d \Delta f)^{1/2} \tag{3-65}$$

式中：k 为玻耳兹曼常量；T_d 为探测器绝对温度；R_d 为探测器电阻；Δf 为电子学带宽。

由暗电流产生的散粒噪声为探测器的基础噪声，散粒噪声是由正反双向独立电流产生的规律噪声，总噪声功率可定义为

$$i_n^2 = 2qe^{\frac{qv}{kT}}\Delta f + 2qI_o \tag{3-66}$$

因此，由探测器产生的主要噪声可表示为

$$N_e = \nu_n + i_n^2 \tag{3-67}$$

对于目标像元，在积分时间 t_{int} 内产生的信号电子数 S_M 为

$$S_M = \frac{\varphi_s \eta t_{int} \pi D^2 \tau_a \tau_0 (1-\varepsilon^2)}{4K} \tag{3-68}$$

式中：D 为望远镜主镜直径；K 为观测目标所占像元个数。

在积分时间 t_{int} 内，系统的信噪比 SNR 表示为

$$\text{SNR} = \frac{S_M}{\sqrt{S_M + S_B + \sigma_R^2 + t_{int} D_e}} \tag{3-69}$$

式中：σ_R 为探测器读出噪声电子数；D_e 为探测器噪声电子数。

对于空间目标而言，太阳能帆板在可见光波段反射率为 0.1，而在短波 K 波段的反射率达到 0.2，因此利用 K 波段对目标进行观测时探测能力接近可见光的 2 倍。实际上，卫星都有很大的太阳能帆板，这增强了太阳光红外部分的反射能力，因此使用红外波段（尤其是 K 波段）较可见光波段有更大可能观测到空间目标。

习 题

1. 光学测量技术的主要特点是什么？
2. 光学测量系统的分类有哪些？
3. 光学测量系统的主要组成包括哪些？
4. 光学测量系统的主要技术指标有哪些？
5. 光学测量系统测角精度的影响因素有哪些？
6. 光学测量系统的主要技术指标有哪些？
7. 简述测角体制的外弹道测量原理。
8. 已知两个测站位置间距离为 L，测站 1 和测站 2 分别测得当前目标的方位角和俯仰角分别为 A_1、A_2 和 E_1、E_2，此时的目标坐标值为多少？
9. 已知光学测量系统的焦距为 f，光学跟踪测量系统主光轴指向的方位角和俯仰角分

别为 A_k 和 E_k，求此时系统的脱靶量是多少？

10. 已知待测目标的灰度和为 G，标准星的星等为 m_0，其对应的灰度和为 G_0，此时目标的星等是多少？

11. 简述空间目标红外辐射特性测量原理。

12. 简述光学测量轴系误差、定向差和零位差的校正方法。

参 考 文 献

[1] 刘利生，吴斌，吴正容，等. 外弹道测量精度分析与评定［M］. 北京：国防工业出版社，2010.

[2] 黄学德，成求青. 导弹测控系统［M］. 北京：国防工业出版社，2000.

[3] 刘利生. 外测数据处理［M］. 北京：国防工业出版社，2000.

[4] 于起峰，陆宏伟，刘肖琳. 基于图像的精密测量与运动测量［M］. 北京：科学出版社，2002.

[5] 王鲲鹏. 靶场图像目标检测跟踪与定姿技术研究［D］. 长沙：国防科学技术大学，2010.

[6] PIETER A. JACOBS. 地面目标和背景的热红外特性［M］. 北京：国防工业出版社，2002.

[7] 刘莹奇，刘祥意. 空间目标的地基红外辐射特性测量技术研究［J］. 光学学报，2014，34（5）：0512003-1-0512003-7.

[8] SMIRH D，MURLOW C，DELDERFIELD J，et al. ATSR infrared radiometric calibration and inorbit performance［J］. Remote Sensing of Environment，2012，116（15）：4-16.

[9] 杨词银，张建萍，曹立华. 地基空间目标红外辐射特性测量技术［J］. 仪器仪表学报，2013，34（2）：304-308.

[10] 吕俊伟，何友金，韩艳丽. 光电跟踪测量原理［M］. 北京：国防工业出版社，2010.

[11] 张晓芳，董冰. 自适应光学理论及应用［M］. 北京：北京理工大学出版社，2020.

[12] 黄智国，王建立，王昊京，等. 红外 K 波段白天探测能力分析验证［J］. 红外与激光工程，2018，47（8）：0804001-1-0804001-7.

[13] 崔吉俊. 航天发射试验工程［M］. 北京：中国宇航出版社，2010.

[14] 黄智国. 空间目标地基红外探测技术研究［D］. 长春：中国科学院长春光学精密机械与物理研究所，2018.

[15] 刘林. 航天器定轨理论与应用［M］. 北京：电子工业出版社，2015.

[16] 项能全，何炬，杨涛，等. 光电跟踪仪光轴平行性要求分析和误差分配［J］. 光学与光电技术，2023，11：38-47.

[17] 王家骐，金光，杨秀彬. 光学仪器总体设计［M］. 北京：国防工业出版社，2022.

[18] 张以谟. 现代应用光学［M］. 北京：电子工业出版社，2018.

[19] 张建奇. 红外系统［M］. 西安：西安电子科技大学出版社，2018.

[20] 吴晗平. 光电系统设计：方法、实用技术及应用［M］. 北京：清华大学出版社，2019.

[21] 薛鸣球. 仪器光学［M］. 北京：科学出版社，2018.

[22] 毛宏霞，刘忠领，田岩. 红外辐射与目标识别［M］. 北京：科学出版社，2022.

[23] 张向阳，朗野. 光电跟踪瞄准系统中的光学传感器误差分析［J］. 电视技术，2022，6（34）：163-166.

[24] 周家淳，高天元. 大口径近红外波前检测装置光机设计［J］. 应用光学，2023，5（2）：25-33.

第4章 无线电跟踪测量技术

无线电跟踪测量就是利用无线电波对运载火箭、卫星等进行跟踪，通过测量其坐标、速度、加速度等来确定其轨迹，进而计算出运载火箭的飞行弹道或卫星的运行轨道。

4.1 概　　述

无线电跟踪测量的基本功能是对目标实施跟踪与测量，跟踪主要指角度跟踪，测量的元素包括：方位角、俯仰角、距离、距离变化率，多站距离差、距离差变化率及方向余弦、方向余弦变化率等。其基本工作过程是：由地面设备的发射机产生大功率无线电波，经天线定向辐射至目标，由目标上搭载的应答机接收、处理后转发至地面设备接收（对于反射式雷达系统，电波由目标表面反射回地面），地面设备天线馈电系统将接收的电波信号进行放大、处理、解调后，送到终端基带设备，最终由基带设备给出测量参数（角度、距离、速度、加速度等）。多个测量站设备的数据和站址等相关信息汇总到中心进行实时解算，提供运载火箭的外测弹道参数，为火箭飞行的安全控制提供依据，提供航天器入轨点参数和轨道根数，为是否成功入轨提供判断支撑，也可以进行事后精密分析，为运载火箭的故障分析和系统改进提供依据，为卫星轨道的精密确定提供数据支撑。无线电跟踪测量要完成其功能，除反射式雷达外，一般需要在运载火箭或卫星上搭载无线电合作设备。因此，作为一个完整的测量系统，无线电跟踪测量系统应该包括地面设备和星载/箭载设备两部分，但一般讨论中通常不合并介绍合作目标上搭载的信标机和应答机之类的设备，仅把在本地产生、发射、接收、处理无线电外测信号，从而给出航天器运动参数的一整套设备，称为无线电跟踪测量设备或无线电外测设备。

无线电跟踪测量系统按其工作体制，可分为基线制测量系统和非基线制测量系统；按无线电射频信号（连续波信号和脉冲信号）形式，可分为脉冲型测量系统与连续波型测量系统；按部署平台，可分为地基系统和天基系统；按测量站结构，可分为单站制和多站制。非基线制测量系统是单站测量系统，多采用收/发共用天线（或单向接收天线），由单站可完成测量任务，测量元素包括距离 R、距离变化率 $\dot{R}$ 和角度（方位角 A、俯仰角 E）。基线制测量系统是多站测量系统，系统一般为主站发射、主站及各个副站接收，或者系统由多个独立的单站（收/发）构成，由主站、副站（或多站）联合工作，共同完成测量任务。脉冲型测量系统是各种脉冲测量雷达，有应答式与反射式两种工作方式。单向信标接收测速设备、测速定位多站测量系统、统一载波测控系统和跟踪与数据中继卫星系统等采用连续波射频无线电信号进行工作的各类系统均可归类于连续波型测量系统。但统一系统、中继卫星系统和 GNSS 等系统功能多，相对比较独特，通常作为独立的航天无线电测控系统进行阐述。

无论何种无线电跟踪测量系统,要实现对目标坐标速度等的测量,一般都可以归结到测量目标的距离、角度,以及目标的运动趋势和速度,下面着重介绍这三种测量元素的获取方法。

4.2 无线电测距技术

无线电能够进行距离测量,利用的是无线电波在均匀介质中以固定速度直线传播(在自由空间传播速度约等于光速)的特性。如果能够测量出无线电波传播的时间 τ,则无线电波经过的传播路径长度为 R,有 $R=c\tau$,而时间 τ 也就是接收无线电波信号相对于发射信号的延迟,因此,精确测定无线电电波发射和接收之间的时间延迟 τ 即可获得测量设备至目标之间的径向距离。

常用的无线电测距方法按照发射信号形式可分为脉冲测距和连续波测距两类,连续波测距里面按照测量值类型又可分频率法和相位法,后面讨论的侧音测距和伪码测距都可以看作相位法。频率法测距是将发射的连续波做线性调频,若距目标一定距离时,收发之间的频率会存在一定的差拍频率,测量差拍频率实现测距,这种方法在测控中应用较少。下面主要介绍脉冲、侧音、伪码测距、音码混合测距、距离测量误差。

4.2.1 脉冲测距

4.2.1.1 脉冲测距原理

为了测量发收传播时延,发射信号波形上必须引入某种时间标志,最为简单直观的是一个矩形脉冲。测量设备产生重复周期为 T 的矩形脉冲,经调制后发射,目标将信号反射或转发(忽略转发时延),回波被地面接收机接收并检测出矩形脉冲,测出收发脉冲之间的时延 τ,即可测出目标的相对距离。如图 4-1 所示,目标与测站间的距离为

$$R = \frac{1}{2}c\tau \tag{4-1}$$

式中:c 为光速;R 为目标到测站的距离;τ 为收发脉冲之间的时延。

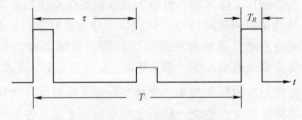

图 4-1 脉冲测距时间关系

直观理解就是,将视频脉冲的前沿作为它的时刻标记,但实际中受目标大小、目标起伏、噪声和干扰等因素的影响较大,因此通常采用脉冲回波中心作为到达时刻,二者只相差一个固定值(约为 $\tau/2$)。当发射功率不受限时,脉冲测距的可测最远距离为

$$R_{\max} = \frac{1}{2}cT \tag{4-2}$$

目标距离越远，回波时延越长。由于脉冲是周期性发射的，如果回波时延超过发射脉冲的重复周期，则无法判断接收到的回波是当前周期发射的还是以前周期发射的，造成距离模糊。实际目标距离为 $R_{\text{real}} = \dfrac{c}{2}(NT+\tau)$，其中，$N$ 为模糊周期数，T 为脉冲重复周期。

因此脉冲测距的最大无模糊距离与脉冲发射周期有关，周期越长，无模糊距离越大，但测量得到的数据更新率越低。

4.2.1.2 脉冲测距解模糊

在脉冲发射重复频率不能过低的情况下，要解距离模糊，就需要在信号发射时附加一些特征，使接收系统能够判断当前回波是哪个周期发射的。得到模糊周期数 N 以后就恢复正常脉冲发射，根据回波向前或向后的移动趋势在 N 值变化时将 N 减 1 或加 1 即可。解距离模糊（判 N 值）方法有发多种重复频率法和伪随机码（Pseudo-Noise Code，简称伪码，又称 PN 码）法等。

发多种重复频率法是利用没有公约数的多种重复频率的相干性，得到周期为其最小公倍数的周期，相当于变相降低了重复频率。设备一般以多种不同的重复频率交替发射脉冲信号，通过记忆重合装置，将不同的发射信号进行重合，重合后输出的是重复频率为公约频率的脉冲串，同样也可得到重合的接收脉冲串，这样只要公约频率满足无模糊要求即可得到真实时延。

伪码法是航天测量雷达中常用的解距离模糊方法，如图 4-2 所示。

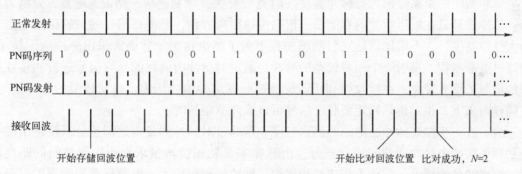

图 4-2 伪码法解距离模糊

发射脉冲时按照一组 PN 码来控制发射脉冲的时机，例如图中 PN 码序列中的"1"对应正常发射脉冲，"0"对应移相（相对正常发射推迟半个周期）发射脉冲。从按照 PN 码序列的规律发射脉冲开始，存储同样个数的接收回波的相对位置，判断存储的回波之间变化规律是否与发射的顺序一致，不一致则移除一个最早的，存储一个新的回波位置，直到存储的与发射的次序一致，此时移位的回波个数即距离模糊周期数。选用如图 4-2 所示的 15 位 PN 码，则需要判断存储的 15 个回波的位置中正常回波（8 个码"1"）至少有 5 个位置与发射符合，并且全部回波位置中至少有 12 个与发射符合才认为顺序一致，此时移位的周期数为 N。

4.2.1.3 脉冲测距跟踪

由于脉冲信号的特点，回波信号只占整个信号周期内的一段时间，因此在进行脉冲测距时，一般采用一个一定宽度的波门信号来控制对回波信号的采集检测等处理时间区间，由于目标的运动，回波位置会移动，需要一个环路来对其进行跟踪，确保波门信号始终套住回波信号。实际中通常采用二阶环路实现距离自动跟踪，如图4-3所示。二阶环路由距离误差产生器、α滤波器和β滤波器、速度产生器、距离计数器，以及前、后距离门产生器组成。

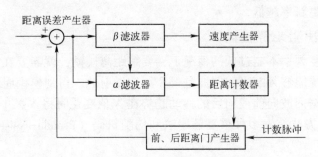

图4-3 脉冲测距距离跟踪二阶环路框图

图4-3中，距离误差产生器（控制器）的作用是把距离门与回波信号在时间上进行比较，采用前、后距离门面积比较法产生误差控制信号，输出距离误差控制跟踪波门移动实现闭环跟踪；α、β滤波器的作用是改变距离和速度支路增益，使测距环路闭环带宽和速度响应满足要求。

脉冲测距的距离分辨力与脉冲宽度（时宽）有关，脉宽越窄，则带宽越宽，分辨力越高。脉冲信号只在矩形脉冲内有能量，依据雷达距离方程，要提高信号的传输距离则需要增大脉冲宽度。在不增加雷达发射功率前提下为了解决这个矛盾通常采用脉冲压缩技术，提高时宽带宽积。发射一个相对较宽的脉冲，通过对脉冲内调制的高频信号进行相位或频率的调制来增大带宽，在接收端利用匹配滤波对宽脉冲信号压缩，得到较窄的脉冲信号。在同样距离下，相对单载频矩形脉冲信号可以提高测距精度。

为了进一步提高脉冲法测距的测量精度，需通过对脉冲测量雷达测速分系统输出的多普勒频率在两个接收回波间进行积分，由脉冲多普勒相位增量求出两次回波间的距离增量，距离增量的精度与雷达工作波长相比拟，即游标测距技术。但游标测距测出的只是相对距离增量，其总精度还受基准距离的精度限制。

脉冲法测距由于脉冲雷达设备发射峰值功率受限，脉冲占空比低，因此平均功率低，保精度测量距离较近；但其可以反射式工作，不需要目标应答机配合，因此在运载火箭测控和返回式航天器中应用仍很广泛。

4.2.2 侧音测距

侧音测距利用的是连续波信号，将从目标返回来的信号通过一个窄带锁相环提纯，然后将其过零相位点与发射信号的过零相位点比较，以测出目标的时延τ。侧音测距分为单侧音测距、多侧音测距等。

4.2.2.1 单侧音测距

测量设备发射一个单频正弦波信号，到达目标航天器后被反射或应答机转发，如果不考虑其他因素带来的延时,则可采用正弦波的正向过零点时刻作为测量时间延迟的起止特征时刻,在发射信号正向过零点时开始计时,接收到正向过零点信号时通知发射端停止计时,则根据这个时延就可以求出无线电波从发射天线到航天器再到接收天线之间的距离。

对于单频正弦波信号,假设发射信号正向过零点时刻为 t,$s(t)=\sin(2\pi ft)$,信号传播时延为 τ,则接收到时间延迟了的信号为 $s(t-\tau)=\sin(2\pi ft-2\pi f\tau)$,二者之间的相位差为 $\varphi=2\pi f\tau$,如图 4-4 所示。因此距离可表示为

$$R = \frac{c\tau}{2} = \frac{c\varphi}{4\pi f} = \frac{\lambda\varphi}{4\pi} \tag{4-3}$$

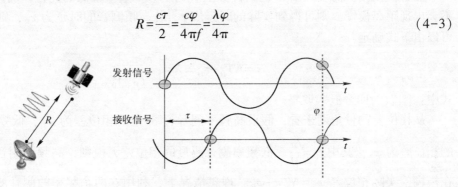

图 4-4 单频正弦波信号测距

求取收发信号正向过零点之间的时间延迟的测距方法与脉冲法一样都属于测时法。求取发射信号过零点时刻的相位与接收信号此时刻的相位差进行测距的方法称为测相法或相位法。如上所述,对于单一频率正弦波信号,二者是等价的,现代测量设备中一般采取求取信号相位差的方法。

上述单一频率正弦波的频率较低,一般需要调制在高频载波上才能发射。对于单一频率正弦波,频率通常在音频(<20kHz)以下,习惯称为单音信号或纯音信号。经相位调制后信号频谱形成分布在残留载波两边的上、下边带,边带谱线间距是基带信号频率的整数倍。边带谱线多少、强度,残留载波强度均与调制时的调制度有关。这组测距采用的纯音称为测距侧音,简称侧音或测距音。

由于噪声的存在,不可避免地引起测相误差 σ_φ,从而引起测距误差 σ_R,其关系为

$$\sigma_R = \frac{c\sigma_\varphi}{4\pi f} \tag{4-4}$$

从式(4-4)可见,当测相误差 σ_φ 一定时,侧音频率 f 越高,测距误差就越小,若想提高测距精度,则应提高侧音频率。但相位计只能测出 $\varphi_d<360°$ 的精确值,即时延 τ 等于正弦波的周期 T,故最大测量距离,或是无模糊测量距离只能小于侧音信号的半波长,即

$$R_{\max} \leqslant \frac{\lambda}{2} \tag{4-5}$$

当 $R_{\max}>\lambda/2$ 时,就出现距离模糊。为了增大无模糊距离,需要降低侧音频率。

侧音测距即利用收发单频正弦波信号的正向过零点时延或者信号相位差实现距离测量。侧音频率越低,无模糊测量距离越长,但是在相位测量误差一定时,侧音频率越高,测距误差就越小。为了提高测距精度,又需要增大侧音频率。为了解决测距精度与无模糊距离这一矛盾,可以采用多侧音测距。

4.2.2.2 多侧音测距

在高频单侧音测量出现距离测量模糊时,测量得到的时延与实际值之间相差了侧音周期的整数倍,或相位差相差 2π 的整数倍,即

$$R=\frac{1}{2}c(NT+\tau) \text{ 或 } R=\frac{c(N\cdot 2\pi+\varphi)}{4\pi f} \tag{4-6}$$

要解模糊同样需要判断 N 的具体数值。利用一个频率较低的侧音,确保低频侧音测量不会出现距离模糊,则可得到实际的时延值 τ。若高频侧音的时延为 τ_H,则模糊周期 N 值可以由下式确定:

$$\tau=NT_H+\tau_H \Rightarrow N=\left[\frac{\tau-\tau_H}{T_H}\right]_{0.5} \tag{4-7}$$

式中:$[\ ]_{0.5}$ 为四舍五入取整。

从相位差测量角度来看,假设高频率侧音 f_H 测量的相位差为 φ_H,低频率侧音 f_L 测量的相位差为 φ_L,其中 $f_L=\frac{f_H}{M}$。低频率侧音测量的相位差无模糊,高频率侧音测量的相位存在模糊,实际相位差 $\varphi_d=N2\pi+\varphi_H$。理想情况下,利用这两个频率的侧音测量的实际相位差分别求出的时延应该一致:

$$\tau=\frac{N\cdot 2\pi+\varphi_H}{2\pi f_H} \text{ 和 } \tau=\frac{\varphi_L}{2\pi f_L}=\frac{M\varphi_L}{2\pi f_H} \tag{4-8}$$

因此,可得

$$N=\left[\frac{M\varphi_L-\varphi_H}{2\pi}\right]_{0.5} \tag{4-9}$$

据此得到模糊周期 N 值以后,可以求出高频率侧音的无模糊相位差,进而得到高频率侧音测量的无模糊距离:

$$R=\frac{c(2\pi N+\varphi_H)}{4\pi f_H} \tag{4-10}$$

1. 侧音频率确定

低频率侧音主要用来确保测距不会产生模糊,因此其频率由测量系统的最大作用距离决定,与要测量的目标最远距离有关:

$$R_{max}=\frac{c}{2f} \Rightarrow f_L<\frac{c}{2R_{max}} \tag{4-11}$$

高频率侧音用来满足测量精度要求。由前述可知,测距误差与相位测量误差和侧音频率有关,其中相位测量误差与噪声引起信号相位抖动有关。实际设备中一般采用锁相环,用锁相环的窄带滤波特性提取高侧音,提高侧音的信噪比。此时,相位误差的信噪比应当是锁相环路的信噪比,侧音锁相环信噪比 $\geqslant 7dB$ 时,有

$$\sigma_R \cong \frac{c}{18f\sqrt{\left(\frac{S}{N}\right)_L}} \Rightarrow f_H > \frac{c}{18\sigma_R\sqrt{\left(\frac{S}{N}\right)_L}} \tag{4-12}$$

式中:$\left(\frac{S}{N}\right)_L$ 为锁相环路提纯后侧音的信号与噪声功率谱密度之比,与采用锁相环路的带

宽有关。

为了获得高测量精度和远无模糊距离，往往希望高频率侧音频率尽量高，低频率侧音频率尽量低。理论上只要有一个足够高频率侧音和一个足够低频率侧音就可以满足无模糊测量和高精度测量，但是实际上由于测相误差的存在，高频率侧音和低频率侧音之间的频比太大，会影响模糊周期的解算。

由前述分析可知，通过把低频率侧音一个周期的 2π 相位分成 M（M 为高低侧音频率之比）份，通过判断低频率侧音测量得到的相位处在 M 份中的哪一个区间来确定高频率侧音的测相模糊值。M 值越大，2π 被分成的区间越小，小到低频侧音的相位测量误差会引起错误判决。从 N 值判决公式来看，M 值越大，相当于把低频相位的测量误差放大的越多，最终可能引起误判。

由相位模糊周期判决区间关系可知判决区间范围为 $\dfrac{2\pi}{M}$，则低频侧音相位误差应满足

$$\Delta\varphi_L < \frac{\pi}{M} \tag{4-13}$$

显然 M 值过大时，低频侧音的相位差测量精度将无法满足区间判决要求。因此，当频比 M 很大时，需要添加中间侧音，即通过增加中间侧音，降低对相邻侧音测相误差的要求。一般在最高频率侧音与最低频率侧音间插入的若干频率进行匹配的侧音称为匹配音，相邻频率间的比值称为匹配比；决定测量精度的频率最高的侧音称为主侧音（高侧音）；决定无模糊距离的最低频率的低侧音和中间匹配解模糊的匹配音统称次侧音。

某 S 频段侧音测距系统的侧音表如表 4-1 所列，所有 7 个侧音是相位相干的，它们都以 $f_7 = 8\text{Hz}$ 的周期 125ms 为间隔，同时正向地通过零交点。若将多侧音直接调制到载波上，将占用 100kHz 带宽，且最低侧音频率太低，不利于载波接收，因此需要压缩 7 个侧音占用的频谱带宽，对 $f_1 \sim f_4$ 4 个次侧音分别混频到 16kHz 附近，采用上边带作为实际传输中采用的侧音，以免干扰作为测速用的残余载波分量。频移后的实际侧音通常称为虚拟音。

表 4-1 S 频段侧音测距正弦侧音表

类 型		侧音频率 f/Hz	虚拟侧音频率 f'/Hz
主侧音（高侧音）		$f_7 = 1 \times 10^5$	$f_7' = 100.00$
次侧音	匹配音	$f_6 = f_7/5 = 2 \times 10^4$	$f_6' = 20.00$
		$f_5 = f_6/5 = 4 \times 10^3$	$f_5' = 16.00$
		$f_4 = f_5/5 = 800$	$f_4' = 16.80$
		$f_3 = f_4/5 = 160$	$f_3' = 16.16$
		$f_2 = f_3/5 = 32$	$f_2' = 16.032$
	低侧音	$f_1 = f_2/5 = 8$	$f_1' = 16.008$

2. 匹配解模糊

多个侧音调制发射时，可以采取同时发射或依次发射的方式。同时发射多个侧音则接收也同时收到多个侧音，可同时得到所有侧音的时延，方便距离模糊解算。但是同时发多个侧音会分摊发射功率，缩短作用距离。实际测量系统中一般采用依次发射的方法。

可采用次侧音由低到高轮发的方式，接收端接收到发射的侧音后由锁相环锁定，延迟

一段时间等环路稳定,提取出相位差后停止发射当前侧音,开始发射下一个侧音,重复以上过程直至发射主侧音。在其他侧音停发过程中,利用载波的多普勒积分求出在侧音停发时间段内相移变化增量,虚拟推算至主侧音相位差测量同一时刻。相当于在主侧音 f_7 锁定时就同时接收 7 个侧音(其余 6 个侧音相移推算),实现得到同一距离点上所有侧音的相位差测量值,进行匹配解模糊。

侧音匹配解模糊过程如下。

(1) 最低侧音 $f_7 = 8$Hz 测量无模糊,可以得到无模糊的测距值和相位差:

$$N_7 = 0, \quad R_7 = \frac{\lambda_7 \varphi_7}{4\pi} \tag{4-14}$$

(2) 侧音 f_6 测量有可能出现相位模糊,其模糊周期数由 f_7 的相位差测量值解算:

$$N_6 = \left[\frac{4\varphi_7 - \varphi_6'}{2\pi}\right]_{0.5} \tag{4-15}$$

据此可以得到测音 f_6 测量的真实相位差 $\varphi_6 = 2\pi N_6 + \varphi_6'$。

(3) 侧音 f_5 测量相位模糊周期数由上面步骤得到 f_6 的真实相位差测量值解算:

$$N_5 = \left[\frac{5\varphi_6 - \varphi_5'}{2\pi}\right]_{0.5} \tag{4-16}$$

据此可以得到测音 f_5 测量的真实相位差 $\varphi_5 = 2\pi N_5 + \varphi_5'$。

(4) 重复上述过程,用相邻低侧音的真实相位解算高侧音的模糊周期。

(5) 最后主侧音 f_1 测量模糊周期数由 f_2 的真实相位差测量值解算为

$$N_1 = \left[\frac{5\varphi_2 - \varphi_1'}{2\pi}\right]_{0.5} \tag{4-17}$$

据此可以得到主测音 f_1 测量的真实相位差 $\varphi_1 = 2\pi N_1 + \varphi_1'$。

则由主侧音测量的精确距离为

$$R = \frac{\lambda_1 (2\pi N_1 + \varphi_1')}{4\pi} \tag{4-18}$$

(6) 侧音匹配解模糊完成后,只发主侧音,利用主侧音 f_1 测量,依据两次测量相位差之间的关系修正测量距离:

$$R_{n+1} = R_n + \frac{\Delta\varphi_{n+1}}{4\pi} \cdot \lambda_1, \quad \Delta\varphi_{n+1} = \begin{cases} \varphi_{n+1} - \varphi_n, & |\varphi_{n+1} - \varphi_n| \leq \pi \\ \varphi_{n+1} - \varphi_n - 2\pi, & \varphi_{n+1} - \varphi_n > \pi \\ \varphi_{n+1} - \varphi_n + 2\pi, & \varphi_{n+1} - \varphi_n < -\pi \end{cases} \tag{4-19}$$

即看二者相位差绝对值是否超过 π,决定是加 2π 还是减 2π,相当于是确定主侧音的模糊周期 N 值是加 1 还是减 1。

多侧音测距的优点是占用频带相对较窄,捕获较快;缺点是解模糊复杂,模糊距离受限于低侧音频率。侧音测距在中低轨航天器和导弹测控中有着广泛的应用。在远距离的深空测量中,无模糊距离需要几十万千米以上,需要的低侧音频率到 0.5Hz 甚至更低。如此低的侧音产生起来相对困难,且离主载波过近,难以进行锁相提取。因此,需要在连续波信号中附加另外的信号作为起止特征来判断,伪随机序列具有良好的自相关特性,且容易产生和判断,远距离测量通常采用伪码测距。

4.2.3 伪码测距

在深空测距应用中，如月球、火星、金星探测，PN 码是主要的测距信号。

4.2.3.1 伪码基本性质

由 0 和 1 组成的二元（或二进制）码序列可以用波形进行模拟，如"0"元素用一定宽度（持续时间）、单位振幅的正电压来表示，而"1"元素用同一宽度和振幅的负电压来表示。通常把二元码序列中的元素叫作比特，其持续时间叫作比特长度；而其对应波形中的元素叫作码元，其持续时间叫作码元长度。一般地，在进行理论分析时，宜采用二元序列表示方法，而在讨论具体实现系统时，宜采用二元波形表示方法。序列的运算与波形的运算也存在相对应的关系，两个二元序列的逐项模 2 和（异或）运算等效于它们相对应的二元波形的相乘。

一个随机序列应具有以下两个特点：其一，它是预先不可确定的，并且是不可重复实现的；其二，它具有某种统计特性，这种统计特性称为随机特性。如果一个确定序列（预先可确定的，并且可重复实现的序列）具有某种随机序列的随机特性，则将这个序列称为伪随机码序列，即 PN 码序列。

一般将码序列经过一定数量的码元后开始周期性重复的码元个数称为 PN 码周期 p，或 PN 码长度。将码序列中连续出现的相同码元称为游程，比如在二进制序列中，连续的 3 个 1 或者 0 构成了一个长度为 3 的游程。狭义上的 PN 码应具备以下三个随机特性。

（1）在每个周期内，两种不同元素出现的次数最多相差一次。

（2）在每个周期内，长度为 n 的游程出现的次数比长度为 $n+1$ 的游程出现的次数多一倍。

（3）具有双值自相关函数，即

$$R(\tau)=\begin{cases} 1, & \tau=0 \\ -\dfrac{1}{p}, & 1\leqslant\tau\leqslant p-1 \end{cases} \tag{4-20}$$

测距常用的 PN 码序列，主要有 m 序列（最大长度线性移位寄存器序列）、GOLD 序列和 L 序列（二次剩余序列），而应用最多的是 m 序列，GOLD 序列可由 m 序列生成。

4.2.3.2 m 序列

m 序列是由带有线性反馈的移位寄存器产生的周期最长的序列，m 表示最长周期的意思。

图 4-5 所示为一种具有线性反馈逻辑的 n 级移位寄存器的原理框图。其中 $a_{j-1},a_{j-2},\cdots,a_{j-n+1},a_{j-n}$ 为移位寄存器各级的状态；$c_0,c_1,c_2,\cdots,c_{n-1},c_n$ 为反馈系数，其中，c_i 的取值为 (0,1)，若 $c_i=0$ 则表示第 i 条反馈不存在，若 $c_i=1$ 则表示存在。

当 $j=n$ 时，线性移位寄存器的末级输出为 a_0；当 $j=n+1$ 时，输出为 a_1；……随着 j 的推移，移位寄存器将输出一个周期为 p 的无穷序列 $\{a_i\}=(a_0,a_1,a_2,\cdots,a_{p-1},\cdots)$。

可以看出，由线性反馈移位寄存器产生的 PN 码序列，是与移位寄存器各级的初始状态和反馈系数 $c_0,c_1,c_2,\cdots,c_{n-1},c_n$ 有关的，且满足以下反馈逻辑关系式：

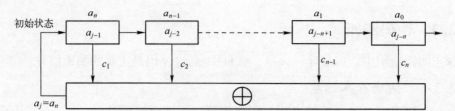

图 4-5 线性反馈移位寄存器原理框图

$$a_j = \sum_{i=1}^{n} \oplus c_i a_{j-i}, \quad j = n, n+1, \cdots \tag{4-21}$$

对于一个 n 级的线性移位寄存器,最多只有 2^n 个不同状态序列,其中还包含 $00\cdots0$ 全零状态序列,若将此全零状态排除在外,则 n 级线性移位寄存器能产生的最长周期序列的周期(或长度)是 2^n-1。将此最长周期序列称为 m 序列,其周期 $p = 2^n - 1$。

对于级数相同的线性反馈移位寄存器来说,当反馈逻辑不同时,所产生的序列是不同的。即使反馈逻辑相同,当初始状态不同时,所产生的序列也不完全相同。因此,由线性反馈移位寄存器产生的伪随机序列结构完全由初始状态和反馈逻辑决定。

m 序列是一个预先可确定的周期序列,但又具有某种随机序列的随机特性,其符合伪随机序列的基本特性,并且可以证明 m 序列具有双值自相关特性。在实际应用中,伪随机序列中的码元均以波形的形式出现,设 t_0 为码元宽度,则 m 序列波形的周期为 pt_0,p 为 m 序列的周期,则可以给出 m 序列波形的自相关函数:

$$\rho(\tau) = \begin{cases} 1 - \dfrac{p+1}{pt_0}|\tau - pkt_0|, & 0 \leq |\tau - pkt_0| \leq t_0;\quad k = 0,1,2,\cdots \\ \dfrac{-1}{p}, & \text{其他} \end{cases} \tag{4-22}$$

m 序列波形的自相关函数曲线如图 4-6 所示。

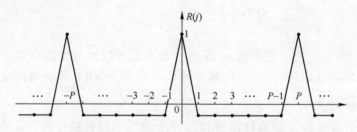

图 4-6 m 序列波形的自相关函数

4.2.3.3 伪码测距原理

从无线电测距原理来看,不管测距信号的具体形式如何,其测距原理是相同的,即只要测出无线电波传输时延 τ,就可确定目标距离 R。PN 码测距中获取传输时延采用的是"相关试探"方法。设发射的 PN 码信号为 $S_{\text{PN}}(t)$,接收到的回码为 $S_{\text{PN}}(t-\tau_s)$,其中 τ_s 为测距信号的传播延迟。将本地码(它是发射码的复制)与回码进行互相关运算,设位移后的本地码为 $S_{\text{PN}}(t-\hat{\tau}_d)$,这里 $\hat{\tau}_d$ 是本地码的时间位移,实际上就是时延估值。于是回码与本地码的相关函数为

$$R_{PN}(\tau) = S_{PN}(t-\hat{\tau}_d) S_{PN}(t-\tau_s) \quad (4-23)$$

若 $\tau_e = \tau_s - \hat{\tau}_d$ 为时延估计误差，则在 PN 码测距中，参量 τ 是对应着 τ_e 的。相关试探就是不断地改变 $\hat{\tau}_d$ 的值，$\hat{\tau}_d = nt_0$，$n = \pm 1, \pm 2, \cdots$，使其逐渐靠近 τ_s，当 $\hat{\tau}_d = \tau_s$ 时，即出现相关函数 $R_{PN}(\tau)$ 的峰值 $R_{PN}(0)$，因此，使相关函数 $R_{PN}(\tau)$ 出现峰值的 $\hat{\tau}_d$ 就是要确定的对应目标距离的时延估值，如图 4-7 所示。

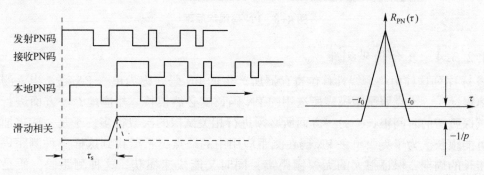

图 4-7 通过确定相关函数峰值估计时延

因此，PN 码测距需要在本地产生一个与发射 PN 码一样的 PN 码序列（本地 PN 码），然后任选某个初相位的本地码与接收码相关，若相关函数处于低电平，则移动本地 PN 码相位，一般为 1 个码元宽度（或半个码元宽度），继续相关；直到当相关函数出现峰值时停止，此时本地码移动的相位即对应了信号传输时延。

实际的测距过程是由两个阶段组成。首先，通过相关试探方法，在相位上捕捉测距信号，即逐步改变本地码的相位（位移），使之最后与回码同相，此时，相关函数将出现峰值。这一阶段称为捕获，该阶段所需时间为捕获时间。对于静止目标，更确切地说，当目标与发射机之间无相对运动时，测距只有捕获阶段。但对于运动目标而言，由于目标距离不断变化，使本地码与回码保持同相位的状态遭到破坏，因此为了达到连续测距的目的，就必须使本地码的相位跟随回码的相位变化而变化，从而使本地码能继续与回码保持同相位状态，这个过程称为距离跟踪。

当完成了回码的捕获之后就可转入距离跟踪状态。为了使本地码相位始终与回码相位保持同步状态，即达到跟踪的目的，必须找到一个既能反映回码与本地码相位差的大小，又能反映它们之间的偏移为向的误差函数，即这个误差函数能够反映出时延值的大小和极性。

将 PN 码的自相关函数分别向左和向右平移一个码元宽度，二者的差函数可以作为误差函数。时延值在一个码元宽度内变化时，误差线性变化。用这个误差信号控制本地码移动。PN 码跟踪原理如图 4-8 所示。

PN 码在测距应用中具有以下优点。

（1）PN 码的长度（周期）可以做得很大，从而获得很大的无模糊测量距离。

（2）测距误差与信号的有效带宽成反比。在信号能量相同的条件下，信号有效带宽越大越好。而 PN 码可通过减小码元宽度（提高码的比特率）来使有效带宽足够宽。

（3）PN 码中 0 和 1 出现次数大致相等，这样有利于发射机效率的提高。

（4）PN 码的主要能量是限制在 $|f| \leq 1/t_0$，因此，允许多个信号占用同一个频段，并且可以作为扩频的地址码。

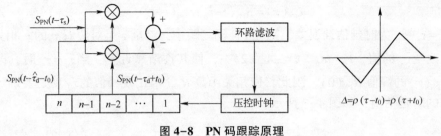

图 4-8　PN 码跟踪原理

4.2.3.4　复合伪码测距

像 m 序列这样由一个线性移位寄存器所产生的 PN 码，称为单一 PN 码。当要测的目标距离很远时，为克服测距模糊所选用的 PN 码长度必然很长。相应地，一方面进行一次相关试探所需的时间很长，另一方面所必须进行相关试探的次数很多。于是，所需捕获时间就可能很长。为了克服单一 PN 码在测距应用中的缺点，希望找到这样一种测距码：它既有很长的周期，保证很大的无模糊距离，同时又能快速捕获。这种测距码，便是复合 PN 码，简称复码。

由两个以上的短码（称为子码）按一定逻辑函数构成的长码称为复码（或复合码、组合码）。设 n 个子码的长度分别是 $p_1, p_2, \cdots, p_n$，且它们两两互素，即 $(p_i, p_j)=1, i \neq j$，则由这几个子码构成的复码长度 $p = p_1 p_2 \cdots p_n$。其构造复码的方法一般是将第 i 个长度为 p_i 的子码重复 p/p_i 次，然后根据给定的复码与子码之间的逻辑函数关系式逐项确定复码的元素。因为复码的初相唯一地由各子码的初相确定，所以复码的初相至多只需要进行 $p_1 + p_2 + \cdots + p_n$ 次相关试探便能确定。这个数目比起采用同一长度的单码所需的相关试探次数要小很多。因此采用复码可以达到缩短捕获时间的效果。实际中对于单码的捕获也可以采用分多路并行相关试探的方法，以资源消耗换取捕获时间的缩短。

用若干个子码组合而成的复码的形成可以是多种多样的。如果复码是用若干个子码的模 2 和构成的，这样一类由子码的模 2 和构成的复码称为模 2 和复码。模 2 和复码有一个很重要的特性，其自相关函数可简单地表示成各子码自相关函数的乘积。两个子码组成的模 2 和复码的功率谱，可以近似地表示成两个子码功率谱的卷积。由于序列之间的模 2 和对应于波形之间的相乘，因此模 2 和复码实际上是子码之间的调制复码。正是由于模 2 和复码具有这一重要特性，使其在测距中得到广泛应用。在实际应用中常常将控制移位寄存器的时钟（时钟信号）或它的二分频信号（称为二分频时钟或半倍时钟）构成模 2 和复码的其中一个子码。让此时钟在测距接收机中被跟踪环路迅速捕捉，通过对时钟的间接锁定，达到跟踪的目的。

4.2.4　音码混合测距

纯侧音测距和 PN 码测距各有其优缺点，纯侧音测距的主要优点是提高侧音频率可获得高精度的测距，且所占用带宽窄、捕获快，但解相位模糊复杂，无模糊距离不容易做的太远。PN 码测距的主要优点是无模糊距离长，但要提高精度则必须减小码元宽度，使占用带宽增加，捕获更加复杂，占用时间长。因此有的系统采用侧音和 PN 码混合方法，可以使它们优势互补，用高侧音保精度，用 PN 码解距离模糊，并用 PN 码信号对高侧音进行 PSK 调制。

1. 伪码+高侧音方案

这是一种常用的方案，它是将 PN 码 PSK 调制在高侧音上，将高侧音的频率选择得较高，就可提高测距精度，这与前述的将 PN 码调制在载波上的基本原理是一样的，不再赘述。

2. 扩频码+高侧音方案

其测距信号的构成是先由 PN 码对低速率的解模糊码（巴克码）扩频，再由扩频信号对高侧音进行 BPSK 调制，之后对载波进行调相。载波调制边带用于测距，残留载波用于测速。扩频测距信号具有很强的抗干扰能力，多站同时工作时具有码分多址能力。

PN 码码钟频率与高侧音频率之比可选得较小（如1:8），便于实现利用码钟相位解高侧音的整周模糊，从而降低对 PN 码码钟相位的精度要求。解最远距离的模糊码为 13 位巴克码，用于解 PN 码的相位模糊。如果无模糊距离还需加长，则解模糊码可选 16 位巴克码。

测距终端由测距信号产生器、测距信号提取器、距离时延测量单元和测距计算机等组成。测距信号提取器由 PN 码并行检测器、PN 码跟踪环、高侧音环及巴克码匹配滤波器组成。这种方案采用巴克码被 PN 码扩频，接收端完成码跟踪、恢复，高侧音直接由 PN 码调制既提高了抗干扰能力，又充分利用了信号能量，高侧音、PN 码和巴克码不单独占用信号能量，解模糊码的相关接收利用了 13 个 PN 码周期中的信号能量，使距离解模糊用的相关峰输出信噪比高，充分保证测距不错大数。同时，单码调制使码捕获过程简单，捕码时间可采用多个相关器半并行处理来缩短，N 个相关器并行捕获比一个相关器的串行捕获的捕获时间缩短 N 倍。PN 码捕获后，利用解模糊硬件匹配滤波器检测相关峰的到达时间，测距过程简单，捕获时间只包括 PN 码捕获和侧音环锁定两部分。在测量距离时延时，为了方便测量和得到高的分辨率，利用巴克码时延测量粗距离（量化单位为高侧音的周期数），利用高侧音收发相位差测量精距离。PN 码码钟的作用是解高侧音的相位模糊。

3. 序列码+高侧音方案

这种方案的上行测距信号包括高频侧音 f 和由其分谐波得到的序列码 $r_n(t)$，该码被调相在侧音上。$r_n(t)$ 是双极性周期矩形函数 $r_n(t) = Q_1 \oplus Q_2 \oplus Q_3 \oplus \cdots \oplus Q_n$，其中 Q_i 是第 i 个 1:2 分频触发器的输出，分频链路中的第一个触发器由测距侧音驱动。

其捕获过程与前述的信号复制法类似，捕获程序从仅发射侧音和接收侧音开始。在预定的时间间隔内锁相接收侧音，用锁相后的侧音复制序列码，然后用第一个码调制上行侧音。由于第一个码与侧音同步，其周期等于侧音周期的 4 倍，相关器就可求出四分频器的 4 个相位模糊，可以解出与侧音同相或反相的模糊，用它调整分频器的状态使复制码与输入码同相，然后第二个码取代第一个码，可以再次对模糊进行二选一的判决。为了减少解距离模糊所需的相关次数，码周期采用四分频步进。利用两个正交码的相关特性，用 2 个相关器就可求出四分频器的 4 个相位模糊。在捕获过程结束时，最长的复制码与接收的最长码同相，它决定最大无模糊距离。同时再发射序列码用来检测是否有跳大数等测距错误出现，由于只要求起检测作用，所需能量可以减小，序列码对侧音的调制度可减小。

上行链路码发生器产生"开始脉冲"，复制码发生器产生"结束脉冲"。开始脉冲与结束脉冲之间的时间间隔采用高分辨力的计时器/计数器来测量。测距精度由高侧音决定，而最长码确定无模糊距离。

一般来说，信道带宽一定条件下，若要求测距精度高，则易选择侧音测距；若距离远且要求捕获时间短，则可选择复合 PN 码测距。音码混合测距适用于测量距离不太远，但精度又要求较高的场合。随着信道带宽和设备处理能力和多目标、保密等的需求增多。会越来越多采用 PN 码的方式。

4.2.5 距离测量误差

由测距公式可以看出，影响距离测量精度的因素。对其求全微分得

$$dR = \frac{\partial R}{\partial c}dc + \frac{\partial R}{\partial \tau}d\tau = \frac{R}{c}dc + \frac{c}{2}d\tau \tag{4-24}$$

用增量代替微分，可得到距离测量误差为

$$\Delta R = \frac{R}{c}\Delta c + \frac{c}{2}\Delta \tau \tag{4-25}$$

可以看出，距离测量误差主要由电波传播速度 c 的变化 Δc 及测时误差 $\Delta \tau$ 组成。

测量误差可分为随机误差项和系统误差项两类，随机总误差和系统总误差一般采用将各项误差平方和再开方求得。随机误差项主要包括接收系统热噪声误差、多路径效应误差、杂波与干扰误差、接收机延迟变化和频率短稳不稳定度、抖动和量化误差等，其中热噪声误差是主要分量。系统误差项主要包括由光速不准、大气折射，收/发信道中时延变化引起的误差，距离校零残差，动态滞后误差，多径效应误差，传输线路的时延误差等，其中时延引起的误差是主要分量，又包括发射接收中频滤波器随温度和时间变化而引入的时延变化、接收信号电平变化引起的 AGC 放大器时延变化、上下行信道群时延频响及群时延稳定性引入的误差等。

对于脉冲测距，距离跟踪测量的热噪声误差大小与脉冲信号的有效带宽和有效信号噪声比有关。其计算公式为

$$\sigma_{R1} = \frac{1}{\beta \sqrt{2(S/N)_1 N_e}} \tag{4-26}$$

式中：β 为脉冲信号均方根带宽；$(S/N)_1$ 为单个脉冲回波功率信号噪声比；N_e 为相关测量时间内的有效积累脉冲数。

对于侧音测距，热噪声引起测误差与主侧音频率和环路信噪比有关：

$$\sigma_R \cong \frac{c}{18 f_主 \sqrt{\dfrac{S}{\Phi} \dfrac{1}{2B_L}}} \tag{4-27}$$

式中：S/Φ 为主音信号功率噪声谱密度之比；B_L 为主音环路单边等效噪声带宽。

伪码测距主要受延迟锁定环热噪声误差影响，表示为

$$\sigma_{RN} = c \cdot T_C \cdot \sqrt{\frac{B_1}{2\alpha(S/N_0)}\left[1 + \frac{2B_e}{\alpha(S/N_0)}\right]} \tag{4-28}$$

式中：B_e 为相关器带宽；B_1 为伪码跟踪环环路带宽；S 为信号功率；N_0 为高斯白噪声功率谱密度；T_C 为伪码码片宽度；α 为损失因子（一般取 0.6）。

4.3 无线电测速技术

无线电测速是指利用无线电波的传播或反射来完成对目标或自身速度进行测量的过程。速度量除了表征飞行器的运动趋势，也是航天器定轨中的一个重要测量元素。航天器的速度大小对其运行至关重要。例如，星箭分离时的速度决定了卫星是否正常入轨，以及入轨的精度。速度是一个向量，除速度的幅值大小外，方向也很重要，方向决定着航天器入轨后相对于赤道的倾角。因此，速度的测量是三维测量问题，一般一个地面测量站只能测得航天器相对于测量站的径向速度，需多站同测才能获取真实速度矢量。

4.3.1 多普勒测速原理

目标径向速度可由距离增量变化率求得，也可以利用多普勒效应求得。速度测量采取距离微分的方法得到的径向速度实时性差、精度低，无线电测量中普遍应用的是多普勒测速方法。多普勒效应阐述了物体辐射的波长因波源和观测者的相对运动而变化，在生活中有着广泛的应用。无线电测量中利用这种由于运动产生的频率变化即多普勒频率进行测速。

4.3.1.1 多普勒频率

多普勒频率可以直观地解释为：振荡源发射的电磁波以恒速 c 传播，如果接收者相对于振荡源是不动的，则他在单位时间内收到的振荡数与振荡源发出的相同，即二者频率相等。如果振荡源与接收者之间有相对接近的运动，则接收者在单位时间内收到的振荡数目要比他不动时多一些，也就是接收频率增高；当二者做背向运动时，结果相反。这样频率的变化表征了速度的变化，可以通过测量频率差来测量目标的相对速度。

多普勒频率 f_d 定义为接收频率和发射频率之差，当航天器飞向测量站时，频率为正值；当背离测量站时，频率为负值。即

$$f_d = f_r - f_T = -\frac{\dot{R}}{c} f_T \tag{4-29}$$

图 4-9 给出了航天器运动时，径向速度 $\dot{R}$、多普勒频率 f_d 及多普勒频率变化率 $\dot{f}_d$ 的变化曲线。约定当航天器（发射机）与地面站（接收机）彼此接近时，径向速度为负；而

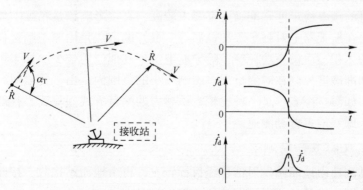

图 4-9 $\dot{R}$、f_d 及 $\dot{f}_d$ 的变化曲线

彼此远离时,径向速度为正。

4.3.1.2 单向多普勒测速

单向多普勒测速是指地面接收站接收从星载/箭载信标机发射的信号中提取多普勒频率来测速。因此,单向多普勒测速系统由两部分组成,即航天器的信标机和地面接收设备,接收设备一般为锁相接收机。航天器上带有信标机,信标机本身产生一个标称频率已知的并且与地面无关的连续波信号向下发射,地面接收站利用锁相环路提取出多普勒频率,如图4-10所示。

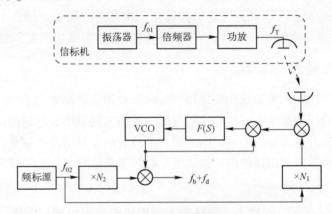

图 4-10 单向多普勒测速原理

设航天器信标机发射信号的频率为 f_T,此时接收信号频率为

$$f_r = f_T\left(1 - \frac{\dot{R}}{c}\right) \tag{4-30}$$

若地面接收设备能精确复制信标机的频率 f_T,则可测得多普勒频率为

$$f_d = -\frac{\dot{R}}{c}f_T \Rightarrow V = \dot{R} = -\frac{cf_d}{f_T} \tag{4-31}$$

在图4-10中的锁相接收机输出频率是 $f_b + f_d$,其中 f_d 为多普勒频率,f_b 为一固定偏置频率,其作用是由于负频率"$-f_d$"无法直接测量,加一个固定偏置 f_b 消除 f_d 的"±"号。

用单向多普勒频率测量径向速度的优点是设备相对简单,不需要上行信号即能工作,但对星载信标机的频率稳定度和准确度都要求较高,直接影响测量精度。要提高信标机的频率稳定度需要在航天器上对频率源加恒温等,最好的方法是用原子频标做频率源。当前囿于原子频标的体积、质量、功耗等,除导航卫星外其他应用较少。如果可以将航天器上频率源稳定度和准确度控制在对测量误差影响较小的范围内,由于传输时延减半,对于较远距离的测量,如深空探测,是一种比较有诱惑力的测量方式。目前,一般还是将参考频率源放在地面,即双向多普勒测速。

4.3.1.3 双向多普勒测速

双向多普勒测速由地面站发射信号经目标转发,再由地面站接收,接收站可以是与发射站同一地址的同一设备,或者不同站址的接收设备。

在实际的双向多普勒测速中,从地面发射机发射的信号由星载应答机按一定的比例转换为另一频率重新向地面转发，再由地面接收站接收，并从中提取多普勒频率，如图4-11所示。该测速系统由两部分组成：航天器应答机和地面设备。

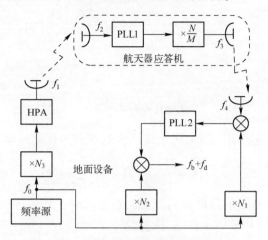

图4-11 双向多普勒测速原理

地面发射站发射的频率为f_1，航天器对发射站的径向速度为$V_T = V_M \cos\alpha_T$，其中V_M为目标的速度，α_T为V_M与应答机至发射站连线的夹角。则根据多普勒效应，可得应答机接收频率f_2为

$$f_2 = f_1\left(1 - \frac{V_T}{c}\right) \tag{4-32}$$

式中，由于V_T/c的值很小，说明应答机的接收频率f_2与地面发射频率f_1相差很小，特别是当$\alpha_T = 90°$时，f_2趋于f_1。因此f_2与f_1相差很小，甚至相同，航天器载应答机若直接利用f_2转发，需要防止应答机的输出与输入之间的干扰。若用f_2频率接收，而用f_3频率转发，就能从频率上分隔开，从而防止应答机本身的同频干扰。同时地面测控站也便于在频率上区分上行信号频率f_1与下行信号频率f_3。

应答机采用第三个频率转发时，转发频率f_3与应答机接收频率f_2可以相差一个固定频率f_0，即$f_3 = f_2 - f_0$。还有一种形式主要是将接收f_2频率乘上一个转发系数n变为$f_3 = nf_2$，其中

$$\frac{1}{2} \leqslant n \leqslant 2, \quad n \neq 1 \tag{4-33}$$

由于一般设备天线的相对带宽只有百分之几到百分之十几，为了不使同站发射与接收时天线与高频系统的工作频带太宽，一般避免$n>2$。此时

$$f_3 = nf_2 = nf_1\left(1 - \frac{V_T}{c}\right) \tag{4-34}$$

地面接收站接收到的频率f_4与f_3的差别还是由航天器相对于地面接收站的径向速度V_R的多普勒效应引起的。所以

$$f_4 = f_3\left(\frac{c}{c+V_R}\right) = nf_1\left(1 - \frac{V_T}{c}\right)\left(\frac{c}{c+V_R}\right) = nf_1\left(\frac{c-V_T}{c+V_R}\right) \tag{4-35}$$

式中：V_T、V_R分别为航天器对发射机、接收机的径向速度。一般地面接收发射共用，设径

向速度同为 V，且考虑 $V/c \ll 1$，式（4-35）可简化为

$$f_4 = \frac{1-\frac{V}{c}}{1+\frac{V}{c}} nf_1 \approx \left(1-\frac{V}{c}\right)^2 nf_1 \approx \left(1-\frac{2V}{c}\right) nf_1 \tag{4-36}$$

则接收站的多普勒频率为

$$f_d = f_4 - nf_1 = -\frac{2nf_1}{c} \tag{4-37}$$

若忽略目标加速度的影响，则未简化式计算的双向多普勒频率 f_d 为

$$f_d = -\frac{2V}{c+V} nf_1 \Rightarrow V = -\frac{f_d c}{2nf_1 + f_d} \tag{4-38}$$

从式（4-38）看出当 V 的数值相同而方向不相同时，其多普勒频率 f_d 的绝对值是不相等的。在一般的讨论中可用式（4-37）计算。

双向多普勒频率测速与单向多普勒频率测速相比，优点是参考频率源位于地面，可采用频率稳定度和准确度都很高的原子钟和更好的恒温措施等来降低参考频率的不稳定度。另外，发上行信号时引入一次多普勒频率，航天器上应答机相位相干转发回地面时，又引入一次多普勒频率，因此地面接收到 2 倍的多普勒频率，更有利于提高测速精度。

4.3.2 多普勒频率提取与测量

无论是双向多普勒测速还是单向多普勒测速，地面接收站的任务都是接收来自目标的无线电信号，从混有噪声的载频信号中提取出多普勒频率，然后测量多普勒频率的数值从而计算出径向速度。

4.3.2.1 多普勒频率提取

提取多普勒频率需要恢复和跟踪载波，一般采用带有锁相环或者同相正交环结构的接收机。如图 4-12 所示的多普勒接收机采用多次变频的形式。其中载波环锁在第二本振的中频上，相对简单可靠，若能直接锁定在第一本振则能减少第一中放带来的相位误差。载波环的压控振荡器的信号跟踪输入信号相位变化。其输出信号包含多普勒频率。载波环又称固定中频式跟踪滤波器，其主要作用是滤除输入噪声以提高输出多普勒信号的信噪比，从而提高频率测量精度。环内的中频信号不含多普勒频率，为固定中频，所以中放的带宽可以做得较窄，并避免因频率变化在中放内产生的相位误差。窄的带宽可以加至环路鉴相器的输入信噪比。它的频率配置受到的限制较少。环路的等效噪声带宽与环路鉴相器前的带宽选择不仅应考虑输出信噪比大，而且应使锁相环输出相位误差较小。多普勒频率变化率是在飞行器飞越接收站上空时最大，而这时接收信噪比最大，环路带宽可相应取较大值；反之环路带宽可取较小值。另外，也可考虑采用三阶或高阶锁相环。VCO 的信号送至数字载波环。

图 4-13 所示为双向相干转发地面接收提取多普勒频率的一种结构，采用了三次变频。接收信号经预选器和高放加至第一混频器，第一混频器的本振信号频率 $f_{L1} = nf_1 - f_{1c}$，f_{1c} 为第一中频中心频率。则混频器输出信号为 $f_{1c} + f_d$（图例为 $18\text{MHz} + f_d$），第一中频信号 $f_{1c} + f_d$

第 4 章 无线电跟踪测量技术 | 89

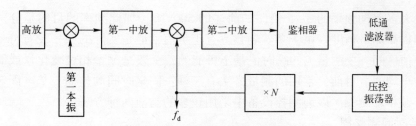

图 4-12 多普勒测速设备原理框图

经第一中放放大后加至中频载波锁相环，或称多普勒跟踪滤波器，其压控振荡器 VCO 输出频率为 f_v+f_d。它与参考信号 f_r（图例为 12MHz）经混频器后取出和信号作为接收系统第二混频器本振信号 f_{L2}，有 $f_{L2}=f_r+f_v+f_d$，式中，$f_r+f_v=f_{1c}-f_{2c}$。图例中 $f_{L2}=12.5\text{MHz}+f_d$，其中 $f_{1c}=18\text{MHz}$，$f_{2c}=5.5\text{MHz}$。可见，第二中频 f_{2c} 不含多普勒频率，因此其中放带宽可较第一中放带宽窄得多，图例为 100kHz。

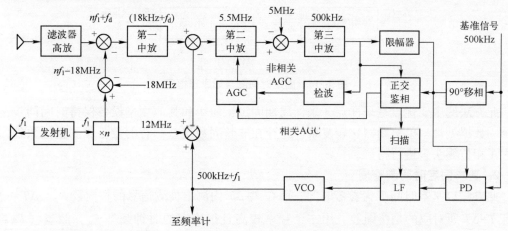

图 4-13 双向相干载波提取多普勒频率原理框图

第三混频器的本振频率为 f_{L3}，第三中频信号频率 $f_{3c}=f_{2c}-f_{L3}$，图例中 f_{3c} 为 500kHz，带宽为 2kHz。这个带宽窄则加至环路鉴相器 PD 输入端的信号的信噪比就高。载波环的 VCO 输出信号频率 f_v+f_d 包含多普勒频率，将其加至频率计以测得多普勒频率 f_d。载波环在未捕获到信号频率时，VCO 的频率开始扫描或搜索，此时环路带宽可以变宽，以便迅速在频率上捕获信号。当信号捕获后环路带宽可以变窄，以获得较高的输出信噪比，同时还应使相位误差较小。接收系统中还有非相关自动增益控制与相关自动增益控制等辅助电路。

采用非相干转发的应答机可以同时对多个地面站的信号转发。但在接收设计时应采取措施以消除应答机非相干本振带入的非相干分量，按照消除方案的不同，可分为地面站抵消法、应答机抵消法和应答机测量、地面站处理法。地面站抵消法里面的非相干应答机有中频混频转发和中频调制转发两种，其基本思路是增加应答机本振跟踪环路从接收信号中提取出本振来消除其影响。

4.3.2.2 多普勒频率测量

从前述分析看出，地面接收设备最后输出的频率是多普勒频率加一个偏置频率，其取值一般为最大多普勒频率的 3~5 倍,如前述的 500kHz,加此频率的目的是分辨多普勒频率的正负和提高测量精度。由于多普勒频率有正负值,但是实际的频率没有符号,需要把其抬升到正值区间。要测量 f_d 的瞬时值是不可能的,一般是测量相位变化量或测量一定采样时间内的平均值。目前,常用的测量方法有三种:固定时间测整周、基本固定时间测整周以及数字锁相环测频。以前测控设备中采用较多的是前两种方法。

1. 固定时间测整周

如图 4-14 所示,锁相接收机输出的 f_b+f_d,首先经倍频器乘 M 次(以减小量化误差),进一步滤除噪声后,形成过零脉冲,送主、副计数器计数,即计整周期数。用采样脉冲周期性读数,或控制取数,即可得到一个固定采样周期 T 内所计的周期数 N,即

$$N = TM(f_b+f_d) \tag{4-39}$$

$$f_d = \frac{N}{TM} - f_b \tag{4-40}$$

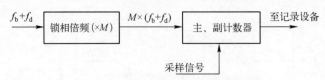

图 4-14 固定时间测整周原理框图

此方法的主要优点是采样点、采样周期固定,便于和其他测量设备保持时间同步,以及统一数据处理。但倍频器比较复杂,还存在非整周数误差。有的设备除测整周数外,还放大了相位零头,进行精测。

2. 基本固定时间测整周

此方法以基本时间 T 为参考时间,而在 $T+\Delta T$ 内测出被测信号的整周数 N_d。ΔT 可变,保证 $T+\Delta T$ 所对应的是整周数。用一个频率较高且很稳定的时钟频率 f_{clk},测量($T\pm\Delta T$)内 f_{clk} 的整周数 M_{clk}。上述过程可表达为

$$T\pm\Delta T = N_d/(f_b+f_d) \tag{4-41}$$

又

$$T\pm\Delta T = M_{cL}/f_{cL} = M_{cL} \cdot T_{cL} \tag{4-42}$$

$$f_d = N_d/(M_{cL} \cdot T_{cL}) - f_b \tag{4-43}$$

该方法不需倍频器,只需要提高 f_{cL} 就能减小量化误差;能实现连续测量,不丢失信息。但 N_d 和 $T+\Delta T$ 都变化,必须同时传递或记录这两个参数;由于时间间隔不固定,不方便进行微分平滑处理。

3. 数字锁相环测频

现在的锁相接收机采用数字锁相环捕获跟踪下行信号,同时完成载波多普勒频率的提取和测量,不但实现了软件化、多功能,而且大大简化了测速终端设备,设备的简化减小了附加的相噪,从而使测速精度得到提高,如图 4-15 所示。其中鉴相器、环路滤波器和数控振荡器形成载波跟踪环,用于提取出多普勒频率。中频数字锁相环的主要由数字电路组成,消除了模拟锁相环中的鉴相器、有源滤波器及 VCO 各环节的参数随着时间、温度、电平变化的慢漂。数字锁相环的鉴相器由数字乘法器和累加器构成,环路滤波器为数字滤波器,一般由数字信号处理器(DSP)承担,数控振荡器(DCO)由外加高频时钟驱动的

数字合成器构成,一般采用直接数字频率合成(DDS)方法产生,其输出频率和相位受环路滤波器输出控制。环路锁定以后,DCO 的频率与输入信号频率相等,DCO 频率控制码的变化量与输入信号频率变化一一对应,有着准确的数学对应关系。频率控制码的变化量乘以确定的转换系数等于输入信号的多普勒频移,这样,输出频率控制码也就完成了多普勒频率的提取和测量,连续输出频率控制码即可连续输出速度值。

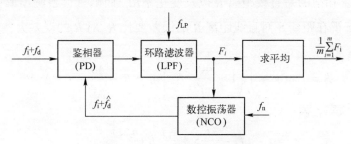

图 4-15 多普勒频率的测量

图中 f_i 为数字中频,是固定值;f_d 和 $\hat{f}_d$ 分别为多普勒频率和对多普勒频率的估计;f_{LP} 为环路滤波器工作时钟,其倒数 T_{LP} 为环路滤波器输出更新时间,即数控振荡器控制端 F_i 的更新时间;f_n 为数控振荡器的工作时钟;m 为求平均值的累加次数。若设数控振荡器中的相位累加器字长为 N,则

$$f_i + \hat{f}_d = \frac{F_i + f_n}{2^N} \tag{4-44}$$

数控振荡器的控制端 F_i 中包含多普勒频率的估计值,对 F_i 求平均就能完成对多普勒频率的测量。将式(4-44)中的 F_i 用其平均值代替,整理可得

$$\hat{f}_d = \frac{\frac{1}{m}\sum_{i=1}^{m} F_i \times f_n}{2^N} - f_i \tag{4-45}$$

式中:$\hat{f}_d$ 为多普勒频率的测量值。

4.3.3 双频多普勒测速

电波在航天器与地面站之间传播要穿过大气层。大气层的低空为对流层,高空为电离层。由于电波在不均匀介质中传播不仅要产生折射,而且相速(等相位面传播速度)V 发生变化。航天器信标机于实际位置 A 向地面接收站 G 发射电波,如图 2-4 所示。R 为电波在其空中直线距离,由于电离层折射其传播路径为曲线,其长度为 R_e。由于折射产生测速、测距及测角的误差。地面站 G 测角是按 R_e 的切线方向,它主要产生俯仰角的误差 ΔE,使现在位置与实际位置不一致。路径 R_e 弯曲及电离层传播的相速不等于真空中的相速,从而测量的距离由于不等于 R 而产生测距误差。电离层还产生测速误差及速度方向的误差,本节只讨论用双频多普勒测速校正测速的主要误差项。

假设地球为球形,电离层的电子密度只随高度而变,把它考虑成球形模型,且略去电子碰撞效应及地磁爆的影响,于是表征电离层特性的参数即折射系数 n 应为高度的函数,其折射系数为

$$n = \frac{c}{V} = \sqrt{1 - \left(\frac{f_N}{f}\right)^2} \tag{4-46}$$

式中：c 为电波在真空中传播速度；V 为电波传播的相速；f 为发射信号频率；f_N 为等离子频率，$f_N^2 \approx 80.6 N_e$，其中 N_e 为每立方米电子数。

轨道计算要求知道的是直线距离 R 以及变化率 $\dot{R}$，而测量设备测出的是视在距离 S 及其变化率 $\dot{S}$。由于视在距离 S 对直线距离 R 的误差要比 R_e 对 R 的误差大，在下面分析时近似地认为 $R_e \approx R$，则

$$S = \int_{R_e} n \, dl \approx \int_R \left(1 - \frac{40.3}{f^2} N_e\right) dl = R - \frac{40.3}{f^2} \cdot \int_R N_e \, dl \tag{4-47}$$

测得多普勒频率 f_d 为

$$f_d = -\frac{f}{c}\dot{S} \approx -\frac{f}{c}\dot{R} + \frac{a(t)}{f} \tag{4-48}$$

式中：$a(t) = \frac{40.3}{c} \frac{d}{dt} \int_R N_e \, dl$。

式（4-47）和式（4-48）中的第一项为直线距离 R 及无误差的多普勒频率，第二项为误差项。如果能够实时测得传播路径上的电子密度及其分布，求得电子总数 $\int_R N_e \, dl$ 及沿信号路径上电子总数的时间变化率 $\frac{d}{dt}\int_R N_e \, dl$，就可以对电离层产生的测距误差与多普勒频率测量的一阶误差进行修正。另一种方法是发射两个不同频率的信号，通过计算消去电离层的影响，这就是下面讨论的双频多普勒测速。

由上可知误差的一阶项为 $a(t)/f$，它由电离层产生，若从飞行器的信标机发射两个不同频率的信号，其中高的频率 f_H 称高端频率，其中低的频率 f_L 为低端频率，两者无公约数。则地面接收站收到对应 f_H、f_L 的两个多普勒频率分别为 f_{dH} 及 f_{dL}，有

$$f_{dH} = -\frac{\dot{R}}{c} f_H + \frac{a(t)}{f_H} \tag{4-49}$$

$$f_{dL} = -\frac{\dot{R}}{c} f_L + \frac{a(t)}{f_L} \tag{4-50}$$

设高端频率 f_H 与低端频率 f_L 之比为 k，则

$$k = \frac{f_H}{f_L} \text{ 或 } f_H = k f_L \tag{4-51}$$

将 f_{dL} 等式两边同时乘以 $1/k$，则等式的第二项变为 $\frac{a(t)}{k f_L} = \frac{a(t)}{f_H}$，将 f_{dH} 减去 $\frac{1}{k} f_{dL}$，就得到信号在真空中传播的多普勒频率：

$$f_{dHO} = -\frac{\dot{R}}{c} f_H = \frac{1}{1 - \frac{1}{k^2}} \left(f_{dH} - \frac{f_{dL}}{k}\right) \tag{4-52}$$

例如，子午仪卫星的 $f_H = 400 \text{MHz}$，$f_L = 150 \text{MHz}$，$k = 8/3$，则 $f_{dHO} = \frac{64}{55}\left(f_{dH} - \frac{3}{8} f_{dL}\right)$。

测出高端频率 f_H 与低端频率 f_L 的多普勒频率 f_{dH}、f_{dL} 后，即可计算出修正一阶误差项后的多普勒频率 f_{dHO}，从而求得距离变化率 $\dot{R}$。

4.3.4 脉冲多普勒测速

脉冲雷达发射的周期性的脉冲信号，其测速的基本原理仍然是基于多普勒效应，测量双程多普勒。它与连续波测速有以下两个差别：①存在速度模糊问题；②用自动频率跟踪而不是用锁相环跟踪，以提取多普勒频率。

脉冲测量雷达发射信号按一定的脉冲宽度和重复周期工作。由连续振荡器取出的电压作为接收机相位检波器的基准电压，基准电压在每个重复周期均和发射信号有相同的起始相位，因而是相参的。为提取多普勒频率，需利用相位检波器将高频的相位差转化为输出信号的幅度变化，而脉冲工作方式可看作连续波方式的取样状态，含有多普勒信息的回波和基准信号一起通过相位检波器后，经过检波并去除直流分量后，固定目标的回波就是一串等幅的脉冲，因为运动目标的回波信号和基准信号的相位差是随时间变化的，所以输出脉冲串幅度是不断变化的，输出脉冲的包络是频率为多普勒频率的正弦信号。除了用多个脉冲回波信号和基准信号间相位差的变化来提取多普勒信息，单个回波脉冲也是被多普勒频率所调制的，脉冲顶部有畸变，只是在通常情况下，一个脉冲宽度时间 τ 内，都不能包含一个完整周期的多普勒频率，因此需要多个脉冲来识别出多普勒频率，或使脉宽足够长。

由于脉冲工作状态的雷达发射和接收信号是对连续波的周期性截取，这种"采样"必然在实际测速中带来一些特殊的问题，如盲速、频闪和盲相。盲速是指当雷达工作在脉冲状态时，有些运动目标的回波经相位检波后的输出是等幅脉冲串，和固定目标的输出相同；频闪是指在某些情况下，经过检波提取了多普勒频率，测得了运动目标的速度，但不是目标的真实速度；盲相是指在做对消去除固定目标和杂波只保留运动目标回波时，运动目标信号可能被抵消掉。

其实盲速是一个速度值，当运动目标以某一径向速度运动时，其回波经过相位检波输出为等幅脉冲串，与固定目标的回波输出结果相同，此时目标的运动速度 V_r 称为盲速，可见盲速的大小与雷达系统参数有关。盲速的产生是由于多普勒频率是脉冲重频的整数倍，$f_d = N \times f_r$，当 $N=1$ 时，称为第一盲速。盲速现象的存在，导致脉冲雷达对位于盲速的运动目标产生测速模糊。因为对于速度小于第一盲速的运动目标是不会产生测速模糊的，所以为了提高雷达测速的可靠性，首先应尽可能地提高第一盲速的值，从而增大无模糊测速范围。需要提高发射重频，但是提高重频又降低了无模糊测距的范围。一般采用变重频的方法解决。因此，测量不同目标的脉冲雷达，其重频一般也各不相同。这从频域上更好理解。如图4-16所示，脉冲雷达的发射频谱由载波及边频的离散谱线组成。由于是周期发射的脉冲，谱变成离散，且采样率等于重频 f_r。经过相参应答机转发后，其谱线在频率轴上都偏移了 f_d，而测速回路可能跟踪任意一根与中心频率相差 $\pm m f_r$ 的谱线，因而造成模糊。要想没有模糊，谱线间隔必须大于最大 f_d，即提高发射脉冲重频。还可用一些方法进行模糊解算，如利用测距的先验知识、变重频等。目前，脉冲雷达常利用自身测得的距离进行微分求速来解模糊。实际中除采用测距回路的距离微分估计的速度作为测速回路速度初值的指定外,还采用不变量嵌入法。该方法的基本原理是将测速回路中的速度滤波值、速度预测值及速度微分值经过处理后,代入测距回路中。经过一定时间的迭代后,对测距回路的距离微分进行统计平均,其均值即对应的速度模糊根数。

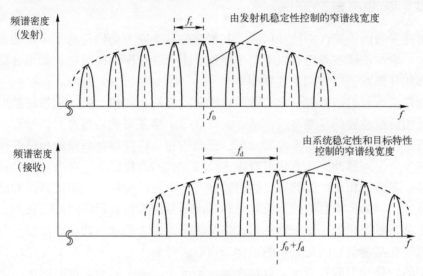

图 4-16 脉冲雷达信号频谱

相干脉冲多普勒跟踪原理框图如图 4-17 所示。频率综合器输出的相干本振信号与目标信号混频后得到宽带第一中频信号,距离选通信号加入第一中频放大器进行选通,选通后的信号再进入第二次混频,变换成频率较低的中频信号,并经第二次中频放大和窄带滤波器。窄带滤波器在时间上把信号展宽并且在精细频谱中消除邻近的谱线。第二中频放大器放大、补偿由抑制其余谱线造成的能量损失,然后把信号加至窄带鉴频器。窄带鉴频器的输出控制压控振荡器,以便闭合频率跟踪环路。进行脉冲多普勒测速要在频率自动跟踪环路中捕获回波脉冲信号的谱线。为加快捕获,捕获时用宽带系统,然后进行窄带频率跟踪,保证系统只跟踪中心谱线,消除速度模糊,最后由零谱线电路判别给出无模糊跟踪指示,送出无模糊速度数据。

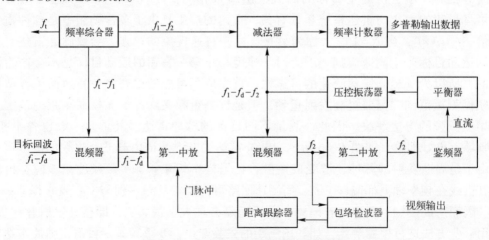

图 4-17 相干脉冲多普勒跟踪原理框图

由于运动目标如火箭、卫星和飞船的加速度和加加速度都很大，必须解决加速度捕获和消除速度模糊两个问题。因此，测速系统一般包括跟踪环路、加速度捕获电路和消除测速模糊三部分。其中，跟踪环路是具有窄带滤波特性的二阶自动频率跟踪系统，当跟踪的谱线是信号的主谱线时，环路输出高精度频率信息；当跟踪的谱线是旁谱线时，通过消除测速模糊将跟踪环路调整到主谱线上。消除测速模糊的方法如前所述，可利用测距机测出的距离值，经一阶微分得到速度值，用此速度值和测速环路测出的速度值进行比较，并经适当的平滑处理，算出模糊度去校正跟踪环路，达到消除测速模糊度目的，也可通过变重频的方法判断有无模糊。

4.3.5 速度测量误差

对双向多普勒测速等式两边求差分，可得径向速度 V_r 测量的绝对误差：

$$\Delta V_r = \frac{f_d \Delta c}{2 f_0} + \frac{c \Delta f_d}{2 f_0} - \frac{c f_d}{2 f_0^2} \Delta f_0 \tag{4-53}$$

相对误差的均方值为

$$\left[\frac{\Delta V_r}{V_r}\right]^2 = \left[\frac{\sigma c}{c}\right]^2 + \left[\frac{\sigma f_d}{f_d}\right]^2 + \left[\frac{\sigma f_0}{f_0}\right]^2 \tag{4-54}$$

式中：第一项为电磁波传播速度的相对不稳定；第二项为多普勒频率测量的相对误差，其中包括频率鉴别器和频率变换器特性不理想性误差、速度跟踪环路的热噪声误差、动态滞后误差等；第三项为发射机频率的相对不稳定。测速精度最直接体现在所测频率的准确度、频率稳定度和测量频率的准确性上，凡是影响多普勒频率偏移的因素，都是测速误差的主要误差源。按产生多普勒频率误差的原因，可分为与设备本身有关的有热噪声、伺服噪声、接收机延迟变化、发射频率稳定度和多路径误差等，与目标和目标环境特性有关的有动态滞后、目标旋转等，与电波传输媒体有关的有大气折射起伏等。

速度测量的理论精度和分辨率与采用信号的波形参数、接收机信噪比等因素都有关，在实际系统中，速度测量所能达到的实际精度还应考虑由目标机动、大气扰动等外部因素引起的多普勒频谱起伏，发射频率不稳定、频率鉴别器和频率变换器特性不理想等内部因素引起的多普勒频率测量误差，以及系统对目标机动时的速度跟踪动态滞后引起的误差等。

在考察双向多普勒相干测速误差时，可主要取主振短稳、载波环热噪声、载波环 VCO 短稳（相位噪声）、光速测不准四项，其余可以忽略，由于各项相互独立，可按均方和求其总的测速误差。主要误差项计算如下。

1. 主振荡器短稳引入的测速误差 $\sigma_{\dot{R}1}$

$$\sigma_{\dot{R}1} = \sqrt{\frac{B_2}{2}} \cdot c \cdot \sigma_y(\tau) \tag{4-55}$$

式中：$\sigma_y(\tau)$ 为发射机主振短稳阿伦方差；B_2 为巴纳斯第二偏移函数 $B_2(\gamma,\mu)$，其中 $\gamma = \frac{T}{\tau}$，T 为电波双向延迟时间，τ 为测量阿伦方差的采样时间间隔，μ 为噪声类型指数。按振荡器相位噪声功率谱分类，阿伦方差应包含 5 种幂律谱噪声类型：调相白噪声、调相闪烁噪声、调频白噪声、调频闪变噪声和调频随机游动。它们由于对短稳的影响随考察的时间间隔（测量的采样间隔 τ）不同而影响程度各不相同，调相白噪声时取 $\mu=-2$。

对于单向非相干，可取 $\sigma_{\dot{R}1}=1.8 \cdot c \cdot \sigma_y(\tau)$。

2. 接收机载波环热噪声引入的测速误差 $\sigma_{\dot{R}2}$

$$\sigma_{\dot{R}2}=\sqrt{\frac{N_0 B_L}{P_s}} \cdot \frac{c}{2\sqrt{2}\pi T f_c} \tag{4-56}$$

式中：f_c 为载波频率；T 为积分时间；B_L 为载波环单边带宽，依据不同类型锁相环确定；P_s 为接收功率；N_0 为噪声功率谱密度。

3. 接收信道相位噪声引起载波环路输出相位抖动带来的测速误差 $\sigma_{\dot{R}3}$

$$\sigma_{\dot{R}3}=\sqrt{\Phi_{n_0} B_L} \frac{c}{4\pi T f_c} \tag{4-57}$$

式中：Φ_{n_0} 为相噪引起的等效相位白噪声；B_L 为环路带宽；f_c 为载波频率；T 为积分时间。

4. 光速测不准引入的测速误差 $\sigma_{\dot{R}4}$

光速测不准误差主要是由于折射系数在传播途径及时间上都有起伏变化，从而形成了起伏误差。国际公认光速值是 (299792458 ± 1.1) m/s，则 $\dfrac{\Delta c}{c}=\dfrac{1.1}{299792458}=3.669\times 10^{-9}$。设目标最大径向速度为 V_s，则光速测不准引入的测速误差为

$$\sigma_{\dot{R}4}=\frac{\Delta c}{c} \cdot V_s = 3.669\times 10^{-9}\times V_s \tag{4-58}$$

则总的测速误差为 $\sigma_{\dot{R}}=\sqrt{\sigma_{\dot{R}1}^2+\sigma_{\dot{R}2}^2+\sigma_{\dot{R}3}^2+\sigma_{\dot{R}4}^2}$。

4.4 无线电测角技术

用无线电测量设备进行测角不仅是为了使获取的角度数据可以参与目标空间位置解算，在大多数情况下，还为了能实现对目标的自动跟踪。这是由于测量设备天线的波束一般都比较窄，甚至能小于十分之几度，要使测量设备和目标间建立无线链路，必须有手段使天线波束始终对准目标。此项功能可以通过外部数据提供实时目标准确指向，或者测量设备实现对目标的自动跟踪完成。在设备自动跟踪前一般要经历引导捕获过程。经过设备驱动天线波束在空域内搜索或者由外部数据引导，当目标信号进入天线波束之后，设备就开始了角度捕获过程，此过程直到系统开始自动跟踪为止。在角度捕获过程中，测角设备不断测量目标方向与天线中心轴线（电轴）之间的偏差，经接收机进行处理后，得出角误差信号并送伺服系统。伺服系统是一个闭环自动调节系统，它使输出量追随输入量的变化并与输入量同步。角误差信号通过天线伺服，纠正天线指向角度，使它与目标的方向角偏差缩小，直至准确指向目标。如果目标运动，则天线的指向可自动跟随目标而转动，即自跟踪。当测量设备处于自跟踪状态时，目标将一直落在波束的照射区域之内，并且天线角度与目标的实际角度始终保持在一定误差范围之内。伺服系统一般设计成二阶静态无误差系统，对跟踪目标的位置和速度都不产生误差，只对加速度及其更高次分量产生误差，但这些误差在量值上都很小，所产生的影响可忽略不计。

4.4.1 测角基本方法

在无线电测量系统中，常用的测角技术是天线跟踪测角法和干涉仪测角法。天线跟踪测角是获取航天器偏离天线中心轴线的误差，驱动天线电轴准确指向目标，把天线基座位置指向显示值，修正后作为航天器角度测量值；干涉仪测角是通过多个测量单元间的相位、时延等数据联合处理后得出的航天器方向余弦，直接测量出角度值，其每个测量单元一般仍需要数据引导或自动测角保持对目标的跟踪。

天线跟踪测角中采用的天线座位置显示值是天线自身测角机构获取的当前指向角度数据。测量天线自身指向的测角机构也采用与光学跟踪测量系统中类似的轴角编码器，机械扫描的抛物面天线座中一般采用的是间接角度编码器。间接角度编码器是先将天线机械轴的转角通过传感器（如电位器、旋转变压器）变为连续的物理量（电压、时间间隔），再转换为数字化角度数据。常用套轴式多极旋转变压器作为测角元件直接安装在天线的方位轴和俯仰轴上。当旋转变压器的转子部分加有激磁信号时，其定子部分输出感应信号的幅度与天线轴角呈正余弦关系，因此可以直接把方位转角、俯仰转角转换成电信号输出，这样省去了齿轮传动装置，具有转换精度高、简化结构、可靠性高的特点。

测角设备能够获取角误差的物理基础是电波在均匀介质中传播的直线性和天线的方向性。从发射/接收的无线电信号中提取角误差，有相位法和振幅法两类。

4.4.1.1 相位法测角

1. 基本原理

相位法测角利用多个天线所接收回波信号之间的相位差进行测角。如图 4-18 所示，设在 θ 方向有一远区目标，则到达接收点的目标所反射的电波近似为平面波。由两天线间距为 D，它们所收到的信号由于存在波程差 ΔR 而产生相位差 φ，可知

$$\varphi = \frac{2\pi}{\lambda}\Delta R = \frac{2\pi}{\lambda}D\sin\theta \tag{4-59}$$

式中：λ 为接收信号波长。如用相位计进行比相，测出其相位差 φ，就可以确定目标方向 θ。

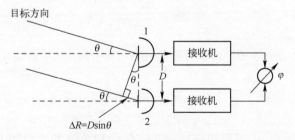

图 4-18 相位法测角的示意

由于在较低频率上实现比相相对容易，实际中通常将两天线收到的高频信号经与同一本振信号差频后，在中频上进行比相。

2. 测角误差与多值性问题

对式（4-59）相位差两边取微分，得

$$\mathrm{d}\varphi = \frac{2\pi}{\lambda} D\cos\theta \mathrm{d}\theta, \quad \mathrm{d}\theta = \frac{\lambda}{2\pi D\cos\theta}\mathrm{d}\varphi \tag{4-60}$$

可以看出，采用精度高（$\mathrm{d}\varphi$ 小）的相位计，或减小 λ/D 值（增大 D/λ 值），均可提高测角精度。同时注意到：当 $\theta=0$ 时，即目标处在天线法线方向时，测角误差 $\mathrm{d}\theta$ 最小；当 θ 增大时，$\mathrm{d}\theta$ 也增大。因此为保证一定的测角精度，θ 的范围要有一定的限制。

增大 D/λ 虽然可提高测角精度，但由式（4-60）可知，在感兴趣的 θ 范围（测角范围）内，当 D/λ 加大到一定程度时，φ 值可能超过 2π。但相位计只能测出 2π 内的相位值，此时 $\varphi=2\pi N+\psi$，其中 N 为整数；$\psi<2\pi$，为相位计实际读数。这样就出现多值性（模糊）问题，即只有判定 N 值才能确定目标准确方向。比较有效的办法是利用三天线测角设备，间距大的天线 1、3 用来得到高精度测量，而间距小的天线 1、2 用来解决多值性，如图 4-19 所示。

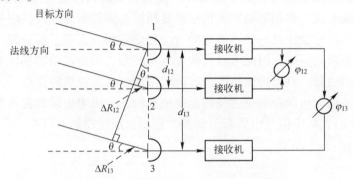

图 4-19 三天线相位法测角原理示意

设目标在 θ 方向。天线 1、2 之间的距离为 d_{12}，天线 1、3 之间的距离为 d_{13}，适当选择 d_{12}，使天线 1、2 收到的信号之间的相位差在测角范围内均满足

$$\varphi_{12} = \frac{2\pi}{\lambda} d_{12}\sin\theta < 2\pi \tag{4-61}$$

式中：φ_{12} 由相位计 1 读出。

根据要求，d_{13} 选择较大的值，则天线 1、3 收到信号的相位差为

$$\varphi_{13} = \frac{2\pi}{\lambda} d_{13}\sin\theta = 2\pi N+\psi \tag{4-62}$$

式中：φ_{13} 由相位计 2 读出，但实际读数是小于 2π 的 ψ。为了确定 N 值，可利用如下关系：

$$\frac{\varphi_{13}}{\varphi_{12}} = \frac{d_{13}}{d_{12}} \Rightarrow \varphi_{13} = \frac{d_{13}}{d_{12}} \varphi_{12} \tag{4-63}$$

根据相位计 1 的读数 φ_{12} 可算出 φ_{13}，但 φ_{12} 包含相位计的读数误差，由式（4-63）标出的 φ_{13} 具有的误差为相位计误差的 d_{13}/d_{12} 倍，它只是式（4-62）的近似值，只要 φ_{12} 的读数误差值不大，就可用它确定 N，即把 $(d_{13}/d_{12})\varphi_{12}$ 除以 2π，所得商的整数部分就是 N 值。然后由式（4-62）算出 φ_{13} 并确定 θ。由于 d_{13}/λ 值较大，保证了所要求的测角精度。

4.4.1.2 振幅法测角

振幅法测角是用天线收到的回波信号幅度值来测量角度的，该幅度值的变化规律取决

于天线方向图及天线扫描方式。振幅法测角常用的方法有最大信号法和等信号法两大类。最小信号法是发射两个相切的波束,转动天线使接收信号最小,这种方法在无线电跟踪测量中基本不用。

1. 最大信号法

最大信号法所采用的天线波束图如图 4-20(a)所示。设空间有一目标,波束扫过这一目标,只有波束轴线对准目标时,接收到的回波信号幅度最大,其他时候回波幅度随着波束轴偏离目标的角度增大而减小。图 4-20(b)所示为回波信号包络随偏角变化的情况。根据回波信号这一特点,以波束轴对准目标接收到最大回波时的角度 θ_t 作为目标的角坐标,叫作最大信号法测角。在设备测角时,操纵员控制扫描机构使天线在规定的空间扫描。当在显示器的画面上的回波信号最大时,天线指向角度即目标的角坐标。

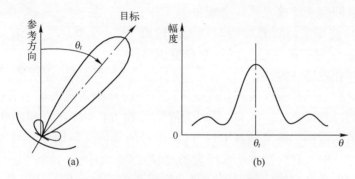

图 4-20 最大信号法测角波束图和回波信号
(a) 天线波束;(b) 回波信号包络。

同步轨道卫星测控的限动天线一般采用最大信号法。在日常操作时一般采用一种步进自动跟踪的角度自动跟踪方式,有"爬山式"与"扫描式"两种实现手段。

"爬山式"步进,又称搜索式步进,它是一种试探性的跟踪方式,以期找到最大信号方向。天线在天线控制单元的控制下,分别在方位与俯仰两个轴上以一定的步进间隔输入控制电压,使它们步进运行。最终使其和波束的最大方向对准目标。在步进过程中,通过判断步进后所接收输入电平的大小,决定下一步天线运动的方向,最后使天线波束顶点在目标附近做某种运动,当天线波束顶点到达目标附近时,步进自动停歇,停歇一定时间后,又开始新一轮的循环。这样,周而复始,保证了天线始终以和波束的最大方向对准目标。

"扫描式"步进是在天线波束宽度内,使天线围绕所处的位置,做等边长的矩形扫描,并得到 4 个角点位置的接收信号电平值,通过比较与处理,得出天线最大方向与目标的方向相对位置,确定出下一个扫描矩形的方向,最后,当矩形 4 个角点位置接收信号电平相等时,目标即处于矩形的中心,再将天线和波束的最大方向运动到矩形中心位置,完成一次角度的跟踪与测量。

最大信号法测角的优点是测角过程简单;测量目标角坐标时,天线波束轴线对准目标,接收到的信号最强,所以信号噪声功率比最大,这对测量远距离的目标格外重要。它的缺点是测角准确度不高,一般达到波束宽度的 10%~25%。这是因为天线波束方向图在最大值附近比较平坦,变化率很小,所以目标在中心轴线左右,回波强度变化缓慢,不易判别,从而目标的角度不易测准。另外,它不能判断目标偏轴线的方向,因而不便在自动测角时使用。最大信号法广泛应用于搜索、引导、环视雷达中。

2. 等信号法

等信号法测角采用两个相同的但彼此部分重叠的波束，其方向如图4-21所示。两个波束的交点与原点的边线 OA 称为等信号线，也称等信号轴。若目标处在等信号线 OA 上，两个波束接收到的回波信号强度则相等。当目标偏离等信号线 OA 时，两个波束所收回信号强度不等。若目标在 OB 线上，波束1收到的回波比波束2收到的强；若目标在 OC 线上，则刚好相反。这样，判断两个波束所收回波信号是否相等，就可以断定目标是否在等信号线 OA 上，即根据两个波束输出信号的大小，就可以知道目标偏离 OA 的方向和偏差的大小。这种测角方法叫作等信号法。

在等信号法中，两个波束可以同时存在，也可以交替出现。前者两套天线接收系统必须同时工作，叫作同时（瞬时）波瓣法；后者可用两套天线轮流工作或用最大辐射方向偏离等信号线一个角度的波束旋转来得到，叫作顺序波瓣法。

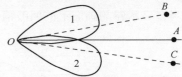

图4-21 等信号法测角波束图

等信号法的优点是测角精度较高，收发天线分开时，测角精度比最大信号法约提高6倍，收发天线共用时约提高12倍。这是因为等信号轴 OA 一般在方向图变化率较大的地方，因此当目标的角度稍一偏离轴线 OA，两路信号的差值比较明显；另外，等信号法可区分目标偏离轴的方向。它的缺点是天线设备比较复杂；另外，由于等信号轴方向不是波束最大方向，在发射功率同样的情况下，它的作用距离比最大信号法的作用距离要近些。等信号法常用来进行自动测角，即应用于自动跟踪测量设备中。

4.4.2 圆锥扫描测角

4.4.2.1 基本原理

如图4-22所示，波束偏离天线轴一个角度 δ，并由扫描机构控制绕天线轴旋转，其波束最大辐射方向在空间画出一个以天线轴为中心的圆锥面，故称为圆锥扫描。

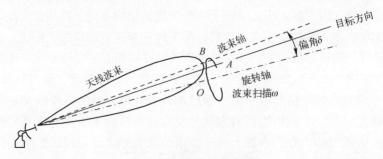

图4-22 圆锥扫描示意

在圆锥扫描过程中，无论波束在什么位置，天线轴方向的增益都是相等的，所以天线轴方向又叫等信号轴方向。当天线轴对准目标时，假设回波信号幅度不变，则脉冲雷达接收机输出一串等幅脉冲。若目标偏离等信号轴方向时，随着波束旋转在不同的位置，接收机输出信号幅度不同，近似为一正弦波调制脉冲，其调制深度取决于目标偏离等信号轴角度的大小，而调制波的起始相位 φ 由目标偏离等信号轴的方向而定。图 4-23 所示为目标处在不同位置时，接收机输出信号的情况。图 4-23（a）所示为波束做圆锥扫描时，垂直于等信号轴的截面图。设 O、A、B、C 为目标，由图 4-23（b）可见，对于目标 O（在等信号轴上），接收机输出一串等幅脉冲。对于目标 A，因其在等信号轴的正右方（X 轴上），以 X 轴正方向为时间起点（$t=0$），当波束在等信号轴正右方时，接收机输出信号幅度最大，当波束转到正左方时，接收机输出信号幅度最小，其余时间介于两者之间，所以接收机输出信号如图 4-23（b）的 U_A 所示，近似于余弦调制，调制周期等于波束圆周扫描周期。对于目标 B，因其在等信号轴的正上方（Y 轴上），仍以 X 轴正方向为起点，则接收机输出信号为正弦调制，如图 4-23（b）的 U_B 所示。当目标在 C 位置时，OC 与 X 轴之间的夹角为 φ，接收机输出信号如图 4-23（b）的 U_C 所示。

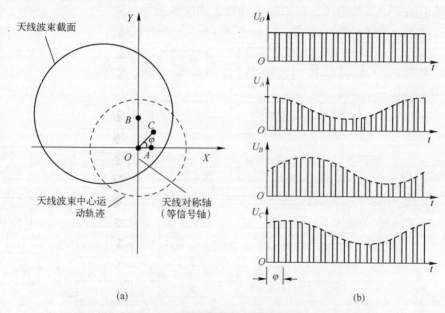

图 4-23　目标处在不同位置时，接收机输出视频脉冲序列
（a）目标的相对位置；（b）接收机输出视频脉冲序列。

圆锥扫描测角采用等信号法，可以获取目标偏离天线中心轴线的大小和方向，可以用来自动测角，是一种设备简单、价格低的天线跟踪测角方法，但是测角精度低、数据率低、抗干扰能力较差。并且由于波束最大辐射方向偏离天线轴一个角度，在天线中心轴线方向上目标回波功率减小，设备作用距离降低，但扩展了波束覆盖范围、加宽了等效波束宽度、提高了目标捕获概率，因此常用于引导捕获。

4.4.2.2　圆锥扫描雷达的组成

图 4-24 给出了一个圆锥扫描雷达的典型组成框图。圆锥扫描电机带动天线馈源匀速旋转，使波束进行圆锥扫描。圆锥扫描雷达的接收机高频部分和普通雷达相似，但主中放的末几级分为两路，一路称为距离支路中放，另一路称为角跟踪支路中放。接收信号经高频部分放大、变频后加到距离支路中放后再经过检波、视放后加至显示器和自动距离跟踪系统。在显示器上可对波束内空间所有目标进行观察。自动距离跟踪支路系统只对要进行

跟踪系统的一个目标进行距离跟踪，并输出一个距离跟踪波门给角跟踪支路中放，作为角跟踪支路中放的开启电压（平时角跟踪支路中放关闭，只有跟踪波门来时才打开）。这样做的目的是避免多个目标同时进入角跟踪系统，造成角跟踪系统工作混乱。因此进行方向跟踪之前必须先进行距离跟踪。角跟踪支路中放只让被选择的目标通过。经过检波、视放、脉冲检波取出脉冲串的包络。再经过圆锥扫描频率调谐放大器，滤去直流信号和其他干扰信号，得到交流误差电压。然后送至二相位鉴别器（方位角和高低角）。与此同时，与圆锥扫描电机同步旋转的基准电压发电机产生的正、余弦电压分别加到二相位鉴别器上，作为基准信号与误差信号进行相位鉴别，分别取出方位角及高低角直流误差信号。直流误差信号经伺服放大、功率放大后，分别加至方位驱动电机及高低驱动电机上，使电机带动天线向减小误差的方向转动，最后使天线电轴对准目标。为了使伺服系统稳定工作，由驱动电机引回一个反馈电压，以限制天线过大幅度的振荡。

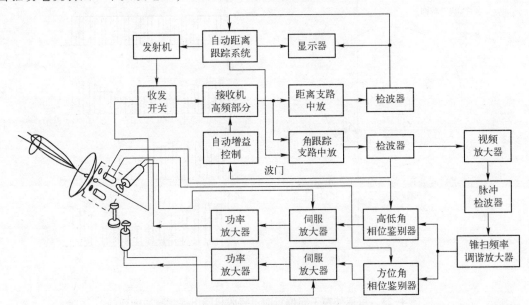

图 4-24　圆锥扫描雷达的典型组成框图

图 4-24 中还有自动增益控制电路。这是由于交流误差信号振幅 U_m 与 U_0 有关，即与目标斜距 R 有关，对于具有同样误差角但距离不同的目标，误差信号振幅不同。这样的误差信号将使系统的角灵敏度（相位鉴别器对单位误差角输出的电压伏数）变化，如果不设法消除，有可能使系统工作性能变坏。在接收机里增加自动增益控制电路，可以消除目标距离对误差信号大小的影响，使输出误差信号幅度与距离无关。

设天线接收信号经自动增益控制后为

$$U(t) = E_0 [1 + k\theta\cos(\Omega t + \phi)]\cos\omega t \tag{4-64}$$

则信号幅度包含角误差信息，检波后为

$$u_0(t) = E_0 [k\theta\cos(\Omega t + \phi)] \tag{4-65}$$

进一步可以分解成方位角和俯仰角误差电压，其中方位角误差电压为

$$\Delta u_{AZ}(t) = K_{AZ}\theta\cos(\phi) \tag{4-66}$$

4.4.3 单脉冲测角

单脉冲自动测角属于同时波瓣测角法。在一个角平面内,两个相同的波束部分重叠,其交叠方向即等信号轴。将这两个波束同时接收到的回波信号进行比较,就可取得目标在这个平面上的角误差信号,然后将此误差电压放大变换后加到驱动电动机,控制天线向减小误差的方向运动。因为两个波束同时接收回波,故单脉冲测角获得目标角误差信息的时间可以很短,理论上讲,只要分析一个回波脉冲就可以确定角误差,所以叫单脉冲。这种方法可以获得比圆锥扫描高得多的测角精度,故精密跟踪雷达常采用它。单脉冲测角并非特指单脉冲雷达测角,该技术也可用于发射连续波信号的设备。

由于取出角误差信号的具体方法不同,单脉冲测角的种类很多,这里着重介绍常用的振幅和差式单脉冲测角,并简单介绍相位和差式单脉冲测角。

4.4.3.1 振幅和差式单脉冲测角

1. 基本原理

1) 角误差信号

天线在一个角平面内有两个部分重叠的波束,如图4-25(a)所示,振幅和差式单脉冲测角取得角误差信号的基本方法是将这两个波束同时收到的信号进行和/差处理,分别得到和信号与差信号。与和/差信号相应的和/差波束方向函数如图4-25(c)所示。其中差信号即该角平面内的角误差信号。

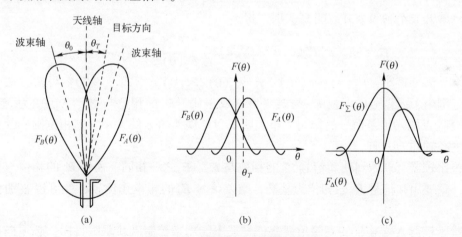

图 4-25 振幅和差式单脉冲波束
(a) 两馈源形成的波束;(b) 两波束方向函数;(c) 和/差波束方向函数。

由图4-25可以看出,若目标处在天线轴线方向(等信号轴),误差角 $\varepsilon=0$,则两波束收到的回波信号振幅相同,差信号等于零。目标偏离等信号轴而有一误差角 ε 时,差信号输出振幅与 ε 成正比而其符号(相位)由偏离的方向决定。和信号除用作目标检测和距离跟踪外,还用作角误差信号的相位基准。

设备中常用和差比较器(如双T接头等和差网路)来完成和/差处理,形成和/差波束。发射时,从发射机来的信号加至和/差比较器的 Σ 端,两等幅同相信号激励两个馈源,形成的两波束在空间各点产生的场强同相相加,形成发射和波束 $F_\Sigma(\theta)$。接收时,回波同时被两个馈源接收，激励出的信号在 Σ（和）端，完成两信号同相相加，输出和信号。设和信号为 E_Σ，其振幅为两信号振幅之和，相位与到达和端的两信号相位相同，且与目标偏离天线轴线的方向无关。假定两个波束的方向性函数完全相同，为 $F(\theta)$，两波束接收到的信号电压振幅为 E_1、E_2，并且到达和差比较器 Σ 端时保持不变，两波束相对天线轴线的偏角为 δ，则对于 θ 方向的目标，和信号的振幅为

$$\begin{aligned} E_\Sigma &= |\boldsymbol{E}_\Sigma| = E_1 + E_2 = kF_\Sigma(\theta)F(\delta-\theta) + kF_\Sigma(\theta)F(\delta+\theta) \\ &= kF_\Sigma(\theta)[F(\delta-\theta) + F(\delta+\theta)] \\ &= kF_\Sigma^2(\theta) \end{aligned} \tag{4-67}$$

式中：$F_\Sigma(\theta)$ 为接收和波束方向性函数，与发射和波束的方向性函数完全相同，$F_\Sigma(\theta) = F(\delta-\theta) + F(\delta+\theta)$；$k$ 为比例系数，它与雷达参数、目标距离、目标特性等因素有关。

在和差比较器的 Δ（差）端，两信号反相相加，输出差信号，设为 E_Δ。若到达 Δ 端的两信号用 $\boldsymbol{E}_1$、$\boldsymbol{E}_2$ 表示，它们的振幅仍为 E_1、E_2，但相位相反，差信号的振幅为

$$E_\Delta = |\boldsymbol{E}_\Delta| = |E_1 - E_2| \tag{4-68}$$

E_Δ 与方向角 θ 的关系用上述同样的方法求得

$$E_\Delta = kF_\Sigma(\theta)[F(\delta-\theta) - F(\delta+\theta)] = kF_\Sigma(\theta)F_\Delta(\theta) \tag{4-69}$$

式中：$F_\Delta(\theta) = F(\delta-\theta) - F(\delta+\theta)$。即和差比较器 Δ 端对应的接收方向性函数为原来两方向性函数之差，称为差波束。

现假定目标的误差角为 ε，则差信号振幅为 $E_\Delta = kF_\Sigma(\varepsilon)F_\Delta(\varepsilon)$。在跟踪状态，$\varepsilon$ 很小，将 $F_\Delta(\varepsilon)$ 展开成泰勒级数并忽略高次项，得

$$E_\Delta = kF_\Sigma(\varepsilon)F'_\Delta(0)\varepsilon = kF_\Sigma(\varepsilon)F_\Sigma \frac{F'_\Delta(0)}{F_\Sigma(0)}\varepsilon \approx kF_\Sigma^2(\varepsilon)\eta\varepsilon \tag{4-70}$$

式中：因 ε 很小，$F_\Sigma(\varepsilon) \approx F_\Sigma(0)$；$\eta = F'_\Delta(0)/F_\Sigma(0)$。由式（4-70）可知，在一定的误差角范围内，差信号的振幅 E_Δ 与误差角 ε 成正比。$\boldsymbol{E}_\Delta$ 的相位与 $\boldsymbol{E}_1$、$\boldsymbol{E}_2$ 中的强者相同。和差比较器 Δ 端输出差信号的振幅大小表明了目标误差角 ε 的大小，其相位则表示目标偏离天线中心轴线的方向。

和差比较器可以做到使和信号 $\boldsymbol{E}_\Sigma$ 的相位与 $\boldsymbol{E}_1$、$\boldsymbol{E}_2$ 之一相同。由于 $\boldsymbol{E}_\Sigma$ 的相位与目标偏向无关，只要用和信号 $\boldsymbol{E}_\Sigma$ 的相位为基准，与差信号 $\boldsymbol{E}_\Delta$ 的相位作比较，就可以鉴别目标的偏向。

和差比较器 Δ 端输出的高频角误差信号还不能用来控制天线跟踪目标，必须把它变换成直流误差电压，其大小应与高频角误差信号的振幅呈比例，而其极性应由高频角误差信号的相位来决定。这一变换作用由相位检波器完成。

2）单平面振幅和差单脉冲雷达的组成

根据上述原理，可画出单平面振幅和差单脉冲雷达的基本组成框图，如图 4-26 所示。系统的简单工作过程为：发射信号加到和差比较器的 Σ 端，分别从 1、2 端输出同相激励两个馈源。接收时，两波束的馈源接收到的信号分别加到和差比较器的 1、2 端，Σ 端输出和信号，Δ 端输出差信号（高频角误差信号）。假设接收到的两路信号分别为

$$E_1 = E_m F(\theta_0 - \theta_T)\sin(\omega_0 t), \quad E_2 = E_m F(\theta_0 + \theta_T)\sin(\omega_0 t) \tag{4-71}$$

当 θ_T（目标偏角）远小于 θ_0（波束偏角）时，可把 $F(\theta)$ 在 θ_0 处按泰勒级数展开，并

略去高次项后，将两路信号在和差器中进行相加和相减，在和差器输出端便得到和信号与差信号：

$$U_\Sigma = K_\Sigma E_m F(\theta_0)\sin(\omega_0 t+\varphi_\Sigma) \tag{4-72}$$

$$U_\Delta = K_\Delta E_m F(\theta_0)\mu\theta_T\sin(\omega_0 t+\varphi_\Delta+\Phi) \tag{4-73}$$

式中：μ 为天线测角灵敏度；Φ 为和差信号的相位差，$\Phi=0$ 或 $\Phi=\pi$；φ_Σ 为和通道相移；φ_Δ 为差通道相移。

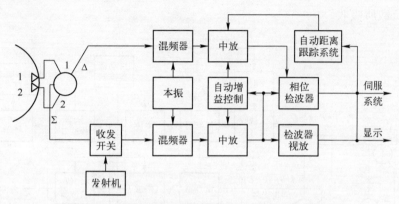

图 4-26　单平面振幅和差单脉冲雷达基本组成框图

和/差两路信号分别经过各自的接收系统（称为和/差支路）。中放后，差信号作为相位检波器的一个输入信号，和信号分三路：一路经检波视放后作为测距和显示用；一路用作和/差支路的自动增益控制；另一路作为相位检波器的基准信号。和/差两中频信号在相位检波器进行相位检波，输出就是视频角误差信号，变成相应的直流误差电压后，加至伺服系统，控制天线跟踪目标。进入角跟踪之前，必须先进行距离跟踪，并由距离跟踪系统输出距离选通波门加至差支路中放，只让被选目标的角误差信号通过。

3）自动增益控制

如前所述，为了消除目标回波信号振幅变化（由目标距离等引起）对自动跟踪系统的影响，必须采用自动增益控制。由和支路输出的和信号产生自动增益控制电压。该电压同时控制和/差支路的中放增益，这等效于用和信号对差信号进行归一化处理，同时又能保持和/差通道的特性一致。因此，差路信号为

$$U_\Delta = \frac{K_\Delta}{K_\Sigma}\mu\theta_T\sin(\omega_0 t+\varphi_\Delta+\Phi) \tag{4-74}$$

可以证明，由和支路信号做自动增益控制后，和支路输出基本保持常量，而差支路输出经归一化处理后其误差电压只与误差角有关而与回波幅度变化无关。经相位检波后为

$$U = K_{pd}\frac{K_\Delta}{K_\Sigma}\mu\theta_T\cos(\varphi_\Delta-\varphi_\Sigma+\Phi) \tag{4-75}$$

即可得到与目标偏角线性相关的误差电压。同时可以看出，和差通道相移的不一致会对误差电压产生影响。

2. 双平面振幅和差单脉冲

为了对空间目标进行自动跟踪，必须在方位和俯仰角两个平面上进行角跟踪，因而必须获得方位和俯仰角误差信号。为此，需要天线能够形成四个两两对称的相互部分重叠的

波束。在接收机中，有四个和差比较器和三路接收机（和支路、方位差支路、高低角差支路），两个相位鉴别器和两路天线控制系统等。图 4-27 所示为双平面振幅和差单脉冲雷达的原理框图。图中 A、B、C、D 分别代表四个馈源来形成需要的四个波束。显然，如四个馈源同相辐射共同形成和方向图。接收时，四馈源接收信号之和 $(A+B+C+D)$ 为和信号（比较器 3 的 Σ 端的输出）；$(A+C)-(B+D)$ 为方位角误差信号（比较器 3 的 Δ 端输出）；$(A+B)-(C+D)$ 为俯仰角误差信号（比较器 4 的 Σ 端输出）；$(A+D)-(B+C)$ 为无用信号，被匹配吸收负载所吸收。

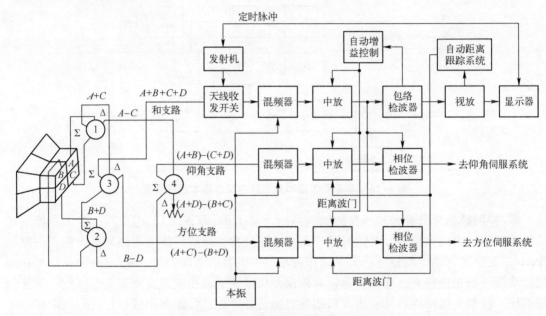

图 4-27 双平面振幅和差单脉冲原理框图

采用上述多喇叭馈源的单脉冲测角雷达是三路接收机同时工作，将差信号与和信号作相位比较后，取得误差信号（含大小和方向）。因此，工作中要求三路接收机的工作特性严格一致（包括相移、增益）。各路接收机幅—相特性不一致的后果是测角灵敏度降低并产生测量误差。

为了简化单脉冲雷达接收系统的设计和减少调试困难，减小各路幅—相特性不一致带来的严重后果，人们探讨了一些单脉冲接收系统的变形方案，如各种通道合并的技术，将三通道合并成双通道甚至单通道。现代雷达数字接收机通道一致性可以做得很高，因而大多还采用三通道的实现方案。

连续波测量设备中的天线通常采用多模馈源，基本模接收激励出和信号，高次模激励出差信号。这个差信号是方位误差信号和俯仰误差信号的正交和，因而射频是双通道，到中频处理时需要进行正交鉴相以分离出方位误差信号和俯仰误差信号，如图 4-28 所示。

其中，和信号可表示为 $u_\Sigma(t)=U_\Sigma\cos\omega t$，差信号为

$$u_\Delta(t)=A\cos(\omega t+\phi)+E\sin(\omega t+\phi+\Delta\varphi) \tag{4-76}$$

式中：A 为方位角误差；E 为俯仰角误差；ϕ 为和差通道相位差；$\Delta\varphi$ 为方位俯仰不正交带来的相位差。和路信号锁定之后，本地 NCO 经过移相器，产生差路鉴相用的参考信号，

第 4 章 无线电跟踪测量技术

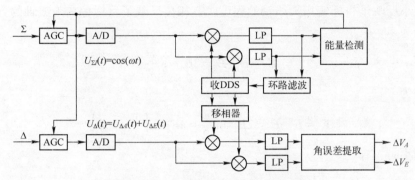

图 4-28 双通道和差单脉冲原理框图

方位为 $\text{NCO}_{\Delta A}=k\cos\omega t$，俯仰为 $\text{NCO}_{\Delta E}=k\sin\omega t$。其中，$k$ 为方位、俯仰的增益系数。差路信号分两路分别经过差路鉴相滤波后，差信号变为

$$\Delta V_A = u_\Delta(t)\text{NCO}_{\Delta A} = \frac{k}{2[A\cos\phi + E\sin(\phi+\Delta\varphi)]} \qquad (4\text{-}77)$$

$$\Delta V_E = u_\Delta(t)\text{NCO}_{\Delta E} = \frac{k}{2[-A\sin\phi + E\cos(\phi+\Delta\varphi)]}$$

式中：ΔV_A 为方位角误差电压；ΔV_E 为俯仰角误差电压。在理想条件下，由于方位、俯仰垂直正交，即 $\Delta\varphi=0$，校相的最终结果就是让 $\Delta\varphi=0$，$\phi=0$。

得到最终的角误差结果：

$$\Delta V_A = \frac{k}{2}A,\quad \Delta V_E = \frac{k}{2}E \qquad (4\text{-}78)$$

在实际情况下，由方位、俯仰不正交导致 $\Delta\varphi\neq 0$，由和差通道的相位差导致 ϕ 的存在。在实际设备中工作之前需要进行校相，主要目的就是"去掉"和差通道相位之间的差值及方位俯仰不正交带来的误差。

4.4.3.2 相位和差式单脉冲测角

相位和差单脉冲测角是基于相位法测角原理工作的。在 4.4.1 节中，已介绍了比较两天线接收信号的相位可以确定目标的方向。若将比相器输出的误差电压经过变换、放大加至天线驱动系统上，则可通过天线驱动系统控制天线波束运动，使之始终对准目标，实现自动方向跟踪。

比相单脉冲采用分开的成对天线形成重叠而不交叉的成对波束，比较成对波束接收信号的相位，可得到目标偏离中心轴线偏角 θ 的大小及方向。当目标对准天线中心时，两天线输出的相位则相同；若目标偏离中心轴 θ 角度，由波程差引起的相位差在 θ 很小时则可近似为

$$\varphi \approx \frac{2\pi}{\lambda}d\theta \qquad (4\text{-}79)$$

式中：d 为天线间隔；θ 为目标对天线指向轴的偏角。当目标距离较远时，两个天线在远区的方向图基本一致，因此两天线收到的回波为相位相差 φ 而幅度相同的信号，通过和差比较器取出和信号与差信号。利用图 4-29 上的矢量图，可求得和信号 E_Σ 与差信号 E_Δ。

图 4-29 比相单脉冲信号矢量图

差信号的大小反映了目标偏离天线轴的程度，其相位反映了目标偏离天线轴的方向。

和信号为

$$E_\Sigma = E_1 + E_2 = 2E_1 \cos \frac{\varphi}{2} \tag{4-80}$$

差信号为

$$E_\Delta = E_2 - E_1 = 2E_1 \sin \frac{\varphi}{2} = 2E_1 \sin\left(\frac{\pi}{\lambda} d \sin\theta\right) \tag{4-81}$$

当 θ 很小时，有

$$E_\Delta \approx E_1 \frac{2\pi}{\lambda} d\theta \tag{4-82}$$

由图4-29还可看出，和、差信号相位相差90°，为了用相位检波器进行比相，必须把其中一路预先移相90°。一般将和、差两路信号经同一本振混频放大后，差信号预先移相90°，然后加至相位检波器上，相位检波器输出电压即误差电压，其余各部分的工作情况同振幅和差单脉冲雷达，不再重复。

如前所述，比相单脉冲有相位模糊或角度模糊问题，除了限制两天线的间距，还可限制天线波束来避免出现模糊，使在半功率点波束宽度内对应的相位差在 $-\pi$ 和 π 内变化，即 $\theta_{0.5} \leq 2\arcsin(\lambda/2d)$。加大天线间距可以提高测角精度，此时将转变为相位干涉测角。

单脉冲测角方式不仅可以工作在脉冲状态，也可工作在连续波状态；不仅能跟踪带应答机或信标机的协作目标，也可跟踪无源的反射目标。单脉冲测角是天线跟踪测角方法中测角精度最高的，受到天线机械与传动系统精度和电波折射误差等因素的限制，再进一步提高测角精度代价较大。为了进一步改善角跟踪性能而产生的一种技术为轴向跟踪技术，其利用计算机处理后的位置及必要的加速度补偿作为天线驱动信号。即单脉冲角跟踪接收机输出的角误差信号不直接去控制天线伺服系统，而是与天线指向误差相加后，经过窄带滤波，形成预测位置指令后才去控制伺服，从而使目标始终处于天线的电轴方向上，也即差波束方向图的零轴上。这样可以减小角误差通道之间的交叉耦合和系统的非线性效应，提高测角精度。

在相控阵设备中采用的测角方法从原理上讲，与普通机械扫描的单脉冲测角是一样的。只是在机械扫描角跟踪中，多采用幅度和差单脉冲体制，而在相控阵设备中常用相位和差单脉冲体制，这是因为幅度和差单脉冲法要求二馈源之间的距离 $d<2\lambda$，这在强制馈电的相控阵天线中难以实现。而在相控阵中采用单脉冲比相法测角时，将整个天线阵面分为两部分或四部分较易实现，要利用整个接收阵面形成接收波束也较为容易。在实现时利用两个空间上分开天线接收信号的相位差以确定目标偏离波束指向 θ 的大小，并通过形成和、差波束实现差信号归一化与判别目标位置偏离 θ 的方向，因此这一测角方法有时又称振幅-相位单脉冲测角方法。

对于平面相控阵，可采用闭环跟踪测角的方法，在跟踪稳定后，角误差输出为零，故原理上与角敏特性无关，角度测量可由相控阵移相器的相位值获得，其精度较高。该方法对于不同的目标角度，其阵平面在电波等相位面上的投影面将随目标角度的变化而转动，故称为投影面转动法，它存在扫描角的增益损失。

曲面相控阵的实际工作面积（产生天线增益那部分面积）是在波束方向上被电磁波激活的那部分阵元所占的面积，可以相当于一个抛物面的面积，当这个抛物面随目标移动时，它的和波束、差波束、角误差特性都随之滑动，所以球面阵的角跟踪是"激活面滑动"，而激活面相当于球面阵中的一个窗口，故又可称为"空窗滑动"。由于在滑动过程中，其激活面积的值是不变的，不存在扫描角增益损失。因此球面阵的扫描、捕获、跟踪与抛物面天线是类似的，可借鉴抛物面天线的扫描、捕获、跟踪的设计。与单脉冲的方法类似，可以采用同时波瓣和顺序波瓣的方法获取角误差。

4.4.4 相位干涉仪测角

单脉冲测角到达一定精度水平后再提升较难实现，特别是观测目标的视夹角小于天线半功率波束宽时，可用于自跟踪，但无法满足用作目标高精度定位测量元素的要求。因而对于远距离目标和测角精度要求高于 0.001°的场合，都转向采用中长基线干涉仪甚至采用甚长基线干涉仪（very long baseline interferometry, VLBI）用比较相位来测角，提供测角数据。干涉仪测角之所以能提高测角精度，其一是因为它是依靠测距来换算出测角的，而测距是容易达到高精度的主要方法，而且测距误差和被测量距离的长短无关；其二是因为相位干涉时的基线（测站间距）越长，测角精度越高，因而可用增加基线长度的方法来提高测角精度。

图 4-30 所示为单基线相位干涉测角原理。d 为基线长；O 为中点。在点 O 设置相位差计。基线两端点各设置接收天线和接收机。a、b 各为端站（A、B）到目标的距离，R 为中点基线到目标的距离，由任意三角形可得

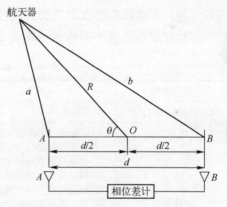

图 4-30 单基线相位干涉测角原理

$$\begin{cases} a^2 = R^2 + \left(\dfrac{d}{2}\right)^2 - dR\cos\theta \\ b^2 = R^2 + \left(\dfrac{d}{2}\right)^2 + dR\cos\theta \end{cases} \quad (4\text{-}83)$$

式中：$b-a$ 为距离差，$b-a = \dfrac{2R}{b+a}d\cos\theta$。

当目标与测站的距离很远时，有 $a+b \approx 2R$，则 $b-a = d\cos\theta$。

$\cos\theta$ 称为 θ 的方向余弦，如果航天器发出的信标信号频率为 f_c，波长为 λ_c，则相位差计测得的量是 A 和 B 两端站收到同一信标频率的相位差 φ。相位差 φ 和距离差的关系为

$$\begin{cases} b-a = \dfrac{\lambda}{2\pi}\varphi = \dfrac{\lambda}{360}\varphi \\ \cos\theta = \dfrac{b-a}{d} = \dfrac{\lambda\varphi}{2\pi d} = \dfrac{\lambda}{360}\varphi \end{cases} \quad (4\text{-}84)$$

求出 θ 即可画出一个以 O 为圆锥顶点的圆锥面，如果基线 AB 按东西方向布设，则测出的航天器方向相当于方位角。如果按南北方向再布设另一条相同的正交基线，可测出另一个角度，相当于俯仰角，并可得出另一个以 O 为锥点的圆锥面，两圆锥面相交出一条目标位置线，即可取代单脉冲测角的位置线。

和相位法测角一样，基线过长也会引起测相模糊，最大无模糊基线长度是信号半个波长，这显然无法满足通过增大基线提高测量精度的需求，因此需要进行测相模糊度解算，

常用的方法是多基线法，采用单脉冲测角度等先验信息辅助等解模糊。

相位干涉仪具有最高的测角精度，除与基线长度有关外，还受电波传播的折射、多路径效应、天线相位中心的变化、校准的残差、热噪声等因素的限制。相位干涉仪的测角精度从原理上看与波束宽度无关，可利用相位干涉仪宽波束且具有较高测角精度这一特性来实现多目标的同时跟踪与测量。

相位干涉仪设备复杂且技术要求较高，设备固定不便于机动，测量对象限于协作式目标，需精确测知基线长度，故用途不如单脉冲测角广泛。由于其极高的测角精度，在深空测控中得到了广泛应用，并且延伸出了甚长基线干涉测量，差分干涉测量，连接端干涉测量，同波束干涉测量等。如深空测控中采用甚长基线干涉测量，测角精度可达 20 nrad（纳弧度），相当于 $4.12\times10^{-3}''$。但基线过长时，如采用 VLBI 时，基线长可达数千米，信号传输较为困难，一般无法实时得出高精度测角数据，只能事后处理成高精度测角数据，因而实时性较差。另外，测站一般分布在地球的不同板块上，板块漂移，也会给准确定位带来困难。

4.4.5 角度测量误差

测角误差根据其性质和特征分为系统误差与随机误差两种，或按误差的频谱成分划分为偏置成分和噪声成分两种。实际中常将角度自动跟踪系统的精度用天线指向精度与天线跟踪精度来表示。其中，天线系统的指向精度定义为天线波束轴方向与指令方向之间的空间角误差，天线跟踪精度定义为天线波束轴方向与射频源方向之间的空间角误差。

单脉冲跟踪系统的测角误差源见表 4-2。

表 4-2 单脉冲跟踪系统的测角误差源

误差种类		系统误差（偏置成分）	随机误差（噪声成分）
依赖目标的跟踪误差		动态滞后	动态滞后变化
跟踪误差		（1）电轴（瞄准轴）的调整或漂移。包括： ① 馈源比较器前和、差信道幅度不平衡； ② 馈源比较器前后和、差信道相位不平衡； ③ 接收信道间相移误差； ④ 极化误差（由极化的不理想所致）； ⑤ 和、差信道间耦合； ⑥ 接收机角鉴相器不平衡； ⑦ 伺服放大器不平衡； ⑧ 伺服放大器死区。 （2）风与重力产生的力矩不平衡误差。 （3）天线结构误差	（1）接收系统热噪声。 （2）接收机鉴相器零漂。 （3）接收信道相移抖动。 （4）伺服放大器零漂。 （5）伺服噪声。 （6）阵风产生的力矩不平衡。 （7）多路径效应（仅俯仰角）
转换误差		（1）标定误差（方位指北误差）。 （2）轴系误差。包括： ① 天线座不水平； ② 方位轴不垂直； ③ 方位、俯仰两轴不正交。 （3）光电轴失配。 （4）重力下垂（仅俯仰角）。 （5）太阳照射引起的天线、天线座变形。 （6）编码器误差。 （7）量化误差。	（1）轴承的摆动。 （2）数据齿轮非线性和齿隙引起的游移。 （3）量化误差。 （4）轴系误差
传播误差（仅俯仰角）		对流层的平均折射	对流层折射的不规则性

主要误差项计算如下。

1. 随机误差

1) 接收系统热噪声

脉冲测量雷达接收系统热噪声误差为

$$\sigma_\theta = \frac{\theta_{0.5}}{K_m \sqrt{\frac{S}{N} \frac{F_r}{\beta_n} B_n \tau}} \tag{4-85}$$

式中：$\theta_{0.5}$ 为天线半功率波束宽度；K_m 为用和波束归一化后天线差波束斜率；S/N 为接收机中频输出端信噪比；F_r 为脉冲重复频率；β_n 为伺服噪声带宽；B_n 为接收机环路等效噪声带宽。

对于统一系统中的双通道角跟踪，可以简化为

$$\sigma_\theta = \frac{\theta_{0.5}}{K_m \sqrt{\frac{S}{\phi} \frac{1}{2\beta_n}}} \tag{4-86}$$

式中：S/ϕ 为差通道信号噪声功率谱密度比。

2) 多路径效应

要预测多路径引起的俯仰角误差的准确值比较困难，一般用俯仰角的均方根误差来表示地面反射的多路径效应的影响。仰角较低时目标信号经地面反射通过天线副瓣进入接收机，干扰伺服系统的零点产生仰角测量误差，引起的俯仰误差为

$$\sigma_{EL} = \frac{1}{2} \frac{\rho \cdot \theta_{0.5}}{K_m \sqrt{\frac{G_\Sigma}{G_\Delta}}} \approx \frac{\rho \cdot \theta_{0.5}}{\sqrt{8 G_{(s/\Delta)}}} \bigg|_{K_m = 1.4} \tag{4-87}$$

式中：ρ 为地面反射系数；$\theta_{0.5}$ 为天线半功率波束宽度；G_Σ 为和方向最大增益；G_Δ 为差方向图在低于轴线 $2E$ 角度处的增益；$G_{(s/\Delta)}$ 为和波束最大方向增益与差方向图第一旁瓣峰值之比。

3) 动态滞后变化误差

由目标角加速度和角加加速度引起的角度滞后的变化误差，动态变化在低轨时最大，随距离增加而减小。特别是目标飞临天线上空，即目标"过顶"时，由于目标的角速度、角加速度等很高，动态滞后量可能很大，严重时，甚至使天线波束滞后于目标之后而导致跟踪目标丢失。跟踪测量设备一般采用二阶无静差伺服系统，目标的变化误差为

$$\sigma_{\theta_m} = \left(\frac{\dot{\omega}}{K_v} + \frac{\ddot{\omega}}{K_d} \right) \frac{1}{B_n} \tag{4-88}$$

式中：$\dot{\omega}$ 为目标角加速度；$\ddot{\omega}$ 为目标角加加速度；K_v 为伺服系统速度误差常数；K_d 为伺服系统加速度误差常数。

4) 阵风产生的力矩不平衡误差

计算天线阵风力矩很复杂，因为它与风速、风向、天线口径及其结构、天线转速和转轴的位置等有关，需要利用模型通过风洞试验确定。阵风引起的随机误差为

$$\sigma_{wr} = 2K_w \overline{V} \left[\int_0^{f_{max}} \frac{\phi_w(f)}{K_T^2(f)} df \right]^{\frac{1}{2}} \tag{4-89}$$

式中：K_w 为阵风力矩系数；$\overline{V}$ 为平均风速；f_{max} 为阵风最高频率；$\phi_w(f)$ 为阵风功率谱，近似于马尔可夫噪声；$K_T(f)$ 为系统力矩传输系数。

5）量化误差

数据传感器量化误差为

$$\sigma_g = \frac{g}{\sqrt{12}} \tag{4-90}$$

式中：g 为最小数位量化单位。

此外，还有轴系误差，主要是方位轴不垂直于水平面、俯仰轴不垂直于方位轴、光轴不垂直于俯仰轴和电轴不平行于光轴，都会引入误差（方位角和俯仰角随机和系统差）。

另外，随机误差还有对流层不规则的起伏引起角度起伏误差、接收机鉴相器零漂引入的测角误差、伺服放大器零漂引入的误差、伺服噪声及死区引起的随机误差、大盘不水平引起的随机误差等。

2. 系统误差

1）动态滞后误差

$$\Delta_{\theta_m} = \frac{\omega}{K_v} + \frac{\dot{\omega}}{K_d} \tag{4-91}$$

式中：ω 为目标角速度；$\dot{\omega}$ 为目标角加速度。

2）极化误差

对于圆极化天线，极化波椭圆的长轴与短轴的极化误差为

$$\Delta_P = \frac{\theta_{0.5}\delta}{2K_m}\sqrt{\frac{3}{8}\left[(1-K)^2 \frac{4}{3}K\sin^2\Delta\varphi\right]} \tag{4-92}$$

式中：δ 为对短轴归一化的长短轴之差；K_m 为差波束归一化斜率；K 为两极化器轴比不一致度；$\Delta\varphi$ 为两极化器极化倾角之差。

3）馈源比较器前和、差信道幅度不平衡

$$\Delta_{A_f} = \frac{\Delta G/G}{2\mu} \tag{4-93}$$

式中：$\Delta G/G$ 为天线增益不平衡相对值；$\mu = K_m/\theta_{0.5}$ 为相对差斜率。

跟踪接收机和、差增益不一致会导致伺服系统开环增益变化，从而引起动态误差变化。

4）馈源比较器前后和、差信道相位不平衡

$$\Delta_{\varphi_{f_b}} = \frac{\tau\tan\varphi}{2K_m}\theta_{0.5} = \frac{\theta_{0.5}\tan\varphi}{K_m\sqrt{G_n}} \tag{4-94}$$

式中：τ 为比较器前相位不平衡；φ 为比较器后相位不平衡（跟踪接收机和、差相位不一致）；$\sqrt{G_n}$ 为差波束轴零值深度，表示和波束增益与差波束零点处的最低增益的比值。

5) 和、差信道间耦合误差

$$\Delta_{\Sigma_c} = \frac{\theta_{0.5}\cos\varphi}{K_m\sqrt{F_1}} \quad (4\text{-}95)$$

式中：φ 为和差信道信号耦合相移角；F_1 为和差通道隔离度。

6) 伺服放大器不平衡

$$\Delta_S = \frac{\Delta V}{K_\varphi} \quad (4\text{-}96)$$

式中：ΔV 为折合到检波器输出端的所有伺服系统不平衡电压值；K_φ 为天线至误差鉴别器输出端通道定向灵敏度。

此外，还有由于天线结构上的不平衡，在稳态风作用下产生的力矩导致天线变形与天线指向的误差，以及前面提到的轴系误差。各项误差独立，可以采用均方的形式求总误差。

4.5 无线电测量标校技术

为满足各种航天任务对测量精度的要求，测量设备研制完成后，在执行任务前要经过一系列准备工作，包括调试、联调、对接、静态指标测试、零值和其他系统误差的标定校准、工作软件调试等。标校是其中重要的一环，是为确定测量设备误差模型参数而组织实施的。标校包括标定和校准两部分工作。通过标定得到系统误差模型参数，校准是对设备工作参数进行调整，使它达到最佳状态。实际工作中一般二者结合进行，是标校不可分割的两个部分。

各项测量误差可以分为随机误差和系统误差。随机误差通常是由许多不能准确估计、且在每次测量中通过不同途径作用的因素引起，不能采用一般简单的校正手段加以减小或消除，需要根据误差产生的各种原因，在设备总体设计中选择合理的方案和参数，尽量减小其量值。系统误差是指在各种条件下反复测量均保持同一数值或按一定规律缓慢变化的误差，因此，系统误差是可以校正的，至少可以部分校正。通常采用实验和分析的方法确定其变化规律，设法来消除它，或者从测量结果中加以修正（修正后剩余的残差叫固定偏差，仍具有系统误差性质）。工程上常采用回归分析的方法来估计系统误差，以提高系统的测量精度。

对于由设备本身产生且需要和能够进行标定的系统误差项，必须在数据处理中加以修正，以提高测量设备的测量精度。这些系统误差除时频误差外，还可以分为轴系误差和零位误差。其中，轴系误差包括方位轴不垂直于水平面、俯仰轴不垂直于方位轴、光轴不垂直于俯仰轴、电轴不平行于光轴和天线结构变形误差等。零位误差严格意义上并不是一种误差，而是一种参考基准位的偏移，但需标定方位零值、俯仰零值和距离零值。方位零值指机械轴平行于方位基准镜法线时方位编码器的输出值；俯仰角零值为当光轴与方位转盘平面平行时，俯仰角编码器的输出值；距离零值指设备发射信道和接收信道及距离跟踪环路的时延产生的零值。

对于时间和频率校准，现代航天测量设备均采用时间统一系统提供标准的频率信号和时间信号，其频率值由定时校频接收机接收国家授时台的频率基准信号来标定。具体有卫星单向定时法、卫星双向定时法、搬运钟定时法、直接定时法、间接定时法等多种技术手段，校准各系统间时钟（时间基准）的时差，使全系统用一个统一的时间来表征。

对于轴系误差和零位误差，实际设备标校中按照采用的基准不同，可分为星体标校和常规标校。星体标校是利用经过天文测量已经精确定位的恒星进行标校，具有远场条件好、标定结果精确的优点，但易受天气、能见度等外界因素的影响；常规标校是以经过精确大地测量的标校塔、方位标等为基准进行的标校，具有可操作性强、受影响小等特点。

4.5.1 角度标校

角度标校的目的是提高天线指向精度，包括角度零值标定和校准两部分内容。通过角度零值标定可得到系统误差的修正系数。校准是根据系统误差数学模型进行数据修正的，采取合理、有效的技术措施减小或消除系统误差。实际应用过程中，这两部分内容是结合进行的，通称为角度标校。

常规标校时系统误差修正数学模型如下：

$$\begin{cases} A_Z = A_C + A_0 + \gamma \sin(A_C - A_M) \tan E_C + K \tan E_C + (K_z + K_b + \Delta U_A/\mu_A) \sec E_C \\ E_Z = E_C + E_0 + \gamma \cos(A_C - A_M) + K_n + \Delta U_E/\mu_E + \Delta E_g \cos E_C + \Delta E_d \end{cases} \quad (4-97)$$

式中：A_Z 为目标方位角真值，实际上包含随机误差及系统误差修正残差，是与目标真值最接近的测量估值；A_C 为方位角测量值，当雷达跟踪目标时，轴角编码器读数；A_0 为方位角零位误差修正项；γ 为天线座大盘最大不水平角；A_M 为大盘最大不水平角所处的方位角；K 为方位轴与俯仰轴不正交度；K_z 为光电轴不匹配引起的横向误差修正项；K_b 为光轴与俯仰轴不垂直误差；ΔU_A 为对目标自跟踪时，方位支路误差电压；μ_A 为方位支路误差灵敏度；E_Z 为目标俯仰角真值估值；E_C 为俯仰角测量值；E_0 为俯仰角零值误差修正项；K_n 为光电轴不匹配引起的俯仰误差修正项；ΔU_E 为自跟踪目标时，俯仰支路误差电压；μ_E 为俯仰支路误差灵敏度；ΔE_g 为天线主、副反射面系统重力相对变形引起的俯仰误差系数；ΔE_d 为电波折射误差修正项。

上述误差项共分为三类。第一类误差包括：K、K_z、K_b、K_n、γ、ΔE_g 等。其中，K 是天线出厂前通过仪器检验测试得出，属于固定误差项，不需要现场重新标定；ΔE_g、K_z 与 K_n 可以通过天线跟踪电标，并通过望远镜对光电标的读数计算得出；K_b 可通过望远镜自身安装方向的调整标定得出或直接消除；γ 可以通过水平仪标定得出，该类误差不需要安装在精确大地测量位置上的方位标靶就可标定得出，主要依赖仪器或光电标靶标定得出。第二类误差是 A_C、E_C，常规通过望远镜观测安装在精确大地测量位置上的方位标靶标定得出；且对方位标靶安装位置的距离、高度有一定的要求。第三类误差项包括 ΔE_d 与动态滞后修正项，一般是跟踪远距离高动态目标时才会用到的误差项。标校的具体方法流程这里不作详细阐述。

4.5.2 距离零值标定

测量设备获取的时间延迟（相位差）包括地面设备时延、自由空间时延和航天器时延三部分。消除由地面测量设备和应答机带来的时延（相位差），才能获得航天器距离地面站的真实距离，这一过程称为距离零值标定（校准）。距离零值标定的基本原理是通过与已知距离相比较得到距离零值，已知距离可以通过大地测量得到，也可以通过其他设备测得。地面设备的距离零值校准一般由测控站完成，应答机的距离零值校准一般在发射场最终完成。

脉冲测量雷达，由于工作在反射模式，可以通过让设备跟踪安装在标校塔上的角反射体，接收角反射体的反射信号后输出距离值，重复测量记录多个距离值取平均，按下式计算脉冲测量雷达距离零值：

$$R_{0L} = \bar{R} - R_{大地} \tag{4-98}$$

式中：$\bar{R}$ 为脉冲距离测量值的平均值；$R_{大地}$ 为大地测量提供的脉冲雷达三轴中心到标校塔角反射体的距离。

脉冲测量雷达也可让光电经纬仪和脉冲测量雷达同时跟踪测量同一标定球，同步录取距离数据，将经纬仪数据经各种修正及脉冲雷达大盘不水平修正后转换到脉冲雷达测量坐标系中进行比对，统计得到脉冲雷达距离零值。

对于统一系统，由于测距需要应答机转发，因此需要校零变频器。可在标校塔上设置校零变频器，精确测定标校塔与测站的距离，精确测定校零变频器的零值，即可用无线的方法标定出设备的零值；也可用无塔校零方法，根据几何光学近似原理，在天线主反射面上安装一个偏馈小天线，通过射频电缆将其与测距校零变频器相连接，实现信号转发功能，利用天线的近场辐射特性实现无塔偏馈闭环校零。这两者距离零值的分离方法是相同的，即利用塔上或地面校零变频器，通过无线闭环、侧音轮发的方法进行侧音过零点对齐和距离零值测定，测得距离值 R_1。该项距离值实际为

$$R_1 = R + R_{变} + R_{设} + R_{电} \tag{4-99}$$

式中：R 为标校塔到设备的距离；$R_{变}$ 为塔上（或地面）变频器的零值；$R_{设}$ 为测量设备零值；$R_{电}$ 为塔上电缆零值。一般需要改变设备组合和工作频点，重复上述过程，直至标定出各规定设备组合和工作频点所对应的系统距离零值。

应答机距离零值标定时一般由地面站距离零值标校设备和应答机组成测距通道，获得相位时延，然后用校零变频器替换应答机，再次测量测距通道的相位延迟，由于校零变频器时延已知，二者作差即可求出应答机零值，将其与地面设备距离零值共同作为距离零值进行装订。

4.5.3 校相

比幅单脉冲测角出于对保证跟踪性能的考虑，要求和差信道变化要保持一致，即输入信号电平变化时，和差通道的相对增益变化保持一致，输入信号电平或频率在规定范围内变化时，和差信道的相对相位保持一致。受天线电轴漂移、环境温度变化、器件老化或者天线极化跟踪等多种因素影响，和差通道产生相对相移，和差通道相位不一致时会使定向灵敏度减小，方位、俯仰支路相互影响产生交叉耦合，并导致收敛特性变差，甚至导致角误差信号极性反转。因此，在鉴相器参考支路设置移相器，对差信号相移进行调整，消除相位差，补偿信道相位变化对交叉耦合的影响，始终使方位与俯仰支路角误差信号的两路本振参考信号相位保持正交，从而得到正确的方位误差信息与俯仰误差信息。即对和差通

道的相对相位进行标校（校相），调节移相器，使误差电压输出为最大，方位交叉耦合或俯仰交叉耦合为最小。

因为设备状态、参数、组合复杂，手动较相比较烦琐。通常是接收分系统与测角分系统相互配合，进行自动校相。对塔校相的具体过程如下。

（1）在标校塔上安装信标机，发射所需旋向的信标信号。

（2）伺服控制天线，使其对准信标机。

（3）根据和/差信号幅值的大小，确定零点位置；若有上次校相结果，则可直接以上次校相零点对塔。

（4）将天线方位固定，俯仰正向、负向依次拉偏一定角度，控制移相器进行扫描移相；实时采集俯仰角误差电压送测角监控机，进行最大（或最小）判决，使方位误差电压接近零，之后天线回零。

（5）同样，俯仰固定、方位偏离一定角度，使俯仰误差电压接近零，之后天线回零。

（6）判定方位、俯仰极性正确，交叉耦合小于1/2后关闭自跟踪，记录该零点；在此基础上再检查交叉耦合，若不满足则以初次记忆调整量为依据，进行不同程度的调整，直至满足要求。

（7）根据组合号将校相结果存盘，以备后续查找比对。

得到校相结果后可以进行自跟踪检查，将天线依次在方位、俯仰四个方向拉偏，计算交叉耦合与定向灵敏度，验证其是否满足指标；将天线依次在四个象限拉偏一定角度，分别进行自跟踪，检验其收敛性是否良好。

校相时要求标校塔的仰角要大于3倍3dB波束宽度，且满足远场条件，有时受场区条件限制无法满足，需要进行无塔校相。无塔校相的方法有射电星标校法、偏馈振子法和卫星校相方法等。射电星标校法是利用天文测定的射电星代替标校塔上的信标源实现校相，要求系统必须具备一定的 G/T 值；偏馈振子法是安装在天线主反射面上的小型天线，通过它发射信号来模拟标校塔辐射的信号，从而进行天线相关标校工作；卫星校相方法是利用同步卫星全相辐射功率的特性，使用同步卫星发射信号作为信标信号进行校相。这里不再详述。

习　题

1. 脉冲测距时采用变重频的方法解算测距模糊的基本原理是什么？
2. 利用伪码法解脉冲测距模糊时，脉冲位置符合数设定的依据是什么？
3. 某多侧音测距信号表达式为 $s(t) = \sum_{n=1}^{N} a_n \cos\omega_n t$，其中 $\omega_{n+1}/\omega_n = M$，$M$ 为大于1的整数，求最大无模糊作用距离与测距精度。
4. 伪码满足哪三个统计特性，与随机序列有何区别？
5. 伪码测距如何解决最大无模糊距离与测距精度之间的矛盾？
6. 比较分析侧音测距与伪码测距系统的性能。
7. 比较单向与双向多普勒测速的优缺点及典型应用场景。

8. 若卫星信标频率为 4GHz，地面测量站测得 $f_d = -2$kHz，计算卫星相对地面测量站的径向速度。

9. 地面站射频为 $f_t = 6$GHz，应答机转发比为 0.7，目标接近地面站 $\alpha_T = 60°$，其速度为 6km/s，计算地面设备测得的多普勒频率。

10. 简述相位测角和幅度测角的基本原理及实现形式。

11. 简述圆锥扫描测角基本原理，探讨角误差信号式的导出计算。

12. 单脉冲测角中的多模馈源如何计算方位俯仰角误差？

13. 干涉仪测角中具体是如何解测相模糊的？

14. 比较圆锥扫描测角、单脉冲测角和相位干涉仪测角的优缺点及应用。

15. 影响测量精度的因素有哪些，如何对误差项进行标校处理来提升测量精度？

参 考 文 献

[1] 周智敏，陆必应，宋千. 航天无线电测控原理与系统 [M]. 北京：电子工业出版社，2008.
[2] 于志坚. 航天测控系统工程 [M]. 北京：国防工业出版社，2006.
[3] 丁鹭飞，耿富录，陈建春. 雷达原理 [M]. 6 版. 北京：电子工业出版社，2020.
[4] 姜昌，范晓玲. 航天通信跟踪技术导论 [M]. 北京：北京工业大学出版社，2003.
[5] 李晓波，等. 航天测控系统概论 [M]. 北京：国防工业出版社，2010.
[6] 罗海银. 导弹航天测控通信技术词典 [M]. 北京：国防工业出版社，2001.
[7] 夏南银，张守信，穆鸿飞. 航天测控系统 [M]. 北京：国防工业出版社，2002.
[8] 赵业福，李进华. 无线电跟踪测量系统 [M]. 北京：国防工业出版社，2001.
[9] 刘嘉兴. 飞行器测控通信工程 [M]. 北京：国防工业出版社，2010.
[10] 刘嘉兴. 飞行器测控与信息传输技术 [M]. 北京：国防工业出版社，2011.
[11] 刘利生，郭军海，刘元，等. 空间轨迹测量融合处理与精度分析 [M]. 北京：清华大学出版社，2014.
[12] 陈宜元，殷礼明. 卫星无线电测控技术 [M]. 北京：中国宇航出版社，2007.
[13] 胡绍林，许爱华，郭小红. 脉冲雷达跟踪测量数据处理技术 [M]. 北京：国防工业出版社，2007.
[14] 魏明山. 无线电测控技术基础 [M]. 北京：国防工业出版社，2015.
[15] 樊昌信，曹丽娜. 通信原理 [M]. 7 版. 北京：国防工业出版社，2014.
[16] 刘蕴才. 导弹卫星测控系统工程 [M]. 北京：国防工业出版社，1996.
[17] 张光义. 相控阵雷达原理 [M]. 北京：国防工业出版社，2009.
[18] 瞿元新. 船载微波统一测控系统概论 [M]. 北京：国防工业出版社，2016.
[19] 张中升，王志辉. 雷达标校技术 [M]. 北京：国防工业出版社，2017.
[20] 崔书华，王敏，王佳. 测速跟踪测量数据处理 [M]. 北京：国防工业出版社，2017.
[21] 贺涛，李滚. 航天测控通信原理及应用 [M]. 北京：国防工业出版社，2022.
[22] 王大军，黄璐，孙斌. 游标测距技术在脉冲雷达中的应用及精度分析 [J]. 现代雷达，2018，40 (10)：14-17.
[23] 杜丹，王文政，扈景召. 全空域球面相控阵测控系统角跟踪方法概论 [J]. 电讯技术，2021，61 (7)：800-806.
[24] 杨顺平，母王强，曾浩. 多波束相控阵天线角度测量方法 [J]. 电讯技术，2023，63 (4)：481-489.

[25] 高菲, 张卓, 梁敏, 等. 基于正割补偿的天线高仰角跟踪动态滞后性研究 [J]. 无线电工程, 2022, 52 (6): 1068-1072.

[26] 谢伟, 陈颖, 杨龙, 等. 一种面向全空域覆盖阵列的和差比幅测角跟踪方法 [J]. 电讯技术, 2022, 62 (8): 1051-1057.

[27] 耿大孝, 张振庄. 基于坐标旋转的天线系统标校技术 [J]. 无线电通信技术, 2019, 45 (3): 305-310.

[28] 瞿元新, 毛南平. 船载 X 频段微波统一测控系统快速校相方法 [J]. 遥测遥控, 2014, 35 (2): 69-72.

第 5 章　无线电遥测遥控技术

无线电遥测遥控系统是航天测控系统的重要组成，是航天器稳定运行和航天力量发挥效能的根本保障。无线电遥测系统负责测量航天器内部各部件的工作参数，它是了解航天器"健康状态"的唯一渠道；无线电遥控系统负责将地面控制中心的指令信息安全可靠地传输给航天器，是地面控制中心控制航天器的唯一手段。这两个"唯一"确立了无线电遥测遥控系统的地位作用十分重要。

5.1　概　　述

本书中，用无线电遥测和无线电遥控进行测量或控制的对象特指在轨航天器、深空探测器、卫星、运载火箭或导弹等航天器，这类航天器的场景特征之一就是距离遥远。无线电遥测主要功能是对航天器进行监测，测出航天器内部各分系统的实际状态；而无线电遥控的主要功能是对航天器进行控制，以完成预定动作。无线电遥测和遥控系统的工作可以是相互独立的，也可以是相互配合的。无线电遥测是无线电遥控的基础，无线电遥控是执行者，无线电遥测可以监测无线电遥控的结果和效果。

5.1.1　无线电遥测技术概述

5.1.1.1　遥测的定义

遥测是将一定距离外被测对象的参数，经过感受、采集，通过传输媒介送到接收地点并进行解调、记录、处理的一种测量过程。完成上述功能的设备组合称为遥测系统，它是航天测控系统中的重要组成部分。按传输信道不同，遥测可分为无线电遥测和有线电遥测。导弹、航天器遥测，一般均为无线电遥测。

在导弹、航天器等飞行器的飞行过程中，常用遥测系统获取其内部各系统的工作状态参数和环境数据，为评定导弹、航天器的性能和进行故障分析提供依据。遥测系统性能的优劣直接影响导弹、航天器的研制进程及费用，影响其性能的改进和提高。

5.1.1.2　遥测的作用

遥测在导弹、航天器的研制发展中的作用概括起来有以下几个。

（1）为导弹、航天器性能评定和设计改进提供依据。遥测系统在导弹、航天器的飞行试验中对获取的大量数据，经处理分析后将结果提供给导弹、航天器研制部门，作为评定和改进设计的依据。

（2）为故障分析提供依据数据。导弹、航天器试验，特别是研制初期的飞行试验，很难避免故障的发生。故障出现的原因可能是设计上的缺陷、零部件可靠性差、人为差错及飞行环境的影响等。一旦发生故障，借助遥测数据可分析和查明故障的部位及原因，已便采取补救措施。

（3）为航天器是否完成飞行计划提供数据依据。例如，运载火箭是否把航天器送入预定轨道并按预定轨道飞行，定轨是否正确等，都可以通过遥测数据反映出来。

（4）为航天器遥控提供反馈信息。航天器进行飞行试验时，地面遥控系统发送的控制指令的接收和执行情况也通过遥测信道反馈到地面进行分析判断。

（5）辅助其他分系统。遥测系统还为导弹、航天器上其他系统如控制系统、测控分系统等提供工作状态信息，供地面站监视用。

5.1.1.3 遥测的信号处理流程

按照遥测信号处理流程，遥测系统的主要功能包括遥测信号采集、遥测信息传输和遥测数据处理三个环节。

（1）遥测信号采集。遥测信号采集是指将导弹、航天器中的物理参数通过多种传感器变换成适合采集的规范信号后，由采集器按一定方式采集并打包编帧到一起，并输出给遥测信息传输系统。

（2）遥测信息传输。遥测信息传输是指将遥测信息采集部分编帧后的串行遥测数据传输到地面测控站。

（3）遥测数据处理。遥测数据处理是指对遥测信息传输系统解调恢复出的数据帧进一步解出各路遥测数据。

5.1.1.4 遥测的特点

导弹、航天器遥测系统的工作原理和组成与其他遥测系统基本相同，但由于其作用和使用环境的特殊性，形成如下一些特点。

1）被测参数多，系统复杂

导弹或航天器的被测参数可能多达上千个，参数种类也很多。遥测参数可划分为事件参数、模拟参数和数字量参数三类。事件参数，亦称时间参数，反映某事件的发生及发生时刻，如导弹起飞、发动机关机等。模拟参数习惯上又分为缓变参数和速变参数。缓变参数最高频率一般在 10Hz 左右，如加速度、压力、温度、工作状态参数等；速变参数一般指振动、冲击、噪声、脉动压力等变化频率较高呈随机特性的参数。数字参数指数字化的信息（包括弹（箭）上计算机输出数据）及以频率反映参数值的信号（如涡轮泵转速等）。由于这一特点，导弹、航天器遥测系统的数据采集、多路传输方式、调制解调方法、数据记录显示与处理等方案都必须特殊考虑。此外，测控网中的地面遥测设备，既要兼顾多种型号的遥测需求，又要与外测系统、遥控系统、监控显示系统、通信系统、时间统一系统等建立数据传输接口和通信联系。因此，地面遥测系统一般都比较复杂，功能齐全，自动化程度高。

2）作用距离远，格式复杂，采用的新技术多

导弹、航天器飞行空域广，通信距离远，近则数百千米，深空探测器则几亿千米，加之遥测参数的格式编排复杂，这样就对遥测系统的数据采集、传输、解调提出了很高的要求。为了解决这些问题，在遥测系统中采用了通信理论与通信技术的许多最新成就，如高效率天线、低噪声接收机、分集技术、高效编解码技术、弱信号检测技术、变格式与解调

技术等。

3) 系统可靠性要求高

由于导弹、航天器造价昂贵，飞行试验次数受限，每次飞行试验都要求遥测系统完整而可靠地获取飞行试验数据，保证遥测系统的高可靠性十分必要。除确保遥测设备的高可靠性外，还采用分集接收体制和地面双热备份体制，以进一步提高系统的可靠性，并用多种方式进行数据记录，提供可靠数据供事后处理分析用。

4) 具有快速反应能力

在导弹、航天器发射准备阶段，遥测系统需以最快的速度完成本身的状态设置与自检；在临发射前，要实时准确地给出状态数据，以便指挥员作出是否发射的决定；在导弹、航天器飞行过程中要实时处理出关键遥测数据，并将其传送到指控中心进行监视，作为控制的依据；所发遥控指令和上行注入数据也要靠实时遥测加以检验；导弹试飞一旦发生故障，必须快速提供遥测处理结果，以帮助分析故障。现在遥测系统广泛采用高性能计算机与通信技术，形成新一代计算机遥测系统，使快速反应能力大大提高。

由于使用场合和应用目的不同，遥测系统种类很多。其按数据传输信道，可分为无线电遥测系统、有线电遥测系统；按遥测信号的多路复用调制技术，可分为频分制（FDM）遥测系统、时分制（TDM）遥测系统、码分制（CDM）遥测系统和时频混合遥测系统；按被传输的信息类型，可分为模拟遥测系统和数字遥测系统；按设备装载体的不同，可分为车载遥测系统、船载遥测系统、机载遥测系统和地面固定站遥测系统。

5.1.2 无线电遥控技术概述

5.1.2.1 遥控的定义

遥控是对被控对象实行远距离操作控制，既然是远距离的，就涉及信号的传输和变换的问题。若信号的传输是利用有线进行的，则称为有线遥控；若信号的传输是利用无线电进行的，则称为无线电遥控，如导弹、航天器遥控。

为了使在远方的被控对象按要求去动作，控制端（调度端或遥控站）必须向被控制端（执行端）传送一个指示被控对象工作或者如何工作的命令，称之为遥控指令。通常所说的遥控指的是指令遥控，即在控制端产生并发出指令信号，利用有线或无线电信道将指令信号传送至执行端，使被控对象完成预定的动作。

完成遥控任务的整套设备称为遥控系统或遥控装置。遥控系统通常还需要一个监测系统，形成闭环控制系统。监测系统对于完成遥控任务是必不可少的。监测系统的作用是测出被控对象的实际状态，实时地由执行端传送到控制端。对于开关型指令遥控，控制端通过监测系统可以监测遥控的效果；对于连续调控型遥控，控制端根据监测系统送来的被控对象的实际状态，产生新的相应的遥控指令，通过指令传输信道将遥控指令传送到执行端，改变被控对象的状态。这一过程往往需要反复多次，直到完成遥控任务。常用的监测系统有遥测、雷达和电视等。

5.1.2.2 遥控的分类

按照不同的分类方法，遥控有不同的类型。

按照被控对象及其特性可分为：固定式遥控，如工厂和电站所用；活动式遥控，如飞机、导弹和卫星遥控。固定式遥控的被控对象又分为集中型和分散型。在实际应用中常常把被控对象及其特性结合起来进行分类和命名，如电力监控集中型遥控系统、油田监控分散型遥控系统。

按照遥控指令传输的媒体和方式可分为有线电遥控、无线电遥控和红外遥控等。

按照被控对象的控制特性或者控制信号的特性，指令遥控可分为两大类：一类是对被控对象的工作状态进行连续调整，如输油气管流量的控制、电机转速的控制和同步卫星的同步控制；另一类是对被控对象的工作状态进行单一的或两种极限的动作，或称开关型，如故障导弹的炸毁、设备的加电或断电、主备用机的切换等。

导弹、航天器遥控系统，顾名思义是以导弹，运载火箭［以下简称弹（箭）］和卫星、飞船、航天飞机、空间站等为被控对象的遥控系统，具有以下特点。

（1）被控对象是运动的；

（2）传输方式为无线电传输方式；

（3）导弹、航天器遥控系统的监测系统是借助遥测系统和雷达跟踪等系统来完成控制效果的监视或提供控制状态的参考数据，一般不配置遥控系统专用的监测系统；

（4）遥控系统的控制特性，除了开关控制和同步控制，还有注入数据。

根据导弹、航天器无线电遥控系统用途的不同和性能的差别，其可以进一步划分为以下几类。

（1）靶场安全无线电遥控系统。

靶场安全无线电遥控系统，又称靶场安全指令系统、靶场安全停飞系统。这类遥控系统主要用于弹（箭）发射试验和航天器发射试验时的安全控制。在发射过程中，如果导弹、航天器或弹（箭）出现故障飞行轨迹出现异常，经安全判决确认必须终止飞行时，就使用这类遥控系统，实时、靠地发送安全控制指令，将导弹或弹（箭）的发动机关闭或炸毁，或者将燃料释放，停止导弹或弹（箭）的飞行，并使导弹或弹（箭）的残骸降落在安全地带，以保护航区的重要目标的安全和避免因导弹或弹（箭）落入国外可能引起的国际纠纷。

（2）近地卫星无线电遥控系统。

这类遥控系统主要用于各种中低轨道近地卫星的轨道运行控制、返回式卫星的返回控制和星上有效载荷的控制等，其功能包括指令控制和注入数据。这类遥控系统在指令容量、保密性和任务时间等方面，与安全遥控系统具有很大的差别。

（3）地球同步轨道卫星无线电遥控系统。

地球同步轨道卫星无线电遥控系统与中低轨道近地卫星无线电遥控系统相比，在用途和性能方面有不少相似之处，但控制内容更多、更复杂，增加了地球同步轨道卫星的姿态、转速和位置控制。对于自旋稳定型同步卫星的转速、位置、姿态控制，还需采用同步控制方式。在体制上，两类遥控也有较大的区别。近地卫星无线电遥控系统，指令传输的差错控制方式一般采用前向纠错方式，而地球同步轨道卫星无线电遥控系统大多采用大回路反馈校验的指令传输差错控制方式；在设备的组成方面，地球同步轨道卫星无线电遥控系统一般是和跟踪测量系统共用一个信道，即遥控属于统一测控系统的一个分系统，而近地卫星无线电遥控系统既有独立的遥控系统，也有统一测控系统中的遥控分系统。

(4) 载人航天无线电遥控系统。

载人航天无线电遥控系统，与前三类遥控系统相比，其突出特点是被控对象为载人航天飞行器。这类遥控系统的用途和功能除包括前两类卫星遥控系统的用途和功能外，还有航天员的逃逸控制。航天员的逃逸控制和运载火箭的安全控制要有严格的逻辑关系，必须严守"先逃逸后安控"的原则。

(5) 深空遥控系统。

深空遥控系统用于深空探测器，例如登月火箭、火星探测火箭等深空飞行的航天器，它与近地卫星无线电遥控系统类似。其不同之处是其遥控的作用距离要比近地卫星遥控远得多。因此，它不仅要求指令传输信道电平满足深空通信的要求，而且要求在指令终端部分采取特殊的措施，以保证遥控指令的正确传输。指令传输时延可能会变得很长，控制结果的反馈时间也很长，需要考虑程序控制和自主控制等。

以上关于导弹、航天器遥控系统的分类不是绝对的，在应用中大部分是可以兼容的。但靶场安全无线电遥控系统的控制对象是故障弹（箭），一般是独立的。

5.1.2.3　遥控的地位作用

导弹、航天器遥控系统的地位和作用主要体现在以下几个方面。

1) 遥控系统在导弹试验工程中的地位和作用

导弹飞行试验是导弹研制过程中必不可少的重要阶段。在这个阶段，由于导弹的各种技术状态尚未成熟定型，飞行试验故障率较高。由于中国目前导弹试验靶场的发射场、航区、落区均在本国国土内，对故障弹实施安全控制成为导弹飞行试验的重要任务。目前，对导弹飞行试验的安全控制的技术手段有两种：弹上安全自毁装置和地面靶场安全无线电遥控。弹上安装安全自毁装置，对试验导弹出现的多种类型的飞行故障能起到安全控制作用，但是它有一定的局限性：一是弹上安全自毁装置对某些异常飞行不能识别，例如超程飞行；二是弹上安全自毁装置无落点选择能力，因此，它不能真正起到保证被保护目标安全的作用。靶场安全无线电遥控系统的使用，一方面与弹上安全自毁装置互为备份，提高了安全控制的可靠性，另一方面由于靶场安全无线电遥控系统具有落点选择能力，即它能够根据中心计算机提供的落点预示，选择实施安全控制的时机，使被炸毁的故障导弹残骸落在安全地带。其潜在意义在于不允许将正常弹（箭）误炸，也不能将故障弹漏炸。所以，靶场安全无线电遥控系统是安全控制的重要技术手段。

2) 遥控系统在卫星工程中的地位和作用

遥控系统在卫星发射、运行任务中的具体作用如下。

(1) 在卫星发射过程中，一旦运载火箭出现故障，飞行出现异常，需要安全遥控系统提供安全控制的支持。

(2) 在卫星轨道运行段，遥控系统的任务更加繁重。对近地卫星，遥控系统的作用有：对卫星姿态和运行轨道进行控制和调整；对星载设备的工作参数进行控制和调整，如转发器的输出功率、遥测工作参数和星上天线波束指向等；星载设备的开机与关机、备份机的切换；有效载荷操作程序控制；星地时钟对时；数据注入；等等。对地球同步轨道卫星，遥控系统，除了上述近地卫星的大部分控制作用，还要进行卫星的同步控制。

(3) 对需要变轨的卫星，如同步通信卫星、军事侦察卫星和对地观察卫星，在机动变轨段，遥控系统对卫星进行姿态调整和变轨控制。

（4）对返回型卫星，需在返回段对卫星进行姿态调整、反推火箭点火和返回舱与星体的分离等控制。

3）遥控系统在载人航天工程中的地位和作用

遥控系统在载人航天工程中的作用更加突出，主要表现在以下三个方面。第一，控制的内容增多了。除了对运载火箭的安全控制、飞船和船载设备的控制，还增加了对航天员的有关控制。在前两项工程中，安全控制对象仅仅是导弹或运载火箭。在载人航天工程中，安全控制的概念扩展为航天员的逃逸控制和运载火箭的安全控制。第二，在载人航天工程中，不允许在运载火箭上安装自毁装置，因此安全遥控系统是发射的唯一安控手段。第三，遥控系统的责任更加重大。假如载人航天飞行出现故障需要航天员逃逸时，由于遥控系统失灵而不能逃逸，或者载人航天器飞行正常，由于安全遥控系统出现虚指令引起运载火箭误炸，除了经济损失，还将危及航天员的安全，造成严重的社会影响。因此，要求载人航天遥控系统性能更加优良、工作更加可靠。

5.1.2.4 遥控的特点

弹（箭）、航天器遥控系统由于其功能作用要求，具有可靠性要求高、抗干扰性和保密性好等共同特点。但由于其服务对象不同，功能不同，也存在着很大的差别，各有自己的特点。

1）弹（箭）遥控的特点

弹（箭）遥控，即靶场安全无线电遥控系统，它具有以下特点。

（1）可靠性要求最高。由于靶场安全遥控的使用是保障靶场安全和防止导弹（火箭）落入国外，对其可靠性要求很高。为实现高可靠性，需要采用设备冗余设计，地面采用宽波束大功率发射天线，弹上采用全向天线。

（2）具有抗火焰影响的能力。由于靶场遥控是对在动力飞行段的故障导弹和运载火箭实施控制，必须具有足够强的抗火焰影响的能力。导弹或运载火箭飞行发生异常时，其飞行方向和姿态可能是任意的，对其实施安全控制时，遥控信号有可能通过导弹或运载火箭的尾部火焰区，使无线电信号严重衰减。喷焰衰减的大小与弹（箭）所用燃料的种类、靶场安全遥控所用载波的频率和载波对弹（箭）的射线偏离角等有关。此外，信号通过火焰区还会受喷焰噪声的影响。

克服火箭喷焰衰减影响的主要技术手段有采用多站体制、提高载波频率、增大地面发射功率、提高弹（箭）上接收机的灵敏度等。抗喷焰噪声影响的技术手段是通过选择副载波频率或指令单音频率值，使指令基带频谱高于喷焰噪声的频谱。

（3）实时性强。靶场安全遥控工作在导弹或运载火箭主动段飞行的很短时间内。导弹或运载火箭的飞行如果被判为故障，则要求立即发送安控指令，终止故障导弹或运载火箭的飞行。为了保障安全控制的最佳效果，需要选择炸毁的时机，控制导弹或运载火箭残骸的落点，故要求靶场安全遥控具有良好的实时性。在采用管道式安全控制体制的情况下，在导弹或运载火箭进入安控区之后至飞离安控区之前的一段很短时间内，必须完成安全控制，这就对安全遥控系统的实时性提出了很高的要求。为保障靶场安全遥控具有良好的实时性，其指令传输差错控制方式通常采取前向纠错方式，而不采取反馈校验方式。

（4）抗干扰性好。靶场安全遥控一方面必须保证满足漏指令概率要求，不使故障弹漏炸；另一方面应保证满足虚指令概率的要求，确保正常弹（箭）不误炸。因此，靶场安全遥控系统都具有很强的抗干扰能力。

（5）指令条数少。与航天器遥控相比，靶场安全遥控的指令条数很少，只有一条实质性的炸毁指令。为了保证不误炸正常弹，在炸毁指令之前加了一条解保指令。再加上试验指令和备用指令，总共不超过 4 条。

（6）工作时间短。相对于航天器遥控，靶场安全遥控的工作时间很短，这是因为它只工作于弹（箭）发射的主动段，即使在这很短的时间内，遥控系统大多处于待命状态，即使需要实施安控，也要求在极短的时间内将指令发送出去。

（7）弹上接收天线全向性，地面发射天线宽波束。当弹（箭）发生故障时，产生振动飞行时，为了可靠地接收指令信号，弹（箭）上遥控天线采用全向天线，地面遥控采用宽波束天线。因此，靶场安全遥控的工作频段一般选用超短波频段，天线波束可以做得宽些。

2）航天器遥控的特点

尽管近地卫星遥控、地球同步轨道卫星遥控和载人飞船遥控之间存在一定的差异，但是，对于靶场安全遥控而言，它们也有不少共同特点。

（1）指令条数多。航天器遥控的指令条数，少则几十条，多则上千条。

（2）工作时间长。对于靶场安全遥控而言，航天器遥控工作时间长，而且往往多次重复使用。所以，航天器遥控更要有严格的保密措施。

（3）采用统一信道体制。由于航天器遥控与轨道测量的信道要求基本相同，大多采用统一信道体制，工作频段选用 S 频段或 C 频段。

（4）作用距离远。航天器遥控作用距离比靶场安全遥控远得多，但因无火焰的影响，发射机的功率并不大，主要借助高增益的天线来实现远作用距离。

5.1.3 数字信息传输技术概述

5.1.3.1 信息传输系统基本模型

遥测遥控系统是典型的信息传输系统。信息传输就是将信息从发信者传递给在另一个位置的收信者，而信息传输所需的一切技术设备的总和称为信息传输系统。由于完成这一信息传递功能的系统种类繁多，具体设备和业务功能不尽相同，但是可以根据信息的流向，将信息传输系统抽象概括为如图 5-1 所示的基本模型。整个信息传输系统由信源（发信者）、发送变换器、信道（传输媒质）、接收变换器和信宿（收信者）五部分组成。

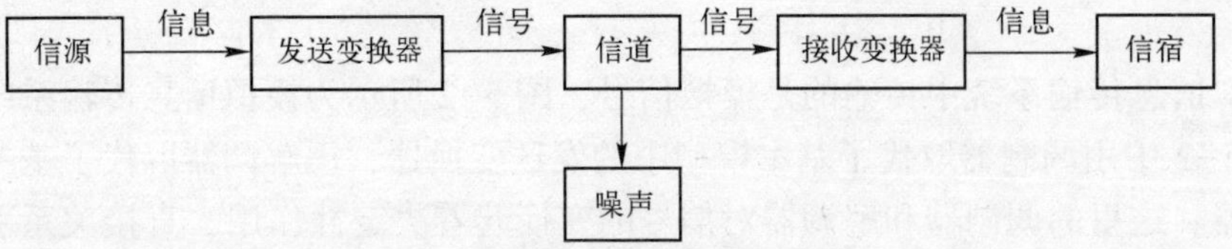

图 5-1 信息传输系统基本模型

信源是信息的产生或信息的形成者，根据信源产生信号的性质不同，可分为模拟信源和离散信源等。

发送变换器的基本功能是将信源和信道匹配，将信源产生的消息信号变换为有利于信道传输的信号形式，再送往信道。变换的方式是多种多样的，在需要频率搬移时，调制是最常见的变换方式。发送变换器还包括为达到某些特殊要求所进行的各种处理，如多路复用、加密、信道编码、码型转换、脉冲成形等。

信道是指信号传输的媒介，信号要经过信道传送才能到达接收变换器。传输媒介既可以是有线的，也可以是无线的，二者都有多种物理传输媒介。在飞行器遥测遥控系统中，大多数情况下传输媒介是无线信道，传输信号以电磁波的形式在空间进行传播。在信号传输过程中，必然会引入发送变换器、接收变换器和传输媒介中的热噪声、各种干扰和衰落，即信号在信道传输的过程中会引入信道噪声。信道的固有特性和干扰特性会直接影响变换方式的选取，如通过电导体传播的有线信道和通过自由空间传播的无线信道，其信号变换方式是不同的。不同频段的无线电波在空间中的传播途径、性能和衰落也是不同的。

接收变换器的主要作用是将来自信道的带有干扰的接收信号加以处理，并从中提取原始信息，完成发送变换过程的逆变换，如信号解调、信道译码、信源译码等。对于多路复用信号，还包括多路解复用，实现多路信号的正确分路。由于接收的信号中存在噪声和各种干扰，接收变换器还需要采取某些趋于理想恢复的措施和方法。

信宿是信息传输的目的地，根据收信者不同的需求，以多种形式从接收处理后的信号中还原被传输的消息。

5.1.3.2 信息传输系统主要分类

信息传输系统的分类方法很多，既可以按用途分，也可以按传输信号的特征来分，还可以按照工作方式来分。本书重点讨论多路数字信息传输系统。

按照信源发出消息的物理特征不同，可分为电话、电报、数据和图像等信息传输系统。

按照信道的传输媒介来分，信息传输系统可分为有线（含光纤）和无线两大类。不同的媒介具有不同的传输特性。有线信道常用的是对称电缆、同轴电缆和光缆，由此构成电缆通信系统和光纤通信系统。目前，国内和国际的长途通信系统主要采用的是光纤通信系统，而电缆通信系统大多用在本地通信中。

无线信道按照使用的频段和通信手段可分为短波信息传输系统、微波中继信息传输系统、移动通信系统和卫星通信系统等。无线电遥测遥控系统就是一种典型的无线电微波信息传输系统。

根据传输信号的特征，信息传输系统可分为模拟信息传输系统和数字信息传输系统两大类。

在模拟信息传输系统中传输的是模拟信号，图5-2所示为模拟信息传输系统的基本组成。在图5-2中用调制器取代了基本模型中的发送变换器，用解调器取代了基本模型中的接收变换器。这里的调制器和解调器对信号的变换起着决定性作用，直接关系着通信质量的优劣。

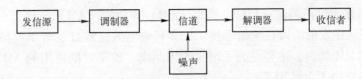

图 5-2　模拟信息传输系统基本模型

在数字信息传输系统中传输的是数字信号。数字信息传输系统的基本组成如图 5-3 所示。数字信息传输系统除包括调制器和解调器外，还包括信源编码器、信道编码器、信道译码器、信源译码器及同步系统等。

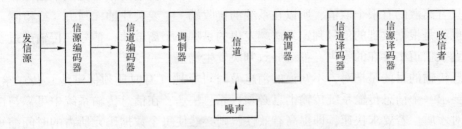

图 5-3　数字信息传输系统基本模型

信源编码器的主要任务是实现模拟信号的数字化，并提高数字信号的有效性。例如，在保证一定精度的前提下，如何用最少的量化位数来表示信号。有时为了保密，信源编码器后还要接上加密器，接收端的信源译码器是信源编码的反变换。

信道编码器的主要作用是提高数字信息传输系统的可靠性。传输信道内存在的噪声、干扰和信道特性不理想等影响因素，会造成码元间相互干扰，即码间串扰，从而使信息传输系统很容易产生传输差错。由信道的线性畸变所造成的码间干扰可通过均衡技术进行消除，信道中的噪声是导致传输差错的主要原因。减少这种差错的基本做法是在信息码组中按照一定的规则附加上若干监督码元（或称冗余码元），使原来不相关的数字信息序列变为相关的新的序列，然后在接收端根据这种相关性来检测或纠正接收序列码组中的误码，从而提高可靠性。因此，信道编码器又称差错控制编码器，其通过增加信息的冗余度来获得编码增益，是提高飞行器遥测遥控系统可靠性的一种非常有效的技术手段，并且具有一定的保密、抗截获、抗干扰作用。接收端的信道译码器是信道编码器的逆过程。在实际应用中，如果信息传输系统的性能满足指标要求，则可以不使用信道编/译码器，以降低信息传输设备的复杂度。

调制器和解调器的作用是使信号有利于信道传输，这是由于遥测遥控信号是利用天线所辐射的电磁波来传输的。由电磁场理论可知，为使天线能够有效地辐射电磁波，天线尺寸必须与信号波长处于同一个数量级。但基本的遥测参数或遥控指令都是基带信号，频率很低、波长很长。如果利用天线直接进行辐射，那么所需要的天线尺寸在工程上是难以实现的。例如，语音信号最高频率大约为 10kHz，它的波长约为 30000m。显然，制造同等尺寸量级的天线是不现实的，也是没有必要的。借助调制解调技术，将低频信号搬移到频率较高的载波上，就能够实现天线发射与接收。例如，载波频率选择为 300MHz，其波长约为 1m，制造该尺寸量级的天线就比较容易实现了。因此，遥测遥控信号在经过无线信道传输时必须进行高频调制，调制在发射机中完成，解调在接收机中完成，解调是调制的反变换。射频调制方式包括调频（FM）、调相（PM）和调幅（AM）三种。一般导弹、火箭多使用 FM 调制，在发射阶段抗火焰干扰、抗多径衰落效应较好。对于卫星、飞船等航天飞行器一般使用 PM 调制，主要是为了增大作用距离。较早时期使用的 AM 调制由于性能较差，现在基本已经不再使用。

5.1.3.3 数字信息传输系统主要性能指标

数字信息传输系统有很多不同于模拟信息传输系统的特点。模拟信息传输系统传送的是模拟信号，它的某个参数是连续取值的。这时所关心的是它的传输特性、传输带宽、输入信噪比和输出信噪比等。而在数字信息传输系统中，所传输的信号是数字信号，它的某个参数只有离散的有限个取值，所以在系统的接收端，主要关注抽样判决（或检测）这一问题，也就是根据收到的信号判定发送端发出的是哪一个离散值，信号在传输的过程中产生的失真或信道中存在的噪声，都会导致判决发生错误。

信息传输的目的是把对方不知道的消息及时可靠地（有时还须保密地）传送给对方。因此，要求一个信息传输系统传输消息必须可靠、快速，在信息传输系统中可靠与快速往往是一对矛盾。若要求快速，即提高有效性，则必然使每个数据码元所占的时间缩短、波形变窄、能量减少，导致在受到干扰后产生错误的可能性增加，传送消息的可靠性降低。若要求可靠，即提高可靠性，则使传送消息的速率变慢。

信息传输系统的传输质量的好坏最终反映在错误判决概率的大小上。因此，对于数字信息传输系统来说，主要关心的是传输速率，频带利用率和错误概率等性能指标。因此，如何较合理地解决可靠性与有效性这一对矛盾，是正确设计一个信息传输系统的关键问题之一。

1. 传输速率

传输速率用衡量数字信息传输系统传送消息速度的快慢，它有多种不同的定义，常用的有以下两种。

（1）码元传输速率或传码率 R_B。它定义为每秒所传送的码元数，单位是波特（Baud）。例如，若某系统每秒传送 4800 个码元，则该系统的传码率就是 4800Baud。显然，传码率 R_B 和码元间隔 T_s 存在十分简单的关系，即

$$R_B = \frac{1}{T_s} \tag{5-1}$$

（2）信息传输速率或传信率 R_b。传码率 R_B 仅给出了每秒所传送的码元数，而不涉及所传送的码元是几进制的，即未明确每个码元有多少信息量。但是由信息论可知，不同进制的码元携带的信息量是不一样的。例如，一个四进制码元可以表示四种不同的数字信息，而一个二进制码元只能表示两种不同的数字信息，因此，即使两个系统的传码率 R_B 相同，但是由于码元进制数不同，它们在相同的时间内所传送的信息量也是不同的。考虑到这一点，有时就采用 R_b 的概念，它定义为每秒传送的信息量，其单位是比特/秒（bit/s 或 b/s）。

根据信息论中对于信息量的定义，一个二进制码元所含的信息量为 1 比特（bit），而一个 L 进制码元所含的信息量为

$$I = \log_2 M \tag{5-2}$$

因此，传信率和传码率之间的关系为

$$R_b = R_B I = R_B \log_2 M \tag{5-3}$$

实际中，M 一般为 2 的幂次，即设 $M = 2^k$，则有

$$R_b = R_B \log_2 M = k R_B \tag{5-4}$$

当 $M = 2$，即 $k = 1$ 时，$R_b = R_B$，这表明在二进制码元的情况下，传信率和传码率在数值上是相等的。

2. 频带利用率

频带利用率是指单位传输带宽所能实现的码元或信息传输速率，它是衡量数字信息传输系统有效性的重要指标。尤其在飞行器遥测遥控系统中，频率资源是一个非常稀缺的资源，如何提高频带利用率这一关键性能指标，一直是飞行器遥测遥控系统设计的重点之一。

设频带利用率为 η，则有

$$\eta = \frac{R_B}{B_s} (\text{Baud/Hz}) \tag{5-5}$$

$$\eta = \frac{R_b}{B_s} [(\text{b/s})/\text{Hz}] \tag{5-6}$$

即频带利用率 η 可用 R_B/B_s（Baud/Hz）和 R_b/B_s（bit/(s·Hz)）表示，其中 B_s 为系统传输带宽。以后将会看到，系统传输带宽 B_s 与数字信号的基带脉冲波形有关，在频带传输系统中还与所用的调制方式有关。

3. 错误概率

错误概率是衡量数字信息传输系统可靠性的主要指标，有以下两种较常用的定义。

（1）误码率 P_e。它是指码元在系统中被传错的概率，也就是错误接收的码元数在传输的码元总数中所占的百分比。设传输的总码元数为 N，错误接收的码元数为 N_e，码元速率为 R_B，传输时间为 T，则有

$$P_e = \frac{N_e}{N} = \frac{N_e}{R_B T} \tag{5-7}$$

（2）误信率 P_b。它是指码元的信息量在系统中传输时被丢失的概率，或者说是错误接收的信息量在传输的信息总量中所占的比例，设传输的总信息量为 I，错误接收的信息量为 I_e，信息速率为 R_b，传输时间为 T，则有

$$P_b = \frac{I_e}{I} = \frac{I_e}{R_b T} \tag{5-8}$$

5.1.4 遥测遥控技术的发展

几十年来，遥测遥控系统作为航天测控系统的重要组成，在导弹试验、火箭发射、卫星应用、空间探测等任务的牵引下，在通信技术、电子技术发展的基础上，得到了迅速发展。《2021 中国的航天》白皮书指出，中国航天已进入创新发展"快车道"，在航天测控领域，我国测控通信能力实现由地月空间向行星际空间跨越，天基测控能力持续增强，国家航天测控网布局进一步优化，形成安全可靠、响应迅速、接入灵活、运行高效、服务广

泛的天地一体化航天测控体系。圆满完成以"神舟""天舟"系列飞船、"天和"核心舱、"嫦娥"系列月球探测器、"天问一号"火星探测器等为代表的航天测控任务。商业卫星测控站网也在飞速发展。

面向未来，简要列出以下几个发展趋势。

（1）构建天地一体化智能航天测运控体系。未来将持续完善现有航天测控系统，优化组织模式，创新测控技术和手段，强化天地基测控资源融合运用能力，构建安全可靠、响应迅速、接入灵活、运行高效、服务广泛的天地一体化智能航天测运控体系。

（2）发展大容量空间信息传输技术。大容量空间信息传输的理论和技术研究是一个无休止的课题，不断有新理论和新技术出现，同时还有更多的实际问题有待进一步研究。未来发展趋势包括大规模宽带天线组阵技术、高频段通信技术（载波频率向 Ka、V、太赫兹、激光频段发展）、空间信息自适应编码调制传输技术等。

（3）发展安全防护技术。未来空间电磁环境日益复杂，需要对测控链路干扰感知技术、高性能信道抗干扰技术、链路干扰自适应防护技术开展研究，提高信号保密性能和抗干扰能力，提升系统的安全性和可靠性。

（4）发展卫星健康自助诊断及处置技术。由于在轨卫星井喷式增加，地面测控站资源有限，卫星在轨维护面临较大压力，对每颗卫星进行跟踪测量、遥测和遥控的传统测控管理方式已经力不从心。亟须发展卫星在轨健康自主诊断及处置能力，不但可显著减少地对地面测控资源的依赖，而且可以提高卫星故障自主处置能力，保障卫星安全。

（5）发展巨型星座高效管控技术。巨型星座卫星数量多、应用要求高，传统航天测控技术难以满足巨型星座测控管理要求的现状，迫切需要设计巨型星座管控体系架构和智能化管控机制，研究巨型星座构型保持与重构，星座威胁感知与自主规避，基于星座群体智能的任务认知分解、计划制订与传输路径规划等关键技术，实现卫星管理"正常情况下无人操作、异常情况下有限介入"的高效运行。

5.2 遥测信息采集编码技术

本节重点讨论遥测参数经过传感器采集并最终形成统一编码序列的信号处理过程，阐述了遥测传感器工作原理、PCM 编码原理、遥测帧格式的基本组成和设计方法等。

5.2.1 传感器

传感器作为航天器的"感官"和"神经"，遍布航天器的各个关键部位，是确保测得出、测得准、预测对、诊断灵，保障任务成功率的有效手段。国内外航天飞行器的各大系统中，使用了大量传感器。例如，美国的航天飞机所用传感器数量送到了 3500 只，其中运载火箭上 2500 只，航天飞机上 1000 只，欧空局的 Ariane5 火箭上，在研制试验阶段使用传感器数量 435 只，通常一次飞行测量参数达 570 个，一次技术飞行测量参数达 1100 个。

要想准确地获取航天器上的遥测参数，首先需要解决的，就是如何对这些不同类型的遥测参数进行测量，并将其转换成电信号的问题。要解决这一问题，就需要传感器的支持。概括来说，传感器主要有以下两个作用。

（1）利用敏感元件直接感受非电量，如压力、温度、速度、加速度等；

（2）利用转换元件将感受到的非电量转换为电量或电参量（R、L、C）。

传感器种类繁多，相互之间又有交叉和重叠，客观上造成传感器有多种分类方法，在航天遥测中，传感器通常采用以下三种分类方法。

1）按被测量性质分

这种分类方法依据被测量性质进行分类，通常直接按被测量性质命名，如速度传感器、温度传感器、位移传感器等。其优点是比较明确地表达出传感器的用途，便于使用者根据其用途使用。但是这种分类方法是将原理互不相同的传感器归为一类，很难找出每种传感器在传感机理上有何共性和差异。

2）按工作原理分

这种分类方法是依据工作原理，将物理和化学等学科的原理、规律和效应作为分类依据，如压电式、热电式、电阻式、光电式、电感式等。这种分类方法的优点是对传感器的工作原理比较清楚，类别少，有利于对传感器进行深入分析和研究。

3）按输出信号的性质分

按输出信号的性质，航天遥测传感器可分为模拟式传感器和数字式传感器，即传感器的输出量为模拟量或数字量。数字式传感器便于与计算机连用，且抗干扰性强。

就航天型号应用而言，采用的分类方法是在根据被测量性质进行传感器分类的基础上，按工作原理或输出信号的性质补充一级分类，如铂电阻式温度传感器、数字式压力传感器等，这样可以避免交叉重复现象，更有利于用户的选择和使用。

5.2.2 PCM 编码

相比模拟通信，数字通信具有抗干扰能力强，便于多路复用、加密、存储、处理和交换，可通过差错控制编码来提高可靠性等优势，在遥测遥控系统中得到广泛应用。随着通信技术朝着小型化、智能化、高速大容量化方向迅速发展，数字通信最终将完全取代模拟通信。

数字遥测遥控信息传输系统中的信源可以是数字信号也可以是模拟信号，如果是模拟信号，则必须将模拟信号进行模数转换。模数转换包含对模拟信号的抽样、量化和编码，使之转变为数字信号再进行传输。通常把从模拟信号抽样、量化、编码的基本过程，称为脉冲编码调制（PCM）。PCM 是模拟信号数字化最基本和最常用的编码方法。采用脉冲调制的模拟信号数字传输系统如图 5-4 所示。

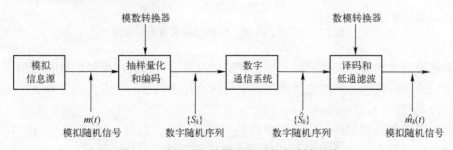

图 5-4 脉冲调制的模拟信号数字传输系统

下面通过一个例子介绍 PCM 编码过程和原理。假设有一个基带信号 $f(t)$，其幅度值在 0~7V 变化。

1）抽样

根据抽样定理，每隔 T_s 秒对它采样一次，得到的实际电平值（取三位有效数字），依次为 0.87V、4.32V、2.92V、2.28V、4.73V、6.68V。

2）量化

所谓量化，即用最靠近它们的一组量化值（量化间隔 Δv 选为 1V）来代替这些实际值，就得到 1V、4V、3V、2V、5V、7V，成为量化信号 $f_q(t)$，如图 5-5（a）所示。

3）编码

所谓编码，即用二进制代码来表示量化值。若用 3bit 的二进制代码来表示，则相应的码组为 001、100、011、010、101、111，如图 5-5（b）所示。最后用脉冲信号来表示这些代码符号，就得到脉冲数字信号即脉冲编码信号，如图 5-5（c）（d）所示。

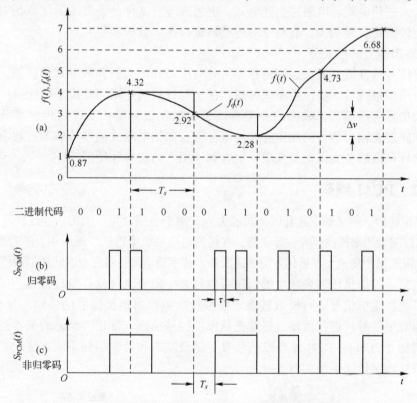

图 5-5　采样、量化、编码过程的信号波形图

从调制的概念来看，这个抽样、量化和编码过程，可以看成模拟信号 $f(t)$ 对二进制脉冲载波序列的一种调制，即改变脉冲序列中的脉冲存在与否的状态，故为 PCM，也常将这一过程称为模/数（A/D）转换。

代码有二进制码和多进制码。常用的是二进制代码，简称二进码。一个由 N_b 位构成的二进制代码（数码）所表示的具体数值或数字（在此为量化电平值）为

$$N = a_{N_b-1}(2)^{N_b-1} + a_{N_b-2}(2)^{N_b-2} + \cdots + a_1(2)^1 + a_0(2)^0 \tag{5-9}$$

式中：$a_i(i=1,2,3,\cdots,N_b-1)$ 的取值为 1 或 0。

一组代码中所有码元的总和称为码组或码字，其中的每位称为码位或码元，在二进制码中又称比特（bit）。码组中的码元数目称为码长或字长。如图 5-5 所示，一个码组由三个码元构成，其码长为 3。三个码元可构成八个码组，能表示 0~7 的八个数字。不难理解，由 N_b 个码元构成的二进码组数目为 $L_b = 2^{N_b}$ 个，可表示 0~L_b-1 的 L_b 个数字。

如果信号被量化成 L 个电平值，当用二进制码组来代替时，则所需的字长 N_b 可按下式求出：

$$L \leq L_b = 2^{N_b} \tag{5-10}$$

当采用多进制（M 进制）时，则有

$$L \leq L_b = M^{N_b} \tag{5-11}$$

式中：M 为正整数 3，4，5…。

可见，表示同样的量化电平数目，多进制所需的字长比二进制短，但表示代码符号的脉冲电平的取值数 a_i 增加，抗噪声性能下降。

二进制 PCM 由于抗噪声性能最强，且易用数字电路来实现，是最常用的一种。以后主要限于二进制 PCM 的讨论。

5.2.3 遥测帧格式

与一般信息传输系统不同，遥测系统的特点是遥测参数不仅数量多，而且种类也繁多，因此采样率多种多样。如一些缓变参数，如压力、温度、工作状态等，采样率一般小于 10Hz，而对于速变参数，如振动、冲击、噪声等，采样率可能高达上千赫兹。因此，如何将成千上万路，尤其是采样率相差 3~4 个数量级的遥测信号进行数据综合，将其整合成一个数据流传输到地面，并能正确地分离，是遥测系统面临的一个特殊问题。

遥测帧格式就是利用时分复用技术，将多路数据流按照标准帧格式编组成一帧一帧的统一数据流，接收端根据遥测帧格式标准，利用帧同步技术进行信号分离。

5.2.3.1 基本组成

遥测帧格式是指将所有遥测信号至少遍历采集一次，并将各路数据按照一定次序编排，在相关位置插入标识码，而构成的循环数据格式。图 5-6 给出了遥测帧格式组成示意，可以看出，相比一般的时分复用帧格式，遥测帧格式的结构由一维拓展到了二维。

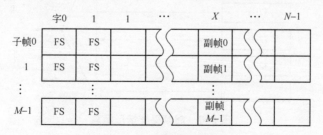

图 5-6 遥测帧格式组成示意

在遥测帧格式中，最小传输单元仍然是一个二进制码元，即 bit，固定数目的 bit 构成一个字。每个字都具有明确的物理含义，一个字或多个字可以表示一个遥测参数值，或者是具有固定含义的特殊字。根据遥测数据处理精度要求不同,可选用不同字长,一般取 4bit、8bit 或 16bit,典型值是 8bit。

固定数目的字构成一个子帧,也称主帧。子帧长一般不超过 4096 个字。

全部遥测信号至少遍历采集一次而构成的一个完整的数据帧,称为全帧;全帧由若干个子帧构成,在图 5-6 中,一个全帧包括 M 个子帧;将每个子帧再按字分成若干列,并将每个子帧对应的相同列称为波道,在图 5-6 中,一个全帧分为 N 个波道。

在一个波道中,如果再进行分割,用若干个字来表示多个遥测信号,这些在某一波道内的多路信号循环采样一周构成的数据帧,称为副帧。可见,副帧是嵌入某一个波道中的数据结构,如图 5-6 所示,这个副帧长度为 M 个字。

需要特别说明的是,一个全帧可以存在多个副帧,每个副帧的长度可以为 2~256 个字。各副帧长度可以不相等,但必须可以整除全帧的子帧数 M。也就是说,全帧的子帧数 M 必须是各副帧长度的整数倍,这就保证了所有副帧都不会跨越相邻的全帧。

在每个子帧的开始位置或结束位置,都有固定 bit 位的特殊标识码,称为子帧同步码组,常常简称为帧同步码组,或同步字。由于帧同步码组是接收机能够完成帧同步、正确分离各路遥测信号的基础。因此,帧同步码组不可随意选择,其选择依据是所选帧同步码组在全帧数据中出现概率最低。

实际上,国际遥测标准制定组织已经根据大量计算数据和实测数据,给出了最佳帧同步码组的建议。帧同步码组长度一般取 16bit、24bit 或 32bit,如最常使用的是 16bit,对应的十六进制数据,就是"EB90"。

为了解决遥测参数不仅数量多,尤其是采样率多样这一问题,遥测帧格式引入了超帧和副帧的设计。下面通过两种情形来分别阐述超帧和副帧的基本概念和工作原理。

5.2.3.2 超帧

首先考虑情形一:当某一路的采样率比主采样率高整数倍时,如图 5-7 所示,假设有 1 路信号采样率为 64Hz,另外 4 路信号采样率为 32Hz。显然,按照 64Hz 或 32Hz 进行循环遍历采样,不太合理。

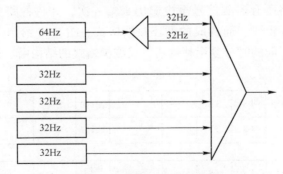

图 5-7 超帧采样情形示意

不难想到,只需要将 64Hz 的信号支路进行"串转并"变换,即将 1 路 64Hz 信号分成 2 路 32Hz 信号,然后就可以对所有信号按照 32 Hz 进行循环遍历采样。

采样率居中且数量占大多数的信号支路称为主帧通道,或子帧通道,其采样率称为主采样率。采样率比主采样率高整数倍的信号支路称为超帧通道,其采样率称为超采样率。图 5-8 给出了超帧的组帧过程。

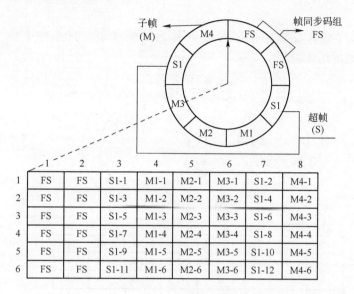

	1	2	3	4	5	6	7	8
1	FS	FS	S1-1	M1-1	M2-1	M3-1	S1-2	M4-1
2	FS	FS	S1-3	M1-2	M2-2	M3-2	S1-4	M4-2
3	FS	FS	S1-5	M1-3	M2-3	M3-3	S1-6	M4-3
4	FS	FS	S1-7	M1-4	M2-4	M3-4	S1-8	M4-4
5	FS	FS	S1-9	M1-5	M2-5	M3-5	S1-10	M4-5
6	FS	FS	S1-11	M1-6	M2-6	M3-6	S1-12	M4-6

图 5-8 超帧的组帧过程示意

由图 5-8 可以看出,转盘每旋转一周,完成对 8 路信号的循环采样,其中超帧通道被采样了 2 次,并编排在一个子帧里。在每个子帧中,前 2 个字分配给帧同步码组,Mx-y 表示第 x 个主帧通道的第 y 个采样点,Sx-y 表示第 x 个超帧通道的第 y 个采样点。在这个例子中,每个子帧中含有 2 个超帧,则超采样率是主采样率的 2 倍。

不难理解,将超采样率的遥测参数编排在超帧中,可以为超帧通道灵活地分配信道资源,从而实现了情形一条件下,信道资源的合理利用。

5.2.3.3 副帧

下面考虑情形二:当某一路的采样率比主采样率低整数倍时,如图 5-9 所示,假设有 4 路信号采样率为 8Hz,另外 5 路信号采样率为 32Hz。

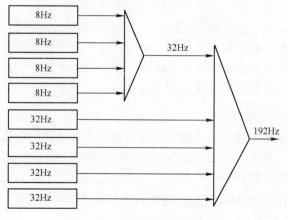

图 5-9 副帧采样情形示意

显然，应将 32Hz 作为主采样率。在此情形下，合理的设计是将 4 路 8Hz 采样信号进行"并转串"变换，综合为 1 路 32Hz 的信号支路，然后就可以对所有信号按照 32Hz 进行循环遍历采样。

采样率比主采样率低整数倍的信号支路称为副帧通道，其采样率称为副采样率。图 5-10 给出了副帧的组帧过程。

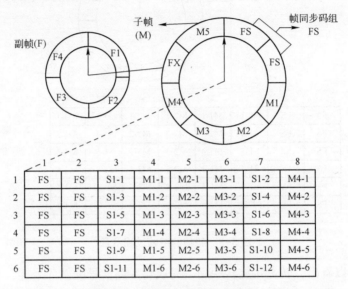

图 5-10 副帧的组帧过程示意

由图 5-10 可以看出，此时有两个转盘，右侧的转盘称为主转盘，左侧的转盘称为副转盘。主转盘每旋转一周，完成对 8 路信号的循环遍历采样，其中副帧通道只有 1 路信号被采样 1 次，并编排在子帧的一个字里。

副转盘每旋转一周，完成对 4 路信号的循环遍历采样，此时主转盘旋转 4 周，共形成 4 个子帧。

在这 4 个子帧周期内，完成了对所有信号的循环遍历采样，构成了一个全帧。在全帧的第 7 个波道，即副帧波道。Fx-y 表示副帧通道中第 x 路信号的第 y 个采样点。在这个例子中，副帧长度为 4 个字，即主采样率是副采样率的 4 倍。

由以上两种情形可知，遥测帧格式的设计要与信号采样率要求相适应。通常将采样率居中，且数量占大多数的遥测数据编排在子帧中；将采样率要求高的遥测数据编排在超帧中；将采样率要求低的遥测数据编排在副帧中。遥测帧格式正是通过子帧、超帧和副帧的合理设计，大大提高了遥测信道资源的利用效率。

5.2.3.4 副帧同步方式

遥测接收机通过帧同步搜寻到子帧同步码组之后，就可以根据遥测帧格式，正确分离出各子帧和超帧数据。然而，当试图分离各副帧通道时，就会发现仅仅找到子帧同步码组，还是无法分离副帧中各路信号。为此，遥测帧格式引入了副帧同步方式的设计，主要有以下三种，分别是循环副帧同步、ID 副帧同步和反码副帧同步。

1）循环副帧同步方式

循环副帧同步方式，是在副帧中编排专用字来表示副帧的起始位置，如图 5-11 所示，

SYNC 表示的这个字即副帧同步字，它是收发双方都已知的。

	1	2	3	4	5	6	7	8
1	FS	FS	M1-1	M2-1	M3-1	M4-1	SYNC	M5-1
2	FS	FS	M1-2	M2-2	M3-2	M4-2	F1-1	M5-2
3	FS	FS	M1-3	M2-3	M3-3	M4-3	F2-1	M5-3
4	FS	FS	M1-4	M2-4	M3-4	M4-4	F3-1	M5-4

图 5-11　循环副帧同步方式示意

2）ID 副帧同步方式

ID 副帧同步方式，是在某一固定波道编排副帧计数识别码，即 ID 字。如图 5-12 所示，此 ID 字按子帧速率计数，既可以是加计数，也可以是减计数。如果是加计数，则副帧开始时的 ID 值为 0；如果是减计数，则副帧开始时的 ID 值为最大，即副帧长度。

	1	2	3	4	5	6	7	8
1	FS	FS	M1-1	M2-1	M3-1	M4-1	F1-1	ID1
2	FS	FS	M1-2	M2-2	M3-2	M4-2	F2-1	ID2
3	FS	FS	M1-3	M2-3	M3-3	M4-3	F3-1	ID3
4	FS	FS	M1-4	M2-4	M3-4	M4-4	F4-1	ID4

图 5-12　ID 副帧同步方式示意

3）反码副帧同步方式

反码副帧同步方式，是采用子帧同步码组的反码来标识副帧起始的。如图 5-13 所示，若子帧同步码为 EB90，则将副帧起始位置对应的子帧同步码组取反，变为"146F"。

	1	2	3	4	5	6	7	8
1	$\overline{FS}$	$\overline{FS}$	M1-1	M2-1	M3-1	M4-1	F1-1	M5-1
2	FS	FS	M1-2	M2-2	M3-2	M4-2	F2-1	M5-2
3	FS	FS	M1-3	M2-3	M3-3	M4-3	F3-1	M5-3
4	FS	FS	M1-4	M2-4	M3-4	M4-4	F4-1	M5-4

图 5-13　反码副帧同步方式示意

以上三种副帧同步方式各有优缺点，如表 5-1 所列。

表 5-1　三种副帧同步方式的优缺点对比

副帧同步方式	优　点	缺　点
循环副帧同步方式	各个副帧可以实现异步嵌入	副帧同步字要额外占用信道资源，且副帧同步过程比较复杂，所需时间较长
ID 副帧同步方式	可以直接实现副帧同步，同步所需时间较短	ID 字要额外占用帧内的波道资源
反码副帧同步方式	不额外占用信道资源	由于要对子帧同步码组取反码，获得副帧同步所需时间较长

目前遥测系统主要采用反码副帧同步方式。

5.2.3.5 设计方法

下面通过一个设计实例介绍遥测帧格式的设计方法。

假设有 3 路采样率为 32Hz 的信号 M1、M2、M3，有 4 路采样率为 8Hz 的信号 F1、F2、F3、F4，有 1 路采样率为 64Hz 的信号 S1，现需要遥测系统采用时分复用方式进行传输，帧同步码组为 EB90，字长 8bit，采用反码副帧同步方式，请给出遥测帧格式的设计方案，并计算信息速率 R_b。

设计遥测帧格式应按照以下步骤进行。

1）确定子帧、超帧和副帧采样率

不难理解，合理的方案应该是子帧采样率为 32Hz，超帧采样率为 64Hz，副帧采样率为 8Hz。

2）确定副帧、超帧和子帧长

由于是采用反码副帧同步方案，因此副帧长为 4 个字；1 个子帧包含 2 个超帧字；对于子帧长，由于帧同步码组为 EB90，占用 2 个字，子帧长应为帧同步码组长 2 个字，加上超帧 2 个字，加上子帧 3 个字，最后再加上副帧 1 个字，总共 8 个字。

3）画出遥测全帧格式

该设计实例对应的遥测全帧格式如图 5-14 所示。

	1	2	3	4	5	6	7	8
1	14	6F	M1-1	S1-1	M2-1	M3-1	F1-1	S1-2
2	EB	90	M1-2	S1-3	M2-2	M3-2	F2-1	S1-4
3	EB	90	M1-3	S1-5	M2-3	M3-3	F3-1	S1-6
4	EB	90	M1-4	S1-7	M2-4	M3-4	F4-1	S1-8

图 5-14 遥测全帧格式示意

如图 5-14 所示，一个全帧包含 4 个子帧，每个子帧有 8 个字。其中第一个子帧的帧同步码组为 EB90 的反码，即 146F。各子帧、超帧和副帧字按照循环采样顺序依次排列，所有信号至少采集了一次。

4）计算信息速率 R_b

信息速率：$R_b = 32 \times 8 \times 8 = 2048 \text{（b/s）}$

5.3 遥测遥控信息传输技术

本节重点讨论遥测遥控信息传输的基本过程，包括码型选择与变换原理、基带脉冲成形、标准 TT&C 信号体制、扩频 TT&C 信号体制、PCM/FM 遥测信号体制、同步原理、差错控制编码等。

5.3.1 数字信号传输技术

5.3.1.1 数字信号基带码型

1. 码型的选择依据

在实际传输系统中，并非所有原始基带数字信号都能在信道中传输，例如，含有丰富的直流和低频成分、不便于提取同步信息、易于形成码间串扰等的数字基带信号就不适合直接进行传输。因此，基带传输系统首先面临的问题是选择什么样的信号形式，包括确定码元脉冲的波形及码元序列的格式（码型）。为了在传输信道中获得优良的传输特性，一般要将信息码信号变换为适合信道传输特性的传输码（又称线路码），即进行适当的码型变换。

传输码型的选择，主要考虑以下几点。

（1）码型中低频、高频分量要尽量小。

（2）码型中应包含定时信息，以便定时提取。

（3）码型变换设备要简单可靠。

（4）码型具有一定的检错能力，若传输码型有一定的规律性，则可以根据这一规律性来检测传输质量，以便做到自动监测。

可见，传输码型的统计谱应具有低频截止、频带窄、易提取定时时钟等特性。

2. 数字基带信号的基本传输码型

数字基带信号的传输码型很多，这里主要介绍几种最常用的码型及它们的优缺点和用途。在图 5-15 分别画出了它们的波形。

1）单极性码（单极性不归零码）

图 5-15（a）所示，此方式中"1"和"0"分别对应为正电压和零电位，或负电压和零电位，这是一种最简单的传输方式。但因其性能较差只适用于极短距离传输。数字基带信号传输中很少采用这种码型，它具有如下缺点。

（1）单极性码有直流成分，而一般有线信道低频传输特性比较差，零频附近的分量很难被传送。

（2）接收单极性码的判决电平一般应取"1"码电平的一半。由于信道衰减或特性随各种因素变化时，接收波形的振幅和宽度容易变化，因而判决电平不能稳定在最佳电平，这使抗噪性能变差。

（3）单极性码不能直接提取同步信号。

（4）单极性码传输时需要信道一端接地，这样不能用两根芯线均不接地的电缆等作为传输线。

2）双极性码（双极性不归零码）

此方式中"1"和"0"分别对应正电位和负电位。与单极性码相比有如下优点。

（1）从统计平均来看，"1"和"0"的数目各占一半时没有直流分量。

（2）接收双极性码时判决电平为 0，容易设置并且稳定，因此抗干扰能力强。为得到一定电位差所需的功率仅为单极性码的 1/2。

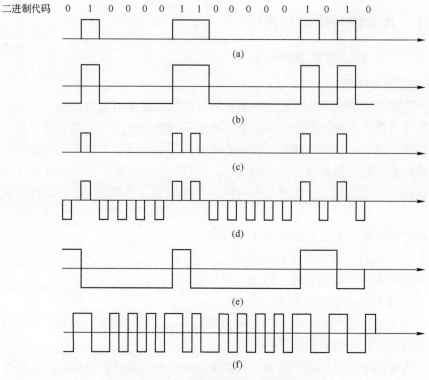

图 5-15　数字基带信号常用码型

(a) 单极性（NRZ）码；(b) 双极性（NRZ）码；(c) 单极性归零（RZ）码；
(d) 双极性归零（RZ）码；(e) 差分码；(f) 双相码（Biφ）。

（3）可以在电缆等无接地的传输线上传输，因此双极性码应用极广。常用于低速数字通信，如数据传输之类。

一般由终端送来的单极性码要通过码型变换变成适合信道传输的码型，其中最简单的一种码型就是双极性码。如图 5-15（b）所示，双极性码的主要缺点如下。

（1）不能直接从双极性码中提取同步信号。

（2）"1"和"0"不等概率时，仍有直流成分。

3）单极性归零码

此方式中，在传送"1"码时发送一个宽度小于码元持续时间的归零脉冲；在传送"0"码时不发送脉冲，如图 5-15（c）所示。其特征是所用脉冲宽度比码元宽度窄，即还没有到一个码元的终止时刻就回到零值，因此称单极性归零码。脉冲宽度 τ 与码元宽度 T 之比 τ/T 叫占空比。单极性归零码与单极性码比较，除仍具有单极性码的一般缺点外，主要优点是可以直接提取同步信号。此优点虽不意味着单极性码能广泛应用到信道上传输，但它是其他码型提取同步信号时需要采取的一个过渡码型，即其他适合信道传输，但不能直接提取同步信号的码型，可先变换为单极性归零码再提取同步信号。

4）双极性归零码

双极性归零码构成原理与单极性归零码相同，如图 5-15（d）所示。"1"和"0"在传输线路上分别用正脉冲和负脉冲表示，且相邻脉冲之间必有零电位区域存在。因此在接收端根据接收波形归于零电位便知道 1bit 的信息已接收完毕，以便准备下一比特信息的接收。所以在发送端不必按一定的周期发送信息。可以认为正负脉冲的前沿起了起动信号的作用，后沿起了终止信号的作用。因此可以经常保持正确的比特同步。即收发之间无须特别的定时，且各符号独立地构成起止方式，此方式也叫作自同步方式。双极性归零码得到了比较广泛的应用。

5）差分码

差分码利用前后码元电平的相对极性变化来传送信息，是一种相对码。对于"0"差分码，它是利用相邻前后码元电平极性的改变表示"0"，不变表示"1"。而"1"差分码是利用相邻前后码元电平极性改变表示"1"，不变表示"0"同，如图 5-15（e）所示，这种方式的特点是，即使接收端收到的码元极性与发送端的完全相反，也能正确地进行判决。

6）双相码（曼彻斯特码）

双相码的特点是每个码元用两个连续极性相反的脉冲来表示，如"1"码用正、负脉冲表示，"0"码用负、正脉冲表示，如图 5-15（f）表示。这种码无论信号的统计关系如何，均完全消除了直流分量，且有较尖锐的频谱特性。同时，这种码在连"1"和连"0"的情况下都能显示码元间隔，有利于接收端提取码的同步信号。

下面在上述数字基带信号基本码型的基础上讨论几种遥测遥控系统中经常使用的码型及其之间的变换关系。

3. 遥测遥控常用码型

在遥测遥控系统中经常根据信道和设备及具体实现功能的需要选用不同形式的码型，常用的码型有以下 6 种，其波形图如图 5-16 所示。

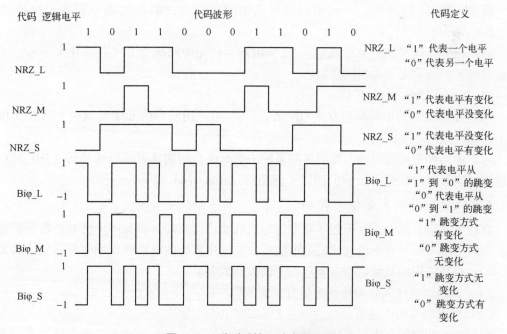

图 5-16　遥测遥控系统常用码型

1) 非归零电平码（NRZ_L）

这是一种最简单的基带信号形式。此时，用占满一个码元周期的正（或负）脉冲表示符号"1"，用零电平表示符号"0"。在接收端对这种码型进行判决时，最佳门限电平应选择在中间。

由于此种码型是用电平的绝对值表示符号"1"或"0"的，所以属于绝对码。

2) 非归零传号码（NRZ_M）

符号"1"用相邻码元时间内电平有变化来表示，符号"0"则用电平不变化来表示。

3) 非归零空号码（NRZ_S）

其码型的表示法与上面传号码恰恰相反，即符号"0"用相邻码元时间内电平有变化来表示，"1"则用电平不变来表示。

上面的两种码型所表示的符号"1"和"0"并不与绝对电平相关，而是与电平的变化有关。因此，即使在传输它们的过程中正负极性发生翻转，也能正确地区分符号"1"和"0"。而在电平码中发生这种现象时，就会使符号"1"和"0"颠倒。这两种码型称为相对码，即前面所说的差分码。

4) 双相电平码（Biφ_L）

符号"1"对应波形在码元前半个周期取正电平，后半周期取负电平，符号"0"则对应前半个周期取负电平，后半周期取正电平。即前面所说的双相码。

5) 双相传号码（Biφ_M）

由双相码的特点可知，这种码最大的特点就是每个码元中都一定有跳变，在Biφ_L码中以固定的跳变方式来表示"1"和"0"符号，而这种绝对的对应关系势必会在一定情况下带来"1"和"0"颠倒的现象发生。

借鉴NRZ_M的经验，可利用前后码元中间跳变方式的变化来分别表示符号"1"和"0"。

对双相传号码（Biφ_M）规定："1"用前后码元中间跳变方式有变化来表示，"0"用前后码元中间跳变方式相同来表示。

6) 双相空号码（Biφ_S）

"1"用前后码元中间跳变方式相同来表示，"0"用前后码元中间跳变方式有变化来表示。

除上述六种常用码型外，遥测遥控系统中有时还会用到延迟调制传号码（DM_M）和延迟调制空号码（DM_S），它们同属于密勒码（Miller code）。

5.3.1.2 数字基带信号传输

在数字通信系统中，利用数字基带信号对载波进行调制，就会产生已调的数字频带信号。而数字基带信号是指消息代码的电波形，它是用不同的电平或脉冲来表示相应的消息代码的。对传输用的基带信号主要有以下两方面的要求。

（1）原始消息代码必须转换成适合传输的码型；

（2）所选码型的电波形式应适合基带系统的传输。

常见的电波波形有矩形脉冲、三角脉冲、高斯脉冲、余弦脉冲和升余弦脉冲等。下面介绍设计数字基带信号的电波形式，即基带脉冲成形技术。

在实际通信中，由于信道的带宽不可能无穷大，并且受噪声的影响，数字基带信号通过这样的信道传输，不可避免地会受到影响而产生畸变，所以通信信号都必须在一定的频带内（称为频带受限）。从本质上说，脉冲成形就是滤波，通信信号在发送之前若不进行滤波就会相互干扰。在信号设计中，滤波器的输出在一定程度上可以克服这种相互干扰。

1. 数字基带传输系统模型

为了了解基带信号的传输过程，本节先讨论基带系统中脉冲传输的基本模型和特点。典型的数字基带传输系统模型如图 5-17 所示，它主要由发送滤波器、传输信道、接收滤波器、抽样判决器（识别电路）及同步系统等组成。

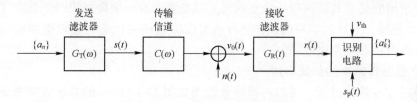

图 5-17 数字基带传输系统模型

能够携带数字信号的基带波形可以有多种形式，其中较常见的基本波形是用其幅度（有无或正负）来表示数字信息的形式，现在就以这种形式为例，说明基带脉冲传输的基本特点。

在基带传输系统中，如图 5-18 所示，一系列的基带波形被变换成相应的发送基带波形后，送入信道。信号通过信道传输，一方面要受到信道特性的影响，使信号产生畸变；另一方面信号叠加上信道中的加性噪声，造成信号的随机畸变。因此，到达接收端的基带脉冲信号已经发生了畸变。

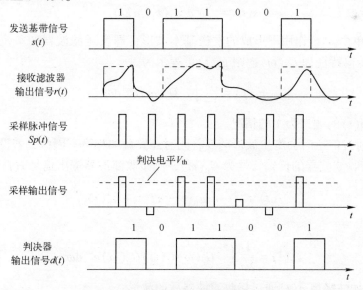

图 5-18 字基带信号判决输出示意

为此，在接收端首先要安排一个接收滤波器，使噪声尽量得到抑制，从而使信号顺利地通过。然而，在接收滤波器的输出信号里，总是存在畸变和混有噪声，因此，为了提高接收系统的可靠性，通常要在接收滤波器的输出端设计一个识别电路，常用的识别电路由限幅整形器和抽样判决器组成。限幅整形器是把接收信号整理成"近似的方波"，即把低于限幅门限的信号变成"0"电位，而把高于限幅门限的信号变成有电脉冲；抽样判决器是在每一接收基带波形的中心附近，对其进行抽样，然后将抽样值与判决阈值进行比较，若抽样值大于阈值，则判为"有"基带波形存在，否则判为"无"基带波形存在，这样就获得一系列的基带波形即再生的基带信号，如图 5-18 所示，不难看出，无论是限幅整形还是抽样判决，都有进一步排除噪声干扰和提取有用信号的作用。只要信号畸变不大及噪声影响较小，就可以获得与发送端几乎一样的基带信号。

有必要指出的是，基带信号的恢复或再生总是要求有一个良好的同步系统（位同步及群同步等）。例如，上述过程中的抽样脉冲就是由接收端的位定时提取电路给出的，位定时准确与否将直接影响判决效果。

2. 数字基带传输中的码间串扰

考察上述脉冲传输过程，可以将基带系统用如图 5-17 所示的系统模型来概括，并用定量的关系式来表述脉冲传输的过程。

如图 5-17 所示，$\{a_n\}$ 为发送滤波器的输入符号序列，在二进制的情况下，符号 a_n 取值为 0、1 或-1、+1。为分析方便，把这个序列对应的基带信号表示为

$$b(t) = \sum_{n=-\infty}^{\infty} a_n \delta(t - nT_s) \tag{5-12}$$

这个信号是由时间间隔为 T_s 的一系列 $\delta(t)$ 组成的，而每一个 $\delta(t)$ 的强度均由 a_n 决定，当 $b(t)$ 激励发送滤波器（信道信号形成器）时，发送滤波器将产生信号 $s(t)$，它可表示为

$$s(t) = \sum_{n=-\infty}^{\infty} a_n g_T(t - nT_s) \tag{5-13}$$

式中：$g_T(t)$ 为单个 $\delta(t)$ 作用下形成的发送基本波形，即发送滤波器的单位冲击响应。设发送滤波器的传输特性为 $G_T(\omega)$，则 $g_T(t)$ 可表示为

$$g_T(t) = \frac{1}{2\pi} \int_{-\infty}^{\infty} G_T(\omega) e^{j\omega t} d\omega \tag{5-14}$$

这里已考虑了 $\delta(t)$ 的频谱为 1 的情况。

信号 $s(t)$ 通过信道时会产生波形畸变，同时还要叠加噪声。因此，若设信道的传输特性为 $C(\omega)$，接收滤波器的传输特性为 $G_R(\omega)$，则接收滤波器输出信号 $r(t)$ 可表示为

$$r(t) = \sum_{n=-\infty}^{\infty} a_n g_R(t - nT_s) + n_R(t) \tag{5-15}$$

其中

$$g_R(t) = \frac{1}{2\pi} \int_{-\infty}^{\infty} G_T(\omega) C(\omega) G_R(\omega) e^{j\omega t} d\omega \tag{5-16}$$

式中：$n_R(t)$ 为加性噪声 $n(t)$ 通过接收滤波器后的波形。

$r(t)$ 被送入识别电路，并由该电路确定 a_k' 的取值。假定识别电路是一个抽样判决电路（在性能良好的接收系统里，通常选用抽样判决方法），则对信号抽样的时刻一般在 (kT_s+t_0)，其中 k 为相应的第 k 个时刻，t_0 为可能的时偏（通常由信道特性和接收滤波器决定）。因

而，为了确定 a'_k 的取值，必须根据式 (5-15) 首先确定 $r(t)$ 在该样点上的值：

$$r(kT_s + t_0) = \sum_n a_n g_R(kT_s + t_0 - nT_s) + n_R(kT_s + t_0)$$
$$= a_k g_R(t_0) + \sum_{n \neq k} a_n g_R[(k-n)T_s + t_0] + n_R(kT_s + t_0) \quad (5\text{-}17)$$

式中：$a_k g_R(t_0)$ 为第 k 个接收基本波形在上述抽样时刻上的取值，它是确定 a_k 信息的依据；$\sum_{n \neq k} a_n g_R[(k-n)T_s + t_0]$ 为接收信号中除第 k 个以外的所有其他基本波形在 k 个抽样时刻上的总和（代数和），称为码间干扰值或码间串扰值，由于 a_n 是以某种概率出现的，故这个值通常是一个随机变量；$n_R(kT_s + t_0)$ 为随机干扰。由于码间干扰和随机干扰的存在，故当 $r(kT_s + t_0)$ 加到判决电路时，对 a'_k 取值的判决就可能判对也可能判错。例如，假设 a'_k 的可能取值为 0 与 1，判决电路的判决阈值为 V_{th}，则这时判决规则为：若 $r(kT_s + t_0) > V_{th}$ 成立，则判 a'_k 为 "1"；反之，则判 a'_k 为 "0"。显然，只有当码间干扰和随机干扰很小时，才能基本保证上述判决的正确；当干扰及噪声严重时，判错的可能性就很大。

$$r(kT_s + t_0) > V_{th} \text{ 时}, \quad \text{判 } a'_k \text{ 为 "1"}$$
$$r(kT_s + t_0) < V_{th} \text{ 时}, \quad \text{判 } a'_k \text{ 为 "0"}$$

根据上述分析，判决规则及过程如图 5-19 所示。

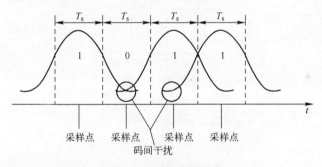

图 5-19　码间干扰示意

由此可见，为使基带脉冲传输获得足够小的误码率，必须最大限度地减小码间干扰和随机噪声的影响，这也是研究基带脉冲传输的基本出发点。码间串扰的大小与基带系统的冲激响应 $h(t)$ 有关，也与 $G_T(\omega)$、$C(\omega)$ 和 $G_R(\omega)$ 的特性有关。这就有可能通过对 $G_T(\omega)$ 和 $G_R(\omega)$ 的精心设计来减少甚至消除码间串扰。而随机噪声只能通过 $G_R(\omega)$ 的选择来最大限度地减小其影响。下面主要讨论码间串扰问题。

3. 理想传输特性和码间串扰的消除

整个基带系统的传输特性 $H(\omega) = G_T(\omega) C(\omega) G_R(\omega)$ 可用等效的低通滤波器来描述，如图 5-20 所示。

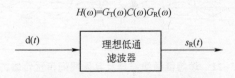

图 5-20　整个系统的等效传输特性

假设此滤波器具有图 5-21（a）所示的带宽为 $W=\pi/T_s$ 的理想低通特性，即

$$H_{\mathrm{ID}}(\omega) = \begin{cases} 1, & |\omega| \leq W \\ 0, & |\omega| > W \end{cases} \tag{5-18}$$

则其冲激响应如图 5-21（b）所示，表达式为

$$h_{\mathrm{ID}}(t) = \frac{1}{2\pi}\int_{-\infty}^{\infty} H_{\mathrm{ID}}(\omega)\mathrm{e}^{j\omega t}\mathrm{d}\omega = \frac{W}{\pi}\mathrm{Sa}(Wt) \tag{5-19}$$

当此滤波器输入的是冲激序列 $\mathrm{d}(t)$ 时，如图 5-21（c），则系统输出信号 $s_R(t)$ 为

$$s_R(t) = \sum_{n=-\infty}^{\infty} \frac{a_n W}{\pi}\mathrm{Sa}[W(t-nT_s)] \tag{5-20}$$

可见，$s_R(t)$ 就是 $h_{\mathrm{ID}}(t)$ 的 T_s 整数倍延迟和叠加，如图 5-21（d）所示。若在 $t=nT_s(n=0,\pm1,\pm2,\cdots)$ 时对其进行采样，就其中任何一个码元来说，除本身采样值外，其他码元的采样值均为零。以第 k 码元为例，这时采样时间为 $t=kT_s$（假设时偏 $t=0$）的采样值为

$$s_R(kT_s) = \frac{a_k W}{\pi} + \sum_{\substack{n=-8 \\ n \neq k}}^{\infty} \frac{a_n W}{\pi}\mathrm{Sa}[W\cdot(t-nT_s)] = \frac{a_k W}{\pi} + 0 \tag{5-21}$$

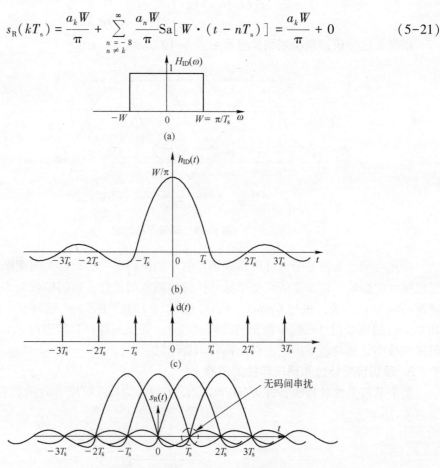

图 5-21 理想低通滤波器及其无码间串扰传输特性

(a) 频域 $H_{\mathrm{ID}}(\omega)$ 为理想低通特性；(b) 时域 $h_{\mathrm{ID}}(t)$ 为 Sa 函数特性；(c) d(t) 输入为脉冲序列；
(d) 输出信号 $s_R(t)$ 为 $h_{\mathrm{ID}}(t)$ 的 T_s 整数倍延迟和叠加。

式（5-21）说明码间串扰值为零，因此，在基带系统等效为理想低通滤波器的情况下，若输入的数字信号为冲激序列，在确定的瞬时进行再采样，可以消除码间串扰。这就是所谓的奈奎斯特定理。这时传输的码元速率 $\omega_s = 2\pi/T_s$，等于系统带宽 $W = \pi/T_s$ 的 2 倍，或者说，该系统的频带利用率为 2Baud/Hz，即每赫兹带宽可以传输 2Baud 速率的数字信号。国际上常把上述 2WBaud 传输速率称为奈奎斯特速率，把带宽 W 称为奈奎斯特带宽，把时间间隔 $T_s = 1/f_s = \pi/2W$ 称为奈奎斯特间隔。奈奎斯特传输率是一个极限速率，因为若以 $2(W+\delta)$ 速率进行传输（δ 是一个任意小的正量），则当"0"码和"1"码交替出现时，基频就会由于高于理想低通滤波器的带宽而被抑制掉。

虽然奈奎斯特定理说明了理想基带系统可以消除码间串扰，并能达到极限传输速率，但是实际中无法实现，因为具有理想传输特性的低通滤波器工程上做不出来。并且，它的响应曲线 $\sin x/x$ 衰减太慢，采样时间略有偏差（$t_0 \neq 0$），码间串扰就可能达到很大的数值，而实际系统中，采样时间总是会有偏差的。

尽管如此，奈奎斯特定理还是给我们在实际基带系统中寻找消除码间串扰的方法指出了方向，这一点将在下面的讨论中得到验证。

4. 非理想传输特性和码间串扰的消除

下面来考虑用一般低通特性来解决等效实际基带系统传输特性时的码间串扰问题，在这种系统中，若不考虑噪声和采样时偏 t_0，在 kT_s 时刻对接收滤波器的输出信号采样，则不发生码间串扰的条件应是

$$h(kT_s) = \begin{cases} 1, & k = 0 \\ 0, & k \neq 0,\text{但为整数} \end{cases} \tag{5-22}$$

式（5-22）意味着不管系统响应波形 $h(t)$ 的形状如何，只要能够确定它在各采样瞬时 kT_s 的值，就可以确定码间串扰存在与否。现在的任务就是寻找满足式（5-22）的一般基带传输系统的特性 $H(\omega)$，也即

$$\frac{1}{2\pi}\int_{-\infty}^{\infty} H(\omega)e^{j\omega kT_s}d\omega = h(kT_s) = \begin{cases} 1, & k = 0 \\ 0, & k \neq 0,\text{但为整数} \end{cases} \tag{5-23}$$

理论分析表明，满足式（5-23）的 $H(\omega)$ 是很多的。先来讨论在一个理想低通传输特性 $H_{ID}(\omega)$ 上迭加一个对截止频率 W 呈奇对称的实函数 $H_1(\omega)$ 的情况，即

$$H(\omega) = H_{ID}(\omega) + H_1(\omega) \tag{5-24}$$

式中

$$H_1(W-\Omega) = \begin{cases} 0, & |\Omega| > W \\ -H_1(W+\Omega), & |\Omega| \leq W \end{cases} \tag{5-25}$$

其合成的传输函数 $H(\omega)$ 即具有所谓的滚降特性，现在来证明，它仍能满足无码间干扰条件。根据式（5-23），$H_1(\omega)$ 的冲激响应为

$$\begin{aligned} h_1(t) &= \frac{1}{2\pi}\int_{-\infty}^{\infty} H_1(\omega)e^{j\omega t}d\omega = \frac{1}{\pi}\int_0^{2W} H_1(\omega)\cos\omega t d\omega \\ &= \frac{1}{\pi}\int_0^{W} H_1\cos\omega t d\omega + \frac{1}{\pi}\int_W^{2W} H_1(\omega)\cos\omega t d\omega \end{aligned} \tag{5-26}$$

在式（5-26）第一个积分中令 $\omega = W-\Omega$，而在第二个积分中令 $\omega = W+\Omega_0$，由式（5-25）及三角函数关系式可得

$$h_1(t) = \frac{1}{\pi}\int_0^W [H_1(W-\Omega)\cos(W-\Omega)t + H_1(W+\Omega)\cos(W+\Omega)t]\mathrm{d}\Omega$$
$$= \frac{2}{\pi}(\sin Wt)\int_0^W H_1(W-\Omega)\sin\Omega t\,\mathrm{d}\Omega \tag{5-27}$$

于是,总的冲激响应可写为

$$h(t) = h_{\mathrm{ID}}(t) + h_1(t)$$
$$= \frac{W}{\pi}\frac{\sin Wt}{Wt}\left[1 + 2t\int_0^W H_1(W-\Omega)\sin\Omega t\,\mathrm{d}\Omega\right] \tag{5-28}$$

式(5-28)中方括号内无论如何变化,$\sin(Wt)/Wt$ 因子保证了 $h(t)$ 在时间轴上每隔一个奈奎斯特间隔仍有一个零点。这就证明了除理想低通特性外,满足式(5-25)的一般低通特性的基带系统,也可以达到无码间串扰传输。这种 $H(\omega)$ 可视为 $H_{\mathrm{ID}}(\omega)$ "圆滑"或"滚降"的结果,图 5-22 画出了 $H(\omega)$ 为理想低通和滚降特性的曲线,其中 $\alpha = W_1/W$。

从滤波器的实现和采样的定时要求考虑,一般采用升余弦传输特性较为适宜,这相当于图 5-22 中 $\alpha=1$ 的情形,此时 $H(\omega)$ 及其 $h(t)$ 可表示为

$$H(\omega) = \begin{cases} \frac{1}{2}(1+\cos\omega T_s/2), & |\omega| \leq 2\pi/T_s = 2W \\ 0, & |\omega| > 2\pi/T_s = 2W \end{cases} \tag{5-29}$$

$$h(t) = \frac{W}{\pi}\frac{\sin Wt}{Wt}\frac{\cos Wt}{1-(2Wt/\pi)^2} \tag{5-30}$$

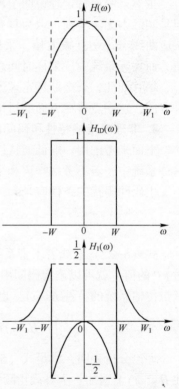

图 5-22 滚降特性构成示意

从图 5-23 中可看到,升余弦频谱特性所对应的冲激响应 $h(t)$,除采样点 $t=0$ 时不为零外,其余所有采样点上均取零值。不仅如此,在两个采样点间,还有一个零点,而且 $h(t)$ 的波形衰减比 $\mathrm{Sa}(x)$ 快得多。这样,即使定时不太准确,引起的码间串扰也较小。但升余弦特性带宽是奈奎斯特带宽 W 的 2 倍,这时频带利用率为 1Baud/Hz,仅为最高频带利用率的一半。

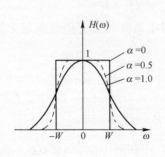 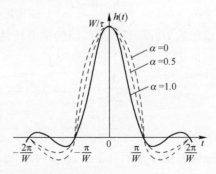

图 5-23 升余弦频谱特性与响应

现在从无码间串扰条件出发，讨论 $H(\omega)$ 的更为一般的形式。为此，将式（5-23）中积分区间用角频率间隔来分割，得

$$h(kT_s) = \frac{1}{2\pi} \sum_i \int_{(2i-1)\pi LT_s}^{(2i+1)\pi LT_s} H(\omega) e^{j\omega kT_s} d\omega \tag{5-31}$$

作变量变换，令 $\omega = \omega' + 2i\pi/T_s$，则有

$$h(kT_s) = \frac{1}{2\pi} \sum_i \int_{-\pi/T_s}^{\pi/T_s} H\left(\omega' + \frac{2i\pi}{T_s}\right) e^{j\omega' kT_s} e^{j2\pi ik} d\omega' \tag{5-32}$$

设式（5-32）之和为一致性收敛，则求和与积分的顺序可以互换，再把变量 ω' 重新记为 ω，式（5-32）变为

$$h(kT_s) = \frac{1}{2\pi} \int_{-\pi/T_s}^{\pi/T_s} \sum_i H\left(\omega + \frac{2i\pi}{T_s}\right) e^{j\omega kT_s} d\omega \tag{5-33}$$

式（5-33）表明 $h(kT_s)$ 是频率函数 $(1/T_s) \sum_i H(\omega + 2i\pi/T_s)$ 的指数型傅里叶级数的系数，而且，该频率函数仅存在于角频率间隔 $(-\pi/T_s, \pi/T_s)$ 范围内，当 $|\omega| > \pi/T_s$ 时，$h(kT_s) = $ 零。这样，积分号中的和式可以用一个等效的奈奎斯特带宽的理想低通特性 $H_{eq}(\omega)$ 来表示，即

$$h(kT_s) = \frac{1}{2\pi} \int_{-\pi/T_s}^{\pi/T_s} H_{eq}(\omega) e^{j\omega kT_s} d\omega \tag{5-34}$$

其中

$$H_{eq}(\omega) = \begin{cases} \sum_i H(\omega + 2i\pi/T_s), & |\omega| \leq \pi/T_s \\ 0, & |\omega| > \pi/T_s \end{cases} \tag{5-35}$$

这一等效特性可以看作由原来的 $H(\omega)$ 切成宽度为 $2\pi/T_s$ 的许多段，并将它们迭加到区间 $(-\pi/T_s, \pi/T_s)$ 上而构成，这样对 $H(\omega)$ 提出的无码间串扰条件，就变成对 $H_{eq}(\omega)$ 的约束条件，显而易见，如果下式成立，则无码间串扰的条件一定能满足

$$H_{eq}(\omega) = \sum_i H(\omega + 2i\pi/T_s) = \begin{cases} T_s, & |\omega| \leq \pi/T_s \\ 0, & |\omega| > \pi/T_s \end{cases} \tag{5-36}$$

即无码间串扰的一般条件是，基带系统传输特性 $H(\omega)$ 的等效奈奎斯特带宽的低通特性 $H_{eq}(\omega)$ 必须是理想的。显然，满足此条件的 $H(\omega)$ 不是唯一的，总可以选择合适的 $H(\omega)$，使它的等效 $H_{eq}(\omega)$ 满足理想低通特性，而它的冲激响应波形衰减较快，且实际电路易于实现。

一般基带信号带宽定义在奈奎斯特带宽 2 倍的区间 $[-2\pi/T_s, 2\pi/T_s]$ 上，故只需要考察该区间上的 $H(\omega)$ 即可，由式（5-36）可知，这时相当于 $i = 0, \pm 1$ 的情况，也即 $H_{eq}(\omega)$ 仅有三个区段迭加：

$$H_{eq}(\omega) = H\left(\omega - \frac{2\pi}{T_s}\right) + H(\omega) + H\left(\omega + \frac{2\pi}{T_s}\right) = \begin{cases} T_s, & |\omega| \leq \pi/T_s \\ 0, & |\omega| > \pi/T_s \end{cases} \tag{5-37}$$

图 5-24 所示为 $H(\omega)$ 分割及迭加成 $H_{eq}(\omega)$ 的过程。

最后说明一下，上面的讨论没有涉及 $H(\omega)$ 的相移特性，在实际中，这种相移特性是需要加以考虑的，由于在推导的过程中，并没有限定 $H(\omega)$ 是实函数，该式对任意的

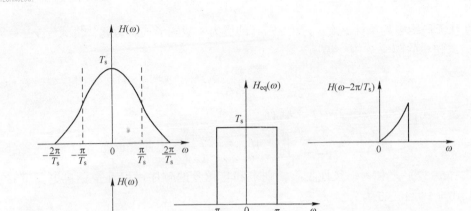

图 5-24　$H_{eq}(\omega)$ 构成的示意

$H(\omega)$ 均适用。

5.3.1.3　信道编码

遥测系统中非常稀缺的资源之一就是航天器的发射功率，如何节约航天器的发射功率，或者说如何提高航天器发射功率的利用效率，一直是遥测系统设计的关键问题。下面介绍一种节约功率，提高功率效率最经济有效的途径——信道编码。

1. 系统模型

如何较合理地解决信息可靠与快速这一对矛盾，是正确设计数字信息传输系统的关键问题之一。

信道编码的目的是，在信息从信源向信宿的传输过程中尽最大可能减少误码。它可以看作信息论的一个分支，起源可追溯到 20 世纪 40 年代后期香农（Shannon）的工作。香农的工作表明，任意信道都可以用无误传输的信息容量来表征。在传输速率小于信道容量的情况下，总可以找到一种方法，使误码率减小到想要达到的任意水平。差错控制通过在传输中加入冗余信息来实现对传输信息的差错控制的目的。

所有数字信息传输系统如通信、雷达、遥控遥测、数字计算机的存储系统和内部运算及数字计算机之间的数据传输等，都可归结成图 5-25 所示的数字信息传输系统模型。

如图 5-25 所示，信源编码器是把信源发出的消息如语言、图像、文字等转换成二进制（也可转换成多进制）形式的信息序列，并且为了使传输有效，还去掉了一些与传输信息无关的多余度（有时为了保密，信源编码器后还会接上加密器）。为了抗击传输过程中的各种干扰，往往要人为地增加一些多余度，使其具有自动检错或纠错能力，这种功能由图 5-25 中的信道编码器即纠错编码器完成。发射机（调制器）的功用是把纠错码送出的信息序列通过调制器变换成适合信道传输的信号。数字信号在信道传输过程中，总会遇到各种干扰而使信号失真，这种失真信号传输到接收端的接收机，进行解调，变成二进制（或多进制）信息序列。由于信道干扰的影响，该信息序列中可能已有错误，经过信道译

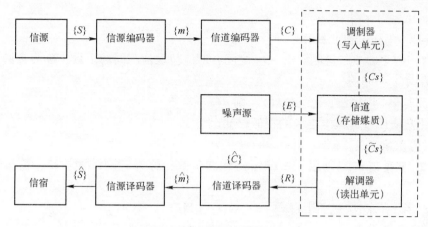

图 5-25　数字信息传输系统模型

码器即纠错码译码器，对其中的错误进行纠正，再通过信源译码器（及解密器）恢复成原来的消息发送给用户。

2. 信道编码分类

在各种差错控制系统中所用到的码，不外乎是能在译码器自动发现错误的检错码，或者不仅能发现错误而且能自动纠正错误的纠错码，或者能纠正删除错误的纠删码。除了上述的划分方法，通常还可按以下方式对纠错码进行分类。

（1）按照对信息元处理方法的不同，纠错码可分为分组码和卷积码两大类。

分组码是把信源输出的信息序列，以 k 个码元划分为一段，通过编码器把信息元按一定规则分成 r 个校验（监督）元，输出长为 $n=k+r$ 的一个码组。因此每个码组的校验元仅与本组的信息元有关，而与别组无关。分组码用 (n, k) 表示，其中 n 为码长，k 为信息位。

卷积码是把信源输出的信息序列，以 k_0 个（k_0 通常小于 k）码元划分为一段，通过编码器输出长为 n_0（$\geq k_0$）一段的码段。但是该码段的 $n_0 - k_0$ 个校验元不仅与本组的信息元有关，也与其前 m 段的信息元有关，称 m 为编码存储。因此卷积码用 (n_0, k_0, m) 表示。

（2）根据校验元与信息元之间的关系，纠错码可分为线性码与非线性码。若校验元与信息元之间的关系是线性关系（满足线性叠加原理），则称为线性码；否则，称为非线性码。

由于非线性码的分析比较困难，工程实现较为复杂，目前在测控设备中常用的是差错控制码都是线性码。

（3）按照纠正错误的类型，纠错码可分为纠随机（独立）错误码、纠突发错误码、纠随机与突发混合错误码、纠同步错误码。

（4）按照每个码元取值来分，纠错码可分为二进制码与 q 进制码（$q=p^m$，其中 p 为素数，m 为正整数）。

（5）按照对每个信息元保护能力是否相等，纠错码可分为等保护纠错码与不等保护（UEP）纠错码。除非特别说明，本书讨论的纠错码均指等保护能力的码。

3. 基本参数

为了进一步描述码的性能和译码器如何进行最佳译码，必须理解一些重要的基本参数。

1) 汉明（Hamming）距离

定义 1 两个 n 重二进制码组 x、y 之间，对应位取值不同的个数，称为它们之间的汉明距离，用 $d(x,y)$ 表示。

例如，若 x:(10101)，y:(01111)，则 $d(x,y)=3$。

汉明距离表明了各码组之间的相似程度。

2) 汉明重量

定义 2 n 重二进制码组 x 中非零码元的个数，称为它的汉明重量，简称码重，用 $w(x)$ 表示。

例如，若 x:(10101)，则 $w(x)=3$；若 y:(01111)，则 $w(y)=4$。

3) 最小汉明距离

定义 3 在 (n,k) 分组码中，任两个码字之间距离的最小值，称为该分组码的最小汉明距离 d，简称最小距离：

$$d_0 = \min_{x,y \in (n,k)} \{d(x,y)\} \tag{5-38}$$

例如，(3,2) 码，$n=3$，$k=2$，共有 $2^2=4$（个）码字：000、011、101、110，显然 $d_0=2$。

d_0 是 (n,k) 分组码的另一个重要参数。它表明了分组码抗干扰能力的大小。d_0 越大，码的抗干扰能力越强，在同样译码方法下它的译码错误概率越小。

4) 纠检错能力

在 (n,k) 分组码中，最小距离 d_0 与纠错能力有如下关系。

任一 (n,k) 分组码，若要在码字内：

(a) 检测 e 个随机错误，则要求码的最小距离 $d_0 \geq e+1$；

(b) 纠正 t 个随机错误，则要求 $d_0 \geq 2t+1$；

(c) 纠正 t 个随机错误，同时检测 $e(\geq t)$ 个错误，则要求 $d_0 \geq t+e+1$。

证明 先分析一下检错和纠错的区别。检错只要求在原码出错后，错码与所有原码不相同，即错码不在原码空间中，则可进行检错；而纠错则要求在不同原码出错后，必须产生互不相交的错码空间，这样才能将不同的错码映射为不同的原码，即进行纠错。下面通过图 5-26 对上述 3 个结论依次进行说明。

如图 5-26（a）所示，当 A 码发生 e 个错误后，可能产生的错码落入一个以 A 码为中心的圆上。此时，如果 B 码也落入该圆上，则不能检测该码元是 A 发生了错误后的错码，还是 B 码本身。因此，为了实现检错，要求 A 码发生 e 个错码产生的码空间不能与 B 码重合，因此要求最小码距 $d_0 \geq e+1$。

如图 5-26（b）所示，当 A 码和 B 码同时发生 t 个错误后，错码 A 落于以 A 为中心的圆上，错码 B 落于以 B 为中心的圆上，两者之间最小码距为 1，两圆不相交，不同的错码可以映射为不同的原码，即可正确纠正。但是，如果 A 码和 B 码之间的最小码距为 $d_0 \leq 2t$，则两圆相交，则对于重合点的错码，不能判断是 A 码还是 B 码发生错误产生的。因此，为实现纠错，要求最小码元 $d_0 \geq 2t+1$。

如图 5-26（c）所示，若 A 码与 B 码的最小码距为 $d_0=e+t$，则 A 码发生 e 位错误的错码会落入 B 码发生 t 位错误的码空间内,则该码元会被误认为是 B 码发生了 t 位错误的结果,从而被错误地纠正为 B 码。因此,若要求同时能正确检错和纠错,则要求最小码距 $d_0 \geq t+e+1$。

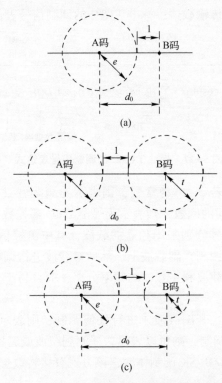

图 5-26 最小码距与纠检错能力的几何解释
(a) 最小码距与检错能力的几何解释;(b) 最小码距与纠错能力的几何解释;
(c) 最小码距与同时检错纠错能力的几何解释。

由上述结论可知,一个最小码距为 d_0 的分组码,最多能检测 d_0-1 个错误,最多能纠正 $t=\lfloor (d_0-1)/2 \rfloor$($\lfloor x \rfloor$ 是 x 的整数部分)个错误。该结论确定了码的检错纠错能力与它的最小距离之间的关系,是纠错码理论中最基本的定理之一。

5.3.2 遥测信息传输技术

5.3.2.1 遥测信息传输体制

从本节开始,将从系统设计和实际应用的角度出发,介绍典型的遥测信息传输体制。信息传输体制决定了系统采用什么信号形式和怎样进行传输,各种遥测遥控系统的组成和性能都与它们采用的信息传输体制密切相关。

由于应用目的和应用场合的多样性,目前有多种典型信息传输体制。本书主要介绍四种典型体制,分别是标准 TT&C 信号体制、扩频 TT&C 信号体制、PCM/FM 遥测信号体制。

1. 标准 TT&C 信号体制

1)基本思想

在标准 TT&C 信号体制中,实现"统一"的基本思想是基于频分复用原理,把跟踪测量、遥测、遥控和话音信号通过多个副载波调制到一个载波上，从而实现跟踪测量、遥测和遥控三种功能的综合，数传通信由于速率较高，一般使用单独的载波进行传输。

2) 调制信号表达式

信号是承载测控信息的传输载体，标准 TT&C 的调制信号表达式如图 5-27 所示。

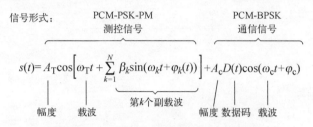

图 5-27 标准 TT&C 的调制信号表达式

在调制信号表达式中，若 $\varphi_k(t)$ 为常数，则表示为测距音（侧音），通过收发侧音时延完成测距；若 $\varphi_k(t)$ 为时间的函数，则表示为遥测数据/遥控数据等。

测控信号和数传通信信号分别采用独立的载波，其中测控信号采用 PCM/PSK/PM 调制体制，该体制首先将数据调制在副载波上，然后对载波进行调相。

这种方式不仅确保了副载波和主载波的频率分离，而且易于分离多个副载波上不同类型的数据。

在测控信号的副载波中，若副载波未进行任何调制，则表示测距音，也常称为侧音。若对副载波进行 PCM/PSK 调制，则可以表示为遥测副载波或遥控副载波。

数传通信信号采用 PCM/BPSK 调制体制，该方式直接将数据调制到载波上。

3) 工作原理

标准 TT&C 信号体制通过频分复用原理实现多功能综合一体化，在接收端，测控信号处理的核心设备是测控综合基带，其工作原理框图如图 5-28 所示。

在标准 TT&C 基带的接收端，天线下行信道设备送来和差两路 70MHz 中频模拟信号，经过 A/D 采集后变为数字信号。

测角功能一般采用双通道比幅单脉冲体制，通过角误差解调模块，提取角误差值，送给天线伺服单元。

测速功能一般采用双向应答式相干多普勒体制，这种测速体制需要星上应答机对地面上行的载波进行相干转发，基带设备通过下行载波解调模块中的载波锁相环，提取多普勒频率，解算测速值。

在完成载波捕获和载波解调后，输出遥测副载波、测距副载波等信号。

遥测副载波再经过 BPSK 解调、码同步、帧同步后，输出遥测数据。

测距副载波，即侧音在本地跟踪并恢复后，与本地侧音进行相位比对，从而获取侧音信号的相位延迟，最终由基带处理软件完成解模糊及距离解算。

在标准 TT&C 基带的发送端，输出遥控副载波、测距副载波，由上行载波调制模块将其调制到 70MHz 中频后，输出给天线上行信道设备。

4) 优点

概括来说，标准 TT&C 信号体制具有如下几个优点。

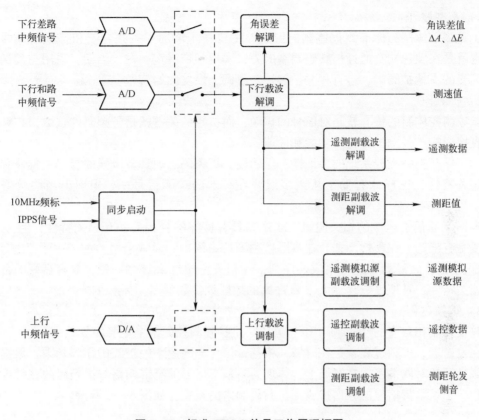

图 5-28 标准 TT&C 信号工作原理框图

(1) 减少了航天器上设备的体积、质量，电磁兼容性好；
(2) 简化了地面设备的维护使用，经济效益显著；
(3) 射频和调制体制采用了国际标准，便于国际合作；
(4) 测量精度较高，适用范围广。

5) 缺点

随着测控需求的不断增多，标准 TT&C 信号体制也面临一定的局限性。

(1) 由于采用频分复用方式，各频率分量相互干扰较大，必须合理地设计调制指数，使残留载波与其他副载波之间交调干扰小，并且容易区分；

(2) 由于受频带宽度的限制，数据传输速率难以提高。

2. 扩频 TT&C 信号体制

随着航天事业的飞速发展，标准 TT&C 信号体制的局限性日益突出，已不能适应新一代航天测控通信系统的需求。因此，扩频统一载波测控体制应运而生，凭借其支持多目标测控、测距精度高和无模糊距离远、抗干扰能力强等诸多优势，目前已发展成航天测控通信系统的典型体制。

下面从扩频技术的基本原理出发，通过与标准 TT&C 信号处理流程和工作原理的对比，阐述扩频统一载波测控体制，简称"扩频测控体制"，重点分析"相干"和"非相干"两种扩频测控模式。

1）基本原理

扩频测控体制与标准测控体制的区别，主要在于增加了扩频调制和扩频解调两个环节，也就是在发送端，通过扩频码调制的方式实现频带展宽，在接收端，采用与发送端扩频码同步的本地扩频码，进行相关、解扩、解调，恢复原始信号。

2）扩频码

扩频测控体制的核心就是对信号的扩频，而扩频的关键就是扩频码的选取，扩频码的特性直接影响扩频测控系统的功能和性能。

为了保障扩频测控系统的多址性、保密性，扩频码必须具备极强的自相关特性和极弱的互相关特性，这样才有助于从诸多混叠在一起的扩频信号中，识别出当前所需要的信号。

根据《通信原理》的相关知识，m 序列具有良好的自相关和互相关特性，但 m 序列的数量是有限的，保密性不强。在实际扩频测控系统中，通常采用 Gold 序列作为扩频码，Gold 序列是用 m 序列优选对生成的序列，互相关特性与 m 序列一致，具有良好的自相关和互相关特性，且地址数远远大于 m 序列的地址数，数量多、保密性强。

3）扩频过程

收发两端相对应的"扩频"和"解扩"是扩频测控的两个主要环节。

在发射端，扩频过程就是在时域，将基带信号与高速率的扩频码序列相乘，根据时域和频域之间的对偶关系，在频域上，体现为将基带信号的窄带频谱与扩频码的宽带频谱进行卷积，于是基带信号的频谱扩展到扩频码频谱的宽度，如图 5-29 所示。

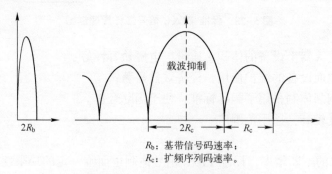

R_b：基带信号码速率；
R_c：扩频序列码速率。

图 5-29　扩频过程频谱变化示意

根据扩频测控的信号体制，上行信号主要是扩频以后的测距和遥控信号，信号的频谱形状是矩形脉冲所对应的经典的 sinc 函数的形式，频谱的主瓣宽度与扩频码速率有关。由于接收端可以通过扩频码的自相关特性获得扩频增益，在发射端就可以采用较低的功率来进行发射。

4）解扩过程

解扩的过程与扩频过程正好相反，通过伪码捕获算法，首先在接收端构造一个与发送端扩频码相同的本地伪码序列，然后将本地伪码序列与接收解调出的扩频信号相乘，将扩频信号中的伪码调制去除，恢复出原始基带信号，完成信号解扩。

在扩频信号传输的过程中，难免会引入各种噪声和干扰。如图 5-30 所示，这些干扰信号是在传输过程中混入的，并且与本地伪码序列不相关，对于这些干扰信号来说，在扩频信号解扩过程中,实际上是对干扰信号进行了扩频,这就意味着,扩频信号解扩在恢复原始信息的同时,还降低了干扰、提高了系统的可靠性。

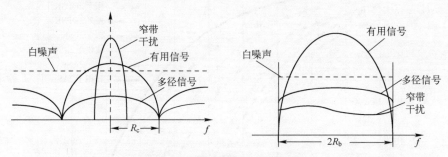

图 5-30 解扩过程频谱变化示意

根据扩频测控的信号体制,下行信号主要是扩频后的测距和遥测信号,主瓣宽度与扩频码速率有关,信号发射功率低。

5)扩频测控模式

根据星载扩频测控分系统与地面扩频测控分系统中载波与伪码的相位关系,分为两种扩频测控模式:其一,相干扩频测控模式,常简称为扩频模式一;其二,非相干扩频测控模式,常简称为扩频模式二。

根据星载扩频测控分系统与地面扩频测控分系统中载波与伪码的相位关系,分为相干扩频测控系统(模式一)和非相干扩频测控系统(模式二)。

(1)扩频模式一(相干扩频):采用非平衡四进制相移键控调制体制,即 UQPSK 调制体制,数学表达式如下:

$$s(t) = \sqrt{2P_I} \cdot PN_I(t) \cdot d(t) \cdot \cos(wt+\varphi) + \sqrt{2P_Q} \cdot PN_Q(t) \cdot \sin(wt+\varphi) \quad (5-39)$$

(2)扩频模式二(非相干扩频):采用多路二进制相移键控调制体制,即多路 BPSK 调制体制,数学表达式如下:

$$s(t) = \sqrt{2P_{TM}} \cdot PN_{TM}(t) \cdot d_{TM}(t) \cdot \cos(wt+\varphi_{TM}) + \\ \sqrt{2P_R} \cdot PN_R(t) \cdot d_R(t) \cdot \cos(wt+\varphi_R) + \\ \cdots \quad (5-40)$$

3. PCM/FM 遥测信号体制

标准统一载波测控体制和扩频统一载波测控体制,它们所采用的遥测信号调制体制,分别为 PCM/PSK/PM 和 PCM/CDMA/BPSK,这两种遥测调制体制,都可归属于 PSK 调制的范畴。如图 5-31 所示,相比 FSK、ASK 等调制体制,PSK 调制体制在同一误码率性能要求下,所需带宽最窄、信噪比最低。因此,在卫星、飞船和探测器等航天器遥测系统中,普遍采用由 PSK 调制体制演变而成的相位调制体制。

但是,在导弹、运载火箭遥测系统中,广泛采用的调制体制并不是 PSK 调制体制,而是 PCM/FM 遥测体制。这主要是由导弹或火箭遥测的特点决定的。因为在导弹试验或火箭发射任务中,测控时间短、飞行高度低,存在火焰电离和多径干扰,弹体脱落会导致信号中断等特殊问题出现,这就要求遥测系统,具备很强的实时响应能力,快速的信号捕获

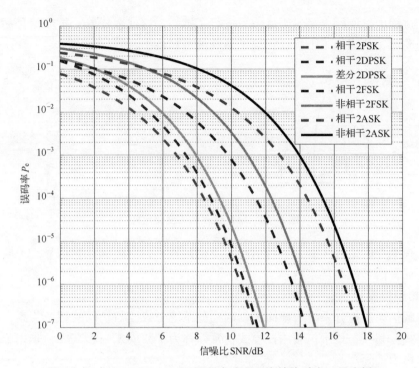

图 5-31 PSK、FSK、ASK 调制方式误码率性能对比（见彩插）

能力，以及抗火焰、抗多径干扰能力。

虽然，PCM/FM 遥测体制在解调性能上逊于 PSK 调制体制，但由于工作距离较近，该不足易于克服。然而，PCM/FM 遥测体制具有不需要锁相、快捕能力强、实时性好、设备构成简单、对火焰和多径干扰造成的相位跳变不敏感等优点，明显优于 PSK 调制体制。因此，PCM/FM 遥测体制至今，仍是导弹和火箭遥测系统的首选体制。

本节首先分析 PCM/FM 遥测体制的基本调制解调原理；然后重点探讨 PCM/FM 遥测体制采用的两种性能增强技术，分别是多符号检测技术和 Turbo 乘积码技术；最后对联合这两种技术的 PCM/FM 遥测体制的性能进行仿真和对比分析。

1）PCM/FM 信号调制原理

PCM/FM 调制是一种复合调制方式，从调制原理角度分析，基带 PCM 码元，可以看作模拟输入信号，经过 FM 调制后，PCM/FM 信号的模拟域表达式，如下：

$$S_{\text{PCM/FM}}(t) = A\cos(\omega_c t + \varphi(t)) = A\cos\left(\omega_c t + K_f \int_{-\infty}^{t} m(\tau)\mathrm{d}\tau\right) \quad (5-41)$$

式中：A 为载波幅度；W_c 为载波角频率；K_f 为比例系数；$m(\tau)$ 为经过预调滤波后的模拟基带 PCM 信号；$\varphi(t)$ 为瞬时相位偏移，$\varphi(t) = K_f \int_{-\infty}^{t} m(\tau)\mathrm{d}\tau$。

对 PCM/FM 信号进行正交分解，如下：

$$\begin{aligned}S_{\text{PCM/FM}}(t) &= A\cos\omega_c t\cos\varphi(t) - A\sin\omega_c t\sin\varphi(t) \\ &= A\cos\omega_c t\cos\left(K_f \int_{-\infty}^{t} m(\tau)\mathrm{d}\tau\right) - A\sin\omega_c t\sin\left(K_f \int_{-\infty}^{t} m(\tau)\mathrm{d}\tau\right) \quad (5-42)\\ &= A\cos\omega_c t I(t) - A\sin\omega_c t Q(t)\end{aligned}$$

PCM/FM 信号可以分解为同相分量 $I(t)$ 和正交分量 $Q(t)$，如下：

$$\begin{cases} I(t) = \cos\left(K_f \int_{-\infty}^{t} m(\tau)\,d\tau\right) \\ Q(t) = \sin\left(K_f \int_{-\infty}^{t} m(\tau)\,d\tau\right) \end{cases} \quad (5\text{-}43)$$

目前，PCM/FM 遥测体制主要采用数字正交频率调制方式，其原理框图如图 5-32 所示所示。

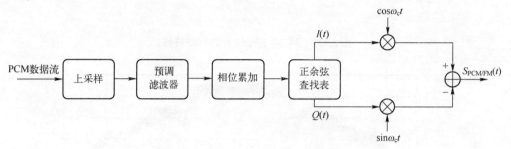

图 5-32　PCM/FM 信号调制原理框图

PCM 基带信号首先进行上采样，使信号采样率得到提升，再经过预调滤波器，滤除信号的高频分量，保留低频分量，然后进行相位累加，并利用正余弦查找表，分别产生同相分量 $I(t)$ 和正交分量 $Q(t)$，之后 $I(t)$ 和 $Q(t)$ 分别乘以本振信号 $\cos\omega_c t$ 和 $\sin\omega_c t$，最后将两路信号做差，即可得到 PCM/FM 调制信号。

在进行数字正交频率调制时，要将模拟信号离散化，则 $I(t)$ 和 $Q(t)$ 的相位值 $\phi(t)$，需要利用数字相位累加方式，来等效积分运算。

设整个积分区间为 $[a,b]$，采样离散后，将整个积分区间划分成 n 个子区间，则每个子区间大小，即采样间隔 T_s，且有 $T_s = (b-a)/n$，则第 i 个子区间的积分结果如下：

$$\int_{(i-1)T_s}^{iT_s} m(x)\,dx \approx T_s \cdot \frac{[m(iT_s) + m((i-1)T_s)]}{2} \quad (5\text{-}44)$$

这样，在整个区间上积分结果如下：

$$\int_a^b m(x)\,dx = \sum_{i=1}^{n} \int_{(i-1)T_s}^{iT_s} m(x)\,dx \approx T_s \cdot \sum_{i=1}^{n} \left[\frac{m(iT_s) + m((i-1)T_s)}{2}\right] \quad (5\text{-}45)$$

由上述分析可知，PCM/FM 信号的数字域表达式如下：

$$\begin{aligned} S_{\text{PCM/FM}}(n) &= A\cos\left[\omega_c n T_s + K_f T_s \sum_{i=1}^{n} \frac{m(iT_s) + m((i-1)T_s)}{2}\right] \\ &= A\cos(\omega_c n T_s)I(n) - A\sin(\omega_c n T_s)Q(n) \end{aligned} \quad (5\text{-}46)$$

式中：同相分量 $I(n)$ 和正交分量 $Q(n)$ 如下：

$$\begin{cases} I(n) = \cos\left[K_f T_s \sum_{i=1}^{n} \frac{m(iT_s) + m((i-1)T_s)}{2}\right] \\ Q(n) = \cos\left[K_f \int_{-\infty}^{t} m(\tau)\,d\tau\right] = \sin\left[K_f T_s \sum_{i=1}^{n} \frac{m(iT_s) + m((i-1)T_s)}{2}\right] \end{cases} \quad (5\text{-}47)$$

如图 5-33 和图 5-34 所示，由 PCM/FM 信号的时域和频域特性可知，载波相位在码元转换时刻，保持连续，包络恒定，频谱主瓣较宽，呈马鞍形，存在一定能量的旁瓣。

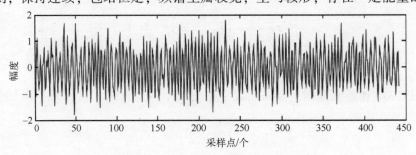

图 5-33　PCM/FM 信号的时域特性

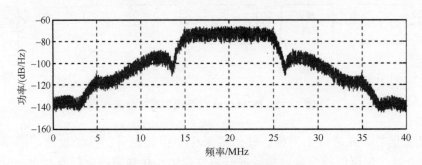

图 5-34　PCM/FM 信号的频域特性

2）最佳参数选取

对于 PCM 基带信号来说，其最高调制频率 f_m 和基带码元速率 f_b 满足关系式：

$$f_m = \frac{f_b}{2} \tag{5-48}$$

式中：f_m 为最高调制频率，如图 5-35 所示，可理解为码元按 0101 顺序排列而形成的脉冲时钟的频率，其最大频率分量，即码速率的一半。

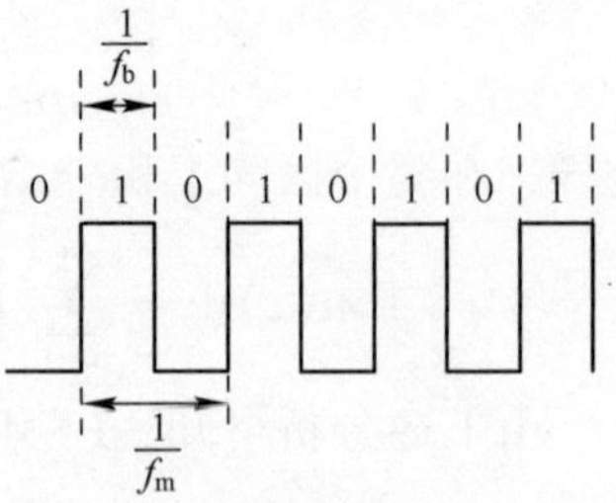

根据最佳接收原理，最佳调制频偏为

$$\Delta f = 0.35 f_b = 0.7 f_m \tag{5-49}$$

调制指数定义为调制频偏与最高调制频率的比值，则最佳调制指数为

$$h = \frac{\Delta f}{f_m} = 0.7 \tag{5-50}$$

图 5-35　最高调制频率 f_m 和基带码元速率 f_b 关系式示意

由卡森公式可知，PCM/FM 信号带宽为

$$B = 2(1+h)f_m = (1+h)f_b \tag{5-51}$$

在实际应用中，一般选取 $h = 0.7 \sim 0.8$，则 PCM/FM 信号带宽为

$$B = (1.7 \sim 1.8) f_b \tag{5-52}$$

即 PCM 码元速率的 1.7~1.8 倍。

3) PCM/FM 信号解调原理

传统 PCM/FM 遥测体制采用非相干鉴频解调方式，由于不需要进行载波同步，接收机结构简单，同时抗干扰能力强，因此得到广泛应用，其解调原理框图如图 5-36 所示。

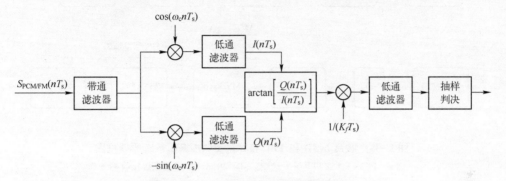

图 5-36　PCM/FM 信号解调原理框图

接收端接收到中频数字信号后，首先进行带通滤波，以滤除带外噪声；然后进行正交下变频和低通滤波处理，得到基带信号的同相分量 $I(n)$ 和正交分量 $Q(n)$，之后通过反正切运算，得到基带信号的瞬时相位，再将瞬时相位转换为瞬时频率，最后经过抽样判决，恢复 PCM 码序列，如图 5-37 所示。

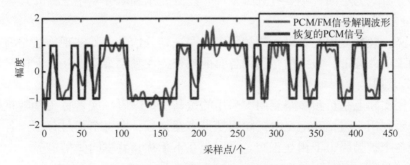

图 5-37　PCM/FM 信号解调波形和恢复 PCM 信号示意

传统非相干鉴频解调方式，虽然结构简单，但是，随着数据速率的不断提高，以及作用距离的不断增加，其门限效应和功率利用率低等问题，已不能满足日益增长的需求。因此，需要采用提高解调增益的方法，提升 PCM/FM 信号的解调性能。

目前，PCM/FM 遥测系统广泛采用的性能增强方法，是将多符号检测技术（MSD）和 Turbo 乘积码技术（TPC）相结合。理论上，单独利用 MSD 技术可以获得近 3dB 增益，单独采用 TPC 技术可以获得近 4dB 增益。将这两项技术联合起来，可以使 PCM/FM 遥测体制获得很好的解调性能。

如图 5-38 所示，在实际应用中，需要结合任务需求，合理选取解调方式和参数。

（1）一般来说，单独采用 MSD 解调方式，适用于信道增益、稍显不足，或遥测发射机不宜改变的应用场合。

（2）采用 MSD+TPC 联合的解调方式，适用于信道增益、严重不足的应用场合。

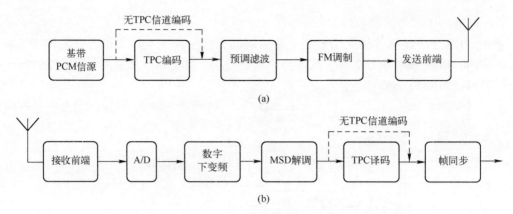

图 5-38 联合 MSD 和 TPC 技术的 PCM/FM 系统原理框图
(a) PCM/FM 遥测系统发送端；(b) PCM/FM 遥测系统接收端。

5.3.2.2 遥测多路复用技术

多路复用，又称信道复用，就是将多路信号按照合理的划分方式集合到一起，以便利用同一信道进行传输。由于该信道的传输能力远远超过单个信号的传输需求，利用多路复用技术可以最大限度地利用信道资源。

依据划分方式的不同，主要有频分复用、码分复用和时分复用三种方式。

1）频分复用

顾名思义，频分复用就是以不同的频率区间来划分信号，其实现方法是将各路信号调制到不同频率的载波上，每个信号占用各自的频带，在频率维度上互不干扰。

2）码分复用

码分复用实际上是扩频多路复用，采用的是基于扩频码，或者称为伪随机码的信道划分方法，它是利用一组相互正交的扩频码携带多路信号，即每个信号分别用各自的扩频码进行调制。各个扩频码由于相互正交，可以相互不干扰，共享同一信道。

3）时分复用

时分复用就是以不同的时间区间来划分信号。简单来说，就是把时间分成均匀的时间间隔，将多路信号的传输时间分配在不同的时间间隔内，以达到互相分开的目的。将各路信号所占用的时间间隔称为时隙。时分复用是目前航天器遥测系统中最主要的多路复用形式。

5.3.2.3 遥测同步技术原理

1. 同步的作用

在遥测信息传输系统中，同步是一个十分重要的问题，通常包括载波同步、位同步和帧同步三种类型。

当信息传输系统的接收机中采用同步解调或相干检测时，接收端需要提供一个与发射端调制载波同频同相的相干载波。这个相干载波的获取就称为载波提取，或称载波同步。

在数字信息传输系统中除了载波同步，还有位同步的问题。数字信号的传输是将信息或数据变换成一系列的码元来实现的，每个码元占有一定的持续时间。在接收端需要知道每个码元的起止时间，以便在恰当的时刻进行采样判决。这就需要一个采样判决用的定时脉冲序列，它应与码元的重复频率和相位相一致，这种定时脉冲序列的获取称为码元同步或位同步。

数字信号传输的码元序列是有结构的称为帧结构。时分多路信号按帧结构进行多路复合与分离，分组交换信息网传送数据是把数据文件分割成数据块，再按帧结构打包发送。因此，只有从所接收的码元序列中正确识别一帧的起止，才能保证所传输信息的复原，通常把与帧起止时刻相一致的定时脉冲序列的获取称为帧同步。

在信息传输系统中，同步系统是至关重要的，同步系统性能的降低，会直接导致通信系统性能的降低，甚至使通信系统不能工作。可以说，在同步通信系统中，"同步"是进行信息传输的前提，正因如此，为了保证信息的可靠传输，要求同步系统有更高的可靠性；要求同步信号必须比信息信号有更强的抗干扰性能。但又希望同步信号的产生不要过多地消耗发射功率和增加设备的复杂性；同步信号不要占用过多的信道或频率资源。

2. 载波同步

在采用相干解调的系统中，接收端必须提供一个与发送载波同频同相的相干载波，这就是载波同步。相干载波信息通常是从接收到的信号中提取。若已调信号中存有载波分量，则可以从接收信号中直接提取载波同步信息；若已调信号中不携带载波分量，就需要采用在发送端插入导频的方法，或者在接收端对信号进行适当的波形变换以取得载波同步信息。前者称插入导频法，又称外同步法；后者称自同步法，又称内同步法。目前的实用系统中多数采用自同步法。自同步法中针对相移键控调制方式（如 BPSK 和 QPSK）有非线性变换（平方环）法和同步正交法。

1）非线性变换法——滤波法

有些信号（如 DSB 信号）虽然本身不包含载波分量，只要对接收波形进行适当的非线性变换，然后通过窄带滤波器，就可以从中提取载波的频率和相位信息，即可使收端恢复相干载波，它是自同步法的一种。

图 5-39 所示为 DSB 信号采用平方变换法恢复载波的原理框图。

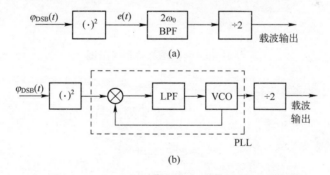

图 5-39　DSB 信号采用平方变换法恢复载波原理框图

(a) 平方变换法；(b) 平方环法。

设输入信号 $\varphi_{DSB}(t)=f(t)\cos(\omega_0 t+\vartheta_0)$ 经平方律部件后，有

$$e(t)=f^2(t)\cos^2(\omega_0 t+\vartheta_0)=\frac{1}{2}f^2(t)+\frac{1}{2}f^2(t)\cos^2(2\omega_0 t+2\vartheta_0) \tag{5-53}$$

经中心频率为 $2\omega_0$ 的带通滤波器后其输出为

$$\frac{1}{2}f^2(t)\cos^2(2\omega_0 t+2\vartheta_0) \tag{5-54}$$

尽管假设$f(t)$不含直流分量成分，但$f^2(t)$含有直流分量，因此式（5-54）实际是一个载波为$2\omega_0$的调幅波。如果滤波器BPF的带宽很窄，则其输出可认为只有$2\omega_0$成分。然后再经二次分频电路可得到所需的载波$\cos(\omega_0 t+\vartheta_0)$。应注意，二次分频电路将使载波有180°的相位模糊，它是由分频器引起的。一般的分频器都是由触发器构成的，由于触发器的初始状态未知，分频器末级输出的波形（方波）相位可能随机地取"0"和"π"，这对模拟信号影响不大，而对2PSK信号，由于载波相位的模糊，将造成解调判决的失误。

图5-39（a）中的窄带滤波器（BPF）改用锁相环（PLL），即图5-39（b）所示的平方环法。这将使系统的性能得到改善，因为锁相环不仅具有窄带滤波的作用，而且在一定范围内能自动跟踪输入频率的变化，以及当输入中断时自动保持输入频率和相位的功能。

2）同相正交法——科斯塔斯环

利用锁相环提取载波的另一种常用的方法是采用同相正交环，也称科斯塔斯环（Castas），其框图如图5-40所示。它包括两个相干解调器，它们的输入信号相同，分别使用两个在相位上正交的本地载波信号，上支路叫作同相相干解调器，下支路叫作正交相干解调器。两个相干解调器的输出同时送入乘法器，并通过低通滤波器形成闭环系统，去控制压控振荡器（VCO），使本地载波自动跟踪发射载波的相位。在同步时，同相支路的输出即为所需的解调信号，这时正交支路的输出为0。因此，这种方法叫作同相正交法。

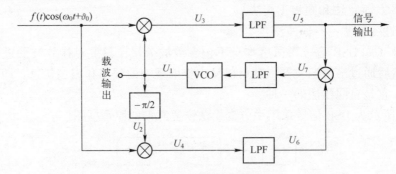

图5-40 科斯塔斯环原理框图

设VCO的输出为

$$\cos(\omega_0 t+\phi) \tag{5-55}$$

则

$$U_1=\cos(\omega_0 t+\phi) \tag{5-56}$$

$$U_2=\sin(\omega_0 t+\varphi) \tag{5-57}$$

故

$$\begin{aligned}U_3 &=f(t)\cos(\omega_0 t+\vartheta_0)\cos(\omega_0 t+\phi)\\ &=\frac{1}{2}f(t)[\cos(\vartheta_0-\phi)+\cos(2\omega_0 t+\vartheta_0+\phi)]\end{aligned} \tag{5-58}$$

$$\begin{aligned}U_4 &=f(t)\cos(\omega_0 t+\vartheta_0)\sin(\omega_0 t+\phi)\\ &=\frac{1}{2}f(t)[-\sin(\vartheta_0-\phi)+\sin(2\omega_0 t+\vartheta_0+\phi)]\end{aligned} \tag{5-59}$$

经过带宽为W_m的LPF后得

$$U_5 = \frac{1}{2}f(t)\cos(\vartheta_0 - \phi) \tag{5-60}$$

$$U_6 = \frac{1}{2}f(t)\sin(\vartheta_0 - \phi) \tag{5-61}$$

将 U_5 和 U_6 加入相乘器后，得

$$U_7 = \frac{1}{4}f^2(t)\cos(\vartheta_0 - \phi)\sin(\vartheta_0 - \phi) = -\frac{1}{8}f^2(t)\sin2(\vartheta_0 - \phi) \tag{5-62}$$

如果 $\vartheta_0 - \phi$ 很小，则 $\sin2(\vartheta_0 - \phi) \approx 2(\vartheta_0 - \phi)$。因此，乘法器的输出近似为

$$U_7 \approx \frac{1}{4}f^2(t)(\vartheta_0 - \phi) \tag{5-63}$$

如果 U_7 经过一个相对于 W_m 很窄的低通滤波器，此滤波器的作用相当于用时间平均 $\overline{f^2(t)}$ 代替 $f^2(t)$（滤波器输出直流分量）。最后，由环路误差信号 $-\frac{1}{4}\overline{f^2(t)}(\vartheta_0 - \phi)$ 自动控制振荡器相位，使相位差 $\vartheta_0 - \phi$ 趋于 0，在稳定条件下 $\vartheta_0 \approx \phi$。

科斯塔斯环的相位控制作用在调制消失时会中止。当再出现调制时，必须重新锁定。由于一般入锁过程很短，对信号传输不致引起失真。这样 U_1 就是所需提取的载波，U_5 作为解调信号的输出。

3. 位同步

在遥测系统中，发端按照确定的时间顺序，逐个传输数码脉冲序列中的每个码元。在接收端必须有准确的抽样判决时刻才能正确判决所发送的码元。因此，接收端必须提供一个确定抽样判决时刻的定时脉冲序列。这个定时脉冲序列的重复频率与相位必须与发送的数码脉冲序列一致。把在接收端产生与接收码元的重复频率和相位一致的定时脉冲序列的过程称为码元同步，或称位同步。与载波同步一样，位同步方法同样有外同步法（插入导频法）和自同步法。在目前的遥测系统中常采用自同步法。

自同步法，就是借助位同步电路从收到的数字基带信号中直接提取位同步信息的方法，最常用的电路之一是锁相环，包括模拟锁相环和数字锁相环，目前主要使用数字锁相环，下面重点对其进行探讨。

数字锁相环有多种类型，本书先不考虑具体组成形式，只介绍一般原理。假定有一个频率稳定度很高的振荡器，产生周期为 T_o（频率 $f_o = 1/T_0$）的两个脉冲序列，它们在时间上相差半个周期，如图 5-41（a）（b）所示。对图 5-41（a）的脉冲序列进行 N 次分频后，得到周期为 T_b 的另一脉冲序列，即图 5-41（c），且有 $T_b = NT_0$ 或 $f_b = 1/T_b = f_o/N$，取 T_b 为码元周期，分频器输出的信号就可以作为位同步信号。

如图 5-41 所示，如果在分频器输入端除了有正常的振荡频率为 f_0 的脉冲序列（a），还可在适当的时间上附加地插入一个脉冲［图 5-41（d）］，而这个脉冲是从脉冲序列（b）中选出来的，那么分频器的输出脉冲序列就比原来正常情况下的脉冲超前一个 T_0 时间［图 5-41（e）］。反之，如果在分频器输入端从正常的脉冲序列（a）中扣除一个脉冲［图 5-41（f）］，则分频器输出脉冲序列就比原来正常情况下的脉冲滞后一个 T_0 时间［图 5-41（g）］。这样，在分频器的输入端采用增加或扣除脉冲的办法，就可以改变其输出脉冲序列的相位。因此，只要接收到的数字脉冲序列的相位与分频器输出的脉冲序列的相位不一致，即不同步，就可以采用上述方法来改变后者的相位。直到它们的相位锁定（同步

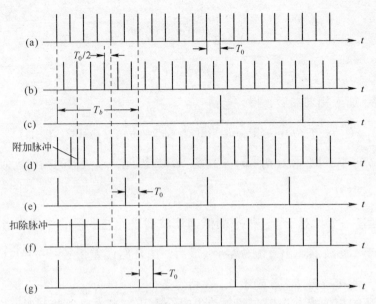

图 5-41 数字锁相环的信号波形图

(a) 周期为 T_0 的脉冲序列；(b) 周期为 T_0 的脉冲序列，与 (a) 相差 $T_0/2$ 个脉冲周期；(c) 对 (a) 进行 $N(N=6)$ 次分频后的脉冲序列；(d) 在 (a) 基础上附加一个脉冲；(e) 分频器输出脉冲超前一个 T_0 周期；(f) 在 (a) 基础上扣除一个脉冲；(g) 分频器输出脉冲滞后一个 T_0 周期。

后）为止。由于相位的改变是一步一步进行的，或者说是离散式（数字式）进行的，故称这种锁相方法为数字锁相法。

说明了数字锁相法的一般原理后，下面介绍具体的实施方案。在数字锁相环中，鉴相器一般称为相位比较器，简称比相器。晶体振荡器和分频器的作用相当于模拟环中的压控振荡器。数字锁相环实施方案之一的原理框图如图 5-42 所示。

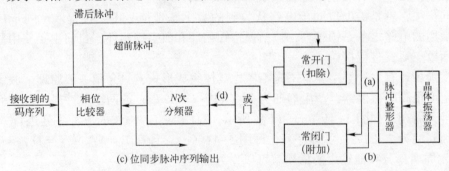

图 5-42 数字锁相环实施方案之一的原理框图

高稳定晶体振荡器产生的信号，经整形后得到的周期为 T_0 和相位差 $T_0/2$ 的两个脉冲序列，如图 5-42 (a)(b) 所示。脉冲序列 (a) 通过"常开门"及或门，加到 N 次分频器，其输出即本地位同步定时脉冲序列 [图 5-42 (c)]。此脉冲序列同时还加到相位比较器与接收到的码元序列进行比相。前者比后者的相位超前时，相位比较器输出一个超前脉冲去关闭"常开门"，扣除脉冲序列 (a) 中的一个脉冲，使分频器输出的位同步脉冲滞后 $1/N$ 周期，即滞后时间 T_0。同理，当本地同步脉冲相位比接收到的码元脉冲相位滞后时，比相器输出一个滞后脉冲去打开"常闭门"，使脉冲序列（b）中的一个脉冲能通过此门及或门。因为两脉冲序列（a）和（b）相差半个周期，所以脉冲序列（b）中的一个脉冲能插到"常开门"输出脉冲序列（d）中，使分频器输入端附加了一个脉冲，从而使分频器输出的同步脉冲提前 $1/N$ 周期，即提前时间 T_o。这样就实现了相位的离散（或数字）式调整，经过若干次调整之后就可使分频器输出的脉冲序列与接收码元序列同步了。

4. 帧同步

1）帧同步的方法

帧同步的方法分为两种：一种是在信号的脉冲序列中插入适当的帧同步标志脉冲或帧同步码组，称为外同步法；另一种是利用数字序列本身的特性来提取帧同步信号，称为自同步法。本书只介绍外同步法。

外同步法是在一帧信号中增加一组具有特殊标志的码组，作为帧同步信号。既然要把它作为标志，就要求它与其他信号有所差别，而且这种差别越大越好。所以对帧同步的研究主要集中在这个标志码组上。

在遥测系统中，一般信道上传输的是二进制码序列，插进去的帧同步信号应该也是码序列的形式。对帧同步序列（或码组）的要求是：在接收端易于识别和提取，出现假同步和漏同步的概率要小，同步建立时间要短，同步保持时间要长等。目前常用的帧同步码组有巴克（Barker）码、伪随机码和脉位码等。

2）常用的遥测帧同步码

以常用的巴克码为例，设 $\{x_1, x_2, x_3, \cdots, x_n\}$ 是一个非周期序列或有限序列，它的自相关函数定义为

$$R(j) = \sum_{i=1}^{n-j} x_i x_{i+j}, \quad j = 1, 2, \cdots, n \tag{5-64}$$

显然，当 $j=0$ 时，序列中全部元素参加相关运算；当 $j \neq 0$ 时，序列中只有部分元素参加相关运算，因此通常也称之为局部自相关函数。

作帧同步信号用的特殊码组的自相关函数，应具有尖锐单峰特性，且其识别器应该尽量简单。巴克码就符合这两个要求，它是一种非周期序列。一个 n 位巴克码组 $\{x_1, x_2, x_3, \cdots, x_n\}$，其 x_i 取值为 +1 或 -1，它的局部自相关函数为

$$R(j) = \sum_{i=1}^{n-j} x_i x_{i+j} = \begin{cases} n, & j=0 \\ 0 \text{ 或 } \pm 1, & 0 < j < n \end{cases} \tag{5-65}$$

目前已找到的 Barker 码组如表 5-2 所列。

表 5-2 Barker 码表

n	Barker 码组	
2	++	(11)
3	++-	(110)
4	+++-; ++-+	(1110); (1101)
5	+++-+	(11101)
7	+++--+-	(1110010)
11	+++---+--+-	(11100010010)
13	+++++--++-+-+	(1111100110101)

在表 5-2 中，"±1"只标出"±"，同时还以常用符号"1"和"0"表示出来。通常采用 $n=7$ 以上的巴克码组作为帧同步码组，以七位巴克码组为例，求其自相关函数值如下：

$$j = 0 \text{ 时}, R(0) = \sum_{i=1}^{7} x_i^2 = +1+1+1+1+1+1+1 = 7$$

$$j = 1 \text{ 时}, R(1) = \sum_{i=1}^{6} x_i x_{i+1} = +1+1-1+1-1-1 = 0$$

$$j = 2 \text{ 时}, R(2) = \sum_{i=1}^{5} x_i x_{i+2} = +1-1-1-1+1 = -1$$

同理可以求得 $j = 3,4,5,6,7$ 的 $R(j)$ 值，分别为 0，-1，0，-1，0；另外，再求出 j 取负值时的各个值；其所得各值如图 5-43 所示。按照定义，$R(j)$ 只是在离散点上才有取值，但为了形象地表示巴克码的尖锐单峰的自相关特性，将图 5-43 中各点用折线连接起来。

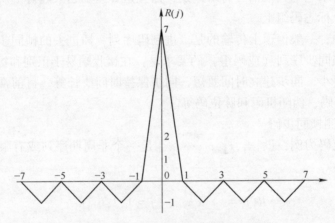

图 5-43　七位巴克码的自相关函数

3）帧同步的保护

由于信号在传输过程中受到噪声或干扰的影响，判决器恢复出的数字基带信号可能有错，帧同步识别器也就可能发生错判，造成假同步或漏同步，使整个系统工作紊乱。因此，帧同步信号的正确识别和帧同步系统的可靠工作是相当重要的。除了设计易于区别的帧同步信号，还需要采取一定的保护措施来提高它的稳定性和可靠性，这就是所谓的帧同步保护问题。

帧同步保护的目的是更好地平衡假同步与漏同步之间的矛盾，确保帧同步信号的正确识别，提高帧同步的稳定性和可靠性。

帧同步保护的基本思路是利用帧同步信号的周期性，并按照帧同步码的检测过程，划分为两种基本工作状态，分别是搜索态和锁定态，这两种状态对假同步和漏同步的概率要求是不同的。

在搜索态，一般帧同步识别器刚开始工作，尚未找到帧同步码组，此时需要减小假同步概率，以确保检测到的帧同步码组是正确的。

在锁定态，帧同步识别器已经找到帧同步码组，此时需要减小漏同步概率，因为一旦失锁，需要再次进入搜索态，中间会丢失许多数据。

在实际应用中，为了能够准确界定和切换工作状态，在搜索态和锁定态之间，还需增加一个"校核态"。在校核态，可以利用帧同步信号具有周期性这一先验知识来降低假同步概率。

在上述三种状态下，通过合理选取不同的容错位数，就可以平衡不同状态下的假同步概率和漏同步概率。

综合以上思路，就形成了目前遥测系统广泛采用的基于三态逻辑的帧同步保护策略，其原理框图如图 5-44 所示。

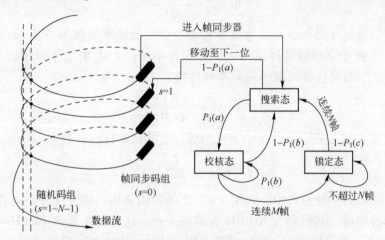

图 5-44　基于三态逻辑的帧同步保护策略原理框图

下面讨论一下三态逻辑保护策略的具体工作过程。

在搜索态，利用帧同步码识别器，按逐个码元进行检测，当检测到帧同步码组后，立即进入校核态。

在校核态，利用帧同步信号的周期性，逐帧进行检测，运算量相比搜索态大大减小，如果连续 M 帧都校核符合，则进入锁定态；如果出现一次校核不符合，则回到搜索态。

在锁定态，帧同步检测完成，但仍然利用帧同步信号的周期性，逐帧进行检测，如果偶尔未检测到帧同步码组，仍然按照惯性工作，输出帧同步信号；如果出现连续 N 帧都不符合的情况，则判定帧同步失锁，返回搜索态。

通常，在搜索态和校核态，应减小容错位数，以降低假同步概率；在锁定态，应增大容错位数，以降低漏同步概率。目前，现役遥测设备都采用了基于三态逻辑的帧同步保护策略，大大提高了帧同步的稳定性和可靠性，在实际应用中发挥了重要作用。

5.3.3　遥控信息传输技术

5.3.3.1　安控主字母调制技术

随着发射场区无线电测控和通信设备的增加，电磁兼容问题越来越突出。以前采用二元码单音调相（或调频）的编码调制体制的安全遥控系统，已难以抵抗日渐增大的无线电干扰，产生虚、漏、误指令的可能性日渐增大。美国在"土星1号"运载火箭 SA-5 的射前测试中，就出现过两次虚指令。所以探索高抗干扰的编码调制体制是导弹、航天器遥控技术的必然发展趋势。

主字母调制是一种复合指令调制，也是一种多元调制，它与前面介绍的多元码调制不同的地方在于在同一码元内不是填充一个单音，而是同时使用两个单音，这与电话交换系统中用于传输信令的双音多频类似。美国航空航天局（NASA）认为，这种调制技术的抗干扰能力至少是原来标准靶场安全调制方法的10倍。

主字母调制是由多个单音构成的复合指令格式，如果一次使用 T 个单音，由两个单音构成一个字母，则字母数为

$$W = C_T^2 = \frac{T(T-1)}{2!} \tag{5-66}$$

每条安全信息包含两个字，即地址字和指令字。地址字是前 M 个字母，从 W 个可用字母中选取，这 M 个字母的选择在每项任务中各不相同。从 W 个字母中选出 M 个字母，故利用排列公式，每项任务可能的代码排列总数为

$$A = A_W^M = \frac{W!}{(W-M)!} \tag{5-67}$$

指令字由安全信息中的最后 N 个字母组成，它的代码排列总数为

$$B = A_W^N = \frac{W!}{(W-N)!} \tag{5-68}$$

在 NASA 使用的一种格式中，共用 $T=7$ 个单音供选用。指令字中的每个字母由两个同时发射的单音组成，它们都与 1050Hz 有谐波关系。这 7 个单音为 1050Hz 的 7，8，…，13 倍频，包含在一个倍频程内，以防谐波干扰。然后，由这些字母构成指令字。

由于单音数 $T=7$，指令地址字 $M=9$；指令字 $N=2$，故字母总数为

$$W = \frac{7 \times 6}{2!} = 21 \tag{5-69}$$

地址字可用字母排列总数为

$$A = \frac{21!}{(21-9)!} = 8 \tag{5-70}$$

指令字可用字母排列总数为

$$B = \frac{21!}{(21-2)!} = 420 \tag{5-71}$$

典型主字母调制信号产生原理如图 5-45 所示，主字母调制信号可以看作两路 MFSK 信号的合成信号，指令数据可先编码分路处理再合成，也可直接用数字频率合成的方法直接合成。

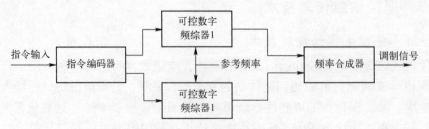

图 5-45　典型主字母调制信号产生原理框图

解调时可用 MFSK 的解调方法来解调，其原理如图 5-46 所示，分路后对每个频率进行匹配滤波，再进行包络检波后进行比较判决。由于使用频率较多，且又是两个频率同时存在，这种方法的解调设备比较复杂。

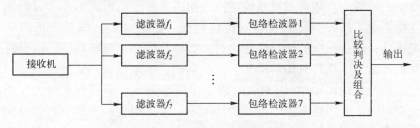

图 5-46　典型主字母信号解调原理框图

随着技术的进步，特别是可编程数字信号处理器件的广泛应用，采用快速傅里叶变换（FFT）算法来完成这种低速率的主字母调制信号的解调更为适用。接收信号采样数字化后进行 FFT 处理后进行判决译码，解调原理如图 5-47 所示。

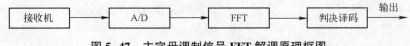

图 5-47　主字母调制信号 FFT 解调原理框图

主字母调制系统对于单个字母的正确接收概率并不优于其他调制，但它的虚检概率却比其他调制系统明显低，这正符合安全遥控系统要求。另外，由于字母个数多，比同等复杂程度的多元系统的"元"更多。因此，对于同等长度的指令码，可选码组的数量也比其他系统多，这使指令码的抗干扰能力，特别是抗人为干扰能力更强。

5.3.3.2　遥控差错控制技术

由于外部干扰及系统内部起伏噪声的存在，无论采用何种传输手段和解调方法，接收解调后的数据总存在一定的误差。遥控传输信道本身的码元误码率一般为 $10^{-6} \sim 10^{-4}$，而弹（箭）、航天器遥控指令的误码率要求在 10^{-8} 以下，所以除要求信道电平有较大余量和采用较好的调制方法外，还必须采用差错控制技术，以降低指令、数据的错误概率。

所谓差错控制技术，即在数据传输的发送端，根据待传数据序列，以一定规律产生一些冗余码元与其一起发送，接收端根据信息元与冗余码元间的规则进行检验，从而发现并纠正错误。冗余码元称为监督元（位）或校验元（位）。差错控制技术有两种基本的方式：一种是在接收端发现错误并自动纠正；另一种是在接收端发现错误但不能自动纠正，将错误信息反馈给发射端，要求发射端重发信息，由此得到前向纠错、反馈重传、混合纠错与信息反馈几种不同的方式。

航天遥控系统中综合利用上述方式，最终形成前向防错和大回路反馈校验两种差错控制机制。

1. 前向防错

前向防错就是地面遥控系统将遥控指令编成具有一定防错能力的码字，弹（箭）、航天器上遥控接收设备根据约定的规则进行译码，只要错误不超出规定的范围，就能送出正确的指令。遥控中常用的前向防错体制有前向检错、重发积累判决、检错重发、前向纠错等。由于前向防错所用时间较反馈校验少得多，在要求实时性强的中、低轨道航天器的遥控中一般都采用这种体制。

1) 前向检错

前向检错的原理为：地面遥控系统选出一组码字间汉明距离不小于 d 的码字，并按规定编码，发出指令。航天器接收设备对接收的指令进行译码，与系统选用的码组进行匹配，若匹配成功，则送相应的执行机构执行。如果传输中出现错误，且错误码元数小于 d，则译码电路没有输出，执行机构不动作，产生漏码。如果错误码元数超过 $d-1$，则可能产生误码，导致执行机构误动作。d 越大，指令误概率越小，但漏概率越大。所以只有在控制动作有充裕时间，而严格要求不误动的情况下，才使用这种单纯的检错体制。在遥控系统中，通常既要求误码率小，又要求漏指令概率小。单纯的前向检错体制虽然具有设备简单、指令码效率高等优点，但也不常用，采用得最多的还是以下几种差错控制方式。

2) 重发积累判决

重发积累判决是前向防错的一种常用方式。重发积累判决又称多数判决，其工作机理是遥控指令码按信息量（指令条数）选取最短的码字，也就是说，它们之间的最小码距为 1，但每一条码字重复发送 N 次，设置一个积累判决值 $m(N/2<m\leq N)$，如果 N 次接收结果中有 m 次为指令 K，则判决为 K。可见，如果 m 次以上在码字同一位置发生错误时会造成误指令；如果传输过程中发生错误的码字数超过 $N-m+1$，且错误不完全相同，则产生漏指令。重发积累判决较前向检错体制的漏指令概率小得多，其代价是要加大总指令长度。另外，可见 N 与 m 的差值越大（在 N 一定的情况下，m 越小），漏指令概率越小，但误指令概率越大。因此，必须合理选择重发次数 N 与积累判决值 m，使漏、误指令概率都降到允许范围。

3) 检错重发

检错重发方法基于前向检错法。用前面介绍的前向检错体制，航天器上译码设备最简单，但漏指令概率很大，而且随着指令码距的增加，使误指令率急剧下降，但同时也使码字增长，从而使漏指令概率增加较快。如果航天器上的遥控设备基本不变，只是地面设备在发遥控指令时，不是只发一次，而是重发 N 次，航天器上仍是只要收到一次许用码就执行，这就演变成检错重发体制。可见，检错重发体制的机理与前向检错相比只是同一条指令重发几次而已，上、下设备变化很小。检错重发法是通过指令的重复来减小漏指令的概率。但从误码率分析来看，带来的好处很显著，因而成为过去我国中、低轨道航天器遥控中使用最多的差错控制体制。

4) 前向纠错

前向纠错法是指在发送端选择具有纠错能力的码字作为指令码，在接收端按规定的纠错算法进行纠错译码。

2. 大回路反馈校验

大回路反馈校验体制不同于前向纠错体制。前向纠错体制是单信道工作，而大回路反馈校验体制，不仅有前向控制信道，还要提供反馈校验信道。在工程中，遥控系统所用控制信道与前向纠错体制的控制信道没有多大差别，而反馈校验信道利用遥测的某些路来充任。

所谓"大回路反馈校验体制"，就是将遥控指令控制动作的内容（预令）和动作分开，控制端要进行某一指令控制动作，首先将区分指令的指令信息码通过控制信道发送至受控端，受控端对接收的指令信息进行存储，并以此产生校验码，通过遥测回送至控制端。控制端将接收的反馈校验码与所发的指令信息码进行一致性比对，由此判断受控端是否正确接收指令信息。当比对一致时，则判定受控端已正确接收指令信息，控制端通过控制信道发"执行码"，受控端在接收到执行码后，即将存储指令输出门打开，使该指令输出，产生预定的控制动作。当比对不一致时，则判定受控端没有正确接收该指令。控制端应首先发"清除指令"，以清除受控端已存储指令。然后重发该控制指令的信息码，重复上述过程，直到比对正确为止。在完成指令的输出控制后，发"取消指令"，以清除受控端存储的指令信息。

大回路反馈校验指令控制系统通过对指令信息的传输接收状况的反馈校验提供检错，并通过重发操作进行纠错。

反馈信道本来是为监视指令码的接收状况而设置的，利用它来发现指令信息通过控制信道传输可能产生错误。但校验信道在传输校验码的过程中，也可能产生错误。如果指令码本来已经被错误接收，但相应的反馈校验码亦发生错误，且恰巧错成与所发指令信息码所对应的反馈校验码，就会误认为指令控制信息被正确接收。这就构成大回路反馈校验控制系统的局限性。这种无法发现的错误，在执行指令发出后，可能产生两种情况：一种是在受控端接收的指令码错误为别的许用码组时，就会产生误动作，这种情况称为误指令；另一种是在受控端接收的指令码为非许用码组时，就不产生任何动作，这种情况称为漏指令。

除上述情况外的指令信息码和反馈校验码，在传输、接收中产生的错误都是可以被发现的。事实上，控制端对接收的反馈校验指令与所发指令比对产生不一致的原因可能是控制信道产生错误，也可能是反馈信道产生错误，还可能是两个信道都产生错误，但不是上面那种巧合。这些可以发现的错误将通过重发操作予以纠正。

重发操作的纠错作用是把指令控制过程继续推进，使那些被发现的错误指令在没有输出之前，即通过重发操作将错误存储清除，并重新存入新的指令信息码。此后开始的新的比对过程将使绝大部分情况转为"正确判决指令信息码被正确接收"，因为在发执行码后，造成正确指令输出事件出现，起到了纠错作用。如果重发操作还出现可发现错误，再进行重发操作达到纠错的目的。

应当指出的是，在原始过程中，系统检错能力的局限性，会导致控制指令错误输出事件（误指令和漏指令）。重发操作，同样也存在这种局限性，也会产生重发操作过程中的错误事件。

大回路反馈校验特点如下。

（1）需要有遥控信道和反馈信道（遥测信道）。

（2）在相同差错控制性能的情况下，编码和译码设备都比前向纠错简单。

（3）遥控动作的时间及持续时间、动作重复次数都容易控制，适用于实现比例控制、同步控制和高时间精度要求的开关控制。

（4）控制指令的传送时间比前向纠错体制所用的时间要长。

由于上述特点，通过地面测控站时间较短的航天器难以使用大回路反馈校验体制，而控制时间长且要求同步控制、比例控制的同步轨道卫星，目前都使用这种差错控制体制。

5.4 遥测数据处理

地面测控站接收到航天器传输的信号以后，首先要进行载波同步、码同步和帧同步，从无线电载波中解调出一帧一帧的遥测数据，但是这些刚刚解调出来的遥测数据，只是大量由"0"和"1"组成的二进制的数据，不能给科研人员直接进行研究使用，还需要把这些二进制数据转换成能够反映航天器内部工作状态的图像或物理量，这个过程就称为遥测数据处理。遥测数据处理是遥测过程的一个重要环节，它是实时指挥决策的依据，是对飞行试验情况或故障情况进行分析判断的依据，也是航天型号研制部门分析研究的依据。

5.4.1 遥测数据处理分类

遥测数据处理的任务，就是对遥测数据帧结构进行解析，恢复出每路信号所对应的变化规律。具体来说，就是将测量站、测量船接收到的每帧的原始遥测数据，经过挑路、拼接和运算等一系列加工、变换，完成缓变参数的工程单位转换、时间指令参数处理、速变参数的时域和频域分析等处理工作。处理结果以时域图或频域图等形式提供给用户，同时将处理结果存入数据库归档。

对遥测数据的处理一般按照处理时机分类，分为实时处理、准实时处理和事后处理。

1) 实时处理

遥测数据实时处理一般是在导弹或航天器飞行过程中，对遥测系统获取的数据进行实时处理，用于实时监视，并作为指挥决策的依据。实时处理的特点是处理和测量同时进行，因此要求处理速度快、可靠性高、处理方法尽量简单。

2) 准实时处理

准实时处理是指在飞行任务结束后，立即对遥测系统记录的数据进行处理，以供试验人员对飞行试验情况或故障进行初步判断和现场评估。准实时处理的特点是一般要求在任务结束后的 1~2h 提供数据处理结果，处理结果仅供分析故障用，不作为最终结果提供用户和存档。

3) 事后处理

事后处理是指在飞行任务结束后，将各测量站、测量船所获取的原始遥测数据汇集于测控中心，中心对有冗余测量的数据进行质量检查，择优进行剪辑和拼接，得出全飞行过程的完整数据，并对全部参数进行精处理。遥测数据事后处理结果，是遥测数据处理的最终结果，是型号研制部门分析研究的最终依据，其数据处理结果报告将作为型号试验资料存档并长期保存。事后处理的特点是处理工作必须严格按照有关文件规定进行，数据完整性好、精度高，处理方法多，系统性要求高，处理结果要求归档。

此处，对遥测数据的处理还可按照参数类型分类，分为缓变参数处理和速变参数处理；按照处理流程分类，分为数据预处理、数据处理和结果输出存档。

5.4.2 遥测数据处理方法

5.4.2.1 遥测数据预处理器

尽管多数遥测数据对于系统用户来说并非立即有意义，但仍需对每个测量数据点进行检验。在软件控制下对数据的检验是一个缓慢的过程，在完成这种耗时的操作之后，有些测量点上的大部分数据将被丢掉，而不能进行实时分析。如果一个测量数据在几毫秒或几秒内没有多大变化，那么用计算机检验出现的这些测量值便会给计算机增加不必要的负担，即使数据通过量不大，因此，为了降低系统对数据存储的要求，数据预处理是必要的。

遥测数据处理过程的特点也决定了预处理的必要性。由于遥测系统中 90% 左右的遥测数据是冗余的，对这些数据进行实时处理也是没有必要的。而且目前小型机系统吞吐量是有限的，因此在这些数据进入计算机之前用硬设备对其进行预处理和压缩可节省计算机机时，增加数据通信量，并减少在磁盘或磁带上占有的存储空间。

另外，在许多系统中，要求将二进制数据变换成工程单位并实时显示，这种变换会增加计算机的负荷，而一个设计好的硬件预处理器可以比计算机快 50~100 倍的速度。其他一些是根据测量参数变换的需要用硬件完成一些加、减、乘等运算，将计算结果送入计算机，以缩短计算机作这些简单运算的时间。

遥测预处理是指把数据采样值进行算术处理，将结果转送入计算机。预处理减少计算机负荷 10:1~25:1，基本功能可归纳如下。

（1）可减少进入计算机的数据量。通过检验每个测量点上的数据采样值来实现，快速检查所有遥测数据，丢弃那些实时处理不感兴趣的数据。

（2）可减轻计算机的处理负荷。预处理重复处理特定的数据采样及数据阵列的高速频域和时域分析方法要比在计算机内进行处理快得多，因此可在预处理器进行这些处理，并将分析结果送往计算机，大大减轻主计算机负担，提高系统的吞吐量。

（3）可给每一通道的数据采样打标识。用户给每个测量数据分配一个 16 位标识码，计算机根据标识码以某种独特方式鉴别每个数据字。这样，预处理过程就不会引起数据识别不出的问题；同时要求其能处理多数据流和时间重组数据，驱动（导出）新参数，滤波选择通道，建立一定形式数据阵列，以便下一步分析。

（4）可响应紧急状态。一方面由于异常的数据扰动，计算机可能出现瞬时过载，这时，预处理器应能自动地从正常预处理转入高优先级预处理方式，有些字自动丢掉，只通过事先被确定的高优先级的测量值；另一方面预处理应能胜任这种情况，即尽管某些测量值没有通过预处理检验，有时计算机也必须接受某些测量值。

（5）要求能胜任高速工作，具有快速检验大量数据的能力，并能正确拒收，通过或变换每一个采样值。

（6）能完成大数据量、高数据流实时存储，以便之后通过一定的通信口将数据输入计算机，数据传送不占用计算机输入/输出带宽，并能实时存储。

遥测数据压缩也是遥测预处理的方法之一。遥测压缩技术是指检验某些数的采样值，并依据一个或多个测试算法来决定每个数据是否送入计算机，压缩不改变数据的采样值。数据压缩要求没有数据损失，并可使数据容量减少 50:1~100:1。压缩是一种高速处理过程，是从高速数据流中去掉冗余或其他不重要的数据采样值，以便使计算机有更多时间和能力处理对处理结果直接有关的数据。但是，所有原始数据仍需保存起来，供事后处理。

5.4.2.2 遥测缓变参数数据处理

缓变参数数据处理是遥测数据处理的重要部分，缓变数据处理由于其数据量大，是一个很繁重的工作，即使现在用计算机来处理缓变参数的情况下，仍需要较长的时间。

目前常见的缓变参数有过载、温度、压力、烧蚀厚度、分离速度、指令、角速度、电压、频率、状态字、流量、液位、烧蚀速度、分离行程、拉力、姿态角、舵偏角、发动机摆角、电流、脉冲、转速、热流等。

缓变参数的分类方法多种多样，目前还没有统一的标准。下面就常用分类方法介绍如下。

1. 按参数与时间的关系分

1）连续参数

在测量范围内，参数的物理量值为连续缓慢变化的参量叫连续参数。连续参数的特性是：包含的参数种类比较丰富，参数的幅值与时间函数是平滑的曲线，计算方法一般采用二次插值或其他插值方式。

缓变参数中属于连续参数的有过载、温度、压力、相对行程、姿态角、角速度、舵偏角、电压、电流、分离速度等。

2）断续参数

在测量范围内，参数物理量值变化规律为阶跃变化的参数叫断续参数。其特性是：电平的阶跃变化趋势明显，参数幅值与时间函数的曲线不是平滑曲线，计算方法一般集中在电平阶跃变化段进行取点计算。

缓变参数中属于断续参数的有断续温度、烧蚀厚度、指令、脉冲、频率、液位、转速、流量等。

3）数字量参数

在遥测设备中，以二进制码值直接传输和记录的离散参数叫数字量参数。其特性是：数字量参数本身就是一群信号，不需要经过编码器进行编码，可直接送至综合门进行综合；数字量参数的每一个数码都代表一个准确的数值；数字量参数都有其特殊的计算方法。

缓变参数中属于数字量参数的有平台加速度表输出脉冲数、计算机字、500c/s电源频率等。

2. 按参数在导弹系统中的性质分

（1）总体参数，衡量弹箭总体性能的参数。

（2）动力参数，在弹箭飞行过程中，反映动力系统工作状态的参数。

（3）控制参数，在弹箭飞行过程中，反映实时控制系统控制飞行状态的参数。

（4）环境参数，在弹箭飞行过程中，反映弹箭内外环境变化情况的参数。

在导弹和航天飞行器的研制过程中，无论是旨在获取试验数据的开环遥测系统中，还是在作为闭环遥控动力学系统的信息反馈环节的遥测系统中，遥测数据的质量都是至关重要的。然而遥测数据的质量，不仅取决于遥测传输与接收的好坏，而且与数据处理的方法密切相关。在遥测缓变信号的处理也正是这样。

在试验过程中，遥测数据的获取是要经过测量敏感、传输变换、无线传输、解调记录等过程。在遥测系统中，除了测量电压、电流等电量参数，被测物理量是多种多样的，如压力、压差、温度、液位、过载、转速、相对行程、起旋速度等。为了进行这些物理量的传输，要将物理量转换成电量，并经 A/D 变成相应的数字量。数据处理过程就是将二进制数字中所代表的信息寻找出来,并将其转换成原来的物理量,经一系列的处理方法保证所得结果是真实、准确、可信的。

5.4.2.3 遥测速变参数数据处理

在靶场遥遥测系统中,为了分析弹、箭、星等在飞行中的工作状况,需对弹上的温度、压力、振动等参数进行测量。根据被测参数性质及处理方法的不同,将被测参数划分为缓变参数和速变参数两大类。其中,速变参数是指变化频率大于10Hz的参数,包括振动参数、冲击参数、噪声参数、脉动压力参数、过载参数等。

从物理意义上讲,速变参数的性质等同于工农业生产和日常生活中经常遇到的机械振动、机械冲击等。然而试验中对于速变参数的变化规律,不可能预先知道,它是随机变化的。探测速变参数的变化规律,把握速变参数的变化趋势,利用速变参数有利因素,防止不利因素。这就是进行速变参数分析的出发点。在靶场遥测系统中,就是为了检验弹体结构设计的合理性及弹上设备对工作环境的适应性等。

从数学意义上来讲,速变参数是一类随机变量,是对其随机过程的采样。因此,对它的处理,只能是概率性的、统计性的。不管是在时域还是频域都是随机过程的数学理论在速变参数处理上的具体应用。目前,在靶场的速变信号处理设备,主要由专用谱分析仪变成通用速变参数数据处理系统,该系统主要由高速数字信号处理(DSP)芯片构成。

严格地说,速变参数是非平稳随机过程,但为了分析方便都在一定的限制条件下,变成各态历经的平稳随机过程来分析。一般从时域和频域角度进行分析,在时域上主要有均值、方差、概率密度、概率分布、联合概率密度、自相关函数、互相关函数等统计函数;在频域上主要有自功率谱密度函数、互功率谱密度函数、相干函数、频率响应等。这些函数均属于随机信号处理的内容,这里不再赘述。

5.5 遥控数据生成与保护

5.5.1 遥控指令数据类型与格式

产生遥控指令和数据是实施遥控功能的首要环节,在导弹、航天器研制时,就根据导弹、航天器上需要控制的设备和内容,确定了遥控指令数据对照表,对每个控制操作都分配了与之相对应的指令。每条指令的格式及码字也是在发射前确定的。导弹或航天器发射后,根据任务需要和遥测、外测得到的导弹或航天器飞行弹(轨)道、航天器及其搭载设备的实际工况,确定需要控制的内容,然后对照控制指令、数据表产生控制指令和数据。例如,需要拍摄某地的照片,根据卫星运行轨道可以预测卫星进入和离开该地区的时刻,对照控制指令表,生成控制星上相机在相应时刻打开和关闭的数据块;当卫星进入地面测控站的作用区时,将数据注入,存到星上计算机中,控制星上计算机动作,在指定时刻开、关照相机,完成拍照任务。

5.5.1.1 遥控指令和数据的类型

上行遥控信号,以包装形式分为注入数据和遥控指令。

1. 注入数据

通过遥控上行信道向航天器发送数据块，称注入数据。数据块的长度一般都比指令长，它由延迟指令、程序和数据组成（也可能是其中的一部分或两部分）。

延迟指令是指延时操作的指令。程序是由地面用注入数据的形式送给航天器上计算机的新程序，用来替代原来的应用程序，以改变下一阶段航天器的工作。数据是由地面以注入数据的方式，给航天器平台设备和有效载荷提供新的工作参数，从而改变有关设备原来的工作参数。

2. 遥控指令

遥控指令是地面控制系统用于对航天器及航天器上的有效载荷进行远距离控制操作的一种手段。遥控指令的长度一般都比较短，它可以单条指令向上发送，也可以多条指令组成一个指令序列向上发送。一条遥控指令一般完成一个指定的操作，有时也用多条指令来完成一个指定的操作。

1）遥控指令操作的实施方式

遥控指令操作实施的时间有立即实施、定时实施和延迟实施三种方式。按照其实施方式又可将遥控指令分为立即指令、时间符合指令和延迟指令三类。

（1）立即指令。

根据测控计划，由指挥员下令或计算机程序自动产生发立即指令命令，然后通过远程、本地、应急三种方式之一形成发立即指令（含数据）命令信号并将该信号传到遥控指令终端。遥控指令终端收到发立即指令命令信号后，立即启动发令程序，完成指令编码和调制，将含遥控指令的载波信号发送到航天器。航天器的遥控接收设备接收到该信号，经解调、译码并校验正确后，立即启动执行机构完成相应的控制操作。

立即指令是过去航天器遥控特别是安全遥控最常用的一种遥控指令。

（2）时间符合指令。

时间符合指令的产生过程与上述立即指令一致，但产生的发令命令是发时间符合指令的命令，这个命令除包含立即指令命令所包含的指令序号或指令码外，还包括该条指令的发令时间。发时间符合指令的命令传到遥控指令终端后，遥控指令终端根据符合指令发送时间的先后顺序进行排队，并对最前面的一条进行时间符合，当应发时间与时统时间一致时，立即将该指令发送出去。航天器上收到该指令时，立即将指令处理，完成指定的操作，接着再对下一条时间符合指令进行时间符合，直到全部时间符合指令发完为止。

时间符合指令不同于立即指令之处，只是指控终端对发令命令的响应时间不同。立即指令是收到发令命令后立即响应，将指令发送出左；而时间符合指令是收到时间符合发令命令后，先将该命令存储起来，等指令的发令时刻到来时，才将该指令信号发送出去。时间符合指令常用于有时间精度和顺序要求的控制操作。

（3）延迟指令。

延迟指令是将指令和执行时间装订成数据块，然后用立即指令（数据）或时间符合指令（数据）的方式把数据发送到航天器。航天器收到该数据块并校验正确后，并不立即执行，而是先把它存储起来，在航天器上进行时间符合，待指定的执行时间到来时，才启动执行机构完成指定的操作。延迟指令和时间符合指令都有时间符合问题，但时间符合指令是在地面指令发送终端对发令时间进行符合的，而延迟指令是在航天器上的指令接收终端对执行时间进行符合的。乍看起来，对发令时间进行符合，也能起到对执行时间进行符合的作用，两者没有本质区别，延迟指令可以用时间符合指令代替而没有存在的必要。但实际工作中，二者的作用不完全相同。时间符合指令所能控制的执行时间只能在地面测控站作用范围内变化，当要对测控站作用范围外的航天器及有效载荷进行控制操作时就必须使用延迟指令。如果航天器的飞行轨道预报准确，延迟指令可以将遥控的作用范围扩充到全球范围。在全球覆盖的天基网建成前，只有靠延迟指令来扩充地面对航天器的遥控范围。

2）遥控指令的功能

导弹、航天器遥控指令码按功能分为指令信息码和执行码。

（1）指令信息码。

指令信息码指明指令控制的内容，就像行军口令中的预令一样，告诉被控对象要进行什么动作。在现代导弹、航天器遥控系统中，指令信息码多用脉冲编码（PCM）来完成。通常所说的指令编码，就是指指令地址编码。

（2）执行码。

执行码像行军口令中的动令，告诉被控对象按指令信息码指定的控制内容执行操作。一般开关指令就是一个执行操作。而对于模拟控制，执行码除指示执行操作外，还要控制指令执行的起始时间、持续时间和次数。采用前向纠错体制的现代遥控系统中，执行码和指令信息码往往合二为一，即指令信息码（简称指令码）解码正确后，就立即执行，产生相应的控制操作。采用大回路反馈校验体制的遥控系统，执行码一般用另一个副载波调制的脉冲信号来充任。一般开关指令，对执行脉冲的宽度及前、后沿时间的精度要求不高。而模拟控制，尤其是同步控制，对执行脉冲的起始相位及脉冲宽度都有严格的要求。

5.5.1.2 遥控指令和数据的格式

遥控是一种特殊的数据通信，所以指令、数据的格式一般由前导、地址同步字、指令码/数据和结束字4部分组成。

前导一般为"1""0"序列，有的也称引导序列，是为航天器上遥控设备解调、译码时建立位同步之用。有的解调不需建立时间，译码不需要预先建立位同步，可不要前导。也有的在前导码前加一段空闲载波序列，供航天器上接收机建立频率锁定之用。

地址同步字在多目标控制中，既作区分地址，又作信息同步。在单目标中，只作信息同步。信息同步的作用是向译码器指明指令码字或数据是从哪一位开始，即指明在二进制数据流中信息的起始位，这是任何数据通信所必需的。如果数据错位，后面的数据就完全乱套，译码必然出错。

指令码/数据是遥控需要传送的信息。传送指令/数据是遥控设备的最根本的任务。

结束字表明这一帧信号已经传完，可以输出译码结果和关闭译码器，甚至可以关闭部分电路电源。有的系统，指令、数据块长度是固定的，不需要用结束字来指示指令数据的结尾，也可不用结束。

5.5.1.3 遥控指令和数据的发令方式

遥控指令和数据的发令方式有远程发令、本地发令、应急发令三种方式。

(1) 远程发令。

采用远程发令时，遥控指令、数据的产生由航天控制中心完成，通过测控通信网，传送到相应测控站的遥控设备，完成遥控指令和数据的发送。

远程发令的优点是简化测控站的实时操作，便于控制中心组织多个测控站协同工作，但必须有高度可靠的通信线路提供保障。随着设备能力和通信网的迅速发展，远程发令即将成为航天遥控的最主要发令方式。

(2) 本地发令。

本地发令就是由测控站计算机发令。采用这种发令方式时，航天控制中心事前将测控计划及遥控数据送入测控站计算机，当航天器经过该站上空时，由该站计算机自动或根据指挥员口令取出遥控指令或数据块，经地面遥控设备发出。这种发令方式，对通信系统的要求不高，所以，在我国早期的卫星任务中，都采用此种方式。一个缺点是必须提前传送测控计划，不便于计划的临时修改和多站协调。另一个缺点是较远程发令多了一个站的计算机环节，降低了系统的可靠性。

(3) 应急发令。

应急发令是在中心计算机或通信线路出现故障时，根据指挥员的口令，由遥控终端或监控台手动发送指令。这种发令方式虽不常用，但是一种必备的应急补救手段。

5.5.2 遥控数据安全保护

遥控信息的安全始终是航天器遥控系统设计和任务实施过程中最重要的问题之一。在航天技术发展的初期，主要靠纯粹的机要手段保障遥控信息安全，即航天器遥控使用的频率、调制体制、指令码表等被列为绝密等级，由专人保管掌握。航天器遥控产品的研制、测试、试验和使用也严格遵守有关的保密规定和程序。通过这些措施确实保障了遥控信息的安全，而其中某些有效措施将来仍要严格执行。

然而，日益发展的电子侦察技术和电子对抗技术，对这种传统方法形成了严重威胁。遥控信息的传输要经过空间链路，使遥控系统具有开放性的特征。在对航天器实施遥控的过程中，第三方可以截获所发送的遥控信号，分析和窃取遥控信息的内容，从而伪造遥控信息，对已方航天器产生严重威胁。

在国际测控合作中，遥控信息经过由航天器、射频链路、地面站、地面通信线路和任务控制中心所构成的空间数据系统向用户透明地传输，借助他国测控资源扩大了对航天器的测控范围和能力，但也使遥控信息面临更为复杂的环境，故应更多地利用数据保护技术来提高安全性。

以前航天器遥控系统的信息有两种，即开关指令和注入数据。随着星载数据管理技术的发展，特别是分包遥控的发展，各种应用过程所需的控制信息都可以数据包的形式传送，并与其他信息共用上行信道。

威胁遥控系统安全的首先是敌方对遥控信息（包括开关指令、注入数据和各种数据源包）的伪造，其中一种特殊方式是抄袭攻击，即截获并记录我方的遥控命令，并原封不动地重复发送。如反复发送我方航天器的变轨指令，可使航天器偏离其正常轨道，还可使变轨发动机的燃料很快耗尽，使航天器报废。

除利用伪造指令对我方航天器实施直接破坏外，敌方还可通过截获我方航天器遥控信息而取得有价值的情报。例如，侦察卫星的遥控注入信息中包含对地观测相机开关机的延时指令，如果敌方获取此遥控信息，结合卫星的轨道数据，则可以得知我方的侦察区域。

针对上述威胁，需要对航天器遥控数据加以保护，常用保护手段有以下几种。

(1) 加密业务（confidentiality service）使任何非授权方不能解释来自授权源的信息内容。加密业务使用数据加密算法将明文数据变换为密文数据，以防止数据内容泄露。

(2) 完整性业务（integrity service）保证授权源的信息在发送、传输和接收过程中没有发生任何非法的修改。在数据发送端，对待发数据进行运算得到完整性校验字（integrity check value，ICV，有时也称消息认证码（message authentication code，MAC），并与待发数据一起送往接收端。在接收端用相同的算法计算所接收数据的 ICV 并与收到的 ICV 比较，以检查数据的完整性。通过检查数据的完整性可以识别被非法者篡改的数据并拒收。

(3) 认证业务（authentication service）保证声称来自某授权源的信息实际上确实来自该授权源。用此业务可防止非法者的伪造数据攻击，其中包括抄袭攻击。认证业务须与加密业务和完整性业务二者之一或二者同时进行。认证业务通过检查经过加密业务或完整性业务保护的数据源地址、数据发送序列计数等实现，也可以通过密钥管理机制隐含地实现。

有时将上述完整性业务和认证业务合起来称为加密认证（encrypted authentication），而将加密业务称为数据加密（data encryption）。

5.5.2.1 数据加密

在进行数据加密时，需要选择一种好的加密算法。该算法不仅加密和解密方便，还应该具备足够的抗攻击强度。

理论上认为所有实用的加密算法都是可破译的。破译特定加密体制所做密码分析需要的时间取决于密码分析者所用的方法和使用的工具等多种因素。一种密码体制抵抗一种攻击的时间，称为对该种攻击的掩蔽时间。

如果一种加密算法对抗各种已知攻击的最短掩蔽时间远长于实际所需的保密时间（如航天器的任务期），就被认为工程上不可破译，或称为实际安全。在这种情况下，密码分析者往往只能采用穷举搜索法，必须尝试所有的密钥组合，还必须具有识别正确解密结果的能力。

数据加密有序列密码、分组密码和公开密钥密码等密码体制。

序列密码是用伪随机码对数字信息进行逐位模 2 和运算，实现信息的加密、白化，使不知密钥的人无法获知信息的含义。

对序列密码体制的主要要求是序列的周期长，非线性程度高，密钥量大，随机性好，不可预测性强，易于快速实现等。如果由序列密码机产生的加密序列是完全随机的就是一次一密的。香农证明了一次一密体制是不可破译的。但是在实际应用中加密序列完全随机是无法实现的,因为无法使发送端和接收端的两个序列密码机实现同步。工程中使用的是一种周期足够长的伪随机序列,截取其中任意一段无法推断其后的规律。序列密码加密速度快,不存在差错扩散,但在使用中需特别注意收发两端序列密码机的同步和适当有效的密钥管理。

分组密码体制是一种在单密钥控制下对信息的每个固定分组进行加密变换的密码算法。分组密码一般是移位、替代等多种简单运算相组合,经过多次迭代以增加抗攻击强度。

分组密码的特点是通过混乱与扩散使每个密文比特都和明文信息与密钥信息的每个比特有关。这样即使密钥不变,只要明文改变了1bit,对应的密文就会有明显的变化。分组密码的主要问题是选择变换函数,保证函数的非线性程度,充分实现混乱与扩散,保证完全性,控制输入/输出(I/O)相关性实现相关免疫,对抗偏差分析攻击方法,快速实现算法多次迭代等。

在实际应用中分组密码加密有电子码本(ECB)、分组链接(CBC)、密码反馈(CFB)和输出反馈(OFB)几种模式。

公开密钥密码体制是随着计算机网络化而发展的一种加密技术。按照公开密钥的思想,用户A的密钥由加密密钥和解密密钥生成,且两者不一样,将加密密钥公开不会危及解密密钥的安全。据此可将各用户的加密密钥向全体用户公开,而各用户私藏各自的解密密钥,于是所需的密钥数量大为减少。双钥体制带来的额外好处是便于进行电子数字签名,实现信息电子化、数字化后的社会公证仲裁责任,当然也便于加密和验证数据的完整性。

5.5.2.2 加密认证

在通信系统中,为了让用户B确信接收到的消息m确实是用户A送来的,并且没有被非法篡改,在消息上附加一个固定长度的码组,用户B接收到消息后按照一定的步骤进行认证运算,根据运算的结果决定接收或拒收该消息。

用于认证运算的码组可以由哈希函数产生。对任意长度的消息,经过哈希函数运算后,压缩成固定长度的一组码(或称报文提要),可以用作对消息完整性和来源合法性的检验,即消息认证码(MAC)。国际标准化组织(ISO)和国际电子技术委员会(IEC)为此制定了一个用分组加密算法实现数据完整性检验的标准。

加密认证的另一种方法是数字签名,常被用于消息内容并不要求保密但消息合法性很重要的场合。它既保证收信方不能伪造和篡改所接收的消息,又保证发信方不能否认他所发送的消息。基于公钥密码的数字签名就是一个典型例子。

遥控加密认证业务包括数据完整性检验和数据来源合法性验证两项内容。加密认证可以在遥控信息中附加消息认证码(MAC)实现,也可以在数据解密后检验数据的特定结构或由密钥管理机制隐含地实现。

如果在遥控数据中包含了有关数据来源的信息,同时使用附加消息认证码或数字签名对其加以保护,就可以对抗非法者的伪造或篡改攻击。使用这种方法进行加密认证时,遥控数据中需要包含有关源序列计数的信息,使重复发送同样信息的源序列计数发生变化,从而识别和对抗非法者对遥控信息的抄袭攻击。

在使用数据加密的情况下，加密认证也可以由接收端解密后检验数据的特定结构隐含地实现。例如，发送端在源数据中加入 CRC 校验码，然后进行数据加密；接收端在解密运算后对解密后的明文数据进行 CRC 校验，即可保证数据的完整性。

如果遥控加密中使用一次一密的密钥，则隐含地实现了对数据来源的合法性认证。因为非法者无法伪造遥控信息，即使非法者将截获的遥控信息立即抄袭重发，也将由于密钥的过期失效而被拒收。

5.5.2.3 PCM 遥控数据保护

在 PCM 遥控中使用两种遥控扩展帧，即实时开关指令帧和串行数据注入帧。在这两种遥控帧的后面都可以附加一个长度为 $8m(m=1,2,3,\cdots)$ bit 的序列，用于数据保护。

1) 实时开关指令的保护

在航天器遥控中，对开关指令码本身是否被他人截获一般并不关心，因为这种指令码除了作为某种动作的"代号"，并无其他含义。对于航天器安全至关重要的是必须保证任何非法者不能利用截获的指令码伪造新的指令码，或直接抄袭截获的指令码，对航天器进行攻击破坏。要做到这一点，在接收方必须判明所接收命令的合法性，即能够鉴别命令是来自授权源，还是非法伪造者，这就是指令的加密认证。

对实时开关指令的保护可以使用上述各种加密认证技术，在其后加数字签名序列或消息认证码即可。

2) 串行注入数据的保护

对于串行注入数据，除要保证其合法性外，还要保证数据的内容不能被非授权方解释，以防其中有价值的信息泄露。因此，航天器注入数据的保护要同时使用加密认证和数据加密。数据加密可以使用序列密码体制，也可以使用分组密码体制。

3) 防抄袭的措施

在 PCM 遥控帧格式中，地址同步字对某个航天器是固定的，方式字只与遥控帧所传送的信息种类有关，而对指令码和注入数据没有理由增加额外的限制或条件，因此它们都不提供有关遥控帧发送序列方面的信息。当两次遥控所传送的信息内容完全一样时，加密后的扩展遥控帧也完全一样，这意味着无法识别非法者的抄袭攻击。解决该问题的方法之一是经常更换密钥，最好是一次一密。

习　题

1. 简述无线电遥测的基本概念、地位作用和特点。
2. 简述无线电遥控的基本概念、地位作用和特点。
3. 试说明无线电遥测与无线电遥控的区别和联系。
4. 简述数字信息传输系统基本模型及其原理。
5. 一个传输二进制数字信号的通信系统，1min 传送了 72000bit 信息量。
（1）求系统的传码率。
（2）如果每分钟传送的信息量仍为 72000bit，但改用八进制传输，系统传码率为多少？

6. 若在带宽为 4kHz 的信道上采用八进制传送信息速率为 6000bit/s 的信号,则其频带利用率为多少?

7. 设信道引起的传输误码率为 $5×10^{-10}$,若二元数字序列以 2Mbit/s 的信息传输。
(1) 同样的信息速率,十六进制时的码元速率为多少?
(2) 传输中出现 1bit 误码的平均时间间隔为多少?

8. 简述无线电遥测系统中传感器的作用。

9. 简述脉冲编码调制的主要过程。

10. 扩频 TT&C 信号体制相比标准 TT&C 信号体制,有哪些优势?

11. 假设有 3 路采样率为 64Hz 的信号 M1、M2、M3,有 4 路采样率为 16Hz 的信号 F1、F2、F3、F4,有 1 路采样率为 128Hz 的信号 S1,现需要遥测系统采用时分复用方式进行传输,帧同步码组为 EB90,字长为 8bit,采用反码副帧同步方式。
(1) 请合理设计遥测帧格式,计算子帧、超帧和副帧采样率,以及副帧、超帧和子帧长,并画出遥测全帧格式。
(2) 计算编帧后的二进制码元速率,若要求无码间串扰传输,则理想系统的带宽是多少?若采用具有升余弦滚降特性的实际系统,则滚降因子 α 为 0.5 的实际系统的带宽是多少?

12. 设二进制符号序列为 110010001110,试以矩形脉冲为基本波形,分别画出相应的占空比为 0.5 的归零码(RZ)、不归零电平码(NRZ_L)、不归零传号码(NRZ_M)、不归零空号码(NRZ_S)、双相电平码(Bi^{φ}_L)、双相传号码(Bi^{φ}_M)、双相空号码(Bi^{φ}_S)。

13. 设基带传输系统的发送滤波器、信道及接收滤波器组成总特性为 $H(\omega)$,若要求以 $2/T_s$ 波特的速率进行数据传输,试讨论图 5-48 中所示各种 $H(\omega)$ 能否满足在抽样点上无码间串扰的条件?

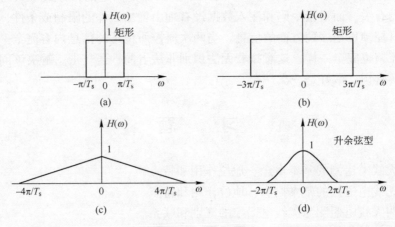

图 5-48 题 13 图

14. 为了传输码元速率为 10^3 Baud 的数字基带信号,试问系统采用图 5-49 中所画的哪一种传输特性较好?并简要说明理由。

15. 已知三个码组为 110001011、100010111、000101111,则该码组的最小码距为多

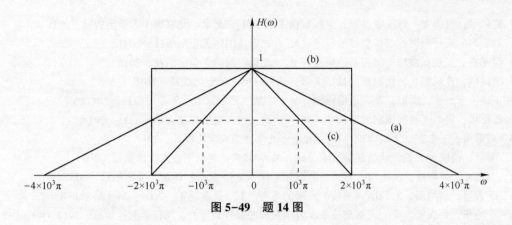

图 5-49 题 14 图

少？若用于纠错，则能够纠正几位错码？若同时用于纠错和检错，则最多能够纠正几位错码，同时检测几位错码？

16. 什么是多路复用技术？常用的多路复用方式有哪些？在标准 TT&C 测控信号体制中采用了哪些复用技术？

17. 在无线电遥测系统的相干解调接收机中，要想正确恢复原始遥测数据，必须经过三个同步环节，这三个同步环节的同步方式依次是什么？它们的作用分别是什么？

18. 判断下列 A、B 两个码组，哪一个适合用作帧同步码组，并详细说明理由。

A：1110010　　　B：1101010

19. 假设某安控系统采用主字母调制技术，每条安全信息包含两个字，即地址字和指令字。设该安控系统采用的单音数 $T=7$ 个，指令地址字 $M=9$ 个字母，指令字 $N=2$ 个字母，故字母总数是多少？地址字可用字母排列总数是多少？指令字可用字母排列总数是多少？

20. 为了尽可能减少航天器由遥控指令传输错误导致的误操作，通常在任务中采用环路校验措施，从遥控信号传输过程中的中频、射频和解调后三个节点进行发送指令与接收指令的一致性校验，环路校验正确后再按指令执行。在中频节点的收发比对是什么比对？在射频节点的收发比对是什么比对？通过遥测信道回传航天器接收到遥控指令进行的是什么比对？

21. 按照处理时机对遥测数据处理进行分类，可以分为哪三种处理？

22. 遥控指令和注入数据的发出方式有哪三种方式？

23. 常用的遥控数据保护手段有哪些？

24. 试阐述如何提高无线电遥测系统的数据传输速率。

25. 试阐述如何提高无线电遥控系统的安全性。

参 考 文 献

[1] 李艳华，李凉海，谌明，等．现代航天遥测技术 [M]．北京：中国宇航出版社，2018．
[2] 贺涛，李滚．航天测控通信原理及应用 [M]．北京：国防工业出版社，2022．
[3] 张庆君，郭坚，董光亮，等．空间数据系统 [M]．2 版．北京：中国科学技术出版社，2016．

[4] 赵和平，何熊文，刘崇华，等．空间数据系统［M］．北京：北京理工大学出版社，2018．
[5] 刘嘉兴．飞行器测控与信息传输技术［M］．北京：国防工业出版社，2011．
[6] 瞿元新．船载微波统一测控系统概论［M］．北京：国防工业出版社，2016．
[7] 樊昌信，曹丽娜．通信原理［M］．7版．北京：国防工业出版社，2016．
[8] 王琪，李小平，洪梅，等．通信原理［M］．2版．北京：电子工业出版社，2017．
[9] 孙锦华，何恒．现代调制解调技术［M］．西安：西安电子科技大学出版社，2014．
[10] 高耀南，王永富．宇航概论［M］．北京：北京理工大学出版社，2017．
[11] 姜昌，范晓玲．航天通信跟踪技术导论［M］．北京：北京工业大学出版社，2003．
[12] 刘蕴才，姚奇松，房鸿瑞，等．遥测遥控系统［M］．北京：国防工业出版社，2000．
[13] 于志坚，房鸿瑞．对我国遥测技术发展的思考［J］．遥测遥控，2003，24（5）：1-8．
[14] 李艳华，卢满宏，等．天基测控系统应用发展趋势探讨［J］．飞行器测控学报，2012（4）：5-9．
[15] 谭维炽．基于空间网络的航天器遥测新概念［J］．遥测遥控，2011，32（1）：1-4．
[16] 夏南银，张守信，穆鸿飞．航天测控系统［M］．北京：国防工业出版社，2002．
[17] 李秉常．航天遥测系统［M］．北京：中国宇航出版社，2001．
[18] 周志敏，李企舜．现代航天测控原理［M］．长沙：国防科技大学出版社，1998．
[19] 于志坚．深空测控通信系统［M］．北京：国防工业出版社，2009．
[20] FRANK CARDEN，RUSSELL JEDLICKA，ROBERT HENRY．Telemetry Systems Engineering［M］．Boston London：Artech House telecommunications library，2002．
[21] CCSDS．TM Synchronization and channel coding．（CCSDS 131.0-B-3）［S］．Washington：CCSDS Secretariat，2017．
[22] 王钧慧，曾富华．实时云测控基带池系统设计［J］．电讯技术，2021，61（11）：1344-1349．
[23] 侯彦兵，焦义文，杨文革．基于遥测信号的测距技术及其发展趋势［J］．电讯技术，2019，59（7）：863-868．
[24] 孙宽飞，杨文革，焦义文，等．一种基于GPU的PCM/FM信号多符号检测算法［J］．无线电工程，2022，52（4）：578-589．
[25] 王万历，李怡勇，焦义文．软件定义开启遥测系统应用新范式［J］．未来与发展，2022（12）：34-38．
[26] 李超，焦义文，傅诗媛，等．软件定义测控系统体系架构与关键技术［J］．中国空间科学技术，2023，43（3）：14-24．

第6章 统一载波测控技术

统一载波测控系统集跟踪、测距、测速、遥控、遥测、通信、数传等功能于一体,设备技术规范,适用性强,可靠性高,在航天测控中得到广泛应用,主要用于地球同步卫星的发射与定点管理测控,载人航天器各轨道段的测控,各种中、低轨道卫星运行段测控深空探测器的发射、运行测控。

6.1 概 述

20世纪60年代中期,美国率先研制出统一S波段系统(USB),用来完成"阿波罗"飞船登月飞行中的跟踪测控与通信等多种任务。后来,随着航天事业的发展,世界各重要国家相继研制了各自的统一载波测控系统,从而使统一载波测控系统在航天测控领域得到了日益广泛的应用。当前主要有基于频分制的微波统一测控(标准统一测控)和基于码分制的扩频统一测控两种典型系统形式。

6.1.1 统一载波测控系统的功能作用

统一载波测控系统完成的主要航天测控任务和功能如下。
(1)测量在轨航天器角度、距离及其变化率,从而测定其轨道。
(2)通过下行遥测测定航天器的姿态。
(3)通过上行遥控对航天器各分系统和有效载荷进行控制,使航天器保持所需要的轨道和姿态。
(4)传递航天器各分系统工作状态的监视信息。
(5)对应用系统有效载荷在轨测试、管理、监视与控制。
(6)对航天器载计算机进行数据注入。
(7)对航天器载程控装置的时间修正。
(8)传递航天员与地面之间的话音和电视信息。
目前,统一载波测控系统特别是S频段设备已成为全球通用的航天测控设备。

6.1.2 统一载波测控系统组成及基本工作流程

完整的统一载波测控系统应包括地面设备和航天器载设备,其系统组成如图6-1所示。

6.1.2.1 系统组成

1) 地面站上行调制与发射部分

地面站上行调制与发射部分包括测距、数字话音、遥控的副载波调制,载波调制,上

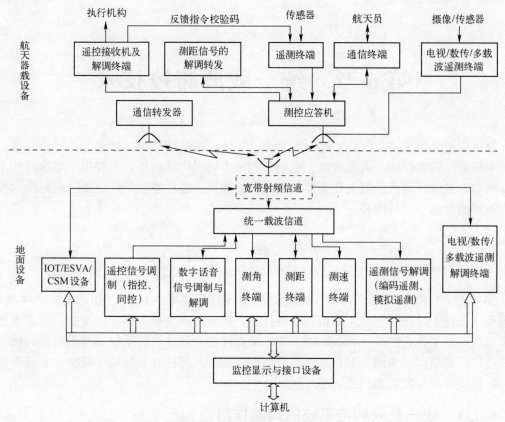

图 6-1 统一载波测控系统组成

变频，高功放与天线。

2) 地面站下行接收与解调部分

地面站下行接收与解调部分包括天线与射频接收（低噪声放大、下变频），中频接收机（载波解调），测距、数字话音、遥测解调终端（副载波解调），数传、电视、多载波遥测的接收与解调。

地面站的上/下行统一载波信道是指下行链路的低噪声放大器、下变频器，上行链路的上变频器与高功放。

3) 航天器上调制与发射部分

航天器上调制与发射部分包括遥测、通信终端（副载波调制），测距侧音转发（高侧音及低侧音副载波），应答机载波调制、功放与发射天线，电视、数传与多载波遥测终端。

4) 航天器上接收与解调部分

航天器上接收与解调部分包括接收天线与应答机的接收、载波解调、静噪门限控制，遥控解调终端（副载波解调、译码、指令分配），测距侧音的解调转发。

航天器上的上/下行统一载波信道是指应答机的接收机和发射机。

6.1.2.2 系统工作过程

1) 地面站上行调制与发射

经 PCM 编码的遥控指令、数字话音等信号先分别调制（PCM-PSK、PCM-MFSK 或

PCM-ASK）在各自的正弦副载波上，然后将已调各副载波信号与测距信号（主侧音、次侧音副载波调制信号采用次侧音对副载波调频或调幅，进行频谱折叠）相加，构成复合基带信号，一起对载波调频（FM）或调相（PM），形成频分复用统一载波信号，经上变频、高功放，由天线发射到航天器上。

2) 航天器应答机接收与解调

在上行载波采用 PM 的系统中，航天器应答机接收并锁定地面站的上行载波信号后，经载波相干解调，恢复出复合基带信号。之后，在静噪电路控制下，由遥控指令终端完成副载波解调，得到 PCM 指令信息码，经译码器（变为固定电压）、指令分配器。与此同时，将指令码送遥测终端的副载波调制器，与遥测信息一起返回地面，进行天—地大环指令反馈校验，校验比对正确后再由相应的航天器上执行机构执行。话音终端经副载波解调得到语音信号，送航天员；经载波解调获取的测距信号（主侧音副载波或次侧音副载波）送航天器应答机的发射支路进行下行转发。

在上行载波为 FM 的系统中，航天器应答机采用二次变频的调频接收机，由鉴频器对上行调频载波解调，恢复出综合基带信号。

3) 航天器应答机的调制与发射

由传感器产生的遥测数据经脉冲编码（PCM），与遥控反馈指令码一起，构成 PCM 码流，对副载波进行 PCM-PSK 或 PCM-DPSK 调制，形成编码遥测（TMC）副载波调制信号。在自旋稳定卫星中，同时由传感器产生的姿态脉冲信号对副载波进行 PPM-MFSK 调制，形成模拟遥测（TMA）副载波调制信号。宇航员的语音信号对副载波调制后形成语音副载波调制信号。测距侧音、遥测与语音等已调副载波信号相加在一起，对应答机的统一载波进行 PM，形成频分复用下行载波信号，经功放，由天线发送至地面。

4) 地面站接收与解调

在对下行载波信号接收与锁定之后，经下变频送宽带解调器，进行载波相干解调与滤波、分路，将不同的副载波信号分送至各自的解调终端。

（1）测距终端。在获取主侧音及各次侧音信号后，测出发、收测距侧音信号之间的相移值（时延值）并对各相移量做解模糊处理后，即可解算出地面站到航天器间的径向距离。

（2）编码遥测终端。对接收机送来的已调副载波信号进行相干解调，并将经帧、码同步，码型变换及加时标后的编码遥测数据送入计算机。某些情况下，还需对部分遥测数据进行反变换处理，还原为物理参数。

（3）模拟遥测终端。该终端专门用于对自旋稳定卫星。对模拟遥测的副载波信号进行滤波与分路后，经非相干解调、交叉判别与脉冲鉴宽处理，恢复出与自旋稳定卫星姿态有关的八个姿态脉冲信号，加上时标后送入计算机，并将基准脉冲作为参考基准送同步控制终端。

（4）话音终端。进行副载波解调后即可获得语音信号。

（5）测速终端。在上/下行载波采用 PM-PM 调制的相参系统中，从双向锁定的载波信号中提取双程多普勒频率即可得到目标的径向距离变化率（速度）数据。

（6）多载波终端。采用多载波信道传输遥测、数据与电视图像信号时，地面站用公共的天线及射频接收信道接收，再送各自终端做进一步处理，解调出遥测、数据及电视图像信号。

5) IOT/ESVA/CSM 功能

当卫星有效载荷工作频率与测控系统载频为同一频段时，可利用测控系统射频通道完成 IOT/ESVA/CSM 功能。

IOT/ESVA/CSM 设备使用统一系统的天线及上/下行射频信道，在卫星有效载荷（通信转发器）的配合下，完成对转发器的在轨测试（IOT）、通信地面站入网验证测试（ESVA）与通信业务监视（CSM）。

6.2 标准统一测控技术

标准统一测控技术，在 CCSDS 的普通在轨系统建议中，是一种基于频分复用的模拟体制，是指采用一个主载波和多个副载波调制若干个测控信号，以实现测控中多种功能的综合无线电测控技术。当采用同一频段的多载波时，还可以综合通信数传等功能。与以往的独立载波无线电测控设备相比，统一载波测控系统具备标准 TT&C 的工作模式具有一个载波能同时完成多种测控任务的特点，可以缓和射频的拥挤，还可简化飞行器上的射频设备，从而减小飞行器的体积、质量和功耗。因此，标准统一测控技术有效促进了统一载波测控系统的发展，成为目前对各种空间飞行器进行无线电测控的主要手段。

6.2.1 标准统一测控信号形式

目前，世界各国在用的统一载波测控系统主要工作在 S、C、Ka 三个频段，不同应用场合的统一载波测控系统可采用不同的调制体制、自跟踪体制和测距体制，其射频信号的传输也有多种方式。

6.2.1.1 载波调制体制

1) PM-PM

PM-PM 即上行载波与下行载波均采用调相体制。在这种体制下，航天器载应答机工作在有一定转发比要求的相参转发状态，系统可以获取目标的径向速度信息（从星地双向锁定的载波信号中提取多普勒频率）。这种体制的优点是测距精度较高，系统测距校零方法也较简单。但由于上/下行载波均要相参锁相，上/下行载波捕获均较复杂，设备量也相应增加。

2) FM-PM

FM-PM 即上行载波调频、下行载波调相的体制，航天器载应答机在非相参转发状态工作，系统不能测速。FM-PM 比 PM-PM 系统要简单一些，应答机也简单，其接收机仅是一个简单的鉴频器。

6.2.1.2 测距体制

统一载波测控系统可用的测距信号有伪码、侧音和伪码加侧音三种，形成不同测距体制。

目前，统一载波测控系统中用得最多的是纯侧音测距，如 C 频段统一系统采用 4 个侧音（主侧音为 27.7kHz，次侧音为 3968Hz、283Hz、35Hz，次侧音副载频为 19kHz），S 频段统一系统采用7个侧音（主侧音为100kHz，次侧音为20kHz、4kHz、800Hz、160Hz、32Hz及8Hz，侧音经频谱折叠处理后变为100kHz、20kHz、16kHz、16.8kHz、16.16kHz、16.032kHz、16.008kHz）。其中，最高侧音的选择与测距精度要求有关，次侧音是侧音匹配解模糊所必需的。

6.2.1.3 遥测体制

1）编码遥测

编码遥测是一种最常用的遥测体制。为满足专门时段对卫星状态监视的高要求，有时将编码遥测分为两个同时下传的数据流：正常遥测与驻留（DWELL）遥测（或称副遥测）。两遥测可以分别调制在两个副载波上由统一载波传输，也可以分别调制在频率相同的两个副载波上再由两个不同的载波传输。

2）模拟遥测

对自旋稳定卫星测控时，将与卫星姿态及转速有关的姿态脉冲及星/地时延测量脉冲等信号，一起形成八个姿态脉冲，以模拟遥测的形式传输到地面。

6.2.1.4 多载波调制体制

为传输航天器上的高码速率与大容量的遥测数据、电视图像信号及其他数据，采用由这些编码数据（PCM）直接调制同频段另一个载波的体制，调制体制可采用直接调频（PCM-FM或PACM-FM）或四相相移键控（QPSK）。

6.2.1.5 副载波调制体制

统一载波测控系统一般先将待传输的信号调制在各自的副载波上，各已调副载波复用在一起，再对统一载波进行调制。因所传输的信号性质不同，故采用的副载波调制体制往往也不同。

载波调制为FM-PM的系统中常采用四侧音测距。主侧音（27.77kHz）直接对上行载波调频（或下行载波调相），而次侧音（3968Hz、283Hz、35Hz）对副载波（19kHz）进行调频（FM）。

载波调制为PM-PM系统中常采用七侧音测距。主侧音（100kHz）直接对载波调相（上行与下行），而次侧音以16kHz为基准音，次侧音（4kHz、800Hz、160Hz、32Hz及8Hz）对基准音（16kHz）进行调幅（AM）形成折叠音（16.8kHz、16.16kHz、16.032kHz、16.008kHz）。

遥控指令一般采用PCM-PSK、MFSK($M=2,3,4$)、ASK等五种副载波调制。编码遥测采用PCM-PSK或PCM-DPSK。模拟遥测采用PPM-MFSK。上行或上/下话音采用PCM-PSK。

6.2.2 频分复用调制与解调

6.2.2.1 多重信号窄带调相

统一载波测控系统采用频分复用调制体制，各基带信号各自调制到独立的副载波上，已调副载波合并之后，再对载波进行指数调制（PM或FM）。

调制在下行载波上的信号有编码遥测信号、话音信号（对副载波进行PSK或DPSK调制后，对载波调相）、模拟遥测信号［先对副载波进行 MFSK（$M=4$）调制，再对载波调相］和应答机转发的测距主侧音及次侧音副载波信号，或测距 PN 码（对载波调相）。

以一个测距码和 K 个正弦副载波调制的下行窄带调相信号为例，说明其解调过程。该信号的表达式为

$$S(t) = A\cos\left[\omega_c t + bc(t) + \sum_{i=1}^{K} m_i \sin\Omega_i t\right] \tag{6-1}$$

式中：A 为载波幅度；ω_c 为载波角频率；b 为测距伪码对载波的调相指数；$c(t)$ 为伪码波形，取值为 ± 1；m_i 为第 i 个副载波对载波的调相指数；Ω_i 为第 i 个副载波的角频率。

将式（6-1）展开，经整理可得

$$\begin{aligned} S(t) = &A\left\{\cos b \sum_{n_1=-\infty}^{\infty}\cdots\sum_{n_k=-\infty}^{\infty}\prod_{i=1}^{K}[\mathrm{J}_{n_i}(m_i)]\cos\left(\omega_c t + \sum_{i=1}^{K} n_i\Omega_i t\right)\right\} - \\ &A\left\{c(t)\cos b \sum_{n_1=-\infty}^{\infty}\cdots\sum_{n_k=-\infty}^{\infty}\prod_{i=1}^{K}[\mathrm{J}_{n_i}(m_i)]\sin\left(\omega_c t + \sum_{i=1}^{K} n_i\Omega_i t\right)\right\} \end{aligned} \tag{6-2}$$

式中：$\mathrm{J}_{ni}(m_i)$ 为变量为 m_i 的第 n_i 阶贝塞尔函数。

窄带调相时，只考虑一阶边带功率。式（6-2）的调相信号经相干解调后，可得到残留载波分量功率，副载波一阶边带分量功率和测距码分量功率。

残留载波的功率为

$$P_c = \cos^2 b \prod_{i=1}^{K} \mathrm{J}_0^2(m_i) \frac{A^2}{2} \tag{6-3}$$

第 j 个副载波的功率为

$$P_{sj} = 2\mathrm{J}_1^2(m_j)\cos^2 b \prod_{\substack{i=1 \\ i\neq j}}^{K} \mathrm{J}_0^2(m_i) \frac{A^2}{2} \tag{6-4}$$

测距码分量的功率为

$$P_{sq} = \sin^2 b \prod_{i=1}^{K} \mathrm{J}_0^2(m_i) \frac{A^2}{2} \tag{6-5}$$

式中：载波信号总功率记为 $P_t = A^2/2$，将残留载波及各副载波及测距码与总载波功率之比（以 dB 表示）称为调制损失，以 L_i 表示。

残留载波的调制损失为

$$L_c = 10\lg \frac{P_c}{P_t} = 10\lg \cos^2 b \prod_{i=1}^{K} \mathrm{J}_0^2(m_i) \tag{6-6}$$

第 j 个副载波的调制损失为

$$L_{sj} = 10\lg \frac{P_{sj}}{P_t} = 10\lg \cos^2 b \prod_{i=1}^{K} \mathrm{J}_0^2(m_i) \tag{6-7}$$

测距伪码的调制损失为

$$L_{sq} = 10\lg \frac{P_{sq}}{P_t} = 10\lg \sin^2 b \prod_{i=1}^{K} \mathrm{J}_0^2(m_i) \tag{6-8}$$

调制后，总有效功率为

$$P_\Sigma = P_c + P_{sq} + \sum_{i=1}^{K} P_{si} \tag{6-9}$$

P_{Σ}/P_{t} 为载波调制总效率,等于各调制分量效率之和:

$$\eta_{\Sigma} = \frac{P_{\Sigma}}{P_{t}} = \frac{P_{c}}{P_{t}} + \frac{P_{sq}}{P_{t}} + \frac{1}{P_{t}}\sum_{i=1}^{K}P_{si} = \eta_{c} + \eta_{sq} + \sum_{i=1}^{K}\eta_{i} \quad (6-10)$$

由高阶项和交调乘积引起的功率损失为

$$\gamma = 1 - \eta_{\Sigma} = 1 - \left(\eta_{c} + \eta_{sq} + \sum_{i=1}^{K}\eta_{i}\right) \quad (6-11)$$

在系统设计时,要求 γ 不大于 20%。以上只是多重信号调相的一般分析,无测距 PN 码时,以上分析仍适用。

6.2.2.2 频分复用调相信号的解调

1) 基本原理

对统一载波测控系统下行频分复用体制调相信号的解调都采用相干解调方法。下行载波调相信号先经过一个载波解调器,得到副载波已调信号,再经过第二次相干解调,得到调制的基带信号(图 6-2)。

图 6-2 相干解调器基本模型

图中,PD 是相位检波器(乘积器),其参考输入端信号 $S_{Ref} = -\sin\omega_{c}t$,BPF、LPF 分别为带通及低通滤波器,如式(6-46)所示的多重调相信号 $S_{i}(t)$ 加在解调器的输入端:

$$S_{i}(t) = A\cos\left[\omega_{c}t + bc(t) + \sum_{i=1}^{K}m_{i}\sin\Omega_{i}t\right]$$

假定 PD 传递函数为 1,则 PD 输出信号为

$$S_{o}(t) = S_{i}(t) \cdot S_{Ref}(t) = -A\cos\omega_{c}t\cos\left[\omega_{c}t + bc(t) + \sum_{i=1}^{K}m_{i}\sin\Omega_{i}t\right] \quad (6-12)$$

将式(6-12)展开,并取差频项,经 LPF 后,得

$$\begin{aligned}S_{o}(t) &\approx \frac{A}{2}\sin\left[b(t) + \sum_{i=1}^{K}m_{i}\sin\Omega_{i}t\right] \\ &= \frac{A}{2}\left\{\sin bc(t)\cos\left[\sum_{i=1}^{K}m_{i}\sin\Omega_{i}t\right] + \cos bc(t)\sin\left[\sum_{i=1}^{K}m_{i}\sin\Omega_{i}t\right]\right\}\end{aligned} \quad (6-13)$$

$c(t)$ 伪码波形,取值为 ±1,则

$$\sin bc(t) = c(t)\sin b$$
$$\cos bc(t) = \cos b$$

$$S_{o}(t) = \frac{A}{2}\left\{c(t)\sin b\cos\left(\sum_{i=1}^{K}m_{i}\sin\Omega_{i}t\right) + \cos b\sin\left(\sum_{i=1}^{K}m_{i}\sin\Omega_{i}t\right)\right\} \quad (6-14)$$

式中:第一项 $c(t)\sin b\cos\left(\sum_{i=1}^{K}m_{i}\sin\Omega_{i}t\right)$ 为 PN 码与各正弦副载波的乘积;第二项

$\cos b \sin\left(\sum_{i=1}^{K} m_i \sin\Omega_i t\right)$ 为各正弦副载波项，记为 $S_{S,C}(t)$。

$$S_{S,C}(t) = \frac{A}{2}\cos b\left[\sum_{n_i=-\infty}^{\infty}\cdots\sum_{n_k=-\infty}^{\infty}\prod_{i=1}^{K}J_{n_i}(m_i)\right]\cdot\sin\sum_{i=1}^{K}n_i\Omega_i t \tag{6-15}$$

由式（6-15）可见，多重正弦副载波调相信号经相干解调后，输出信号包括有无限多个各副载波分量的谐波以及各副载波频率的交调产物，不过，当 n_i（谐波次数）$>m_i$（调制指数）时，$J_{n_i}(m_i)$ 值将迅速下降。在实际工程中，多采用调制度较小的小角度调相，对乘积器输出的各个副载波成分无须取无限多项，而只关心其中的基频项，于是第 j 个副载频（Ω_j）的基波项为

$$S_{S,C}_{n_j=1}(t) = \frac{A}{2}\cos bJ_1(m_j)\prod_{\substack{i=1\\i\neq j}}^{K}J_0(m_i)\sin\Omega_j t, \quad n_j = 1 \tag{6-16}$$

$$S_{S,C}_{n_j=-1}(t) = \frac{A}{2}\cos bJ_{-1}(m_j)\prod_{\substack{i=1\\i\neq j}}^{K}J_0(m_i)\sin(-\Omega_j t), \quad n_j = -1 \tag{6-17}$$

于是第 j 个副载波（Ω_j）的基波分量

$$S_{S,C,j}(t) = A\cos bJ_1(m_j)\sum_{\substack{i=1\\i\neq j}}^{K}J_0(m_i)\sin\Omega_j t \tag{6-18}$$

2) 相干解调器输出的副载波信噪比

在图 6-2 所示的相干解调器里，乘积器输出的噪声谱在输入带宽范围内是平坦的，因此带通滤波器或低通滤波器的带宽等于输出端等效噪声带宽，其输出噪声功率为

$$N = |N_0(\omega)|\cdot 2B_0 \tag{6-19}$$

式中：$N_0(\omega)$ 为乘积器输出端的噪声谱密度；B_0 为 BPF 的单边带宽。

乘积器输出的噪声功率谱密度为

$$|N_0(\omega)| = \frac{1}{2}N_0 \tag{6-20}$$

式中：N_0 为输入白噪声谱的平坦振幅。

将式（6-20）代入式（6-19），得

$$N = \frac{1}{2}|N_0|\cdot 2B_0 = |N_0|B_0 \tag{6-21}$$

由式（6-18）、式（6-21）可得到第 j 个副载波输出信噪比为

$$\left(\frac{S}{N}\right)_{s,c,j} = \frac{\dfrac{A}{2}\cos^2 bJ_1^2(m_j)\prod_{\substack{i=1\\i\neq j}}^{K}J_0^2(m_i)}{\dfrac{1}{2}|N_0|\cdot 2B_{0j}} \tag{6-22}$$

式中：B_{0j} 为第 j 个副载波通道的单边带宽。

由此得

$$\left(\frac{S}{N}\right)_{s,c,j} = 2\cos^2 bJ_1^2(m_j)\prod_{\substack{i=1\\i\neq j}}^{K}J_0^2(m_i)\cdot\frac{P_t}{|N_0|\cdot 2B_{0j}} \tag{6-23}$$

式中：$P_t = A^2/2$。

6.2.2.3　正弦副载波频率的交调干扰

多重正弦波同时对一个载波进行调制（PM）不可避免地存在着交叉调制产物，这些交调分量将影响系统的性能，甚至会导致系统无法正常工作。因此，正确选择副载波频率并进行副载频率的交调干扰复核计算十分重要。

数字信号（如 PN 测距码）所占频谱很宽，但每条谱线所占的能量很小，在计算调制信号的交调干扰计算时，可不考虑其影响，以下仅计算多个正弦副载波调相时产生的交调干扰。

仍以式（6-3）所代表的调相信号为例，且令 $b=0$（不考虑 PN 码测距信号），经展开、整理可得

$$S(t) = A \sum_{n_i=-\infty}^{\infty} \cdots \sum_{n_k=-\infty}^{\infty} \prod_{i=1}^{K} [J_{n_i}(m_i)] \sin\left(\omega_c t + \sum_{i=1}^{K} n_i \Omega_i t\right) \tag{6-24}$$

各频率分量的频谱幅度分别如下。

（1）残留载波，有

$$S_c = A \prod_{i=1}^{K} J_0(m_i) \tag{6-25}$$

（2）第 j 个正弦副载波的第 n 次谐波谱线（单边），有

$$S_i = A J_n(m_j) \prod_{\substack{i=1 \\ i \neq j}}^{K} J_0(m_i) \tag{6-26}$$

（3）交叉调制引起的组合干扰谱线，有

$$S_{n \cdot IM} = A J_{np}(m_p) J_{nq}(m_q) J_{nr}(m_r) \cdots \prod_{\substack{i=1 \\ i \neq p,q,r}}^{K} J_0(m_i) \tag{6-27}$$

式中：$J_{np}(m_p)$ 为第 p 个副载波（频率为 Ω_p）的 n 阶贝塞尔函数；$J_{nq}(m_q)$ 为第 q 个副载波（频率为 Ω_q）的 n 阶贝塞尔函数；$J_{nr}(m_r)$ 为第 r 个副载波（频率为 Ω_r）的 n 阶贝塞尔函数。

残留载波分量的功率为

$$P_c = P_t \prod_{i=1}^{K} J_0^2(m_i) \tag{6-28}$$

第 j 个副载波的第 n 次谐波分量（上、下旁频之和）的功率为

$$P_{n \cdot j} = 2 P_t J_n^2(m_j) \prod_{\substack{i=1 \\ i \neq j}}^{K} J_0^2(m_i) \tag{6-29}$$

交叉调制引起的组合干扰分量的功率为

$$P_{n \cdot IM} = 2 P_t J_{np}^2(m_p) J_{nq}^2(m_q) J_{nr}^2(m_r) \cdots \prod_{\substack{i=1 \\ i \neq p,q,r}}^{K} J_0^2(m_i) \tag{6-30}$$

6.2.3　信道电平设计与功率分配

6.2.3.1　下行信道残留载波及各副载波门限电平设计

统一载波测控系统信道电平设计的主要内容是根据载波捕获、测角、测距、测速、遥

测等要求确定残留载波及各副载波所需信号噪声功率谱密度比(S/φ),使各信道都满足门限电平要求,然后根据最佳化准则,对各信号的功率分量进行合理分配。

1) 下行残留载波捕获门限电平

下行信道电平首先必须保证锁相环对下行残留载波的捕获,即载波环锁定。在载波锁相环(PLL)环路等效噪声带宽 B_L 内,环路的失锁概率与环路输入信噪比 $(S/N)_i$ 有如表 6-1 所列的关系。环路等效噪声带宽 B_L 取决于根据残留载波捕获时间。

表 6-1 锁相环失锁概率 P_e 与环路输入信噪比 $(S/N)_i$ 关系

失锁概率 P_e	10^{-2}	10^{-3}	10^{-4}	10^{-5}
$(S/N)_i$/dB	3.46	5.91	7.41	8.62

一般取 $P_e = 10^{-4}$,10^{-5},则要求 $(S/N)_i = 7.41\text{dB}$ 或 8.62dB。于是下行残留载波的捕获门限为

$$(S/\varphi)_i = (S/N)_i \cdot 2B_L \tag{6-31}$$

2) 测角保精度门限电平

一般以由热噪声引起的测角随机误差指标计算接收机门限电平要求,而热噪声引起的测角随机误差为

$$\sigma_\theta = \frac{\theta_{3\text{dB}}}{K_m \sqrt{\left.\frac{S}{\varphi}\right|_C / 2B_{sv}}} \tag{6-32}$$

式中:σ_θ 为热噪声引起的测角随机误差(方位角或俯仰角);$\theta_{3\text{dB}}$ 为天线 3dB 波束宽度;K_m 为天线差波瓣误差斜率;$\left.\frac{S}{\varphi}\right|_C$ 为残留载波信号噪声功率谱密度比;B_{sv} 为角伺服跟踪环单边等效噪声带宽。

为满足测角随机误差要求(热噪声引起的),接收机门限电平应取

$$\left.\frac{S}{\varphi}\right|_C = \left(\frac{\theta_{3\text{dB}}}{K_m \sigma_\theta}\right) \times 2B_{sv} \tag{6-33}$$

式中:σ_θ 可为 σ_A(方位随机误差)或 σ_E(俯仰随机误差)。

3) 测距保精度门限电平

(1) 主侧音门限电平。

测距保精度门限设计是根据热噪声引起的主侧音的测距随机误差要求计算侧音接收通道的门限电平 $\left.\frac{S}{\varphi}\right|_{f_R}$。

热噪声引起的测距随机误差为

$$\delta_R = \frac{c}{18 f_R \sqrt{\left.\frac{S}{\varphi}\right|_{f_R} \cdot 2B_L}} \tag{6-34}$$

式中:c 为光速;f_R 为主侧音频率;B_L 为主侧音环等效单边噪声带宽,一般为几赫至十几赫;

$\left.\dfrac{S}{\varphi}\right|_{f_R}$ 为主侧音信号噪声功率谱密度比。

由此得到

$$\left.\frac{S}{\varphi}\right|_{f_R} = \left(\frac{c}{18 f_R \delta_R}\right) \times 2B_L \tag{6-35}$$

（2）次侧音环的门限电平。

为保证相位匹配，要求高侧音和低侧音二者的失配的概率为 10^{-5}。在预定的匹配概率下，按测距精度确定高侧音的测相误差（$\Delta\varphi_{主}$）后，可计算出次侧音的相位误差 $\Delta\varphi_{次}$，然后将其一部分分配给热噪声误差 δ_φ（如占 $\Delta\varphi_{次}$ 的一半，$\delta_\varphi = \dfrac{1}{2}\Delta\varphi_{次}$），再根据下式，由 δ_φ 计算 $\left(\dfrac{S}{N}\right)_{次}$：

$$\left(\frac{S}{N}\right)_{次} = \frac{1}{2}\left(\frac{57.3}{\delta_\varphi}\right)^2 \tag{6-36}$$

最后次侧音所需门限电平为

$$\left.\frac{S}{\varphi}\right|_{次} = \left(\frac{S}{N}\right)_{次} \cdot 2B_{L次} \tag{6-37}$$

式中：$B_{L次}$ 为次侧音环单边等效噪声带宽。

4）测速保精度门限电平

以由热噪声引起的测速随机误差限制计算测速所需接收电平阈值。

热噪声引起的测速随机误差为

$$\delta_{\dot R} = \frac{\lambda}{4\pi T}\sqrt{\frac{\left.\dfrac{S}{\varphi}\right|_C}{2B_L}} \tag{6-38}$$

式中：λ 为下行载波波长；T 为测速积分平滑时间；B_L 为锁相环等效单边噪声带宽。

由式（6-38）可算得为保证测速精度所需接收门限电平为

$$\left.\frac{S}{\varphi}\right|_C = \left(\frac{\lambda}{4\pi T \delta_{\dot R}}\right)^2 \cdot 2B_L \tag{6-39}$$

5）编码遥测及数传解调门限电平

对于编码遥测，首先根据 PSK 或 DPSK 副载波相干解调误码率要求，按数字调制体制下误码特性，经计算或查表，得出对应不同的副载波调制方式下的 E/N_0，再根据码速率要求计算 $\left.\dfrac{S}{\varphi}\right|_{TM}$（其中 E 为码元能量，N_0 为噪声功率谱密度）。

在一定码速率 F 要求下，所需门限电平为

$$\left.\frac{S}{\varphi}\right|_{TM} = E/N_0 \cdot F \tag{6-40}$$

6）模拟遥测解调门限电平

模拟遥测是对 FSK 调制的副载波进行解调，解调方式为包络检波，按解调信噪比要求，其解调出的脉冲误判概率 P_e 与信噪比的关系为

$$P_e = \frac{1}{2} e^{-\frac{1}{2}\left(\frac{S}{N}\right)_i} \tag{6-41}$$

式中：$(S/N)_i$ 为中频输入信噪比。

为保证一定的脉冲误判概率要求，所需接收门限电平为

$$\left.\frac{S}{\varphi}\right|_{\text{TMA}} = \left(\frac{S}{N}\right)_i \cdot 2B_i \tag{6-42}$$

式中：B_i 为解调前带宽。

6.2.3.2 上行信道残留载波及各副载波门限电平设计

1) 上行载波为调相（PM）波时

（1）捕获与跟踪残留载波门限。

已知应答机载波环带宽 B_L、应答机环路信噪比 $(S/N)_L$、限幅因子 L_α 和线路损耗 L_0，则可计算出需要的载波门限为

$$\left.\frac{S}{\varphi}\right|_C = (S/N)_L + 2B_L + L_\alpha + L_0 \tag{6-43}$$

（2）主侧音门限。

取转发信噪比为 (S/N)，转发带宽 B_L，线路损失 L_0，则

$$\left.\frac{S}{\varphi}\right|_{\text{主}} = \frac{S}{N} + B_L + L_0 \tag{6-44}$$

（3）次侧音门限。

次侧音或副载波调制的次侧音转发信噪比为 (S/N)，转发带宽 B，线路损失 L_0，则

$$\left.\frac{S}{\varphi}\right|_{\text{次}} = \frac{S}{N} + B + L_0 \tag{6-45}$$

（4）遥控门限。

上行遥控的调制体制为 PCM-PSK、FSK、ASK-PM 时，由误码率要求 P_e 可查得所需 E/N_0。再考虑线路损失为 L_0，遥控码速率为 F，则

$$\left.\frac{S}{\varphi}\right|_{\text{TC}} = \frac{E}{N_0} + F + L_0 \tag{6-46}$$

（5）上行话音门限。

上行话音调制体制为 PCM-PSK-PM 时，由误码率 P_e 要求查得 E/N_0。当码速率为 F 时，线路损失 L_0，门限为

$$\left.\frac{S}{\varphi}\right|_{\text{话}} = \frac{E}{N_0} + F + L_0 \tag{6-47}$$

（6）同控门限。

当基带宽度为 B_1，按满足恢复基准脉冲精度 σ_0 要求，线路损失为 L_0，则

$$\left.\frac{S}{\varphi}\right|_{\text{TCS}} = \frac{0.16}{(\sigma_0 B_1)^2} \cdot B_1 + L_0 \tag{6-48}$$

调制体制为 ASK 时，由误码率 P_e 要求查得 E/N_0，已知基带宽度 B_1，线路损失 L_0，则

$$\left.\frac{S}{\varphi}\right|_{\text{TCS}} = \frac{E}{N_0} + B_1 + L_0 \tag{6-49}$$

2) 上行载波为调频（FM）波时

上行载波为调频波时，其最大调制频偏 $\Delta f = \pm 400\text{kHz}$。因调制指数大，故应答机解调前带宽 B_1 较宽，如鉴频器解调要求中频信噪比为 (S/N)，则解调门限电平为

$$\left.\frac{S}{\varphi}\right|_\Sigma = (S/N) + B_1 \tag{6-50}$$

6.2.3.3 信道功率分配

在对残留载波和各副载波的门限电平设计与计算的基础上，选择合适的调制制度，进行信道功率的最佳分配。

1. 下行信道

信道功率最佳分配的一般原则：

（1）系统对载波的捕获与跟踪是系统正常工作的前提，因此，首先要保证残留载波有足够的功率（高出门限 2dB），以确保载波有稳定的振幅和相位。

（2）按各副载波所要求的 S/N 值门限进行功率分配，保证各副载波基本同时达到阈值，以降低接收的总功率要求。

（3）各副载波的一阶边带能量应尽量大，即调制损耗最大，以保证足够高的调制效率。

（4）为保证绝大部分信号功率集中在零阶和一阶边带内，并减少交调干扰，各信道的调制指数应尽量小（一般小于 $\pi/2\text{rad}$）。

（5）为保证不超调，设计时应给交调分量留有一定比例的总功率。

（6）系统应留有一定余量。

（7）应答机转发信噪比足够大 $[例如 (S/N)|_{转发} > 0\text{dB}]$，以保证转发噪声对下行信道噪声的影响可以忽略。

2. 下行信道的功率分配

统一载波测控系统各种信号均采用指数调制（调角体制），下行信道采用调相体制，可以用正交鉴相器解调出调制信号，而残留载波用作跟踪锁定信号。例如，在国际 C 频段统一系统中，下行载波调制体制为 PM，下行各副载波为主侧音、次侧音或次侧音副载波（19kHz）、编码遥测、模拟遥测。如设主侧音的调制度为 m_1，次侧音或次侧音副载波的为 m_2，编码遥测的为 m_3，模拟遥测的为 m_4。则总调制度为

$$m_\Sigma = \sqrt{\sum_{i=1}^{4} m_i^2} \tag{6-51}$$

载波及各副载波的调制损失为

载波：

$$L_1 = \left.\frac{S}{\varphi}\right|_C \bigg/ \left.\frac{S}{\varphi}\right|_\Sigma = \prod_{i=1}^{4} \text{J}_0^2(m_i) \tag{6-52}$$

主侧音：

$$L_2 = \left.\frac{S}{\varphi}\right|_主 \bigg/ \left.\frac{S}{\varphi}\right|_\Sigma = 2\text{J}_1^2(m_1) \prod_{i=2}^{4} \text{J}_0^2(m_i) \tag{6-53}$$

次侧音：

$$L_3 = \left.\frac{S}{\varphi}\right|_{\text{次}} \Big/ \left.\frac{S}{\varphi}\right|_{\Sigma} = 2J_1^2(m_1) \prod_{\substack{i=2\\i\neq 2}}^{4} J_0^2(m_i) \tag{6-54}$$

编码遥测：

$$L_4 = \left.\frac{S}{\varphi}\right|_{\text{TMC}} \Big/ \left.\frac{S}{\varphi}\right|_{\Sigma} = 2J_1^2(m_3) \prod_{\substack{i=2\\i\neq 3}}^{4} J_0^2(m_i) \tag{6-55}$$

模拟遥测：

$$L_3 = \left.\frac{S}{\varphi}\right|_{\text{TMC}} \Big/ \left.\frac{S}{\varphi}\right|_{\Sigma} = 2J_1^2(m_4) \prod_{\substack{i=2\\i\neq 4}}^{4} J_0^2(m_i) \tag{6-56}$$

式中：$\left.\frac{S}{\varphi}\right|_{\text{C}}$、$\left.\frac{S}{\varphi}\right|_{\text{主}}$、$\left.\frac{S}{\varphi}\right|_{\text{次}}$、$\left.\frac{S}{\varphi}\right|_{\text{TMC}}$、$\left.\frac{S}{\varphi}\right|_{\text{TMC}}$ 分别为残留载波、主侧音、次侧音、编码遥测、模拟遥测信号噪声功率谱密度比；$\left.\frac{S}{\varphi}\right|_{\Sigma}$ 为下行信道总信号噪声功率谱密度比；$J_0(m)$、$J_1(m)$ 分别为零阶、一阶贝塞尔函数。

残留载波及各副载波占总功率的百分比（%）（载波利用效率）为

$$\eta_i = 10^{-\frac{L_i}{10}} \tag{6-57}$$

调制总效率（载波利用总效率）为

$$\eta_\Sigma = \sum_{i=1}^{5} \eta_i \tag{6-58}$$

调制后信号占用有效的 $\frac{S}{\varphi}$ 值，即所需 $\left.\frac{S}{\varphi}\right|_{\Sigma\text{有效}}$ 值（以计算的残留载波或副载波正常工作所需各个门限电平加上相应的载波或副载波调制损失，取最高者为 $\left.\frac{S}{\varphi}\right|_{\Sigma\text{有效}}$ 值）。

分配给残留载波的 $\left.\frac{S}{\varphi}\right|_{i}$ 值为

$$\left.\frac{S}{\varphi}\right|_{\text{C}} = \left.\frac{S}{\varphi}\right|_{\Sigma\text{有效}} - L_1 \tag{6-59}$$

式中：L_1 为载波调制损失。

分配给各副载波的 $\left.\frac{S}{\varphi}\right|_{i}$ 值为

$$\left.\frac{S}{\varphi}\right|_{i} = \left.\frac{S}{\varphi}\right|_{\Sigma\text{有效}} - L_i \tag{6-60}$$

式中：L_i 为各副载波调制损失。

所需的总有效功率为

$$S_{\Sigma\text{有效}} = \left.\frac{S}{\varphi}\right|_{\Sigma\text{有效}} + \varphi_n \tag{6-61}$$

式中：φ_n 为系统噪声功率谱密度，$\varphi_n = kT_n$，其中，T_n 为接收系统输入端等效噪声温度；k 为玻耳兹曼常数，$k = 1.38 \times 10^{-23}$ J/K。

不加调制时总 $\frac{S}{\varphi}$ 值 $\left.\frac{S}{\varphi}\right|_{\Sigma}$ 和总 $S_{\Sigma\text{未调}}$ 分别为

$$\left.\frac{S}{\varphi}\right|_{\Sigma} = \left.\frac{S}{\varphi}\right|_{\Sigma\text{有效}} - \eta_{\Sigma} \tag{6-62}$$

$$S_{\Sigma\text{未调}} = \left.\frac{S}{\varphi}\right|_{i} + \varphi_n \tag{6-63}$$

3. 上行信道

上行信道调制度的选择及信道功率分配与下行信道相似，只是上行信道分为载波调相与载波调频两种情况。

上行载波为调相时，上行信道通常有四个副载波（含测距侧音），分别为主侧音、次侧音、遥控、话音，且四个副载波可同时存在。各副载波调制指数（m_i）及总调制度（m_Σ）等的计算程序与下行信道类似。

上行载波为调频时，可按调频方式进行调制度选择及功率分配。

4. 上、下行信道的频谱分布

在合理选择调制度并进行信道功率分配之后，可画出上/下行信道的频谱配置。由频谱分布图，可以在上、下行信道频率域内直接查阅残留载波及各个副载波的位置及其幅度的大小。

图 6-3、图 6-4 是 S 频段统一测控系统下、上行信道的频谱分布 [工作于 PM-PM 体制，上行：遥控、测距、话音同时，测距主侧音 100kHz，次侧音为 20kHz 或 16kHz 折叠音。下行：测距与遥测同时，除统一载波信道外，该系统下行还包括一个工作于另一个载波频率的数传（DDT）的频谱]。

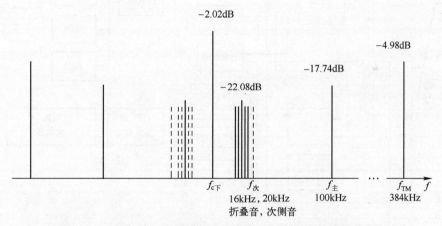

图 6-3　S 频段统一测控系统（PM-PM）下行信道的频谱分布

6.2.4　标准统一测控实现方法

统一载波测控系统完成的功能较多，系统结构复杂，其地面系统部分的基本结构由如图 6-5 所示的几个分系统组成。

6.2.4.1　天线与跟踪指向分系统

天线与跟踪指向分系统包括天线、馈源、天线座架、天线角位置显示器、自跟踪接收机、天线控制单元，以及自动相位调整单元（在单脉冲自跟踪接收机中，用于自动调整

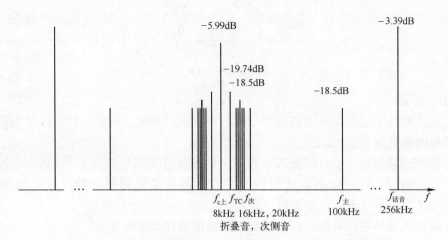

图 6-4　S 频段统一测控系统（PM-PM）上行信道的频谱分布

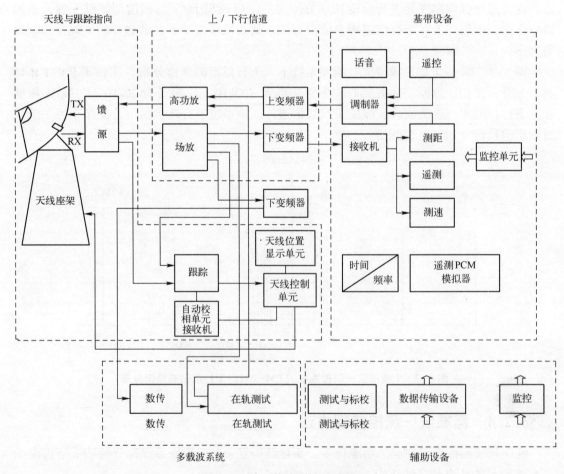

图 6-5　统一载波测控系统原理

和、差通道的相移差）。

1. 天线

天线除了有效地辐射或接收能量，还完成高频电流或导波（能量）到同频率无线电波

（能量）的转换，为跟踪接收机提供偏离射频轴向的角误差信号。

把天线和上/下行信道连接起来的馈线也属于天线系统的一部分，馈线形式随工作频率不同而异，可以是波导、同轴线、微带等。

统一载波测控系统中普遍采用卡塞格伦天线、格里高利天线与环焦天线，均为双反射面天线。双反射面天线由主反射面、副反射面、馈源三部分组成。

2. 跟踪与指向单元

跟踪是指天线对目标的角度随动，指向则是指天线角位置数据的获取。因此，该单元的基本功能是实现统一系统对目标两个角度坐标的自动跟踪，获取精确的角度坐标（方位角与俯仰角）数据。该单元包括天线座架、驱动与伺服装置、天线控制单元（含天线角位置显示器）、自动跟踪接收机（包括角度自跟踪通道前置放大器、自跟踪下变频器、信标接收机-步进跟踪、跟踪接收机及角误差解调器-单脉冲跟踪）等部分。

1) 天线座架结构

能够全空间覆盖的天线称为全向可控天线，或称全动天线；仅能在有限天体角范围内改变其波束指向的天线则称为限动天线（LMA）。

通常，用于同步卫星发射或中低轨道航天器测控的天线，都采用全动天线；而用于同步轨道静止卫星定点管理测控的天线都为限动天线。全动天线与限动天线座采用不同的座架结构，全动天线多数采用方位—俯仰（AZ-EL）安装的转台式座架、轮轨式座架，或者 $X\text{-}Y$ 安装的座架；而限动天线都采用方位—俯仰安装立柱式座架。全动天线系统大多采用单脉冲自动跟踪方式，而限动天线系统较多采用步进自动跟踪方式（表6-2）。

表 6-2 天线座架形式、自跟踪方式组合

座架与自动跟踪		全动天线	限动天线
座架	AZ-EL 安装转台	√	
	AZ-EL 安装轮轨	√	
	AZ-EL 安装立柱		√
	$X\text{-}Y$ 安装	√	
自动跟踪	单脉冲自动跟踪	√	
	步进自动跟踪		√

通常把统一载波测控系统天线座架安装方式分为方位—俯仰座架和 $X\text{-}Y$ 座架两种，而方位—俯仰座架又分为转台式、轮轨式、立柱式三种类型。

（1）方位—俯仰座架。

这种安装方式座架的一个轴（方位轴或 A 轴）与地面垂直，另一个轴（俯仰轴或 E 轴）与地面平行。这种座架的特点是只有天线在作俯仰旋转时，才会因自重造成畸变。但是，这种座架在天顶方向（俯仰=90°左右）有一个机械"死点"，很难跟踪在天顶附近运动的目标，此时天线需在方位上作高速运动。

方位—俯仰转台式座架（或称轭架-塔形座架）如图6-6（a）所示。其方位转动机构是由液压马达或钢丝滚道轴承构成的精密转台，它是一种高精度、高速、平稳可靠、全向可控性好的座架，为大多数全动天线所采用。

方位—俯仰轮轨式座架如图6-6（b）所示。将天线安装在一个能沿圆形轨道运动的

底座上，由方位电机驱动滚轮沿轨道运动，满足天线方位可控要求，这种座架多用于大型天线。

方位—俯仰立柱式座架如图 6-6（c）所示。这是一种最简单经济的座架，天线方位与俯仰的控制均可用简单的蜗轮螺杆传动机构及交流马达驱动实现。显然，这种座架的天线只能用于跟踪运动速度很低的目标，适用于跟踪精度要求不高、有限可变指向的限动天线，特别是同步卫星定点管理的步进自跟踪系统。

（2）X-Y 座架。

X-Y 座架如图 6-6（d）所示。它有两个互相垂直的机械轴，X 轴与 Y 轴，X 轴平行于地面，Y 轴与 X 轴正交且随 X 轴旋转而自转。在目标飞临天顶，即俯仰角等于 90°附近时，没有机械"死点"，这种座架结构适用于要求天线在半球空间角度连续跟踪（目标"过顶"时仍不丢失），而又对角度跟踪的精度要求不高的系统中。

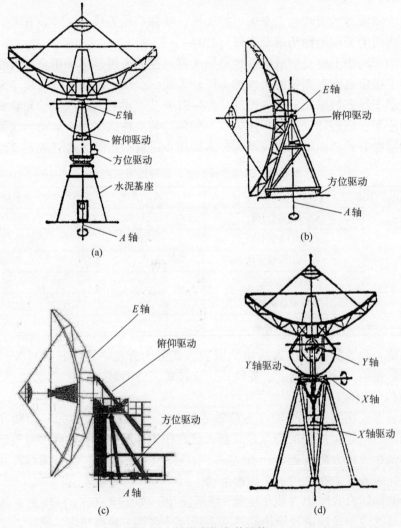

图 6-6 天线座架安装结构

（a）方位—俯仰转台式；（b）方位—俯仰轮轨式；（c）方位—俯仰立柱式；（d）X-Y 座架。

但如果需要天线全方位可控，必须将 X、Y 轴架设到离地面相当高的位置上，从而增加天线的质量，此外，由于结构的限制，这种座架无法跟踪仰角很低的目标。

2) 自动跟踪方式

统一载波测控系统多采用振幅法进行角度的跟踪与测量，常用的角度自跟踪方式有步进自动跟踪、圆锥扫描自动跟踪与单脉冲自动跟踪。

步进自动跟踪是以最大信号法为基础实现角度的跟踪与测量的。它利用和波束最大值方向来跟踪目标，可采用"爬山"式步进与扫描式步进两种方式。"爬山"式步进是天线的射频波束在天线控制单元的控制下一步一步地改变指向，若改变指向后接收到的电平比改变前收到的电平强，则天线继续往前走；若电平变弱，则天线向相反方向运动，直到波束最大值方向对准目标。而扫描式步进是由天线控制单元控制天线在其波束角范围内围绕所处位置进行等边长的矩形扫描，经信号处理，驱动天线停在波束顶点附近。

在实际工作中，可根据需要设定步进的间隔，"爬山"或扫描的周期，并可以根据已经测得的卫星运动轨迹进行轨道预测跟踪（程序跟踪）。

这种自动跟踪方式方案简单，设备配置少，只需要一个简单的信标接收机及步进跟踪天线控制单元，故可靠性高。但跟踪精度低，还受大气闪烁、降雨吸收和信标电平变化的严重影响。

此外，两种步进跟踪方式都需要天线逐次逼近，在经历一个步进周期之后，才能找到接收信号的最大方向，故而只适用于运动速度很慢的目标。

圆锥扫描与单脉冲都是以等信号法为基础实现角度的跟踪与测量的。

圆锥扫描自动跟踪采用顺序波瓣测角技术，用一个偏焦安装的馈源以音频绕天线的等信号轴旋转，在一个音频扫描周期内，使其波束最大辐射方向在空间形成一个以天线等信号轴线为中心的圆锥面，当目标偏离天线等信号轴时，相继进入天线波束内接收信号的包络将被扫描音频所调制，以此提取出角误差信号送伺服跟踪回路，实现角度闭环自动跟踪。可见，圆锥扫描自动跟踪体制的系统结构及角误差信号的提取都很简单。但是，圆锥扫描体制采用的是顺序波瓣测角技术，角误差信号只有在经过一个扫描周期之后才能得到，因此，它测得的目标角度数据总是滞后于目标的当前位置，对于高速运动的空间目标将更为严重。此外，这种跟踪体制只利用了目标回波信号的振幅信息，而相位信息没有充分利用，这些都导致圆锥扫描自动跟踪体制的应用范围受到了限制。在统一载波测控系统中，圆锥扫描仅作为一种辅助的跟踪手段，用于与大口径天线共座的外挂引导小天线系统。

单脉冲自动跟踪采用同时波瓣测角技术，这是统一载波测控系统用得最多的一种角度自跟踪体制，它是通过比较、处理从多个波束（或多天线）同时收到的目标信号提取角度自跟踪信息的。其中的振幅比较单脉冲体制则通过同时比较来自两个差波束的信号，获取其振幅差，用两个信号振幅差的大小来表示目标对等信号轴偏离的大小；而两个信号振幅差的极性表示目标对等信号轴偏离的方向。由此产生的误差电压送伺服跟踪回路，并设法使两信号的振幅差趋于零，以实现角度闭环自动跟踪。

6.2.4.2 系统频率流程的确定

统一载波测控系统的频率流程决定了系统中各主要分机（如发射机、接收机、终端）

及应答机之间的频率关系,与总体、各分机的方案与组成密切相关,将影响系统的性能及方案实现的难易程度。确定系统的频率流程将涉及系统工作频率的选择,上、下行频率的转发要求,地面系统与应答机的方案,也与测角、测距、测速、数据信号的传输、解调与提取要求密切相关。

1. 载波频率的选择

系统上、下行频率的选择需考虑国际无线电频段使用分配、电波传播特性、测量精度要求、信息容量要求,以及电磁兼容及电磁干扰要求等。采用相干转发方式时,选择的上/下行频率转发比应避免上、下行载频频率差与上、下行频率呈整数倍关系,以免造成干扰。上/下工作频率步进调整量的选择,除满足系统工作频率切换要求外,还应为系统留有任务可扩展的充分余地。

2. 确定各分机与频率流程的关系

1) 应答机频率流程

应答机完成上行至下行信号的转发,由接收机及发射机组成。载波调制方式为PM/PM的系统常使用上/下行频率相参的应答机;载波为FM/PM的非相参系统则使用非相参应答机,其接收机是简单的鉴频接收机,而相参应答机的接收机必须是锁相接收机,一般采用二次变频方案(图6-7)。

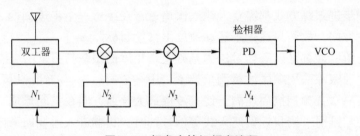

图 6-7 相参应答机频率流程

其中,转发比 ρ,有

$$\rho = \frac{f_{\text{up}}}{f_{\text{down}}} = \frac{N_2 \pm N_3 \pm N_4}{N_1} \qquad (6\text{-}64)$$

式中: f_{down} 为下行频率; f_{up} 为上行频率; N_1、N_2、N_3、N_4 为倍频次数。

例如,S 频段统一系统选择 $\rho = \frac{221}{240}$;而 C 频段统一系统选择 $\rho = \frac{75}{64}$。

2) 发射机的频率流程

发射机把一个标准频率的信号,通过频率变换,变为上行所要求的频率,并满足工作频率可变的要求。

当采用 70MHz 调制器加上变频器方案时,在 70MHz 调制器上完成上行信号的调制和载波扫描,由上变频器将 70MHz 信号变换为所需频点。

3) 接收机的频率流程

在统一载波测控系统中,无论上/下行频率是否相参,均在下行载波采用调相体制(PM)时,地面接收机均为锁相接收机,一般采用二次变频方案,如图6-8所示。

图 6-8 (a) 所示为一本振闭环方案,此时目标的多普勒频移不引入中放,在上/下行

相参的系统中，对提高测速精度有利；图 6-8（b）所示为二本振闭环方案，便于环路测试与调整，且工作频率变化时只变换一本振即可，锁相环是一个固定频率。

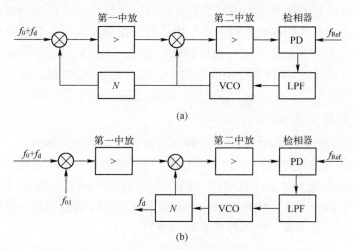

图 6-8　锁相接收机方案
（a）一本振闭环；（b）二本振闭环。

现今，在统一载波测控系统中，下行链路多采用将下行射频信号由下变频器（D/C）变为 70MHz，而 D/C 采用二次混频方案，且其中一级混频采用带频综的本振，以适应工作频率细密切换的要求，接收机为 70MHz 锁相接收机。因接收机的 VCO 输出含多普勒信息，故可由此提取目标的双程多普勒频移。

6.2.4.3　上/下行信道

下行信道包括低噪声场放，下变频器；上行信道包括上变频器及高功放，上/下行信道与基带设备在 70MHz 中频接口。上行信道及下行信道是决定全系统性能的关键分系统，例如高功放的输出功率决定了系统的 EIRP 值，而低噪声场放（LNA）的噪声温度决定了系统的接收品质因子 G/T 值。因此在进行系统设计时，特别是为满足 EIRP 及 G/T 值的要求，必须在天线的收/发增益及高功放的输出功率、低噪声放大器的噪声温度之间作出合理的选择。

6.2.4.4　基带设备

基带是指在载波调制之前信号所占用的频带，即终端设备所产生的原始信号固有的频带。统一系统中的基带设备包括 70MHz 上行调制器、70MHz 中频遥测/测距/测速调相接收机、遥控单元、遥测单元、测距单元、测速单元、遥测 PCM 模拟源、时间/频率单元和监控单元。

6.2.4.5　辅助设备

辅助设备包括：

（1）站监控分系统。负责对站内集中监视与控制；与卫星控制中心接口，完成站内设备状态、测量数据向中心的发送，接收中心的监控、指令等。

（2）数据传输设备。负责将站内数据［遥测、距离（相位）、角度、速度、设备状态等]汇集后按规定的传输协议向中心发送，同时将中心送来的遥控指令及监控命令等数据帧分发到各个子系统。

在由数据传输设备负责与中心进行数据交换时，站监控系统的功能可以简化，只完成对各子系统的设备状态的监视与控制，而与中心的数据交换统一由数据传输设备完成。

（3）测试与标校、模拟分系统。包括联试应答机/信标机、调频/调相变换器（FPC）、测距校零变频器（ZRT）、小环指令检测接收机、遥测 PCM 模拟源、话音及电视图像信号模拟源、卫星模拟器等。

6.2.4.6 多载波系统

（1）多载波遥测。与 TT&C 共用下行射频信道（共用低噪声场放）。

（2）数据及图像信号传输。与 TT&C 共用下行射频信道（共用低噪声场放）。

（3）在轨测试系统。包括在轨测试（IOT）、地面站入网验证测试（ESVA）、通信业务监视（CSM）三部分，该系统与 TT&C 系统共用一个下行信道（共用低噪声放大器）与上行信道（可以共用高功放，或另外配置高功放）。

6.3 扩频统一测控技术

标准 TT&C 统一测控系统存在抗干扰能力差和难以实现多星测控等缺点，因此提出了扩频统一测控。扩频统一测控技术具有抗同频干扰能力强、安全保密性好、可码分多址、抗多径干扰和能精确定时和测距的优点，它利用伪随机码序列对传送信息进行调制，依靠高速率扩频码保证测距精度，根据上下伪码是否相关，分为相干体制（也称扩频 TT&C 模式一）和非相干体制（也称扩频 TT&C 模式二）。

（1）相干体制。

相干体制下，在明确发端载波频率和相位的情况下工作，卫星收到地面测距标志后立即转发该标志，其与测量帧头严格对齐。相干体制存在应答机复杂，且易引起环路失锁等不足。

（2）非相干体制。

扩频模式二上行遥控和测距均采用 PCM-CDMA-BPSK 方式，其信号相互独立，使用码分多址，共用同一载波频点，下行遥测和测距也均采用 PCM-CDMA-BPSK 方式，其信号相互独立，使用码分多址，共用同一个载波频点。

扩频模式二具有可获取双向测量信息、测量帧解距离模糊等特点，同时卫星和地面均可实现多路接收、一路发送能力，构成多星多站系统，可提高卫星定位和时间差测量精度。

6.3.1 扩频测控信号形式

根据香农公式：$C = B \cdot \log_2(1+S/N)$，如果保持信道容量 C 不变，增大带宽 W 可以换来信噪比 S/N 的减小。如果展宽信号频谱，单位频带内的功率就会变小，即信号的功率谱密度将变低，甚至低于噪声的功率谱密度，使敌方难以在背景噪声中检测出信号，因而扩频技术在军用测控中得到应用。

扩频技术有直接序列扩频（DSSS）、跳频扩频（FHSS）和跳时扩频（THSS）等方式。

最经典的扩频信号产生方法是用一个带宽很宽的扩展信号对已由数据调制过的载波进行第二次调制。扩频调制可以是相位调制，或载波频率的快速变化，或与其他技术的组合。当使用相位调制进行频谱扩展时，得到的信号称为直接序列（DS）扩频信号；当使用快速变化的载频率进行频谱扩展时，得到的信号称为跳频（FH）扩频信号；当同时使用直接序列扩频和跳频技术时，得到的信号称为混合 DS-FH 信号。扩频所选择的扩频信号应该具有下述特征：使期望的接收者能够方便地解调被发送信号，而使非期望的接收者解调时尽可能地困难。这些特征也使期望的接收者得以将通信信号和干扰区分开，如果扩频信号的带宽大于数据带宽，那么扩频传输带宽将主要由扩频信号决定，而几乎独立于数据信号。

6.3.1.1 直接序列扩频

1）Gold 码

在伪码测距中介绍的 m 序列虽然性能优良，但同样长度的 m 序列个数不多，且序列之间的互相关性并不都好。R. Gold 提出了一种基于 m 序列的码序列，称为 Gold 码序列。这种序列有较优良的自相关和互相关特性，构造简单，产生的序列数多，因而获得了广泛的应用。

如有两个 m 序列，它们的互相关函数的绝对值有界，且满足以下条件：

$$R(t) = \begin{cases} 2^{\frac{n+1}{2}}+1, & n \text{ 为奇数} \\ 2^{\frac{n+1}{2}}+1, & n \text{ 为偶数}(\text{不是 4 的倍数}) \end{cases} \tag{6-65}$$

我们称这一对 m 序列为优选对。

如果把两个 m 序列发生器产生的优选对序列模 2 相加，则产生一个新的码序列，即 Gold 序列。

Gold 序列的主要性质有以下三点。

① Gold 序列具有三值自相关特性，其旁瓣的极大值满足上式表示的优选对的条件。

② 两个 m 序列优选对不同移位相加产生的新序列都是 Gold 序列。因为总共有 2^n-1 个不同的相对位移，加上原来的两个 m 序列本身，所以，两个 m 级移位寄存器可以产生 2^n+1 个 Gold 序列。

③ Gold 序列的序列数比 m 序列数多得多。

2）二相相移链控直接序列扩频

BPSK 的直扩调制是其他调制方式直扩的基础。假设一个功率为 P、角频率为 ω_0、相位调制为恒包络 $\theta_d(t)$ 的调制载波，可表示为

$$S(t) = \sqrt{2P}\cos(\omega_0 t + \theta_d(t)) \tag{6-66}$$

BPSK 扩频是通过 $S(t)$ 简单乘上一个表示扩频波形的函数 $c(t)$ 完成的，发送的信号是

$$S_t(t) = \sqrt{2P}c(t)\cos(\omega_0 t + \theta_d(t)) \tag{6-67}$$

信号 $S_t(t)$ 经过传输时延为 T_d 的无失真传送后，信号和某些类型的干扰或高斯噪声一起被接收。解调是使用经适当延时的扩频码进行相关或反调制完成的。这种使用延时的扩频波形对接收信号的反调制或相关被称为解扩，它是扩频系统的核心问题。解扩输出的信

号分量为

$$S_r(t) = \sqrt{2P}c(t-T_d)c(t-\hat{T}_d)\cos(\omega_0 t + \theta_d(t-T_d) + \varphi) \qquad (6-68)$$

式中：$\hat{T}_d$ 为接收机对传输时延的最佳估计。

如果 $\hat{T}_d = T_d$，由于 $c(t) = \pm 1$，即如果接收端扩频码与发送端的同步的话，那么乘积 $c(t-T_d)c(t-\hat{T}_d)$ 就为 1，故正确同步后，除了随机相位 φ，解扩器输出的信号成分等于 $S(t)$，于是 $S(t)$ 可用相干相位解调器进行解调。

上面的数据调制也不一定必须是 BPSK，$\theta_d(t)$ 的形式也没有限制。扩频的 BPSK 调制过程也可由数据和扩频码进行模 2 加后再对载波进行 BPSK 调制实现，如图 6-9 所示。

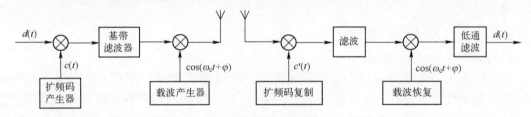

图 6-9 直接序列扩频

如前所述，在接收端与扩频码不匹配的接收信号，经过互相关运算后被滤除，例如，应接收信号伴有很强的窄带干扰，经过解扩后，相当于用扩频码对它扩频，变成宽带干扰；再经过窄带滤波之后就会滤除大部分干扰，仅剩一小部分残余干扰。这种处理带来的好处是可用扩频增益来衡量。扩频增益的含义是因扩展发送信号的带宽而获得的抗干扰能力的增益。扩频增益一般表示为信号扩频后的带宽与扩频前的带宽之比，在时间域上也表示每比特信息中，所包含的 PN 码序列的码片数，在频率上表示为 PN 码的速率与信息速率之比。

3）四相相移键控直接序列扩频

信息采用 QPSK 的优点是节省频谱。但在扩频系统中带宽效率通常不是首要考虑的因素，主要考虑的因素是抗干扰，而扩频正交调制具有更加难被侦察和对某些类型的干扰更加不敏感的优点。扩频调制可使用多种技术加到正交载波上，比如信息采用 BPSK、扩频码采用 QPSK，或者信息和扩频码都采用 QPSK。

信息 BPSK，扩频 QPSK 的载波调制方案中，二进制信息数据先对载波进行 BPSK 调制（或其他相位调制），然后分成正交两路，任一支路的输出功率都是输入功率的一半，扩频码再对它进行 QPSK 调制，两个支路的扩频码取值为 ±1，它们彼此独立，设计时取其码速率相同、同步、相干。但信息码和扩频码可以不相干，扩频 QPSK 调制器的输出为

$$s(t) = \sqrt{P}c_1(t)\cos(\omega t + \theta_d(t)) + \sqrt{P}c_2(t)\sin(\omega t + \theta_d(t)) \qquad (6-69)$$

如果信息数据和扩频码都采用了 QPSK 调制，同相和正交信道的数据调制信号和扩频调制信号可以是不同的，也可以是相同的，当两个信道的功率相同、数据速率相同、扩频码速率也相同时，称为平衡 QPSK 扩频调制。发送信号为

$$s(t) = \sqrt{P_I}d_I(t)c_1(t)\cos\omega t + \sqrt{P_Q}d_Q(t)c_2(t)\sin\omega t \qquad (6-70)$$

如果它的同相和正交信道具有不同的功率，称它为非平衡调制（UQPSK）扩频信号，

如果在 QPSK 扩频调制解调器中，将 I、Q 的扩频码相互延迟半个码元，就可实现 OQPSK 扩频。

6.3.1.2 跳频扩频

跳频扩频把总频带分成不重叠的 n 个子频带，在信号传输时，由扩频码选择其中的一个或多个子频带，从而使载波按一定规律随机地跳变。图 6-10 所示为跳频扩频调制解调器的基本原理。

在选择的某个子频带发射信号的瞬时，信号带宽为 B 是确定的。跳频系统的处理增益为总的跳频带宽和瞬时信号带宽之比。跳频系统也有较强的抗干扰能力。假定所有的用户同步地在不同载波频率上跳转，如果有 n 个子频带，则在目标用户的子频带中出现干扰的概率为 $1/n$。如果共有 i 个互相干扰的用户，则目标用户子频带中至少存在一个干扰的概率为 i/n，跳频点数 n 越大，抗干扰能力越强。

依据信息比特率与跳频速率的关系，分成快跳频和慢跳频。若在一个信息比特宽度内超过一次频率跳转，则称为快跳频；如果在频率跳转的时间间隔内发射了一个或多个信息比特，则为慢跳频。在实际应用中，有时也将大于 1000 跳/s 称为快跳频。

由于载频频率在跳变时相位不连续，很难保持相位相干，跳频扩频信号常用非相干解调，调制方式常采用 FSK、ASK 等。由于非相干不能提取相干的多普勒信息，利用它来实现相干载波多普勒测速将是一个难题。

跳频时，每个载波频率通常由包含 2^k 个频率的频率合成器产生，且该频率集合中各个频率之间的间隔近似数据调制频谱宽度，但上述两个条件并不是绝对的。在这种情况下，这时扩频码用来控制载波频率的跳变，形成一个频率序列。因为传输信号从一个频率跳变到下一个频率使频谱得到了扩展，所以这种类型的扩频称为跳频扩频（FHSS）。在接收端，通过与接收信号同步跳变的本地振荡器信号与接收信号混频来去除频率跳变。

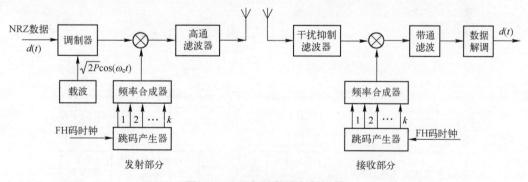

图 6-10 跳频扩频调制解调器

由于建立真正相干的频率合成器很困难，大多数跳频扩频系统使用非相干或者差分相干数据调制方式，这样接收机就不需要对已调载波的相位进行精确恢复。

在慢跳扩频中，接收信号经由本地振荡器进行下变频，下变频器的输出是一个单频序列。实际上，本地振荡器频率与发送频率之间有一个偏移频率，所以解跳输出将在这个频率上。再使用非相干解调方法就可解调出该信号。

在快跳频（FFH）扩频中，每个符号内跳频频率要变化多次。使用快跳频可得到的最大好处是,在每一个比特符号中可以获得频率分集增益,这在部分频段受到干扰的环境中特别有用。

采用快跳频时,用多个频率来传送 1bit 的信息,若这时一个频率受到干扰,但只要大多数频率未受干扰,仍可采用多数判决来降低误码率,使抗干扰性能得到提高。它可工作在几种不同的信号处理模式下:一种模式是每接收到一个跳频码片就进行一次判决,并基于所有 k 个码片的判决来估计数据输出,判决准则可以是简单的大数判决;另一种模式是将每个数据输出符号看作 k 个码片上所有接收信号的函数,计算其似然概率并选择其中取值最大的一个。对于某一给定的 E_b/N_0,计算每个符号发送似然概率的接收机是最小差错概率意义下的最佳接收机。每种可能的处理模式的性能各异,且复杂度也不一样,必须选择最能解决所涉及的具体问题的处理模式。快跳频系统在衰落信号环境下,或者在部分频段受干扰环境下都是非常有用的技术,且它可方便地与纠错编码结合在一起使用。

6.3.1.3 直扩、跳扩的混合扩频

跳频扩频的最好方法是同时使用直接序列扩频技术和跳频扩频技术,在同一个系统中将两者的优点结合起来,它在军事扩频系统中得到了应用。将 DS 和 FH 扩频结合的可能方法有多种,下面介绍一个简单混合系统。

图 6-11 给出了使用差分二进制 PSK 数据调制的混合 DS-FH 扩频调制解调原理。由于使用非相干频率跳变,数据调制必须是非相干或差分相干的。由于采用 DPSK 调制,需在载波调制之前进行差分数据编码,然后 DPSK 调制载波首先乘以 DS 扩展波形 $c(t)$ 进行直接序列扩展,再通过使用 FH 的上变频进行频率跳变。

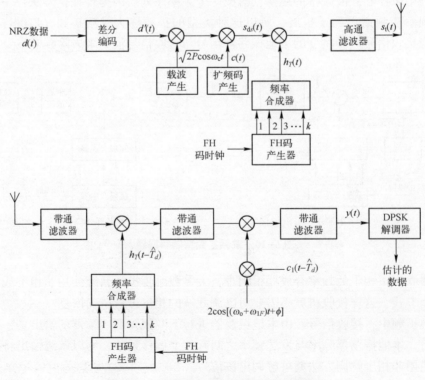

图 6-11 混合 DS-FH 扩频调制解调原理

在接收端是进行一系列相反的变换,如图6-11中接收端所示。这里必须获得并跟踪两种扩频控制的码字,它们之间可以是相互关联的。其处理增益为"直扩"和"跳扩"二者处理增益之积。

另外还有跳时扩频系统,其在时间上分成许多时隙,信息符号序列就以伪随机方式选择某个时隙进行发送。由于要把长度为 T 的符号序列压缩到 τ 时隙内发送,符号的宽度要压窄,从频域上讲,也就扩展了频谱,其扩展的倍数为 T/τ。因为是突发工作,所以对抗侦察,抗截获较好。

6.3.2 扩频测控信号捕获与跟踪

在扩频系统中,要正确进行解扩,必须进行伪码同步,即在接收端产生一个与发送端同步的伪码,并跟随发送端伪码的变化而变化。伪码同步是扩频系统的关键,它分为两个阶段:一是捕获(又称粗同步),主要是捕获伪码,试图找到接收信号中伪码的起始相位,使收端伪码与发端伪码的相位差小于1/2个码元;二是跟踪(又称精同步),进一步减小收端码元与发端码元的相位误差(一般要使收、发两码元的误差小于1/10码元时间),并使收端码元跟踪发端码元的变化。

6.3.2.1 直接序列扩频信号的捕获与跟踪

直扩信号的解扩,必须在发端和收端的扩频码之间建立同步,如果它们失步,即使小到只差一个码片,也会造成解扩损失,使到达信息码解调器的信号能量大大减小,并带来PN码测距误差的加大。而发端和收端PN码的同步,通常都是在收端用码环来实现的,同步包括两个步骤:第一步为码捕获,先根据可用的先导信息来确定PN码的初相位;第二步为码跟踪,在获得PN码初相以后,保持PN码一直同步跟踪。扩频信号的捕获与跟踪是一个二维的(包括码和载频)信号复制过程,用复制的码来进行测距和解扩,用复制的载频来进行测速和解调。

常用的捕获方法如下。

① 串行搜索法。即搜索码的所有相位和频率,直到捕获同步。每置一次参考相位/频率都对解扩接收机的输出信号进行一次判决,以确定是否有解扩作用,如果所置相位和频率都正确,则可被解扩,这时信号的频谱被压窄,窄带滤波器将有信号输出,判决为捕获正确;如果码的相位和频率不正确,则接收信号不能被解扩,窄带滤波器的输出就很小,这就需要调整接收端的参考扩频信号产生器到一个新的相位/频率上进行判决。如果参考扩频信号与接收到的码几乎对准(相差在±1/2码片以内),那么解扩后就有足够的信号能量通过滤波器,判决结果将使搜索停止。串行捕获算法结构简单,只需要一个相关器,实现资源消耗量较小,但捕获时间较长,如果需要缩短捕获时间,则可以将信号分路,采用多个相关器,进行并行运算。

② 匹配滤波器法。将接收信号送入匹配滤波器,并检测输出幅度最大的时刻。匹配滤波器能在接收到的特定码符号序列时输出一个脉冲和相应的序列相位,一旦接收到这个脉冲,接收端的码发生器就使用与接收码流相同的初始相位开始工作,捕获也就完成,这种方案要求匹配滤波器具有非常大的时间—带宽积。设计一个匹配滤波器,使其单位脉冲响应为伪码的时间反转,当扩频信号输入达到一个伪码周期时,有一个最大相关输出,令

该输出对本地伪码发生器置位，使两伪码达到粗同步。在载波频率较高的情况下，匹配滤波器可用表面声波（SAW）延时线滤波器和数字移位寄存器来实现。

③ 基于FFT的分析算法。信号频率可以通过分析频率谱获得，基于循环相关的FFT算法将本地伪码相位的依次滑动改进为本地伪码与接收伪码的循环相关，利用时域的卷积等于频域相乘的原理在频域计算循环相关。

捕获过程所需要搜索的码相位和频率的数量与传播时延的不确定性成正比并与发/收端的相对动态特性有关，传播时延对应于码片数，而码片时间宽度又与码速成反比，因此捕获时间与扩频码的时钟频率成正比。由于跳频扩频系统使用的时钟速率远远小于传输带宽，跳频系统的同步时间远远小于具有相同传输带宽的直接序列扩频，这也是现在一些扩频系统为什么要选用跳频的主要原因。对于跳频扩频，初始同步技术与直扩系统中使用的相同。

码的捕获阶段一般可以使接收扩频码的相位准确到 $\pm 1/4 \sim \pm 1/2$ 个码片。当码的跟踪环路闭环时，跟踪环路必须消除 $\pm 1/2$ 码片的相位误差。

在扩频信号的跟踪过程中，多普勒效应对载波的影响比对伪码的要大得多。对于处理高动态情况下的扩频信号，应先考虑载波跟踪环的设计，因此当前大部分的载波跟踪技术的研究都是围绕着锁相环展开的。锁相环和码的跟踪锁相环（以下简称码环）之间的主要不同在于误差鉴别器的实现上。对于载波跟踪，鉴相器可以是一个简单的乘法器，然而对于码跟踪环，需要使用多个乘法器、滤波器及包络检测器进行时间差鉴别，故称为延迟锁定环路（DLL），码环也是锁相环路，所以分析扩频码跟踪系统的目标通常是建立与传统锁相环模型相同的各种不同的码跟踪环路模型，从而可以利用大量已有的锁相环的结论。

典型的码跟踪环路要利用接收信号与本地生成的两个不同时延的扩频波形（超前和滞后）进行相关处理。这两个相关运算可使用两个独立支路，或通过一个时间共享支路来分时完成。使用两个独立相关器的跟踪环路称为全时间超前—滞后跟踪环路，在时间上共享单个相关器的跟踪环路称为 τ 抖动超前—滞后跟踪环路。当前技术比较成熟的有两种：延迟锁定环和 τ 抖动环。

① 延迟锁定环。其接收信号与本地产生的两个相位差（提前及滞后）信号进行相关，提取误差信号后矫正本地伪码相位。其优点在于它的鉴别器用的是能量检波器，从而减少了数据调制和载波相位对伪码跟踪性能的影响。与伪码测距中介绍的跟踪方法一致。

② τ 抖动环。除了鉴别器，其他部分都与延迟锁定环相一致。τ 抖动环的鉴别器只有一个相关通道，它是时分工作的，用方波转换信号来控制分配相关器是工作在本地产生的超前码还是滞后码。虽然其设计简单，但是由于它只能从超前和滞后信号中提取到一半的能量，码环的跟踪门限将遭受到3dB的损失。在此基础上又提出双抖动环，可以解决 τ 抖动环回路使噪声性能变坏的问题，但付出的代价是实现复杂化。

6.3.2.2 跳频扩频信号的捕获与跟踪

它包括两个部分，一是载波频率的解跳，即收端和发端的频率综合器的同步；二是跳频控制码的同步。

频率跳变系统的跳频码同步跟踪环路与直接序列系统的同步跟踪环路相类似，在包络相关同步跟踪环路中用频率合成器替换直扩调制器就构成了频率跳变系统的同步跟踪回路。用一个频率合成器,并利用延迟线产生超前与滞后相关支路的本地参考信号。

由于跳频带来载波信号相位的不连续性,码环采用非相干迟锁定环路(又称包络相关延迟锁定环路),其输入的信号是未经解扩与解调的直接序列调制信号而并非基带信号,因而也不要求在实现同步跟踪以前产生相干载波。另外,环路中使用的鉴别器是能量检波器,对信息调制与载波的相位都不敏感,因而跳频引起的相位不连续性不会带来影响。

跳频系统的捕获方法有多种,一种捕获方法是用接收码钟作为频率合成器的基准,由于它已带有多普勒频移,故频率合成器输出信号的频率与接收信号的频率总是相差一个中频,经混频后总是有最大的中频输出。如果本地跳频图案的相位与接收的跳频图案不一致(频率跳变的跳变时间不一致),则通过混频后产生的信号偏出中频,使其不能产生较大或最大的中频输出,经平方、积分后输出很小,控制时钟电路使跳频码序列跳变1/2码元的相位,继续搜索,直到与接收信号的跳频图案相一致。

对于航天测控信号在接收的载波中存在较大的多普勒频移,为减小它带来的解跳频率误差,用接收信号中的码钟分量,对收端跳频频综进行多普勒补偿。在跳频测控系统中,由跳频引起的载波相位不连续而对载波多普勒测速和相位调制信号的影响问题是一个技术难点。

6.3.3 扩频测控实现方法

目前,在航天测控中扩频测控实现方式按照发射上下行信号是否相关分为模式1和模式2,即相干扩频和非相干扩频。

6.3.3.1 相干扩频测控

相干扩频测控功能如图6-12所示。应答机的下行载频频率按照相干转发比,对上行载频频率进行转发。应答机的下行伪码码速率按照再生的上行伪码码速率进行相干转发,且下行伪码初相与上行伪码初相对齐。

角跟踪采用双通道比幅单脉冲方式,区别是要先对信号进行解扩。接收信号先变频到中频后,经解扩提取相干载波,经过能量检测控制和路的AGC。和路的相干载波和AGC控制信号送给差路信号,完成差路信号的AGC控制。利用和路载波跟踪结果,对差路信号进行解扩解调实现角跟踪。

上下行均采用UQPSK调制,发射信号如下:

$$s(t)=\sqrt{2P_I}\cdot PN_I(t)\cdot d(t)\cdot \cos(\omega t+\varphi)+\sqrt{2P_Q}\cdot PN_Q(t)\cdot \sin(\omega t+\varphi) \quad (6-71)$$

I支路为码长较短的GOLD码,传输扩频遥测遥控数据;Q支路为码长较长的截短m序列。

上行I支路调制遥控信息,采用GOLD码(短码)扩频;Q支路调制截短m序列(长码)测距伪码,Q支路测距长伪码与I支路短码相关,以便星上利用短码辅助测距伪码捕获。下行I支路调制遥测信息,采用GOLD码(短码)扩频;Q支路调制截短m序列(长码)测距伪码,下行测距伪码(长码与短码)必须与上行测距伪码相干。传输数据的I支路分配较高的信号功率。由于I支路能量较强,Q支路能量较弱,短码用于距离跟踪和辅助长码跟踪,长码用于测距解模糊。该体制下的载频、伪码、信息码均不相关。

信号完成下变频后,要进行伪码(短码)捕获、跟踪,载波捕获、跟踪,利用载波跟

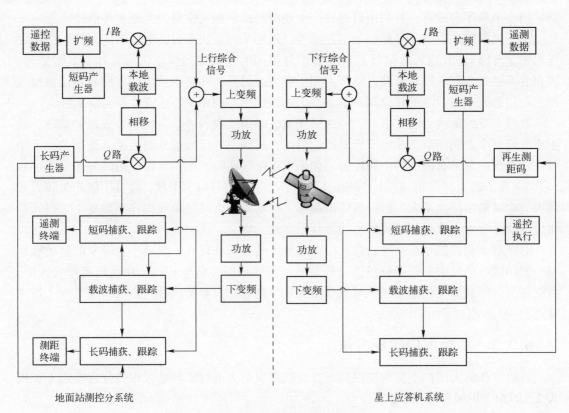

图 6-12 相干扩频测控功能

踪结果经计算实现测速,利用伪码(短码)跟踪结果对长码进行捕获跟踪完成测距解模糊,实现测距。短码保精度,长码解模糊。

I 支路短码一般采用并行方式实现伪码捕获。在运算时将 Q 支路的信号视为噪声,中频信号与本地 NCO 输出的正交信号混频鉴相,经低通滤波,与本地伪码(短码)进行相关累积,经 FFT 运算进行频谱分析,频谱分析结果作捕获判决,调整本地码相位。本地码相位调整一个伪码周期找到相关峰,分析出载波多普勒效应。其他几路接收同样接收下变频信号,进行相关累积,求能量,捕获判决,调整本地码相位直到找到相关峰。几路并行信号之间本地码码钟相差一定频率,以抵消伪码多普勒效应的影响。综合分析多路捕获的结果实现解扩解调。在伪码(短码)捕获同时作 FFT 分析,FFT 分析结果辅助载波捕获。短码捕获、载波捕获跟踪后进行长码捕获,此时,载波跟踪环路已稳定工作,短码延迟锁定环已稳定工作,将短码测定的相差给长码置初相,改变长码本地码的相位,进行相关运算,找到相关峰。

当载波跟踪环路处于跟踪状态时,由 NCO 的频率控制字可以直接计算得到接收信号的多普勒频率。

6.3.3.2 非相干扩频测控

非相干扩频测控模式为非相干转发、码分多址 BPSK 体制。其功能框图如图 6-13 所示。

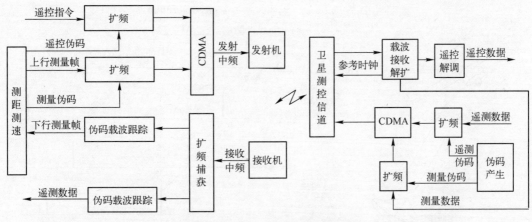

图 6-13 非相干扩频测控功能

信号形式如下：

$$s(t) = \sqrt{2P_{TM}} \cdot PN_{TM}(t) \cdot d_{TM}(t) \cdot \cos(\omega t + \varphi_{TM})$$
$$+ \sqrt{2P_R} \cdot PN_R(t) \cdot d_R(t) \cdot \cos(\omega t + \varphi_R) \quad (6-72)$$
$$+ \cdots$$

非相干扩频测控角跟踪与相干扩频相同，测距测速采用非相干伪码测距、多普勒测速方式，测距通过星地互测伪距，地面解算实现；测速也通过星地互测伪多普勒，地面解算实现。上行遥控支路和测量支路两路伪码，分别调制遥控、测量信息，以 CDMA 调制方式输出信号；下行遥测支路和测量支路两路伪码，分别调制遥测、测量信息，以 CDMA 调制方式输出信号。扩频码均采用 GOLD 码（短码），码率可变。根据需要可复合多路，实现多种信息传输模式，如一站多星测控、多站一星测控等。上、下行测量信号采用测距帧结构，帧内所传信息是测量信息，上行测距帧不调制信息（或者时间同步信息），仅用于解距离模糊，下行测距帧调制应答机状态信息、上行伪距、伪多普勒测量信息、星上时间采样信息（用于星地对时）等。测距精度取决于测距支路伪码的码元宽度和信号能量，无模糊距离取决于上行帧计数周期，数据采样率取决于下行测距帧频。为实现测速，要求星上和地面基带、接收和发射信道时钟共源。

在捕获跟踪时采用并行 FFT 分析、伪码并行接收完成捕获，锁频环与锁相环相结合的方式完成载波跟踪，锁频环辅助完成伪码环跟踪。

采用非相干方式双向测距时，上下行链路测量支路的信息帧速率、信息速率及伪码速率无须相干，但上行测量支路的伪码速率必须为上行信息位速率的整数倍，时钟必须相干；下行测量支路的伪码速率必须为下行信息位速率的整数倍，时钟也必须相干。测距原理示意如图 6-14 所示。

地面站测距帧编帧扩频后，利用上行链路发送到航天器；航天器接收到上行信号后进行解扩、解调、帧同步，再利用自身形成的下行测距信息帧同步对上行信号采样，提取帧计数、位计数、扩频伪码计数、码相位、测量伪多普勒值等测量信息，并采样星上时间，将这些采样信息实时放入下行测距帧送至地面，下行帧频根据测量数据采样率需要而定。

地面接收到下行测距链路信号后进行解扩、解调、帧同步提取得到下行测距帧同步信

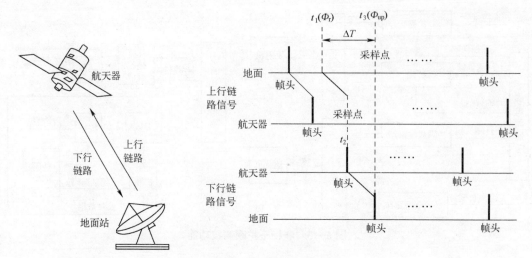

图 6-14 非相干测距原理示意

号,再利用下行帧同步对上行信号采样,提取帧计数、位计数、扩频伪码计数、码相位、采样下行多普勒值等测量信息。地面通过计算完成测距、测速、时间差测量。

① 测距。地面将从下行测距帧中获取的帧计数、位计数、扩频伪码计数、码相位等测量(星上采样)信息与地面采样获取的帧计数、位计数、扩频伪码计数、码相位等测量信息进行比较计算,可得到信号在地面与航天器间传输的双程时间 ΔT。

$$\Delta T = \frac{\Phi_{up} - \Phi_r}{R_{pn}(1+\sigma_{地})} \approx \frac{\Phi_{up} - \Phi_r}{R_{pn}} \qquad (6-73)$$

由此可计算出航天器与地面站的距离。

$$R = \frac{1}{2} \cdot \Delta T \cdot c \approx \frac{(\Phi_{up} - \Phi_r) \cdot c}{2R_{pn}} \qquad (6-74)$$

式中:Φ_{up} 为地面设备利用恢复的帧同步后沿采样的上行信号相位;Φ_r 为星上设备利用自身形成的帧同步后沿采样的上行信号相位。

② 测速。非相干扩频测控采用双向测伪多普勒频率实现测速。地面将从下行测量帧中获取的上行单向伪多普勒测量值与地面采样获取的下行单向伪多普勒测量值进行比较计算,可得到双向多普勒测量值。要求星上伪多普勒测量积分时间和地面伪多普勒测量积分时间一致,星上采样时刻为下行测量帧同步形成时刻(后沿),地面采样时刻为接收到下行测量帧同步时刻(后沿)。

设标称上行载波频率为 f_{RF1},标称下行载波频率为 f_{RF2},星载应答机的钟差为 $\sigma_s(t)$,地面站的钟差为 $\sigma_g(t)$,应答机相对于地面站的径向速度 $v(t)$,光速为 c,测速积分时间为 ΔT_j。则地面发出的上行信号频率为 $f_{RF1} \times (1+\sigma_g(t_1))$,到达星上的上行信号频率为 $f_{RF1} \times (1+\sigma_{g地}(t_1)) \times \left(1-\frac{v(t_2)}{c}\right)$,卫星以星钟为参考测得上行信号频率值为 $f_{RF1} \times (1+\sigma_{g地}(t_1)) \times \left(1-\frac{v(t_2)}{c}\right) / (1+\sigma_s(t_2))$,扣除标称上行载波频率为 f_{RF1},可得到上行伪多普勒测量值 f'_{d1}。同理,星上发出的下行信号频率为 $f_{RF2} \times (1+\sigma_s(t_2))$,到达地面的下行信号频率为 $f_{RF2} \times (1+$

$\sigma_{s\text{地}}(t_2)) \times \dfrac{c}{c+v(t_2)}$,地面以地面钟为参考测得下行信号频率值为 $f_{RF2} \times (1+\sigma_s(t_2)) \times \dfrac{c}{c+v(t_2)} \Big/ (1+\sigma_g(t_3))$,扣除标称下行载波频率为 f_{RF2},可得到下行伪多普勒测量值 f'_{d2}。

可以列出下面的方程组:

$$\begin{cases} f_{RF1} \cdot (1+\sigma_g(t_1)) \cdot \left(1-\dfrac{v(t_2)}{c}\right) = (f_{RF1}+f'_{d1}) \times (1+\sigma_s(t_2)) \\ f_{RF2} \cdot (1+\sigma_s(t_2)) \cdot \dfrac{c}{c+v(t_2)} = (f_{RF2}+f'_{d2}) \times (1+\sigma_g(t_3)) \end{cases} \quad (6\text{-}75)$$

由于地面站采用原子钟作为系统频率参考,时钟短稳指标较高,$t_1 \sim t_3$(对于地球轨道卫星一般小于1s)时钟频率变化很小,可以忽略,即近似认为 $\sigma_g(t_1) = \sigma_g(t_2) = \sigma_g(t_3)$,由以上两式可以简化为下式,计算出目标径向速度。

$$v = \dfrac{f_{RF1} \times f_{RF2} - (f_{RF2}+f'_{d2}) \times (f_{RF1}+f'_{d1})}{f_{RF1} \times f_{RF2} + (f_{RF2}+f'_{d2}) \times (f_{RF1}+f'_{d1})} \cdot c \quad (6\text{-}76)$$

6.4 统一载波测控技术发展

为进一步提高统一载波测控系统的性能,增强测控能力,并适应未来航天任务的复杂需求,全空域多波束测控、超宽带隐蔽测控、随遇接入测控、激光统一测控等技术也取得了巨大进展,并开始在测控设备中得到应用。

6.4.1 全空域多波束测控技术

随着航天事业的迅猛发展,在太空中飞行的航天器数目越来越多,当在同一测控站的作用范围内同时出现多个目标时,要求地面测控站具备对多目标同时进行测控和管理的能力。实现多目标同时测控的方法主要有两种:一是升级传统地面测控站,使其具有多目标同时测控能力;二是采用天基测控系统,利用中继星等实现对空间多目标的同时测控。天基测控中继星只是进行频谱的搬移和简单的预处理,将其观测到的数据和信息传到地面,由地面中心站进行处理。在天基多目标测控中,当需要及时处理大量接收数据时,由于中继星测控资源有限,可能引起多目标测控冲突等现象。而大力提升地基多目标测控管理能力,发展建立全空域多目标测控系统,可以有效解决日益繁重的多目标同时测控的问题。

6.4.1.1 球面阵天线技术

关于提升地基多目标测控能力,传统的方法是增加测控站的数量与分布范围或者采用多套天线系统的方式,其实质还是多个单地面站的简单组合,这必将导致测控设备庞大、效率低、各系统间的调度更加复杂。特别是当目标数目多、空间分布广时,传统测控方法需要付出巨大的代价。其中,高效的天线系统都是保证对多个目标实施有效测控管理的关键子系统。与传统多天线系统相比,相控阵天线具有体积小、质量轻、损耗低、易于实现多波束、波束控制灵活等特点,成为实现单站多目标测控一种较为理想的天线形式。

阵列天线最早应用于相控阵雷达，后来又在通信领域得到了应用，前者侧重雷达方面的技术，后者主要朝着智能天线发展。而测控技术是包含连续波雷达和通信的综合技术，除了遥测、遥控、数传等测控通信业务，还包括测距、测速和测角等跟踪测轨业务。利用阵列天线实现目标跟踪、测量与数传的系统称为相控阵测控系统。相控阵天线在测控中的应用，目前主要采用平面相控阵+机械伺服的方式。我国已研制成功并初步应用的多波束测控天线就是采用机扫+电扫的方式，平面阵天线实现窄空域内多目标的同时测控，机械扫描保证对全空域内所有目标的波束覆盖。该相控阵天线并不能实现真正意义上的全空域目标同时测控，且同时跟踪的目标数目只能达到四个。

能够实现全空域同时多波束的相控阵天线主要有球面阵天线和多面阵天线两种。香侬等于2005年提出采用球面阵天线实现波束的全空域覆盖，如图6-15（a）所示。球面阵在全空域内具有均匀的波束增益及低级化与失配损失，但球面阵天线需要大量的子阵面拼接而成，阵元数异常庞大，给天线的工程实现及波束形成网络带来巨大困难。而后，Hoon Ahn在球面阵结构的基础上进行改进，采用上半部球形，下半部分采用柱面结构，即网格球顶相控阵天线，如图6-15（b）所示。典型的天线结构有美国空军研制的GDPAA（geodesic dome phased array antenna），上半部分采用大量近似等边三角形的子面阵拼接成半球面结构，下面采用柱面阵结构，使其同时兼有理想球面阵的全空域一致波束增益和平面阵的便于实现等优点。这样虽然提高了天线波束对低仰角目标的覆盖性能，但子阵面的数目并没有明显减小，天线结构、安装工艺、测试、维护与波束控制方法依然十分复杂。

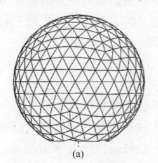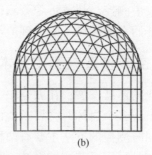

图6-15 球面阵天线结构

（a）球面阵天线；（b）网格球顶相控阵天线。

多面阵天线在GDPAA的基础上将天线结构进一步简化，采用了多平面拼接的结构，得到五面阵结构与六面阵结构的阵列形式，如图6-16所示。多平面拼接阵进一步减少了平面子阵的数量，在保持全空域覆盖性能的同时降低了实现难度。每个平面阵在其扫描范围内具有很好的增益一致性，可有效抑制栅瓣的影响。阵列的子平面结构更便于应用现有的波束形成技术，但一般的五面或者六面阵结构在低仰角、过顶方向增益损失较大，全空域内扫描角的变化还有可能导致波束主瓣性能下降。

6.4.1.2 数字波束形成（digital beamforming，DBF）技术

早期相控阵天线主要通过移相器和衰减器完成天线方向图的控制，随着数字技术的发展，可将传统阵列天线中射频移相器与衰减器的控制等效为对阵列接收信号的加权处理，通过基带数字信号处理的方法实现天线期望波束的形成，这就是DBF技术。相比模拟多

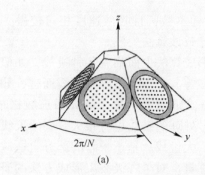 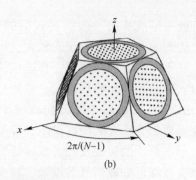

图 6-16 简单的多面阵天线
(a) 五面阵天线；(b) 六面阵天线。

波束形成方法，数字多波束形成方法具有波束灵活可控，不易老化，工作可靠，可自检，可编程，精度高等优点，DBF 技术已成为多波束形成的理想选择。

DBF 技术是阵列天线研究的最主要内容，随着数字信号处理水平的不断发展以及各种 DBF 方法的提出，其在雷达、通信、测控、声纳等领域得到了广泛应用。采用 DBF 技术，可同时形成多个波束，在一定的准则下可在期望目标方向形成主瓣，并将零陷对准干扰信号方向，减小目标间的相互干扰，提高系统的可靠性。

将数字波束形成技术用于测控，可有效解决测控中的多目标、抗干扰等方面的需求。测控系统的信号和任务形式与雷达和通信的不同，决定了测控中的数字波束形成的特殊性，但仍可借助数字波束形成在雷达和通信中的大量成果。数字波束形成技术的核心思想是利用数字信号处理的方法形成所期望的天线方向图，实现对目标信号的有效接收，并且尽量抑制干扰与无用信号。数字波束形成的实现途径是调整各阵元的权值，求解各阵元加权值组成的阵列权向量也是实现 DBF 的关键。

常用的自适应数字波束形成技术是在一定的自适应准则下，动态调整权值，实现波束的自适应控制，使天线的主波束指向期望目标方向，并在干扰方向形成抗干扰零陷，提高阵列输出的信干噪比（SINR）。依据是否依赖信号的特征信息，自适应波束形成算法又可以分为盲自适应波束形成算法和非盲自适应波束形成算法。其中，非盲自适应波束形成算法又有基于空间特征的波束形成算法与基于时间特征的波束形成算法之分。

基于空间特征的波束形成算法，往往要事先知道接收信号的空间特征信息，如来波方向、信源数目等。在理想条件下，该类算法能够有效地抑制干扰，提高阵列输出信号的 SINR。而在实际系统中，各种干扰的影响（如阵元的幅相误差、位置误差等）将会严重影响到阵列方向图的性能。为了降低各种误差的影响，提出了各种稳健的自适应 DBF，如最大信噪比算法以及线性约束最小方差算法等。

基于时间特征的波束形成算法，虽然不需要知道接收信号的空间特性，具有广泛适用性，但是依赖参考信号或者训练信号，通过接收的快拍数据进行权值的计算。该算法性能受参考信号和快拍数据的影响，常用的方法有最小均方法、递归最小二乘法等。

盲自适应算法不需要知道信号的空间或者时间特征信息，主要利用其自身的统计特性来自适应的调整阵列的权系数。这些统计特性包括高阶统计特性、恒模特性及平稳性等。这类算法能够在不依赖信号先验知识的条件下，利用高阶统计特性实现最优的盲波束形成。但是盲波束形成算法一般需要较多的学习样本数,且收敛速度相对较慢。在强干扰下,盲估计得到的方向向量的误差较大,可能导致该算法失效。

此外,在不同的应用条件下,自适应波束形成算法也面临着各种挑战,如信号频率很宽、阵列形式特殊、阵元数目巨大、空间目标多等。对于大型阵列天线而言,如果仍采用阵元级的 DBF 方法,由每个阵元构成一个通道,则需要对每个阵元通道数据单独处理。这样的系统需要十分庞大的硬件设施,阵列信号处理的维数也将很大,会给天线的安装和维护、波束形成算法的实现及经济成本等带来巨大挑战。基于子阵的部分自适应波束形成算法,可以有效降低处理信号的维数,减少运算量。对子阵级波束形成方法的研究主要包括子阵的划分以及阵列权值的优化两个方面,其最终目标是减小栅瓣、栅零点的影响,使阵列天线形成期望波束。因此,子阵划分与子阵级 DBF 算法是实现大型阵列数字波束形成的关键技术。

6.4.2 超宽带隐蔽测控技术

超宽带(ultra-wide bandwidth, UWB)信号是指带宽为其载波频率的 25% 或者带宽超过 500MHz 的信号。UWB 技术之所以有如此大的吸引力,是因为和其他技术相比具有一些独特的特点,如被截获/检测到的概率极低、抗干扰能力强、传输速率高、抗多径干扰能力强、穿透能力强等特点,且 UWB 系统的收发电路成本低。采用超宽带信号的测控体制可以克服传统测控系统的安全缺陷,有效解决测控系统传输的抗干扰、抗截获问题,可以实现数据的隐蔽测控通信。这种基于超宽带信号的低可探测、高精度、高速率测控新体制,需要攻克超宽带信号的波形类型及其产生和控制、超宽带信号冲激脉冲的高速信息调制、超宽带信号的快速捕获,以及超宽带信号的接收解调等技术难题。

6.4.2.1 脉冲超宽带信号产生技术

窄脉冲波形有矩形脉冲、高斯脉冲、升余弦脉冲等多种形式,需要对其波形和特性进行研究,对它们应用于超宽带脉冲测控系统的优点和不足进行探讨,寻找适合超宽带脉冲测控通信的信号形式。在具体实现上,高功率高重频高稳定度的脉冲源产生技术是完成系统精密远距离测控的前提。

目前,国内外超宽带信号的产生方法基本有两种,一种采用隧道二极管或其他模拟器件的阶跃效应产生脉冲冲激信号,另一种方法采用数字器件方法产生脉冲冲激信号。模拟方法更简单,但脉冲形状和宽度不可控制,适用于要求不高的情况;数字方法产生的脉冲形状和宽度可以方便控制,虽然方法稍复杂一些,但带来了使用的方便性和灵活性。项目采用全数字的方式产生脉冲超宽带信号,利用并行处理的思想,通过 FPGA 及软件无线电平台产生脉冲超宽带基带信号。

6.4.2.2 脉冲超宽带信号快速捕获和精密跟踪技术

脉冲超宽带信号是一种宽带超低谱密度信号,它深埋于噪声之中,具备极强的隐蔽性和抗截获性,但具备这种优点的同时也带来了脉冲超宽带信号捕获和检测的复杂性。超宽带信号从时域上讲,是一种随机跳时冲激信号,使信号检测很困难,必须进行相干积累。从时域匹配滤波检测来分析,超宽带信号的捕获时间要比传统伪码扩频信号的捕获时间慢得多。但是超宽带信号的角捕获和跟踪及极窄脉冲的检测和跟踪是超宽带测控通信的前提和基础。纳秒量级的超宽带冲激信号的捕获和跟踪实现起来很困难，但为了进行测量和相关积累，必须对发射波形进行同步跟踪。鉴于脉冲超宽带信号与直扩信号的相似性，直扩信号同步捕获的方法和思路均可应用于脉冲超宽带信号的同步捕获。

对于脉冲超宽带测控信号捕获，要求捕获误差要小于脉冲宽度。其基本方法可考虑采用直扩系统中的滑动相关法、匹配滤波法、FFT法及部分匹配滤波-FFT（PMF-FFT）法等信号捕获方法。考虑测控系统中的信号动态变化，重点考虑PMF-FFT法，并针对时延相位搜索空间大、捕获时间长、频率捕获精度低、多普勒效应影响大等新问题，对现有捕获方法进行改进，以适应脉冲超宽带测控背景，提高信号捕获性能。

在完成信号捕获后，为了进一步提高信号同步精度，提高测量精度，并提高信号解调性能，还需要对信号进行精密跟踪。脉冲超宽带测控信号的精密跟踪包括时延跟踪和载波跟踪。同样参考直接扩频系统的方法，采用延迟锁定环路进行时延跟踪，同时采用科斯塔斯环路进行载波跟踪。受到信噪比、采样率、环路带宽的限制，环路跟踪的相对误差不会太高，但由于脉冲宽度很窄，最终的时延估计精度仍可达到很高的水平，而多普勒频率的估计精度会比直扩系统更低。

6.4.2.3　脉冲超宽带信号高速信息解调技术

项目采用载波调制DS-PAM调制信号，该信号调制体制的调制解调方法和实现方法相对简单。该信号调制体制可理解为直接扩频调制与脉冲调制的结合，首先对信源产生的二进制数据进行伪码调制，其次对窄脉冲进行脉冲幅度（极性）调制，最后进行载波调制即得到脉冲超宽带测控信号。

而对于信号解调，由于脉冲宽度很窄，信号带宽很宽，所需的采样率很高，对接收机的处理速度要求较高。因而，需要对脉冲超宽带测控信号的高速信息解调技术进行研究。根据超宽带通信系统的原理，最理想的接收解调方法是基于匹配滤波接收架构的接收方法。但在具体实现过程中，会有不同的应用需求。有的要求实现成本低、传输距离短，有的则需要远距离通信、对系统接收指标要求高。因此，从不同的应用需求出发，目前超宽带接收解调方法主要有简单的短距离通信接收方法、传输参考的超宽带信号解调方案、基于模拟相关器的匹配滤波方法、基于全数字化的匹配相关接收处理方法。项目采用全数字化的匹配相关接收处理方法，采用并行计算的思想完成大带宽高速信号的处理。

6.4.3　随遇接入测控技术

随着低轨航天器数量的急剧增加，大型星座不断涌现，传统的站网资源预先计划式调度模式、协调式交互流程已经难以满足海量卫星的测控需求，需要引入新型测控服务模式，满足全球应急响应、航天器指令快速上注的需求，逐步过渡至航天器自主管理和自主数据处理。因此，随遇接入测控技术应运而生。

随遇接入的概念来自随机接入，随机接入源于计算机网络，现已普遍应用于蜂窝移动通信系统，是指从用户发送随机接入前导码开始尝试接入网络到在网络间建立起基本的信令连接之前的过程，随遇接入测控指的是在天基或地基测控节点具备全空域多波束覆盖范围的条件下，航天器或地面设备进入波束范围内即可接入测控网络以开展测控，只要进入波束范围内发出接入需求，就能被分配信道资源，波束范围内使用码分多址区分多个目标。在卫星通过上述方法接入测控网时，单圈次测控跟踪任务由网管中心计划驱动的模式变成了卫星自主随遇接入。

相比传统的按计划接入测控服务方式，随遇接入测控模式具有鲜明的特点。用户星主动发起链路接入申请，天、地基测运控节点星自主分配控制信道资源，无须由测运控中心统一调度，测运控中心只负责身份认证、安全机制、服务策略制定，测运控节点星与用户星在线实时交互信息，无须提前制订工作计划和预先配置接入双方状态，支持任务计划实时调整和用户星自主发起测控任务。随遇测控技术的特点，使其在解决多星同时测控、降低资源调度复杂度、提高测控系统的灵活性和可靠性、降低长期测控管理费效比方面具有重要应用价值。

目前尚未有成熟的测控系统，其典型随遇接入测控覆盖场景如图 6-17 所示。随遇接入测控系统包含地基随遇接入测控系统和天基随遇接入测控系统。天基部分由具备全景波束和 SMA 波束的中继卫星组成，地基部分主要依靠地面全空域设备。系统中还包含中继卫星信关站、地面网管中心、测控任务中心（具备链路接入、网络接入、认证鉴权、用户管理等功能）和用户中心等。用户卫星在随遇接入服务模式下，根据天基节点卫星链路模块和天地基测运控资源根据空闲情况直接响应，用户卫星之间一般不需要博弈竞争资源。天基资源和地基资源之间不直接进行共用共享，当需要对方提供协助时，由中心之间采用任务交接的方式进行交互支持。

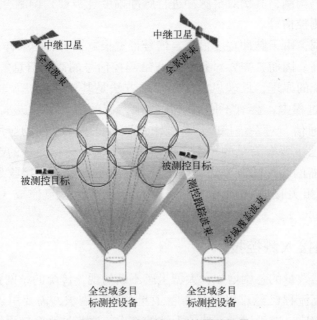

图 6-17　随遇接入测控覆盖场景

随遇接入测控技术正在发展并日趋成熟，系统的构建和应用中需要解决的主要关键技术包括航天器接入交互流程优化、接入最优化选择策略、用户认证与鉴权、用户优先级与资源冲突消解、测控资源全局优化等。

6.4.4 激光统一测控通信技术

激光统一测控通信技术是将激光通信、卫星激光通信和无线激光通信等多种激光通信技术进行整合与应用的一种综合性技术。它具有测量精度高，数传速率高，作用距离远，抗电磁干扰能力强，激光载荷体积小、质量轻，安全性好等优势，可用于实现空间天文学观测、军事通信、远程通信和机密通信等多个领域。激光统一测控通信技术的发展将推动通信技术的升级和创新，为信息传输提供更快速、更安全、更可靠的解决方案。近年来，一些关键技术取得了重要突破，成功开展了系列演示验证试验，激光测控通信技术的优势得到了充分验证。总结国外激光测控通信技术发展现状，具体呈现以下发展趋势。

6.4.4.1 激光测控与通信技术向一体化发展

激光测控通信技术能够利用同一套物理设备实现高精度测控与高速通信双重功能，该技术在导航星座星间链路和地面测控系统等领域都有巨大的应用价值。国外设计与研制的一些激光通信系统和激光测距站已经具备测量与通信功能，例如，美国月球激光通信演示（LLCD）系统和俄罗斯 GLONASS 星间激光导航与通信系统均已成功完成测距与通信一体化试验。

6.4.4.2 星载激光通信终端向微小型化发展

激光通信终端由于工作频率高、波束窄，以及空间传输损失小，在相同的链路距离和通信速率下，可以使用较小口径的天线和较低的发射功率。激光通信终端具有体积小、质量轻和功耗低的优势，特别适合作为微小卫星通信载荷。当前，微纳光电子器件和集成光学技术的快速发展，为星载激光通信终端微小型化提供了条件。日本已经研制成功质量约为 5.9kg 和 1kg 的微小卫星激光通信终端，美国"光学通信与传感器验证试验"（OCSD）立方体卫星已经在轨运行。

6.4.4.3 激光通信网络向空天地一体化方向发展

欧盟、美国、日本、俄罗斯都在积极部署激光中继系统和激光导航与通信系统。随着天基激光通信系统的建设并投入运行，把各轨道卫星、空间站、邻近空间探测器以及地基、海基、空基移动/固定接入终端连接在一起，构成空天地一体化激光通信网络是必然趋势。世界上首个激光中继卫星系统 EDRS 已于 2017 年投入运营。

近年来，在国家大力发展航天技术的背景下，国内多家单位在高速激光通信、精密激光测量、激光测控与通信一体化技术方面进行了深入研究，并取得了较大进步。2011 年，我国成功实施了首次星地双向激光通信试验；北京跟踪与通信技术研究所在完成"航天激光测控通信系统概念研究"和激光测控与通信一体化方案设计与演示试验基础上，在国内率先提出了激光统一测控系统的概念，并组织有关单位开展相关研究；北京遥测技术研究所于 2014 年实现了基于相干通信体制的激光高速通信与精密测距一体化演示试验，通信速率达吉比特/秒量级，测距精度达毫米量级。但与国外相比，国内激光测控通信技术的发展仍有较大差距。

当前，航天任务对测控系统的高精度测量和高速率通信的需求越来越迫切，激光测控通信技术凭借在通信带宽、测量精度和抗电磁干扰等方面的突出优势，势必成为航天测控通信的重要手段之一。

习 题

1. 简述标准统一载波测控系统的工作流程。
2. 试归纳扩频测控系统的特点和应用。
3. 非相干扩频测控如何实现测距测速?
4. 实现多目标同时测控的方法主要有哪些?
5. 超宽带隐蔽测控技术难题主要有哪些?
6. 简述随遇测控技术的特点优势。

参 考 文 献

[1] 于志坚. 航天测控系统工程 [M]. 北京:国防工业出版社, 2006.
[2] 李晓波, 等. 航天测控系统概论 [M]. 北京:国防工业出版社, 2010.
[3] 罗海银. 导弹航天测控通信技术词典 [M]. 北京:国防工业出版社, 2001.
[4] 夏南银, 张守信, 穆鸿飞. 航天测控系统 [M]. 北京:国防工业出版社, 2002.
[5] 刘嘉兴. 飞行器测控通信工程 [M]. 北京:国防工业出版社, 2010.
[6] 李艳华, 李凉海, 湛明, 等. 现代航天遥测技术 [M]. 北京:中国宇航出版社, 2018.
[7] 瞿元新. 船载微波统一测控系统概论 [M]. 北京:国防工业出版社, 2016.
[8] 雷厉. 航天测控通信技术发展态势与展望 [J]. 电讯技术, 2017, 57 (12):1467-1470.
[9] 王鹏毅, 孔永飞, 吴海洲. 灵活的全空域同时多波束测控技术 [J]. 飞行器测控学报, 2013, 32 (1):42-47.
[10] 马志强. 新形势下航天测控系统建设转型思考 [J]. 飞行器测控学报, 2016, 35 (5):329-335.
[11] 王涛, 李泽西, 陈学军, 等. 全空域多目标测控系统研究综述 [J]. 电讯技术, 2023, 63 (10):1631-1641.
[12] 刘培杰, 焦义文, 吴涛, 等. 在轨航天器多目标测控现状与发展趋势 [J]. 电讯技术, 2021, 61 (10):1316-1323.
[13] 翟江鹏, 尹继凯, 王金华, 等. 全空域数字多波束天线技术研究 [J]. 遥测遥控, 2022, 43 (2):10-16.
[14] 康国栋, 张楠, 王崇, 等. 面向大规模星座的多波束测控天线及应用 [J]. 空间电子技术, 2021 (2):72-79.
[15] 俄广西, 柴霖, 刘云阁. 全空域多目标测控天线技术研究 [J]. 电讯技术, 2015, 55 (10):1112-1117.
[16] 康昕, 王元钦, 侯孝民, 等. 脉冲超宽带信号测量性能分析 [J]. 飞行器测控学报, 2015, 34 (5):427-437.
[17] 刘培杰, 焦义文, 刘燕都, 等. 天地一体化测控网中的随遇接入测控方法 [J]. 电讯技术, 2020, 60 (11):18-23.
[18] 朱宏权, 邢强林, 傅一文, 等. 基于OOK体制的激光统一测控系统设计与实现 [J]. 北京理工大学学报, 2020, 11:65-68.
[19] 张靓, 杜中伟, 湛明, 等. 激光测控通信技术研究进展与趋势 [J]. 飞行器测控学报, 2016, 35 (1):10-20.

第 7 章　星地高速数据传输技术

随着在轨卫星数量日益增多以及有效载荷信息分辨力不断提升，卫星数据呈现海量增长趋势，加上突发自然灾害、应急行动等对卫星信息时效性要求不断提高，对卫星数据传输效率的要求与日俱增，星地高速数据传输技术成为航天测控领域的重要热点、难点之一。

7.1　星地高速数据传输系统

地面站与卫星之间需要进行频繁的数据传输。地面站各分系统分工合作，保证数据接收、数据处理等任务正常进行。地面站与卫星之间的数据传输只在卫星过境时进行，因此卫星过境预报也是完成星地数据传输任务不可或缺的环节。

7.1.1　星地高速数据传输概述

星地数据传输的类别包括遥测数据、遥控数据以及载荷数据。星地高速数据传输任务过程可分为任务准备、目标跟踪、数据接收和数据处理四个步骤。地面站中天伺馈、跟踪接收信道、基带解调、记录与处理、监控管理、技术保障等分系统分工合作，可以保证数据传输任务正常进行。

7.1.1.1　星地数据传输分类

星地数据传输类别包括遥测数据传输、遥控数据传输及载荷数据传输。本章重点讲解载荷数据星地高速传输。

遥测数据传输是指对星上相关状态参数进行测量，如卫星舱内温度、压力、湿度、电池电量、飞行速度、飞行姿态、定位信息和故障信息等，并将测量结果通过下行传输链路传输到地面站进行记录、处理和显示。遥测数据传输的目的是让地面的卫星操控、管控人员及时掌握卫星健康状态、工作状态、位置信息和姿态信息等。卫星管控岗位人员通过遥测信息可以读取星上各部件电流、电压、温度、姿态等，以及星上程序启动次数、指令数目和版本等信息。

遥控数据传输是指地面站利用上行传输信道将控制指令传送至卫星，使其产生预定的动作，如控制卫星变轨、姿态调整、载荷开关机、数传开关机等。随着空间遥操作技术的进步，遥控的概念已扩展至对空间机器人、机械臂等新型航天器的控制。

载荷数据传输简称"数传"，传输的内容通常包括遥感卫星的图像数据、气象卫星的环境监测数据等。通常，载荷数据传输的数据率远高于遥测和遥控数据传输。当前，常见的遥感图像传输速率大多在几百兆比特/秒，并正在向吉比特/秒级发展；而遥测、遥控的数据速率通常为吉比特/秒。频段方面，因为高速数据传输需要更宽的频带资源，数传较多采用 X 频段、Ka 频段；遥测和遥控则通常采用 S 频段、X 频段；少数卫星采用 UHF 频段。

7.1.1.2 星地高速数据传输过程

星地高速数据传输过程可分为任务准备、目标跟踪、数据接收和数据处理四个步骤。

一是任务准备。在该阶段，监控与管理分系统根据中心下发的任务计划，形成本站工作计划，并根据任务情况，进行系统自检、任务前标校、系统配置。其中：系统自检目的是检查系统工作是否正常，包括中频环检查和射频环检查；任务前标校内容主要是自动校相、定向灵敏度、光电失配和距离零值等，需要在联试应答机（信标机）、校零变频器配合下完成；在系统配置阶段，监控与管理分系统下发宏命令，对站内设备进行参数配置、设备配置、功能选择，并汇集各分系统工作状态，检查上报对应的状态信息。另外，系统自检和任务前标校可视时间裕度和设备状况进行，在任务时间紧、设备状态良好的条件下，不必每次任务都进行完整的自检和任务前标校。

二是目标跟踪。当卫星进入地面站天线跟踪范围时，天线对卫星进行捕获跟踪。地面站可直接利用卫星 X、Ka 频段下行数传信号进行跟踪，也可利用卫星 S 频段下行遥测信号进行跟踪。一方面，这是因为 S 频段遥测信号是连续不间断向地面传输，而 X 频段、Ka 频段载荷数据是在上行遥控指令的控制下，数传载荷开机后向地面下传的。相比之下，采用 S 频段遥测信号进行跟踪，能够在载荷数据下传之前就完成天线对目标的稳定跟踪，最大限度保证数传接收任务的可靠性。另一方面，S 频段频率低于 X 频，有着更宽的波束角度，有利于地面站天线对卫星的快速捕获。

三是数据接收。在稳定跟踪前提下，天线接收到的 X 频段或 Ka 频段的数传信号经下变频、放大、滤波等射频前端处理，变成中频信号（典型的中频频点包括 1.2GHz、1.5GHz 等），再由高速数据解调器对其进行载波恢复、位同步、帧同步、信道译码、解调等数字化基带处理，从而解调并存储原始数据。存盘于解调器内的原始数据文件经网络传输，送至载荷数据解析设备完成诸如图像生成等处理。

四是数据处理。载荷数据处理一般包括解密、解压缩、快视生成、一级产品生成、二级产品生成等处理。此外，每圈次跟踪结束后地面站都会自动生成工作报表上报，并按照任务代号及跟踪圈次对数据整理存档，生成工作日志。工作报表按照统一格式填写。检后记录数据可按指定时间段回放，并根据中心要求，事后将各类接收到的数据回放到中心。

7.1.1.3 星地高速数据传输系统组成

星地高速数据传输系统由在轨卫星和地面站组成。构成地面站的主要分系统包括天伺馈分系统、跟踪接收信道分系统、基带解调分系统、记录与处理分系统、监控管理分系统和技术保障分系统等。

图 7-1（a）所示为天伺馈分系统结构示意图，包含天线、架座、伺服、馈源、天线控制单元等，负责跟踪指向卫星或其他测控目标，为卫星下传载荷数据和遥测数据的跟踪接收及上行遥控指令发送提供优良的无线传播通道。

图 7-1（b）所示为天伺馈分系统功能组成图，包括天馈子系统、天线控制子系统、机械结构子系统、天线标校设备和辅助设备，实现对卫星的跟踪指向和无线电波的汇聚收发。天馈子系统一般包括极化分离器、天线、馈源、跟踪网络等。天线控制子系统主要由

天线监控单元（AMCU）、测量元件、执行电机组、天线驱动单元（ADU）等组成，其中天线驱动单元实现天线对飞行目标的闭环跟踪控制。天线监控单元是伺服系统的控制中心，完成天线运动的控制以及各种控制策略的实时计算与实施，最终完成天线对目标的精确跟踪。机械结构子系统由天线和天线座组成，通过天线座方位和俯仰的转动对准或跟踪目标，而天线反射面是通过汇聚收发电磁波实现对目标的对准或跟踪，完成目标跟踪和数据接收任务。

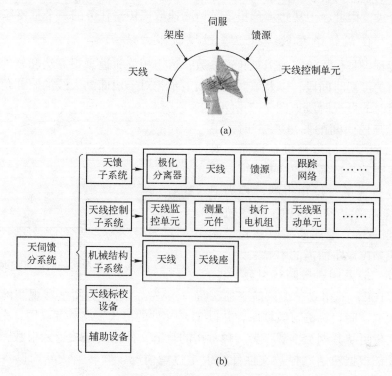

图 7-1　天伺馈分系统组成
（a）结构示意；（b）功能组成。

跟踪接收信道分系统负责驱动天线跟踪卫星，并对天伺馈分系统获取的射频信号进行放大、变频，转换成基带信号。传统的跟踪接收信道设备往往由若干个机箱组成机柜，新型的一体化小型跟踪接收信道设备只需要若干块板卡组成一个机箱即可。

基带分系统完成对基带信号的调制解调、编码解码、组帧解帧、载波同步、位同步等数字化处理，产生或恢复出原始数据。

记录与处理分系统完成对接收解调数据的存储、处理、分析。以光学遥感载荷数据为例，记录与处理分系统主要完成数据解密、解压缩，以及遥感影像的生成、存储、分发。

监控管理分系统完成对地面站全系统的状态监测及与数传任务相关的管理工作，包括设备及轨道参数管理、计划生成、用户管理、通信管理等。监控管理分系统实质上是运行在计算机上的软件，通过该软件，岗位人员能够实时掌握测控站全系统的状态，还可以对各设备进行相关参数配置、状态设置。

技术保障分系统包含时统、标校、UPS、空调设备、天线罩等，为全系统的日常运行和维护提供支持。

7.1.2 卫星过境预报与地面站接收范围

当星地链路信噪比满足接收误码率要求时，可以建立卫星对地面站的数据传输链路。对地面上固定的一点而言，卫星过境时间有限。太阳同步轨道卫星的数传窗口一般只有几分钟至十几分钟。因此，卫星过境预报是星地高速数据传输任务的一个重要环节。

7.1.2.1 使用轨道参数进行卫星过境预报方法

卫星过境预报是根据给定的卫星轨道参数，运用相关轨道预报算法和软件，计算得到卫星对地面站的可视时间段，以及该时间段内卫星相对于地面站天线的俯仰角、方位角序列。卫星过境时的可视时段如图 7-2 所示。通常，当卫星与地面间的仰角 $\theta>5°$ 时，卫星进入可视时间段。过境预报是地面站对卫星进行天线跟踪、数据接收的基础。

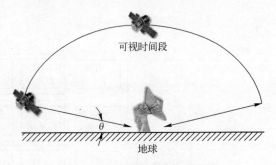

图 7-2 卫星过境时的可视时段

数传任务重卫星过境预报的过程为卫星测控中心首先确定卫星轨道，形成轨道文件发送至地面站，地面站接收该轨道文件，并转换成站内设备所需的引导文件。

轨道文件一般采用轨道两行根数（two line element，TLE）的格式。美国航空航天局（NASA）结合美国全球观测网的数据，生成了全球最大的空间目标编目数据库，并以 TLE 文件的形式发布于互联网，全球绝大多数卫星的轨道文件可从其网页下载。另一种常用的轨道文件格式是轨道六根数，地面站也可根据中心下发的根据轨道六根数文件计算卫星过境情况，并转换成站内设备所需的引导文件。

7.1.2.2 地面站数据接收可视范围计算方法

地面站数据接收可视范围，是指以地面站所在位置为中心，以可观测到最远的卫星星下点为半径的区域。图 7-3 所示为地面站数据接收可视范围示意。

卫星与地面站间的仰角为

$$\theta = \arccos\left(\frac{r \cdot \sin\delta}{\sqrt{R^2+r^2-2rR \cdot \cos\delta}}\right) \quad (7-1)$$

式中

$$\delta = \frac{\pi}{2} - \theta - \arcsin\frac{R \cdot \cos\theta}{r} \quad (7-2)$$

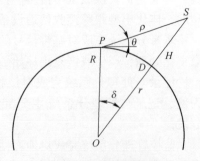

图 7-3 地面站数据接收可视范围示意

式中：θ 为卫星相对地面站的仰角；直线 PO 为地面站与地心连线；直线 SO 为卫星与地心连线；δ 为 PO 与 SO 之间的夹角，这个 δ 就可表征地面站的接收范围的大小。根据这个表达式，可得到地面站接收范围 δ 随卫星仰角 θ、卫星轨道高度 H 的变化曲线，如图 7-4 所示。根据曲线图可知：卫星仰角越小、轨道高度越高，地面站接收范围越大。

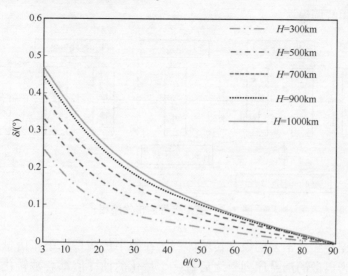

图 7-4　接收覆盖范围 δ 随观察仰角 θ 和卫星轨道高度 H 的变化曲线

以北京、喀什、三亚三地为例，假设星地接收最低仰角为 5°，卫星轨道高度分别为 300km、500km、700km、1000km。通过计算可知，卫星轨道高度在 300km 和 500km 时，三地无法实现整个中国陆地领土范围内的无缝接收；而当卫星轨道高度达到 700km 以上时，这三地组成的大三角就能够实现整个中国陆地领土范围内的无缝接收。

7.2　星地高速数据传输关键技术

星地高速数据传输发射端流程包括信源编码、加密、信道编码、多路复用、调制等，接收端则为上述逆过程。为提升传输稳定性、提高信息保密性、增大传输效率，核心是针对信道特点，采用合理的编码、调制等技术。

7.2.1　星地高速数据传输流程

数据传输的一般模型包括发射端、接收端和传输媒介。数据的传递包含发出信息的信源和接收信息的信宿。数据通过发送设备、传输媒介和接收设备，从信源可靠地传递到信宿。在数据传递过程中，信道起具有至关重要的作用。信号在信道传输过程中会受到噪声干扰，因此需要根据信道的特性设计发送设备和接收设备。发送设备的作用是将信号变换为适合信道传输的形式，接收设备的作用则是从受噪声和干扰影响的信号中恢复出原始数据。发送设备和接收设备需要分别进行复杂的信号处理过程才能将信号发送和恢复。

信号传输系统按照传输信号的类型可分为模拟传输系统和数字传输系统。模拟传输系统利用模拟信号传输信息，数字传输系统利用数字信号传输信息。例如，火箭遥测采用模拟传输体制，卫星遥测通常采用数字传输体制。

模拟信号的传输流程与数字信号截然不同，如图 7-5 所示。模拟信号的发送设备分为调制模块和混频放大模块,其中调制模块包括调幅、调频和调相等不同形式。接收设备包括混频放大模块和解调模块。

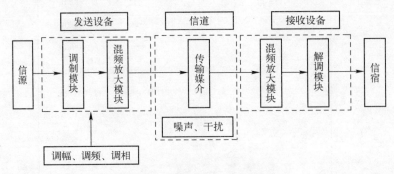

图 7-5 模拟信号的传输流程

星地高速数据传输通常采用数字传输体制。在数字传输系统中,信息在经过抽样和量化处理后,表示为离散的消息序列,之后每一个量化的抽样值都会被转化为二进制数,即一个由"0"和"1"组成的序列。图 7-6 所示为典型的数字信号传输流程。信号在发送前需经过信源编码、加密、信道编码、多路复用、调制等过程,接收端则进行相应的逆过程。

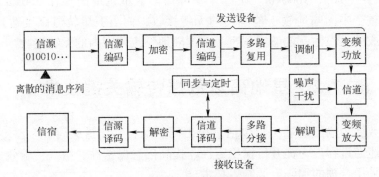

图 7-6 数字信号传输流程

7.2.1.1 编码和解码

编码主要包括信源编码、信源加密和信道编码。信源编码通过信息压缩,将信源输出的模拟或数字信号处理为适合数字通信系统传输的数字信号,处理包括模数变换和冗余压缩,主要作用是在减小失真的前提下压缩冗余,提高系统传输效率。

在保密要求高的场合,需要对信号进行加密处理。加密的目的是增加所传信号的安全性。相比模拟信号,数字信号更易于加密,且保密性更好。传输系统中加密器的位置可根据实际要求确定。解密的作用是恢复明文,解密的位置根据加密器的位置确定。

信道编码是通过加入冗余提高数据传输的可靠性,因此信道编码又称为差错控制编码。信道编码的过程为,在待发送的信息码元中加入必要的校验码元形成码字;在接收端则利用这些校验码元与信息码元之间的校验规律,发现和纠正差错,从而达到提高传输可靠性的目的。

7.2.1.2 调制和解调

调制是把信号转换成适合在信道中传输的波形或形式。在调制过程中,首先用基带信号对载波的特定参数(幅度、频率、相位)进行控制,实现有用信息的搭载;其次将基带信号的频谱搬移到合适的频段以适应信道的传输。可见,调制包含比特映射和频谱搬移两个过程。

根据输入的信号是模拟信号还是数字信号,调制方式可分为模拟调制和数字调制。模拟调制包括幅度调制和角度调制,角度调制又包括调频和调相。通信容量的飞速增长对调制技术提出了更高的要求。目前,遥感卫星数传系统常用的调制方式包括 BPSK、QPSK、8PSK、16QAM 等。

解调是调制的逆过程,包含信息的信号可以通过解调恢复原始的信息。

7.2.2 星地高速数据传输频段与极化

信号频段是卫星与地面站进行数据传输所选用的电磁波信号频率范围。为了减少各通信系统之间的相互干扰,有效利用频率资源,必须合理地选择传输频率。

极化是除频段外的另一个重要概念。计划是指在电磁波传播空间给定点处,电场强度矢量的端点随时间变化的轨迹,磁场的电场矢量末端描绘的线条方向决定了波形的极化方式。

7.2.2.1 高速数传常用频段及其特点

选择数传频段需要考虑以下几个方面:第一,要遵守国家无线电频率管理委员会和国际电联的规定。由于航天器的飞行是无国界的,只有遵守 ITU 的频段分配规定,才能在射频干扰等问题上得到保护,这有利于国际合作。第二,数传频段要与系统中其他设备电磁兼容,既不干扰其他设备也不受其他设备干扰。第三,数传频段的选择要从天线增益和传输损耗方面考虑,当信号发射功率一定时,天线增益与传输损耗决定了飞行器所能接收到的信号强弱,而两者均与信号频段的选择直接相关。第四,数传频段的选择要从通信容量方面考虑。数据传输的速率越高,工作频段的频率也应越高。最后,数传频段的选择还要从技术实现的复杂程度方面考虑。一般来说,频率越高,技术越新,设备的开发应用难度越大。在第 2 章中介绍了航天工程常用的无线电频段,其中,X 频段因带宽资源丰富、设备技术成熟等原因在高速数传中使用最为广泛;Ka 频段由于传输容量大,也开始应用于高速数传系统;S 频段虽然传输容量较小,但因技术成熟、雨衰小等优点,不仅遥测、遥控广泛使用,兆比特/秒级的星地中低速数传也使用 S 频段。下面分别介绍 S 频段、X 频段和 Ka 频段的特点。

相比 X 频段、Ka 频段,S 频段的一个优点是雨衰较小、波束较宽,传输可靠性较高;另一个优点是技术成熟,S 频段相关的器件可靠性高、成本低。此外,S 频段已经形成了国际标准,可以进行国际合作。S 频段的缺点首先在于通信容量较小,因此很少被应用于卫星载荷数据传输;同时,由于频段较低、波长较长,S 频段器件和设备的体积、质量相对较大,会增加卫星载荷负担;此外,地面 4G、5G 移动通信也使用 S 频段,因而可能会遇到地面移动通信系统的射频干扰。一般来说,S 频段主要用于卫星遥测遥控,以及卫星中低速数传。

相比 S 频段，X 频段的带宽资源相对丰富，传输容量也更大，常用于百兆比特/秒级的星地数传；另外在 X 频段，其他系统的射频干扰也较少。但是，X 频段电磁波绕射能力弱于 S 频段，雨衰大于 S 频段，而且没有形成国际标准，国际合作较为困难。

采用 Ka 频段进行高速数传的优点包括：首先，Ka 频段用频设备相对较少，受干扰可能性较小。其次，由于频率越高，波长越小，工作频率的提高易于实现设备小型化、轻量化。再次，Ka 频段带宽资源非常丰富，可实现吉比特/秒级的星地高速数据传输；而且可实现吉赫兹级宽带跳频，从而使系统具有更强的抗干扰能力。最后，Ka 频段具有窄波束特性，有利于测角误差减小、测轨精度提高，而且更窄的波束也会减小来自其他方向干扰的影响，赋予系统更强的空域抗干扰能力。然而，Ka 频段数传链路面临的一个严重问题是雨衰。降雨和大气中的水蒸气会对 Ka 频段电磁波造成较大衰减，需要提高星上发射功率，以留足裕量，应对可能遇到的雨衰。另外，频率升高到 Ka 频段后，波束与 S 频段相比缩窄了 1/10 以上，目标捕获跟踪精度要求更高、难度更大。

7.2.2.2 线极化

极化是指在电磁波传播空间给定点处，电场强度矢量的端点随时间变化的轨迹，磁场的电场矢量末端描绘的线条方向决定了波形的极化方式。图 7-7 所示为随时间变化的电场矢量。

如图 7-7 所示，有两个含时的电场矢量 $\boldsymbol{E}_x$ 和 $\boldsymbol{E}_y$，分别位于该图中右旋集的 x 轴和 y 轴上，电波传播方向为 z 轴，z 轴指向页面外。$\boldsymbol{E}_x$ 和 $\boldsymbol{E}_y$ 的表达式为

$$\boldsymbol{E}_x = E_{xm}\cos(\omega t+\phi_x) \tag{7-3}$$

$$\boldsymbol{E}_y = E_{ym}\cos(\omega t+\phi_y) \tag{7-4}$$

式中：E_{xm}、E_{ym} 分别为 $\boldsymbol{E}_x$ 和 $\boldsymbol{E}_y$ 的振幅；ϕ_x、ϕ_y 分别为 $\boldsymbol{E}_x$ 和 $\boldsymbol{E}_y$ 的相位，电磁波的极化状态取决于 $\boldsymbol{E}_x$ 和 $\boldsymbol{E}_y$ 的振幅之间和相位之间的关系。这意味着可以利用合成波电场的模

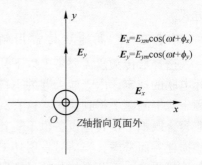

图 7-7 随时间变化的电场矢量

$$E = \sqrt{E_{xm}^2 + E_{ym}^2}\cos(\omega t+\phi_x) \tag{7-5}$$

以及合成波电场与 $+x$ 轴的夹角

$$\alpha = \arctan\frac{E_y}{E_x} = \pm\arctan\frac{E_{ym}}{E_{xm}} \tag{7-6}$$

描述极化的方式。按上述方式分类，极化方式分为线极化、圆极化和椭圆极化。

电场矢量末端描绘的轨迹为直线的极化方式被称为线极化。当极化方式为线极化时，电场 x 分量与 y 分量的相位相同或相差 $\pm 180°$，合成波电场的模随时间变化，而合成波电场与 $+x$ 轴的夹角为常数。

线极化可以进一步分为水平极化和垂直极化，图 7-8 所示为水平极化和垂直极化的示意。水平极化通常定义为电场矢量与赤道平面平行，而垂直极化通常定义为电场矢量与极轴平行。

7.2.2.3 圆极化

电场矢量末端描绘的轨迹为圆的极化方式称为圆极化。当极化方式为圆极化时，电场

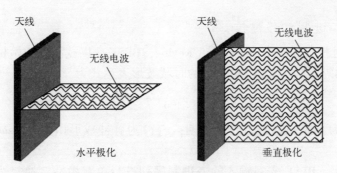

图 7-8 水平极化和垂直极化的示意

x 分量与 y 分量的振幅相同,而相位相差±90°,即

$$E_{xm}=E_{ym}=E_m, \quad \phi_x-\phi_y=\pm\pi/2 \qquad (7-7)$$

这对应着圆极化合成波电场的模为常数,而合成波电场与横轴的夹角 α 随时间变化。

圆极化可以进一步分为左旋圆极化和右旋圆极化,如图 7-9 所示。左旋圆极化指电场矢端的旋转方向与电磁波传播方向呈左手螺旋关系,沿电波传播方向观察,电场旋转方向为逆时针;右旋圆极化指电场矢端的旋转方向与电磁波传播方向呈右手螺旋关系,沿电波传播方向观察,电场旋转方向为顺时针。

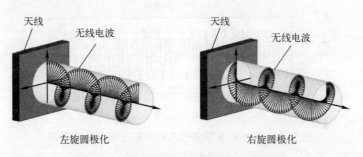

图 7-9 左旋圆极化和右旋圆极化的示意

7.2.2.4 极化复用

在相同频段内,使用正交的两个极化,形成两个独立的信道进行双通道数据传输的方式被称为极化复用。传统星地高速数据传输大多采用频率分割的传输方法,在可传输带宽内以多个频点载波传输多路信号,而极化复用能够通过同一个天线以相同的频率发送两种极化波,从而拓展了一倍频率资源,极化复用是解决数据传输频带资源紧张最有效的技术途径之一。部分遥感卫星已经成功地在星地传输链路中应用了极化复用技术,如美国 Digital Global 公司研制的 WorldView 卫星,利用极化复用技术实现了 X 频段 2×400Mbit/s 的数据速率。

7.2.3 星地高速数据传输调制方式

星地高速数据传输调制方式包括二进制相移键控、四进制相移键控、八进制相移键控等常用调制方式以及正交振幅调制、振幅移相键控等高阶调制方式。

7.2.3.1 二进制相移键控

二进制相移键控(Binary Phase Shift Keying,BPSK)以载波的初始相位 0 和 180°分别代表码元"0"和码元"1"。BPSK 信号的时域波形表达式为

$$e_{\mathrm{BPSK}}(t) = \left[\sum_n a_n g(t - nT_\mathrm{s})\right]\cos\omega_\mathrm{c} t \tag{7-8}$$

式中:a_n 的取值为 1 或 −1;T_s 为码元周期;$g(t)$ 为脉冲成形函数;$\cos\omega_\mathrm{c} t$ 是角频率为 ω_c 的载波信号。

在实现方式上,BPSK 先对输入的二进制序列进行单双极性变换,然后分别经过低通滤波和加载波得到 BPSK 已调信号。当发送码元为 1011010011、成形脉冲为矩形脉冲时,图 7-10 所示为 BPSK 基带信号波形图和加载波后的已调信号波形图。可以看出,在码元转换时刻信号波形会发生 180°的跳变。

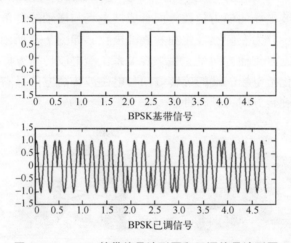

图 7-10 BPSK 基带信号波形图和已调信号波形图

BPSK 的优点主要包括两个方面:是因为 BPSK 信号的星座图中相邻星座点间的距离较远,所以抗干扰能力较强;二是 BPSK 信号调制和解调的实现方式较为简单。但是,BPSK 信号的频谱利用率较低,最多能够达到 1bit/(s·Hz),因此 BPSK 调制主要用于速率较低的星地数据传输。

7.2.3.2 四进制相移键控

四进制相移键控(Quadrature Phase Shift Keying,QPSK)以 90°为间隔取 4 种可能的相位,属于正交相移键控。QPSK 信号的时域表达式为

$$e_{\mathrm{QPSK}}(t) = \left[\sum_n a_n g(t - nT_\mathrm{s})\right]\cos\omega_\mathrm{c} t + \left[\sum_n b_n g(t - nT_\mathrm{s})\right]\sin\omega_\mathrm{c} t \tag{7-9}$$

式中:a_n、b_n 的取值为 +1 或 −1;T_s 为码元周期;$g(t)$ 为脉冲成形函数;$\cos\omega_\mathrm{c} t$、$\sin\omega_\mathrm{c} t$ 为角频率为 ω_c 的载波信号。

QPSK 的实现过程如下:首先对输入的二进制序列进行串并变换,生成两路同相并相互正交的信号;其次再分别对这两路信号进行 BPSK 调制,使两路信号的载波相位相差 90°;最后通过将输出的两路 BPSK 信号进行叠加,得到 QPSK 已调信号。

由于 QPSK 串并变换后变成了两路并行的速率减半的序列,所占用的带宽减半,

QPSK 的带宽利用率为 BPSK 的两倍，但同时功率效率保持不变，这是 QPSK 相较于 BPSK 的优势。但 QPSK 的调制解调电路更为复杂，其复杂程度等同于两个并联的 BPSK 系统。

7.2.3.3 八进制相移键控

八进制相移键控（8 Phase Shift Keying，8PSK）利用三个比特表示一种相位，共有八种相位。8PSK 信号特点为，频带利用率高，理想条件下可以达到 3bit/(s·Hz)，适合用于频带受限的高速率数据传输；但是，它的系统实现也更为复杂。另外，8PSK 的星座图中相邻信号点之间的距离缩短，因此相比 BPSK 和 QPSK，抗干扰能力较弱。

7.2.3.4 正交振幅调制

图 7-11 所示为 BPSK、QPSK 和 8PSK 的星座图。三种调制方式所有信号点平均分布在同一个圆周上，圆周半径等于信号幅度。进而，随着进制数 M 的增加，星座图上相邻信号点间的距离越来越小。这意味着，在相同噪声条件下，系统的误码率会随进制数 M 的增加而增大。

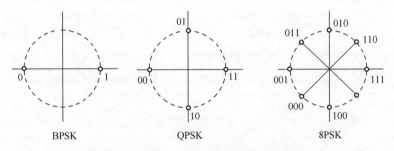

图 7-11 BPSK、QPSK 和 8PSK 的星座图

上述问题的一种很直观的解决途径是通过增大圆周半径，也就是信号功率来增大相邻信号点的距离。但是，该方案在功率受限系统中会受到发射功率的限制，而星地数传就是典型的功率受限系统。相较而言，更合理的设计思想是在不增大星座图圆半径的前提下，重新安排星座点的位置，以增大相邻信号点的距离。这种思想对应的可行性方案被称为正交振幅调制（Quadrature Amplitude Modulation，QAM），通过把幅度调制和相位调制相结合达到减小相邻信号点间距离的目的。

QAM 信号的调制方式类似于振幅调制（Amplitude Modulation，AM），但是 AM 信号只调制到正弦波上，而 QAM 的基本原理是将数字信号分成实部和虚部两个部分，然后将这两个部分分别调制到正弦波和余弦波上，从而有效地提高信号的带宽利用率。

图 7-12 所示为 16QAM 信号和 16PSK 信号的星座图，两种调制方式信号的最大振幅相等，均为 A_m，16QAM 信号相邻星座点间的最小距离为 $0.47A_M$，而 16PSK 信号相邻星座点间的最小距离为 $0.39A_M$，这个距离反映了信号噪声容限的大小，所以 16QAM 比 16PSK 的噪声容限大，抗噪能力更强。值得注意的是，图 7-12 显示的是两种调制信号最大功率相等的情况，而当两者的平均功率相等时，16QAM 相较于 16PSK 信号的抗噪能力会更优。

QAM 星座图有两种结构，分别为星形结构和方形结构，如图 7-13 所示。在星形 16QAM 中，有 2 种振幅值、8 种相位值；而在方形 16QAM 中，有 3 种振幅值，12 种相位值。在多径衰落信道中，信号振幅和相位取值越多，受多径干扰的影响越大，因而星形星

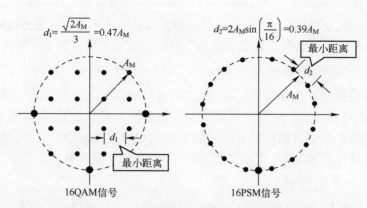

图 7-12　16QAM 信号和 16PSK 信号的星座图

座图比方形星座图抗干扰能力更强。然而，方形星座的 QAM 信号的产生与接收更易实现，所以要综合考虑系统具体情况、工作环境等因素选择合适的星座形状。

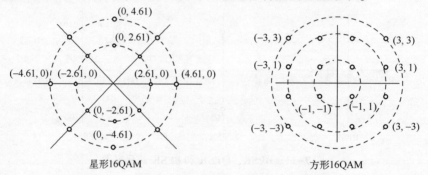

图 7-13　星形 16QAM 和方形 16QAM 的星座图

综上所述，QAM 信号具有如下特点：第一，属于高阶调制，因而频带利用率较高，例如 16QAM 理想条件下可以达到 4bit/(s·Hz)，适合频带受限的高速率数据传输。第二，通过分析星座图可知，QAM 在频带利用率和误码率之间进行了较好的折中，相同功率利用率和相同阶数条件下，QAM 信号的抗噪性能优于相位调制信号。因此，QAM 技术在数字通信中得到了广泛应用，如有线通信（如数字电视、数字音频广播等）和无线通信（如 Wi-Fi 及 4G、5G 通信等系统）。

7.2.3.5　振幅移相键控

由于传统的 QAM 高阶调制信号属多电平非恒包络信号，在经过星上非线性功放时，接近饱和的信号点容易出现严重的非线性失真，一般通过功放回退即降低发射功率的方式避免非线性失真，或者在信号进入功放前针对非线性特性进行复杂的预校正。振幅移相键控（amplitude phase shift keying，APSK）能够解决此问题。APSK 的星座图与上述星形 QAM 一致，其分布呈中心向外延半径发散，星座形状为圆形且圆周个数少，因此减小了信号包络幅度的变化，从而更适应卫星非线性信道传输。

APSK 调制原理如图 7-14 所示，主要由映射器、FIR 滤波器、插值滤波器和载波混频组成。映射器将输出的数据映射成 I、Q 两路正交数据；两路数据经过 FIR 滤波器，以减小码间干扰；随后通过插值滤波器，实现基带波形与载波之间的采样率匹配；最后两路信号分别与相互正交的两路载波信号相乘,并叠加为 APSK 已调信号。

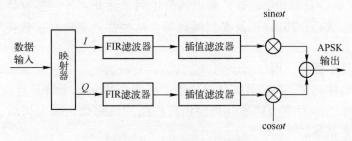

图 7-14　APSK 调制原理

APSK 的星座图由 n_R 个同心圆组成,每个圆上等间隔均匀分布着星座点,每个星座点都是复值,其信号集为

$$X = \begin{cases} r_1 e^{j\left(\frac{2\pi}{n_1}i + \varphi_1\right)}, & i = 0,1,\cdots,n_1-1 \\ r_2 e^{j\left(\frac{2\pi}{n_2}i + \varphi_2\right)}, & i = 0,1,\cdots,n_2-1 \\ \vdots & \vdots \\ r_{n_R} e^{j\left(\frac{2\pi}{n_R}i + \varphi_R\right)}, & i = 0,1,\cdots,n_R-1 \end{cases} \quad (7-10)$$

式中:n_k、r_k 和 φ_k 分别为第 k 个圆的星座点数、半径和相对位移。

APSK 具有频带利用率高、抗非线性能力强等优点。然而,根据 APSK 星座图,星座信号点的 I 路和 Q 路数值不为整数,这会给数字传输量化带来额外误差,不利于信号可靠接收;而且同为一种星座,不同的频谱效率对应不同的相对半径,也增加了 APSK 接收机的复杂度。

7.2.4　星地高速数据传输信道编码

信道编码是通过加入冗余信息提高数据传输可靠性的过程,因而又将信道编码称为差错控制编码。信道编码过程:首先,在待发送信息码元中加入一些必要的校验码元从而形成码字;其次,在接收端则利用这些校验码元与信息码元之间的校验规律,发现并纠正差错,从而提高信息码元传输的可靠性。

星地高速数传对信道编码的需求可概括为五个方面。第一,通过信道编码可以获得编码增益从而拓展系统的作用距离,这一点有利于深空探测;第二,在作用距离和误码率不变的条件下,编码增益的提升意味着可以减小发射功率,这一点对体积、质量、功耗受限的星地高速数据传输系统十分重要;第三,在功率受限的传输系统中,通过信道编码可以在误码率和发射功率不变的前提下,提升传输速率、扩展通信容量;第四,信道编码结合比特交织,能够抵抗如火箭尾焰或多径衰落等因素造成的突发干扰;第五,信道编码具有抗截获和加密的作用,将不同的编码方式构成一个包括明码和暗码的码库,传输过程中不断切换编码可显著提高数据传输的保密性。

按功能分类,信道编码可分为检错码、纠错码和纠删码。按信息码元与校验码元之间的校验关系分类,信道编码可分为线性码和非线性码。按信息码元与校验码元之间约束方式分类，信道编码可分为分组码和卷积码两大类，分组码又包括循环码和非循环码。汉明码、BCH 码、RS 码以及 LDPC 码等是典型的分组码。除此之外，还有将卷积码和分组码两者结合使用的级联码、Turbo 码及交织编码等，这些都是星地高速数传系统中常用的编码方式。

信道编码的基本概念：用一串序列 $a_{n-1}, a_{n-2}, \cdots, a_{n-k}, a_{n-k-1}, \cdots, a_0$ 表示码字，其中 n 表示码字的长度，简称码长，k 表示信息码长度，而剩余的 $n-k$ 个符号是监督码，k/n 是衡量编码效率的指标，称为编码速率。当检错或纠错的码元数目确定以后，编码速率值越大，该码字的效率就越高。

7.2.4.1 Turbo 码

因为 Turbo 码是一种特殊的级联码，所以有必要首先介绍级联码。级联码是一种由短码构造长码的有效方法，通过级联将纠突发差错的码与纠随机差错的码联合。输入数据先被送入外编码器以纠正突发差错，外编码器的输出再被送入内编码器，以纠正随机差错。无论是内码还是外码，原则上都可以采用分组码或者是卷积码。目前，最常用、性能最优的典型级联码为"RS+卷积码"，即内码采用短约束长度的卷积码和软判决维特比译码，外码则采用高性能多进制 RS 码。美国航空航天局最早使用级联码进行深空遥测数据的纠错，采用（2，1，7）卷积码作为内码，（255，223）RS 码作为外码，并此为标准，制定了 CCSDS 空间数据传输系列标准。

Turbo 码是法国学者 Berrou 等在 ICC 国际会议上提出的一种高增益信道编码。Turbo 的意思是涡轮增压，表达反复迭代、不断挖掘潜力的意思。Turbo 码通过在两个并联的编码器之间增加一个交织器，使其拥有很大的码组长度，以及在低信噪比条件下表现出接近香农极限的性能。

图 7-15 所示为 Turbo 编码器的基本结构。编码器的输出码元由三个部分组成：一是直接输入部分，输入序列 d_k 经过复接器直接输出；二是输入序列 d_k 经过编码器 I 和开关单元后再通过复接器输出；三是输入序列 d_k 经过交织器、编码器 II 和开关单元再通过复接器输出。输入序列在经过复接后得到总输出。两个编码器输出码元称为 Turbo 码的二维分量码。交织器的重要作用有两个方面：一是将集中出现的突发错误分散，变成随机错码；二是改变码的质量分布，使 Turbo 码的编码输出序列在大部分情况下都具有较大的质量，从而控制编码序列的距离特性。

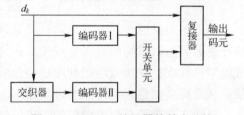

图 7-15 Turbo 编码器的基本结构

图 7-16 所示为 Turbo 码的迭代译码结构。可以看出，并行级联卷积码的反复迭代结构类似涡轮机。迭代译码的关键是软输入/软输出译码算法，从而获得每个译码输出比特的对数似然比值。

Turbo 码的并行级联结构，以及多次迭代的软输入/软输出算法优化了译码性能，但同时也致使 Turbo 码的译码设备较为复杂，因此需要研究译码性能与复杂性折中的改进型算法。另外，Turbo 码的涡轮式反复迭代译码方式造成处理时延过大，该问题对中低轨卫星测控数据传输影响尤为突出。

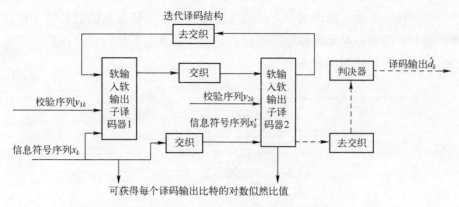

图 7-16　Turbo 码的迭代译码结构

7.2.4.2　低密度奇偶校验码

低密度奇偶校验（low density parity check，LDPC）码的提出早于 Turbo 码。在 1962 年，Gallager 就在他的博士论文中提出了 LDPC 码，但限于当时解码的运算能力和解码理论，LDPC 码在很长时间内被认作一种没有现实意义的码。直到 1993 年，Turbo 码的提出推动了 LDPC 码的再研究。学者通过对低密度码的深入研究，对 LDPC 码有了更新的认识，并发现 LDPC 码的性能非常接近于 Turbo 码，在某些情况下甚至超过了 Turbo 码。自此 LDPC 码进入了高速发展期，诸多通信系统都将 LDPC 码作为信道编码。

LDPC 码是一种线性分组码，与普通的奇偶校验码一样，可以由 n 列、k 行的奇偶校验矩阵确定，用 (n,k) 表示。表 7-1 列出了 CCSDS 推荐 LDPC 码的码长和码率，推荐的码率包括 1/2 码率、2/3 码率和 4/5 码率，信息位长度包括 1024bit、4096bit 和 16384bit。

表 7-1　CCSDS 推荐 LDPC 码的码长和码率

信息位长度/bit	1/2 码率	2/3 码率	4/5 码率
1024	2048	1536	1280
4096	8192	6144	5120
16384	32768	24576	20480

以一个信息位长度为 9bit，码长为 12bit 的 LDPC 码为例，它的校验矩阵 H 为

$$H = \begin{bmatrix} 0 & 0 & 1 & 0 & 0 & 1 & 1 & 1 & 0 & 0 & 0 & 0 \\ 1 & 1 & 0 & 0 & 1 & 0 & 0 & 0 & 0 & 0 & 0 & 1 \\ 0 & 0 & 0 & 1 & 0 & 0 & 0 & 0 & 1 & 1 & 1 & 0 \\ 0 & 1 & 0 & 0 & 0 & 1 & 1 & 0 & 0 & 1 & 0 & 0 \\ 1 & 0 & 1 & 0 & 0 & 0 & 0 & 1 & 0 & 0 & 1 & 0 \\ 0 & 0 & 0 & 1 & 1 & 0 & 0 & 0 & 1 & 0 & 0 & 1 \\ 1 & 0 & 0 & 1 & 1 & 0 & 1 & 0 & 0 & 0 & 0 & 0 \\ 0 & 0 & 0 & 0 & 0 & 1 & 0 & 1 & 0 & 0 & 1 & 1 \\ 0 & 1 & 1 & 0 & 0 & 0 & 0 & 0 & 1 & 1 & 0 & 0 \end{bmatrix} \tag{7-11}$$

图 7-17 为校验矩阵所对应的 LDPC 码的双向图描述法，双向图中包括两类节点，分

别是变量节点和校验节点,两类节点之间的连线称为边。变量节点的数目等于校验矩阵的列数,而校验节点的数目等于校验矩阵的行数,当变量节点 V_i 和校验节点 C_k 之间有边相连时,表示校验矩阵中对应的元素 $h_{ki}=1$。

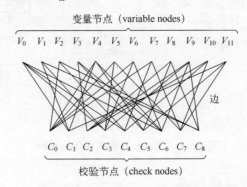

图 7-17 校验矩阵 H 所对应的 LDPC 码的双向图描述法

构造 LDPC 码的核心就是设计校验矩阵 H。一般情况下,H 属于稀疏矩阵。在稀疏矩阵中,矩阵元 0 的数目要远大于矩阵元 1 的数目。稀疏性使编译码的复杂度降低。校验矩阵设计的要点,一是要避免出现由变量节点和校验节点所构成的短周期的环,二是避免变量节点连接的校验方程过于集中。

LDPC 码和 Turbo 码都已被证实是实用可靠且性能接近香农极限的纠错编码。相较于 Turbo 码,LDPC 码的优势包括:不需要深度交织就可以保持较优的误码性能;译码复杂度低于 Turbo 码,可以实现完全的并行操作;硬件复杂度低,适合硬件实现;吞吐量大,极具高速译码潜力。但同时,LDPC 码也有一定的缺陷:第一,需要满足一定要求的低密度奇偶校验矩阵,使编码复杂度较高;第二码长为中短长度或低码率情况下,性能不理想。此外,并行结构的 LDPC 码构造方法目前还不完善。

6.2.4.3 极化码

极化码是 2008 年由 E. Arikan 提出的一种新型信道编码。极化,是指信道的两极分化。具体来说,是一组可靠性相同的二进制对称输入离散无记忆信道,经过信道合并与信道拆分操作,使拆分后的子信道可靠度呈现两极分化的现象。极化码在编码侧利用信道极化使各个子信道呈现不同的可靠性。当码长持续增加时,部分信道将趋向于无误码的完美信道,而另一部分信道趋向于纯噪声信道。选择在无误码的信道上直接传递信息,便可达到香农极限。当码长为 N 时,极化码的编码复杂度为 $O(N\lg N)$,其性能优势随着码长的增大而明显提升。极化码凭借其优越的性能成为目前编码领域研究的重点,也是星地高速数传编码技术未来的发展方向之一。

7.2.5 星地高速数据传输新技术

传统的传输体制和通信技术不能满足日益增长的星地高速数据传输需求。针对这一问题,诞生了很多新的技术,如针对时变信道的自适应传输技术以及信道容量更大、保密性更好的激光传输技术。

7.2.5.1 自适应传输

传统星地高速数传系统都是针对可能的最差信道环境进行链路预算的，采用固定、单一的编码调制方式，确保在最差信道环境中能够建链传输，自然也就能保证较好条件下正常工作。这种方式固定调制编码方式存一系列的弊端：一方面，高阶调制和高码率编码虽然能够提高系统的吞吐量，但同时会严重降低系统的纠错能力；另一方面，低阶调制和低码率的编码虽然保证了系统的纠错能力，但是会显著降低系统的有效吞吐量，影响通信系统的信息传输效率。此外，星地数据传输链路往往面临着复杂且时刻变化的通信环境，采用固定的单一编码调制技术无法适应动态时变的信道环境。综上所述，传统的固定、单一编码调制方式无法做到数据传输有效性和可靠性的兼顾。为了解决这一问题，出现了自适应编码调制（automatic coding modulation，ACM）技术。

ACM 技术，是针对时变信道实时调整信道编码速率与调制阶数的数据传输技术，在不同的链路环境下能够灵活地选择最优的编码和调制方式。例如，在链路条件恶劣时，选择低阶调制和低码率的信道编码，确保数据接收正确；而当链路条件理想时，选择高阶调制和高码率的信道编码，从而充分利用信道频谱资源，提高系统吞吐量。因此，ACM 技术能够兼顾数据传输系统的信息传输质量和效率。在早期的卫星数据传输标准 DVB-S 中，仅采用了 QPSK 调制与级联卷积编码相结合的传输方式，系统传输效率不高且可靠性较差。直到第二代数字卫星广播标准（DVB-S2）的提出，才真正解决了系统传输效率与可靠性的矛盾，其核心就是在第一代标准 DVB-S 的基础上加入了 ACM 技术。随着硬件技术的发展，关于手持卫星通信设备的数字卫星广播标准（DVB-SH）也应运而生，DVB-SH 标准同样涉及 ACM 技术，但是不同于 DVB-S2 标准中采用的 LDPC 码，为适配小型通信设备的硬件需求，DVB-SH 标准采用了硬件资源规模相对较小的 Turbo 码。近些年，又增加了 DVB-S2 标准的扩展标准（DVB-S2X），这个标准通过采用更小粒度的编码调制方式，进一步提高了 ACM 的频谱效率。

ACM 技术实现的关键在于发射机能够实时获取传输链路的状态信息。只有在对信道状态信息正确、及时预测的前提下，自适应编码调制技术才能有参考的目标，从而适时调整系统的编码和调制方式，保证充分利用信道资源。

根据自适应算法获取信道状态信息的来源，ACM 技术可分为闭环自适应和开环自适应两种。

图 7-18 所示为闭环自适应调制编码的结构组成框图，可以看出，发射端与接收端的数据通过反馈链路形成了一条完整的闭合环路。闭环 ACM 的优点在于设计简单且性能提升明显。因此，除星地高速数传外，当前卫星移动通信系统也正在开展闭环自适应技术的应用与研究。

图 7-19 显示了卫星数据传输系统闭环自适应过程。在自适应调整过程中，上行链路与下行链路互相协同，组成了一条完整的闭合环路。相较于不采用自适应技术的卫星数据传输，采用闭环自适应能够根据信道条件适时切换通信参数，达到链路传输可靠性与有效性的兼顾，有效克服恶劣信道环境带来的不利影响。但是，闭环自适应也有缺点，接收端提取的信道状态信息需通过上行反馈链路传递给星上发射端，供星上自适应算法模块进行评估和调整，这将不可避免地引入信息传输延迟，导致发射端只能获得"过时"的信道状

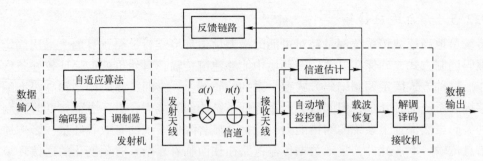

图 7-18 闭环自适应调制编码的结构组成框图

态信息。要解决这一问题,可采用开环自适应结构。

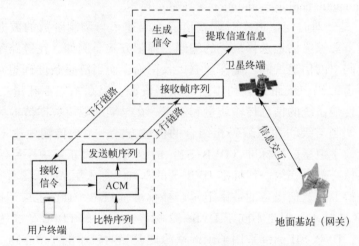

图 7-19 卫星数据传输系统闭环自适应过程

图 7-20 为开环自适应系统的结构组成。不同于闭环自适应的信道状态信息反馈机制,开环自适应技术基于前向、反向传输链路特性等效一致的特点,直接从反向链路中获取等同于前向传输链路的信道状态信息,巧妙地解决了接收端信道状态信息反馈延迟的问题。

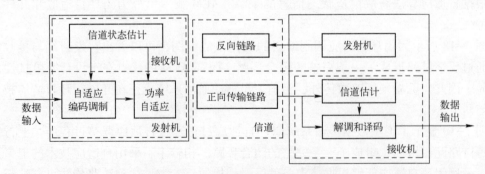

图 7-20 开环自适应模型的结构组成

ACM 有三个关键技术。第一个关键技术是编码调制方式级数。编码调制方式级数是数据传输过程中用到的自适应编码调制方式的数量,级数增加会提升自适应编码调制技术的性能，但也会增加实现的复杂度。因此，自适应编码调制级数的选择需要结合系统性能和系统复杂度进行折中考量。以第二代数字卫星广播标准 DVB-S2 系统为例，系统支持 1/4、1/3、2/5 等 11 种编码速率，以及 QPSK、8PSK、16APSK、32APSK 4 种调制方式，二者搭配共有 44 种组合。考虑到在实际使用中，过多的自适应编码调制级数会造成系统复杂度过高，因此 DVB-S2 标准实际提供了 28 种自适应编码调制方式，供传输过程中选择。

ACM 第二个关键技术是编码调制方式的选择算法，这是自适应编码调制技术的核心，很大程度决定了自适应编码调制技术的工作性能。目前使用最为广泛的方法是门限法，当信道信息参数与一组编码调制组合的判决门限实现最优匹配时，发射机选择该编码调制组合用于当前传输链路。具体做法是将信道状态信息分为由 γ_1 到 γ_n 表示的若干个区间，每个区间对应一种最优的码调制组合。

ACM 第三个关键技术是同步技术，由于接收端和发射端需要协同工作，要求信道状态信息和编码调制方式达到同步，因而发射端的调制编码方式和接收端的解调解码方式必须始终保持一致，做到可靠接收解调。

7.2.5.2　激光传输

激光传输系统包括发送设备和接收设备两部分。发送设备由激光器、光调制器和光学发射天线组成。有用信息送到与激光器相连的光调制器中，光调制器将信息调制在激光上，最后通过光学发射天线发送出去。在接收端，光学接收天线将接收到的激光信号送至光探测器，光探测器将激光信号变为电信号，解调后变为原来的信息。激光传输具有信道容量大、保密性好、抗电磁干扰能力强和无须频率使用许可等优点，因此成为星间和星地高速数据传输领域重要的发展方向。

激光传输分为星地激光传输和星间激光传输。星间高速链路属于自由空间传输信道，链路距离远，激光传输是其主要的发展方向。我国，以及美国、欧洲和日本已经陆续开展了多次星间激光传输实验，并取得了一系列的研究成果。随着国内外各类天基信息系统的建设提速，选用 GEO 卫星作为星间高速数据中继节点的需求与日俱增，GEO 激光中继链路将成为构建天基信息网络的基石。欧洲航天局（ESA）首次实现的高轨卫星对低轨卫星的双向激光链路，速率为 50Mbit/s。目前，在轨运行的高轨卫星激光链路主要有 ESA 的欧洲数据中继系统（EDRS）、美国的激光传输中继演示验证和日本的高速通信先进激光仪器。EDRS 已发射正样卫星入轨，正式提供商用激光数据中继服务，标志着星间激光链路已进入业务运营阶段。

星地激光传输先后经历了理论研究、试验验证和工程应用 3 个阶段，国际上开展了多次在轨星地激光传输试验。德国在实现了 NFIRE 卫星和地面站之间的 5.625Gbit/s 星地光传输链路，通信时长约为 8min。美国通过光学有效载荷项目实现了第一次国际空间站对地约 400km 的激光传输。美国的 LCRD 计划和日本的 HICALLI 均开展了高轨对地的激光链路实验，验证了 10~100Gbit/s 的高速激光星地链路。ESA 与日本计划共同开发了高轨对地的激光数据传输业务，并于 2025 年实现全球空间激光传输网路业务。但是，星地激光传输本身存在瓶颈：在卫星与地面进行大容量通信的过程中，作为信息载体的激光经过地球表面大气层时，容易受到云、雾、降雨和大气湍流等天气因素的严重影响，导致可用度不高，实际应用效能受限。高效能的新型激光传输和激光/微波混合传输是未来的重要发展方向。

7.3 星地高速数据传输信道

星地高速数据传输的传输质量和传输效率与信道条件密切相关。测量和分析信道参数，并利用信道参数进行链路计算有助于掌握系统工作环境。链路预算的目的具体包括两个方面：一是在选定星上发射机和地面接收设备的情况下，预估链路是否能够可靠建立，系统能否满足用户使用要求，其中接收载噪比是最重要的计算结果，可据此判断链路可行性；二是在已知星上发射机和地面接收设备部分参数的条件下，根据链路建立要求和系统工作要求，计算确定另一部分的参数，如天线尺寸、发射功率等。

7.3.1 星地高速数据传输信道参数

决定星地高速数据传输质量的最主要指标，是接收机输入端的载波功率与噪声功率的比值，简称载噪比，记为 C/N。链路预算也主要是为获得这个比值。为了保证地面接收到的数据正确率达到一定要求，在接收端会确定一个最低的载噪比，这个最低载噪比被称为阈值载噪比。

图 7-21 所示为星地高速数传链路接收端的基本处理流程。基带处理前端的比特信噪比以及处理后的误比特率都是由载噪比决定的，因此载噪比是决定接收机解调器能否正确解调数据的关键指标，是星地高速数传链路能够可靠建立的判别标准。

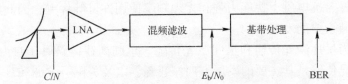

图 7-21 星地高速数传链路接收端的基本处理流程

载噪比是接收机输入端的载波功率与噪声功率的比值，表达式为

$$\left[\frac{C}{N}\right] = [P_R] - [P_N] \tag{7-12}$$

式中：方括号为将数值转化成分贝的形式；P_R、P_N 分别为载波功率和噪声功率。P_R 为三个参数的组合：

$$[P_R] = [\text{EIRP}] + [G_R] - [\text{LOSSES}] \tag{7-13}$$

式中：EIRP、G_R 和 LOSSES 分别表示发射有效全向辐射功率、接收天线增益和路径损耗。P_N 也可以表示为三个参数的组合：

$$[P_N] = [k] + [T_S] + [B_N] \tag{7-14}$$

式中：k、T_S、B_N 分别为玻耳兹曼常数、等效噪声温度和等效噪声带宽。因此，载噪比的表达式可以写为

$$\left[\frac{C}{N}\right] = [\text{EIRP}] + \left[\frac{G_R}{T_S}\right] - [\text{LOSSES}] - [k] - [B_N] \tag{7-15}$$

其中，将接收天线增益和等效噪声温度进行组合可以得到定义接收系统性能的关键参

数——G/T 值。在实际中，除载噪比外，通常还需要载波功率与噪声功率密度的比值 C/N_0。它在载噪比的基础上移除了等效噪声带宽的影响，即

$$\left[\frac{C}{N_0}\right] = [\text{EIRP}] + \left[\frac{G_R}{T_S}\right] - [\text{LOSSES}] - [k] \tag{7-16}$$

这样我们就可以看到决定系统链路传输性能的三个重要参数，它们分别是有效全向辐射功率（EIRP），G/T 值和传输损耗。下面介绍 EIRP、G/T 值和自由空间损耗等参量具体的物理意义。

7.3.1.1 EIRP 值

EIRP 是定向天线在最大辐射方向实际所辐射的功率，是对发射机发射功率与发射天线的综合度量，数值上等于天线实际发射的载波功率 P_T 与发射天线的增益 G_T 的乘积：

$$\text{EIRP} = P_T \times G_T \tag{7-17}$$

$$[\text{EIRP}] = [P_T] + [G_T] \tag{7-18}$$

单位为 W。当转换成分贝的形式时，单位则为 dBW。EIRP 的含义是，使用增益为 G_T 的定向天线发射功率为 P_T 的信号，在其主波束轴线上，效果等效于无方向性天线发射功率为 G_T 乘以 P_T 的信号，所以被称作有效全向辐射功率。它表征定向天线在最大辐射方向实际所辐射的功率。EIRP 体现了卫星发射系统能力。

7.3.1.2 G/T 值

G/T 值，即接收系统的品质因数，它是接收天线增益与接收机输入端的等效噪声温度的比值：

$$\frac{G}{T} = \frac{\text{接收天线增益}}{\text{接收机输入端的等效噪声温度}} \tag{7-19}$$

等效噪声温度的单位是 K，G/T 值转化成分贝形式的单位为 dB/K。其中天线增益的表达式为

$$G = \frac{4\pi A}{\lambda^2}\eta \tag{7-20}$$

式中：A 为天线口面的有效面积；λ 为工作波长；η 为天线效率。

等效噪声温度的计算需要考虑信号通道中的各类部件。图 7-22 所示为卫星数据地面接收设备处理过程。来自卫星的信号被地面站的接收系统接收之后，接收信号经过了低噪放（LNA）、混频器、带通滤波及中频处理等环节进入基带信号处理系统。接收系统中的天线、馈源、馈线、低噪声放大器及后端的接收设备组成了一个级联网络。在计算 G/T 值时，一般将接收机输入端口，也就是 LNA 输入端作为参考点。接收链路的结构反映了系统噪声的来源主要有包括：天线噪声，放大器噪声，由馈源、馈线这样的吸收网络产生的噪声。噪声的另外一个来源是低噪放之后的设备，其被称为主接收机噪声。值得注意的是，馈线的位置也可以放在接收天线和低噪放之间，接下来讨论馈线处于不同位置对总等效噪声温度的影响。

两个典型接收机输入端的等效噪声温度如图 7-23 所示，（a）和（b）的电缆分别放置于 LNA 后端和前端，它们 LNA 输入端的等效噪声温度分别为 T_{s1} 和 T_{s2}。

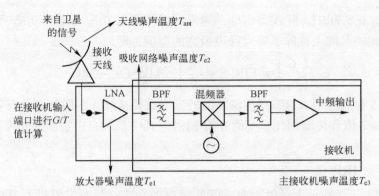

图 7-22 卫星数据地面接收设备处理过程

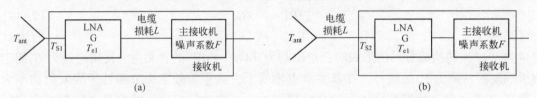

图 7-23 电缆放置于 LNA 后端（a）和低噪放前端（b）的接收机输入端

当电缆位于 LNA 后端时，可以得到等效噪声温度 T_{S1} 是四种噪声温度的叠加，其表达式为

$$T_{S1} = T_{ant} + T_{e1} + \frac{(L-1)T_x}{G} + \frac{L(F-1)T_0}{G} \tag{7-21}$$

式中：T_0 为室温，其数值大小是 290K；T_x 为环境温度；L 为电缆损耗；F 为主接收机噪声系数。如果将电缆放置于 LNA 的前端，等效噪声温度 T_{S2} 就转变为

$$T_{S2} = \frac{T_{ant}}{L} + T_{e1} + \left(1 - \frac{1}{L}\right)T_x + \frac{(F-1)T_0}{G_2} \tag{7-22}$$

其中，天线增益也需要考虑电缆损耗，变为 G_2：

$$G_2 = \frac{G}{L} \tag{7-23}$$

通过计算可以得到，G_1/T_{S1} 的值和 G_2/T_{S2} 的值分别为

$$\frac{G}{T_{S1}} = \frac{G}{T_{ant} + T_{e1} + \frac{(L-1)T_x}{G} + \frac{L(F-1)T_0}{G}}$$

$$\frac{G_2}{T_{S2}} = \frac{G}{T_{ant} + LT_{e1} + (L-1)T_x + \frac{L(F-1)T_0}{G}} \tag{7-24}$$

通过比较这两个系统中 LNA 输入端的 G/T 值发现，G_1/T_{S1} 的值要大于 G_2/T_{S2} 的值。将低噪放置于电缆之前的系统所得到的 G/T 值更大。这也是卫星接收系统中，其放大器总是直接与抛物面天线相连的原因。

7.3.1.3 传输损耗

在传输过程中，信号难免会产生损耗。根据损耗的类型不同，部分损耗是常数，部分

损耗可以根据统计数据进行估计,还有一些则依赖天气条件,特别是降雨。首先需要确定晴朗天气时的损耗,这些损耗基本是不随时间变化的。与气候有关的损耗以及随时间波动的其他损耗则应该以适当的衰落余量代入链路计算过程。

在晴天条件下,链路传输所有的损耗包含五部分:

$$[\text{LOSSES}] = [\text{FSL}] + [\text{RFL}] + [\text{AML}] + [\text{AA}] + [\text{PL}] \tag{7-25}$$

式中:[FSL]为自由空间传播损耗,表达式为

$$[\text{FSL}] = 10\lg\left(\frac{4\pi d}{\lambda}\right)^2 \tag{7-26}$$

式中:d 为到发射天线的距离;λ 为信号波长。损耗的大小与收发天线的距离和信号的载波频率成正比,与波长成反比。也就是说,收发天线距离越远、载波频率越高,损耗就越大。自由空间传播损耗是数传链路中最主要的损耗。

[RFL]为接收机馈线损耗。接收天线和接收机之间的连接部分存在一定的损耗,这类损耗是由连接波导、滤波器以及耦合器产生,称为馈线损耗。

[AML]为天线指向误差损耗。在建立了星地数据传输链路之后,理想情况是地面站天线和卫星天线都指向对方的最大增益方向,但实际上地面站天线的伺服和馈源系统存在跟踪误差和指向误差,这会导致天线的实际指向与卫星所在方位之间存在偏差。由地面站天线的跟踪和指向偏差所带来的损耗被称为天线指向误差损耗,天线指向误差损耗的大小通常为零点几分贝。

[AA]为大气吸收损耗。卫星发出的电磁波经过自由空间后,还要经过大气层才能到达接收天线。电磁波在穿过大气层时,会被大气层中电离层自由电子和离子吸收一部分,并受到对流层中氧分子、水蒸气分子及云雨雾雪的吸引,从而产生损耗,这部分损耗被称为大气吸收损耗。

[PL]是极化误差损耗。它指的是当天线结构不理想或卫星姿态发生变化时,由极化不匹配导致的损耗。

7.3.2 星地高速数据传输链路预算

前文介绍了数据传输链路最重要的指标——载噪比,以及影响这一指标的三个关键的信道参数,EIRP、G/T 值和传输损耗。下面围绕这些参数进行链路计算。

7.3.2.1 自由空间衰减

信号在空间传播过程中会发生扩散,从而引起功率损失,称为自由空间传播损耗。自由空间传播损耗与链路长度 d 的平方成正比,与传输波长 λ 的平方成反比,其表达式为

$$[\text{FSL}] = 10\lg\left[\left(\frac{4\pi d}{\lambda}\right)^2\right] = 20\lg\left(\frac{4\pi df}{c}\right) \tag{7-27}$$

式中:第二个等号用到了 $\lambda = c/f$,其中 c 为光速,f 为信号的载波频率。

7.3.2.2 数据传输链路计算方法

卫星数据传输链路的性能通常用接收系统输入端的载波功率与噪声功率的比值来衡量,这个比值称为载噪比,通常采用载噪比作为链路预算的结果。载噪比与 EIRP 值、自

由空间损耗、传输损耗、系统等效噪声温度、G/T值、玻耳兹曼常数和链路余量有关。在链路预算之前，需要通过多种方式得到发射天线口径、效率、信号传输距离等参数，根据这些参数可以计算出前文提到的 EIRP 值等物理量，从而最终得到系统的载噪比。

7.3.3 星地高速数据传输链路计算实例

典型的数据传输链路包含上行链路和下行链路，如图 7-24 所示。上行链路指的是地面站发送信号、卫星接收信号的链路，下行链路指的是卫星发送信号、地面站接收信号的链路。

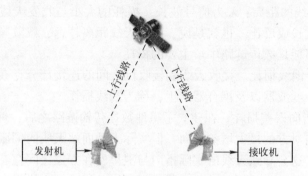

图 7-24 典型的数据传输链路

上行链路载噪比的表达式为

$$\left[\frac{C}{N_0}\right]_U = [EIRP]_U + \left[\frac{G_R}{T_S}\right]_U - [LOSSES]_U + 228.6 \qquad (7-28)$$

式中：下标 U 表示上行链路。式（7-28）所使用的值分别是地面站的 EIRP、星上接收机的 G/T 值和从地面站到星上接收机的路径损耗。在上行链路中，通常不使用地面站的 EIRP，而是采用星上接收天线的饱和通量密度，用符号 ψ_M 表示。它是指使星上转发器的行波管放大器达到饱和时接收天线所要求的通量密度。

地面站的 EIRP 值与星上接收天线的饱和通量密度的关系为

$$[EIRP]_U = [\psi_M] + 10\log\frac{\lambda^2}{4\pi} + [LOSSES]_U \qquad (7-29)$$

式中：第二项对应各向同性天线的有效面积，记为 A_0。由信号波长和频率之间的关系可以推导出 A_0 与工作频率 f 相关的表达式

$$[A_0] = -(21.45 + 20\log f) \qquad (7-30)$$

式中：f 的单位是 GHz。地球站的 EIRP 值表示使卫星转发器处于饱和工作状态时地球站必须提供的最小 EIRP 值。

7.3.3.1 数据传输上行链路计算

不失一般性，令上行链路的工作频率为 8GHz，使转发器饱和所需要的通量密度是 $-120\text{dBW}/\text{m}^2$，自由空间损耗是 207dB，其他传播损耗的总值是 2dB。以计算晴天条件下使卫星转发器饱和所需要的地面站 $[EIRP]_U$ 值为例。

首先，对于 8GHz 的工作频率，可以计算出 $[A_0]$ 的值为

$$[A_0] = -(21.45 + 20\log 14) = -39.51\text{dB} \tag{7-31}$$

其次,将饱和通量密度、$[A_0]$ 和传播损耗的值代入,即可以得到使卫星转发器饱和所需要的地球站的 EIRP 值为

$$[\text{EIRP}]_U = [\psi_M] + [A_0] + [\text{LOSSES}]_U = 49.49\text{dBW} \tag{7-32}$$

通过计算 EIRP 值可以确定地面站发射天线口径和功放的大小,如果再给出卫星接收机的 G/T 值,则可以进一步算出卫星接收机的载波功率与噪声功率密度的比值。

7.3.3.2 数据传输下行链路计算

某卫星的下行链路的链路预算如表 7-2 所示,计算地面站接收系统中的比特信噪比值 E_b/N_0。

表 7-2 某卫星的链路参数

参 数 名 称	参 数 值	参 数 名 称	参 数 值
卫星轨道高度/km	823	地面接收仰角/°	5
工作频率/MHz	8200	天线直径/m	12
调制方式	QPSK	天线效率/%	60
信息码速率/Mbit/s	45	天线等效噪温/K	55
星上 EIRP/dBW	15	馈线损耗/dB	1
系统备余量/dB	5	接收机等效噪温/K	55
其他损耗/dB	5	环境温度/K	296

首先计算链路传输损耗。当仰角为 5°,根据卫星轨道高度和地球半径,通过式 (7-33) 可以得到星地距离 $d = 2833.1\text{km}$。

$$\theta = \arccos\frac{d \cdot \sin\delta}{\sqrt{R^2 + d^2 - 2dR \cdot \cos\delta}} \tag{7-33}$$

其次,由工作频率 8200MHz,可以得到自由空间传播损耗为

$$\text{FSL} = 10\log\left(\frac{4\pi d}{\lambda}\right)^2 = 10\log\left(\frac{4\pi df}{c}\right)^2 = 179.76\text{dB} \tag{7-34}$$

其他损耗为 5dB,所以总的链路损耗为

$$\text{LOSSES} = \text{FSL} + 5 = 184.76\text{dB} \tag{7-35}$$

由卫星工作频率、天线直径和天线效率,可得天线增益

$$G = 10\log\left[\left(\frac{\pi Df}{c}\right)^2 \eta\right] = 57.1\text{dB} \tag{7-36}$$

由天线等效噪温 T_{ant} (55K),环境温度 T_x (296K),馈线损耗 L (1dB),接收机等效噪温 (55K) 可得接收系统等效噪温为

$$T = 10\log\left(\frac{T_{\text{ant}}}{L} + \left(1 - \frac{1}{L}\right)T_x + T_r\right) = 22.03\text{dBK} \tag{7-37}$$

结合之前算出的天线增益,可以得到 G/T 值为

$$G/T = G - T = 35.07\text{dB/K} \tag{7-38}$$

由星上 EIRP 值（15dBW），G/T 值（35.07dB/K），传输损耗 LOSSES（184.76dB），系统留余量 M（5dB），可得接收端的载波功率与噪声功率谱密度的比值为

$$\frac{C}{N_0}=\text{EIRP}+\frac{G}{T}-\text{LOSSES}+228.6-M=88.91\text{dB}\cdot\text{Hz} \tag{7-39}$$

由信息码速率 R_b（45Mbit/s），可得

$$\frac{E_b}{N_0}=\frac{C}{N_0}-R_b=12.38\text{dB}\cdot\text{Hz} \tag{7-40}$$

QPSK 调制在比特率差错为 10^{-6} 时，E_b/N_0 的理论值为 $10.5\text{dB}\cdot\text{Hz}$。可以看出，该系统链路有一定的余量，链路可以满足数据的传输要求。

习　题

1. 数据传输主要采用哪些频段？各有何优缺点？
2. 16QAM 与 16PSK 各有什么优缺点？
3. 数据传输链路预算中，接收机输入端等效噪声的来源主要有哪些？
4. 简述激光传输的优势和不足。
5. 简述数传接收任务流程。
6. 在数传链路中，信源编码和信道编码作用有什么不同？
7. X、Ka 频段用于数传链路，各有什么优缺点？
8. 64QAM 频带利用率理论值为多少？
9. Turbo 码与 LDPC 各有什么优缺点？
10. ACM 技术可以划分为哪几类，各有什么特点？
11. 简述激光传输的优缺点。
12. 星地数据传输链路损耗有哪些？
13. 某卫星载荷数据高速传输链路采用 QPSK，数据速率 600Mbit/s。若将调制方式升级为 8PSK，则数据速率能达到多少？若要达到 1.6Gbit/s 数据速率，应采用何种调制方式？
14. 载噪比是衡量卫星数传链路可靠性的重要指标。假设某卫星数传任务要求的载噪比为 90dBHz。①卫星轨道高度的典型值为 500km，请计算卫星仰角为 10° 时，X 波段（$f_0=8\text{GHz}$）信号的自由空间损耗 $[L_s]$（地球半径为 $R=6371\text{km}$）。②典型的接收天线口径为 $D=4.5\text{m}$，当系统噪声温度 $[T]=21.58\text{dB}\cdot\text{K}$，天线的效率 $\eta=0.456$ 时，计算接收天线的 $[G/T]$ 值。③假设传输过程中的其他损耗为 3dB，在系统备余量 $M=5\text{dB}$ 的前提下，星上 EIRP 值为多少时载噪比才能达到要求？

参 考 文 献

[1] 冯钟葵，葛小青，张洪群，等. 遥感数据接收与处理技术 [M]. 北京：北京航空航天大学出版社，2016.

[2] 李艳华,李凉海,谌明,等.现代航天遥测技术[M].北京:中国宇航出版社,2018.

[3] 于全.战术通信理论与技术[M].北京:人民邮电出版社,2020.

[4] 袁俊刚,韩慧鹏.高通量卫星通信技术[M].北京:北京邮电大学出版社,2021.

[5] 夏克文.卫星通信[M].西安:西安电子科技大学出版社,2023.

[6] SHKELZEN CAKAJ. Ground Station Design and Analysis for LEO Satellites [M]. New Jersey:IEEE PRESS, 2022.

[7] CHANGHONG WANG, et al. An overview of protected satellite communications in intelligent age [J]. Sci China Inf Sci, 2021, 64(6) 301-316.

[8] 代健美,文泓斐.Starlink星地链路性能仿真分析与启示[J].通信技术,2022,1589(8).1589-1596.

[9] 夏桥江,等.用于Ka波段卫星通信的双频段圆极化无源相控阵天线[J].无线电工程,2024,54(3):687-694.

[10] 徐常志,等.面向6G的星地融合无线传输技术[J].电子与信息学报,2021,28(9):28-36.

[11] LUO C, et al. Channel state information prediction for 5G wireless communications:A deep learning approach [J]. IEEE Transactions on Network Science and Engineering, 2020, 7(9):227-236.

[12] 王若桐.低密度奇偶校验码译码算法研究[D].北京:北京邮电大学,2022.

[13] 刘通.DVB-S2接收机同步技术研究与实现[D].四川:西南科技大学,2023.

[14] 梁立林.一种MFSK信号的软解调Turbo译码算法[J].通信技术,2024,57(3):251-254.

[15] 张京席,鲁越,陈智雄.电力线信道中极化码译码算法的改进[J].电力信息与通信技术,2024,57(3):17-24.

[16] 鲁辰龙.卫星通信中的自适应调制与编码技术研究[J].无线互联科技,2023,20(20)4-6.

[17] 马晓龙,李长生,李琦,等.一种用于星间相干激光传输的频偏估计算法[J].长江信息通信,2024,37(5)29-32.

[18] 李刚,郭磊,支春阳,等.基于等效载噪比的Wi-Fi与北斗三号RSMC出站信号的兼容性分析[J].无线电工程,2024,54(4):971-976.

[19] 蒋锐,舒康宁,杨国彬,等.宽带卫星IP通信网络中数字调制解调技术研究[J].电子设计工程,2024,32(2)187-190.

[20] 武秀广.TLE两行星历数据参数解析[J].数字通信世界,2020,66(2)66-67.

[21] 夏柯杰,卿波,陈霞,等.基于任意码长极化码的分布式信源编码[J].无线电工程,2023,53(5)1186-1191.

[22] 王青龙,韩春昊,王春霞,等.数字通信信号调制方式识别研究[J].电声技术,2024,48(1)142-145.

[23] 李慧,彭昱,韩昌彩,等.低复杂度高阶APSK解映射方法与实现结构[J].电子测量与仪器学报,2020,34(6)109-116.

第 8 章 天基测控技术

随着航天事业的快速发展，在轨运行卫星的数量和种类迅速增加，特别是低轨卫星数量急剧增长，测控网承担的任务日益繁重。由于电波直线传播的特性和受地面曲率的限制，地基测控设备对近地航天器的测控时间很短，要实现对航天器的全程覆盖需要全球布站，既不经济也不现实。天基测控是以空间航天器为测控设备载体，实现对目标航天器的测控任务，利用空间位置高、下视覆盖范围大的优势，可以极大简化全球布站的测控网配置，并提高测控有效性和效率，是满足未来航天器测控需求、解决地基测控网轨道覆盖率低缺陷的有效途径。

8.1 概 述

天基测控是指利用高轨卫星的转发功能或其发射信号完成对中、低轨道航天器全部或部分测控任务的技术。目前，能同时完成三大测控功能的系统是跟踪与数据中继卫星系统（tracking and data relay satellite system，TDRSS），而全球导航卫星系统（global navigation satellite system，GNSS）可为航天器提供高精度测轨和定时功能，并能提供传统地基网所不具备的许多测量功能。

TDRSS 是以数据中继为主要任务的综合航天测控系统，通过高轨道覆盖率、高性能的通信转发功能，为中、低轨道用户航天器实时传送高速数据、遥测、遥控等信息，传送载人航天器航天员与地面之间的双向话音、图像数据，同时可通过对用户航天器测距、测速等手段确定用户航天器的轨道，具有轨道覆盖率高、服务用户容量大、数据传输速率高、测控成本低、航天器集中管理等优点，成为航天测控网的普遍发展趋势。TDRSS 是各航天大国的重要航天基础设施。中继卫星系统虽有上述突出优点，从而大量取代保障在轨运行的传统地面站，但该系统不能实时测量航天发射场安全所需的弹道；受中继星上测控天线转角限制，不能为高轨道用户星服务；需要用户星发射远大于卫星直接对地面站时的辐射功率，一般的小微卫星难以使用此类服务；每颗中继卫星面对半个地球及其近空，容易受到干扰。

GNSS 利用覆盖全球的导航卫星发播的无线电信号进行定时定位，并可进行姿态和速度测量，具有连续覆盖、精度高、成本低、操作简单等特点，在国家安全和国民经济建设中发挥着越来越重要的作用，逐渐成为一个国家的重要时空基础设施。GNSS 用于航天器的轨道（位置）测量，精度高、实时性好、普适性强、设备简单成熟，在轨航天器利用卫星导航系统接收机实现星上自主定轨和测姿后，与推进和控制系统相结合，进而可实现轨道保持自主、姿态控制自主和探测载荷操作自主等功能。

GNSS 虽然不具备遥测遥控能力，但高动态箭载接收机用于航天器发射，其定位测速精度和实时性能满足发射场安全要求。随着技术的发展，原来主要为在轨航天器服务的 TDRSS，已能传送运载火箭从起飞到入轨的全程遥测数据；必要时还可给火箭发送安控指令。GNSS 的弹道实时全程测量能力与 TDRSS 的数传能力相结合，可构成天基测控发射场，降低发射准备时间，特别符合多射向、机动发射和按需发射的需求。

美国发射场安全系统（图 8-1）利用 TDRSS 反向通道完成遥测和全球定位系统（GPS）完成跟踪测量任务，利用 TDRSS 的正向通道发送安控自毁指令。基于 TDRSS 的靶场安全系统反向链路即遥测信号的链路为"火箭→TDRS→白沙地面终端站→戈达德飞行中心→发射场安控中心"。在安控中心对各种数据进行综合分析，作出判断，决定是否发出炸毁指令。正向链路即安控指令的传输流程为"发射场安控中心→戈达德飞行中心→白沙地面终端站→TDRS→火箭"。指令传递时间约为 0.3s，可以满足发射场安控的实时性要求。

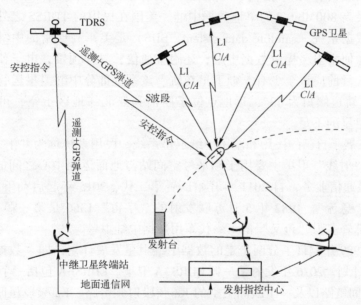

图 8-1　美国发射场安全系统

全球卫星导航系统在航天测控领域的广泛应用，极大提高了中低轨道航天器的高精度自主定轨能力，并成为航天测控系统中的重要组成部分，使中继卫星系统的测定轨功能需求弱化，使其作用主要体现在为航天器提供遥测遥控等数据传输通道方面。利用以数据中继卫星系统为主建设的天地一体化测控网，不仅能有效提高测控网的覆盖率、定轨精度及运载火箭全程测量和多目标的同时测控能力，而且能够完成各类对地观测卫星的实时数据高速传输任务。

8.2　跟踪与数据中继卫星系统测控技术

利用高轨道卫星转发功能完成对中、低轨道航天器测控与高速信息传输的系统，即跟踪与数据中继卫星系统，简称中继卫星系统。鉴于中继卫星系统高覆盖率、高数据率等特点，逐渐成为天基综合信息网的主干节点，各航天大国都先后发展了自己的类似系统。

8.2.1 跟踪与数据中继卫星系统概述

8.2.1.1 跟踪与数据中继卫星系统概况

自1964年美国航天测控专家M. Malcolm提出利用地球同步卫星转发功能进行测控的新概念后，经过多年研究、研制和试验，美国航空航天局（NASA）于1983年4月发射了第一颗跟踪与数据中继卫星，开创了天基测控新时代。1983年4月至1995年7月，NASA先后发射了6颗第一代中继卫星，至今已经发展了三代共13颗，目前有10颗卫星在轨服役，基本分组间隔120°在同步轨道部署，可实现全球覆盖。第三代中继卫星上携带的多址天线具有32个接收单元和15个发射单元，星间S、Ku和Ka三频段抛物面天线可实现最高800Mbit/s的单址数据中继。美国在民用的TDRSS之外，由美国侦察局管理的卫星数据系统（satellite data system，SDS）是美军高保密的中继卫星系统，主要为美军的成像侦察卫星提供数据中继，还附带通信，导弹预警，电子侦察等功能，至今发展了4代，目前应该至少有5颗卫星在轨。该系统部分中继卫星运行在大椭圆轨道上（molniya），轨道倾角为63°，远地点位于西伯利亚北纬地区上空，可覆盖极区，以弥补同步轨道卫星的不足。

俄罗斯也发展了自己的民用和军用中继卫星系统。民用系统称为"射线"（也称"波束"），第一代"射线"卫星主要用于和平号空间站与地面运控中心之间的通信联系，也提供一般的卫星通信业务，自2011年开始部署第二代，2015年起启动下一代更新部署。军用系统称为"急流"。1982年5月苏联发射的"宇宙"1366是第一颗"急流"卫星，2011年起开始部署名为"鱼叉"的下一代军用数据中继卫星。

欧空局自1989年制订了分两步走的数据中继卫星发展计划，即"数据中继和技术任务"（DRTM）计划。2016年发射了一颗EDRS-A卫星。EDRS-A包括一个光学星间链路、一个Ka频段星间链路以及一个欧洲上空的Ka频段射频链路。Ka频段星间链路是双向的返向链路，速率为2×150Mbit/s，前向链路的速率则较低，为几十兆比特/秒，激光返向数据率最高达1.8Gb/s。

日本也于1993年就确定了四步走的发展策略，通过前面三步的试验，最终发射2颗实用型卫星组成数据中继与跟踪卫星系统（DRTSS）。第一颗DRTS（Kodama）已于2002年发射。使用S频段和Ka频段作为DRTS和用户航天器之间链路的工作频段，其中，S频段则主要用于跟踪、遥测和遥控，且S频段能与美国的TDRSS和欧洲航天局（ESA）的数据中继卫星系统相兼容。DRTS和地面站之间的链路则使用Ka频段。2020年11月发射了第一颗光数据通信卫星，采用了光学链路提高数据率。

我国从20世纪80年代初期就开始跟踪TDRSS这一新技术，开展了一系列的预研工作，先建立了单星系统，使其最大返向数传速率达几百兆比特/秒，对用户航天器的轨道覆盖率达50%以上，2012年3月"天链一号"03星成功发射并组网，标志着我国的第一代中继卫星系统组建完成。第二代中继卫星系统在第一代中继卫星系统基础上，具备了多目标同时测控能力,同时可为西昌和海南发射场东南射向运载火箭和卫星转移轨道段测控支持。2022年7月,"天链二号"03星成功发射并组网,标志着我国第二代中继卫星系统组建完成。我国为了给探月任务提供中继服务,2018年5月发射了世界首颗地球轨道外专用中继通信卫星"鹊桥",2024年3月又发射了"鹊桥二号"中继星。

TDRSS作为一种天基测控和空间信息传输系统,得到了广泛应用,其地位和作用主要体现在如下方面。

(1) 为载人航天提供重要支撑。载人航天包括空间站和航天飞机的应用。在载人航天中应用TDRSS可以解决高覆盖率、空间交会对接和返回等问题,并同时实现实时图像和高速数据的传输。

(2) 大幅提高快速响应能力。中继卫星系统可使军事侦察卫星、资源卫星、环境卫星等实现数据实时下传,及时感知战场态势,对突发自然灾害作出评估,极大缩短信息获取时间,提高快速响应能力。

(3) 构建天基综合信息网的重要基础设施。天基网是指以天基定位导航和数据传输系统等天基设施为主用的系统,可为机动发射、在轨操作、轨道转移、交会对接和再入提供全球测控通信支持。

8.2.1.2 跟踪与数据中继卫星系统组成

跟踪与数据中继卫星系统通常由跟踪与数据中继卫星(TDRS)、地面部分和用户航天器中继应答机三部分组成。如图8-2所示。为保证对中低轨航天器的轨道覆盖率,同时便于地面对中继卫星的操作及双向数据传输,通常将中继卫星布设在地球同步轨道上。依据中低轨航天器轨道高度的不同,由一颗中继卫星组成天基测控系统,可以对中低轨道航天器提供50%以上的轨道覆盖率,由两颗经度相差130°的跟踪与数据中继卫星组成的天基测控系统,可对中低轨道航天器提供85%~100%的轨道覆盖率。

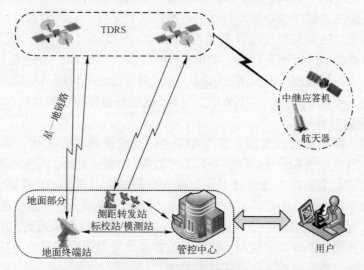

图8-2 TDRSS组成

1. 跟踪与数据中继卫星

中继卫星是TDRSS的核心,例如美国的TDRS采用三轴稳定方式,主要由星体结构、有效载荷和天线三部分组成。其中，星体结构包括跟踪、遥测、遥控指令、能源、推进动力和姿态控制等分系统。有效载荷指实现"跟踪与数据中继"功能的各种电子设备，主要是 TDRS 转发器，包含"空—空"单通道设备、"空—空"多通道设备、"空—地"传输设备、TDRS 星上的正向反向处理机和频率产生设备。

为完成跟踪与数据中继服务，中继卫星上一般需要安装两副多频（S 和 Ka 等）抛物面天线用于与目标卫星传输大量数据，一副 K 频段"空—地"链路抛物面天线与地面站通信，以及 S 频段相控阵天线和全向测控天线。中继卫星上的天线（抛物面和相控阵）数量主要取决于要同时服务的在轨航天器的数量，天线口径和阵元数主要取决于最高数传速率。当卫星平台载荷能力和电源有富余时，TDRS 上还可搭载卫星通信载荷，以便提高定点轨道位置、频率资源和 TDRS 本身的利用率。为确保窄波束单址天线准确捕获和精密跟踪用户航天器，除需要精密的 TDRS 轨道位置、用户星预报轨道数据和精密星载天线跟踪架外，还要求中继卫星本身具有高精度的姿态确定能力，以及能抵抗大质量星载天线转动惯性扰动的姿态稳定能力。

2. 地面部分

完成测控和数据中继业务服务用户，需要有完善的地面系统。美国 TDRSS 的地面部分主要有白沙联合体、梅里特岛发射场中继站、双向测距应答转发系统、数据业务管理中心、NASA 综合业务网、哥达德航天飞行中心以及远方地面中继终端等。白沙联合体包括三个地面终端：白沙地面终端站、第二 TDRSS 地面终端站和关岛远端地面终端站。白沙联合体作为地面设备的中心，主要管理在轨运行的 TDRS，并且通过这些卫星完成对用户航天器的测控和通信。白沙地面站并不做数据处理，而是将数据传输到控制中心，完成各种处理任务。数据业务管理中心是天基网操作控制系统，它安排所有天基网单元和其支持系统，提供天基网计划、捕获、控制和状态的接口，用户和天基网之间计划和执行的联系点。用户通过提交计划申请或建立要求，以获得天基网的支持。

中继卫星系统的地面终端站是天—地信息的汇集和交换中心，其基本组成包括对数据中继卫星通信的大口径 K 频段天线（数量与在轨 TDRS 相等）、射频收发设备、调制解调设备、测距测速终端、加密解密设备、TDRS 测控设备、多址用户自适应地面处理设备、纠错编解码设备、站用时统、测控网通信接口等。为了保证尽可能对中继卫星覆盖，一般设在地球纬度低、雨量少并处于沙漠地带、对 Ku 频段传播影响小的地区。

3. 用户航天器应答机

用户航天器设备主要指转发器，它与 TDRS 以及地面站联合工作，构成一个完整的 TDRSS。TDRSS 用户应答机一般采用双模式（数据中继和 TT&C）和双频段（S/Ku 或 S/Ka）的工作方式。在数据中继模式下，前返向链路的信号采用 QPSK 或 SQPSK 方式调制，并进行直接序列扩频，用户具有测距 PN 码的调制、解调，各种指令的传输、遥测信息的发送，以及用户与 TDRS 间的中/高速数传等功能。在 TT&C 模式下，用户应答机为相参转发体制，具有测距音解调、调制、接收遥控指令、发射遥测副载波等功能，其工作模式与在统一载波测控系统中的工作模式基本相同。

用户应答机天线主要有三种：相控阵天线、机电驱动的窄波束天线、宽波束的固定天线（波束固定不动）。对于高速数传用户航天器，必须采用高增益天线，由于其波束相应较窄，波束必须是可转动的（机电或电子驱动）以对准 TDRS；对于中速数传用户航天器，可使用各种中增益天线，如共形贴片式阵列天线、喇叭天线等；对于低速数传用户航天器，可采用全向天线。相控阵天线的优点在于安装方便，受安装空间限制小，且质量轻，无机械运动部分，对航天器本体无扰动，控制灵活。

8.2.2 跟踪与数据中继卫星系统工作原理

8.2.2.1 跟踪定轨原理

TDRS 的定位业务是通过在 TDRS 系统 S 频段或 Ka 频段的星间链路，进行用户星与地面终端站的距离和距离变化率测量来定轨。当中继卫星轨道位置精确已知时，从上面信息中扣除地面到中继卫星的相应测量值，即得到以中继卫星为参考的距离及其变化率信息，由这种信息用动力学定轨法即可确定用户航天器的轨道；当中继卫星的位置为不精确已知，或要求精确确定用户航天器轨道时，可利用双向距离和及其变化率信息，联合求解中继卫星和用户星的精确轨道，但这种定轨方法复杂，计算工作量大。

1. 双向测距测速定轨

TDRSS 测控定轨原理如图 8-3 所示。信息传播顺序为 $t_0 \rightarrow t_1 \rightarrow t_2 \rightarrow t_3 \rightarrow t_4$，由地面终端站发送前向伪码信号，经中继卫星转发到用户星，经用户星解调再对返向数据进行调制，而后转发给中继卫星，经由地面终端站测距基带设备解扩、解调、译码，完成用户星测距。地面测得的参量为 $(R_1 + R_2)$ 和 $(\dot{R}_1 + \dot{R}_2)$，从中去掉已经测得的地面站和中继星间的距离 R_1 和距离变化率 $\dot{R}_1$，则可得到中继星和用户航天器间的距离 R_2 和距离变化率 $\dot{R}_2$，已知中继卫星星历，可将中继卫星当作一个活动的测量站，然后建立观测模型根据轨道方程计算用户航天器轨道。

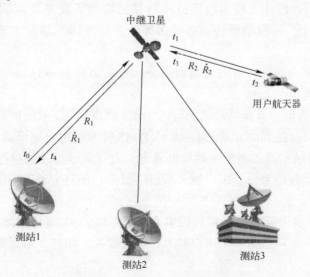

图 8-3　TDRSS 测控定轨原理

对于低轨道航天器，由于阻力是主要影响因素，计算出的用户航天器轨道参数的精度主要取决于力场模型和获得的数据频度。经过多次长弧段跟踪，可以利用 $(R_1 + R_2)$、$(\dot{R}_1 + \dot{R}_2)$、R_1 和 $\dot{R}_1$ 联合求解，同时估算出用户航天器和中继星的轨道，但这种方式的计算过程和程序复杂，因此一般先利用三站测距交会法等手段获取中继星的高精度轨道数据，然后直接解算出用户航天器轨道。

2. 单向测速定轨

TDRS 单向测速由用户航天器发出信标信号，经中继卫星转发，送至地面终端站进行数据处理。这种方案实施比较简单，但其最终精度在很大程度上取决于用户航天器上的信标质量，定轨精度低于双向测距测速方式。美国第二代 TDRSS 就采用了这种定轨方式。

从上面分析可以看出，使用中继星确定用户航天器轨道时，其定轨精度主要受大气影响、仪器测量误差、TDRS 的位置误差和其他固有误差等因素的影响。中继卫星本身轨道位置精度不仅影响用户星定轨精度，而且影响 TDRS 星上窄波束天线对用户星的捕获概率，因而仍在探索提高 TDRS 定轨精度的方法。在上述采用三站测距确定中继星位置的方法中，尝试采用载波相位测量、激光测距等方法提高测距精度。甚至尝试引入干涉测量的方法来提高定位精度。

8.2.2.2　数据中继原理

TDRSS 要为多种中、低轨道航天器服务，按不同数据传送速率，是否同时需要双向测距跟踪，准备了相干、不相干、单向、双向、扩频、不扩频等多种业务方式。按中、低轨道航天器所需传送的数据速率可将用户分为高速（5~500Mbit/s）、中速（100kb/s 至 5Mbit/s）和低速（小于 100kb/s）三类。一般而言，为传送高速率数据必须使用高频率载波、高增益窄波束大口径抛物面天线，于是在该跟踪波束内一般只存在一个用户航天器，这种数传业务就为单址业务（SA），例如 KSA（K 频段单址）和 SSA（S 频段单址）。相反，利用相控阵天线多波束或小口径抛物面天线宽波束同时为同一空域多个用户航天器服务的中、低速率数传业务为多址业务（MA）。多址方式可取频分制，也可取码分制。

TDRSS 链路由正向通道和反向通道两部分构成。由地面→TDRS→用户航天器构成的传输通道称为正向通道。

以美国 TDRSS 为例，地面终端站上行向 TDRS 星发射 Ku 频段信号，它是 7 路频分复合信号，它们有的只传送到 TDRS，有的要经 TDRS 转发给用户航天器，有如下几种。

① TDRS→用户航天器的两个 S 频段单通道。它提供 S 频段的单路服务，即用 S 频段的一个频率及其一个频道为一个用户航天器提供服务。在整个通道中的空—空段和空—地段都称为 SSA。

② TDRS→用户航天器的两个 K 频段单通道。它提供 Ku 频段的单路服务，即用 Ku 频段的一个频率及其一个频道为一个用户航天器提供服务。在整个通道中的空—空段和空—地段都称为 KSA。

③ TDRS→用户航天器的一个 S 频段多通道。它使用 S 频段相控阵天线为 20 个用户提供服务，用 S 频段的一个频率和 20 个地址（码分多址）及相应的 20 个分时波束为 20 个用户航天器提供服务。

④ 遥控指令通道（TC）。它用于对 TDRS 的控制（不再转发）。

⑤ 导频通道（GF）。它向 TDRS 提供频率基准（不再转发），星上转发器分离出导频

信号送往频率产生设备，实现地面设备与星上设备的频率相干，同时产生 5 种规定频率的本振信号。

传输时，将以上 7 路信号进行复合形成一路 Ku 频段复合信号，由白沙地面站发送给 TDRS。TDRS 星上的空—地 Ku 频段抛物面天线和 Ku 频段接收机接收该 7 路复合信号，并将它变换为中频，放大后送到星上正向通道的多路分路设备，再通过分路设备将 7 路频分复合信号中的各路信号滤波、分离出来，分别送至各自的通道。其中 SSA、KSA、SMA 信号变换为相应的频率，通过单通道 4.9m 抛物面天线（每个天线包括一个 S 频段信号和一个 Ku 频段信号，后又增加了 Ka 频段）和多通道相控阵天线发向各自的用户航天器。用户航天器上的应答机对它进行接收、解调、处理，完成整个正向通道的传输。

由用户航天器→TDRS→地面的通道称为反向通道。反向通道的工作方式与正向通道的工作方式相同，只是信号流程相反。各用户航天器向 TDRS 反向发射 S 或 Ku 频段载波信号，它上面载有用户航天器要求传输的数传信号、遥测信号和转发的测距伪码信号。TDRS 上的抛物面天线和相控阵天线接收相应的信号后，经过各自的 S 频段 Ku 频段接收机处理，再与 TDRS 的遥测载波一起，复接为频分多路信号（FDM），再变换为 Ku 频段信号通过星—地抛物面天线发向地面站。这个 FDM 信号包括 6 路，分别是两路 SSA 通道、两路 KSA 通道、一路 MA 通道（其中含 20 个多址用户信号）、一路 TDRS 的遥测信号。

地面终端站用抛物面天线接收 Ku 频段 FDM 信号，经过各种处理，输出测距、测速信号和各种不同类型（基带或直接转发载波）的用户信号，完成整个反向通道的传输。

由前述可知，TDRSS 的正向通道和反向通道都是低空—高空—低空，所以把它形象地称为"弯管"传输通道，如图 8-4 所示。TDRS 起中继器的作用，它不进行任何信号处理，信号处理尽量由地面终端完成。

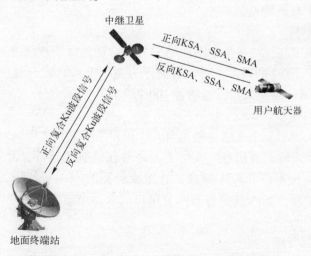

图 8-4　TDRSS 的"弯管"传输通道示意

为尽量减小用户航天器上发射设备的质量和功耗，中继卫星要发射尽可能大的 EIRP（等效全向辐射功率），这就导致了中继星投射到地球表面的射频功率通量密度超出国际规定。为了满足这一要求，中继卫星系统对低于 300kbit/s 的数传链路进行伪码直接序列扩频调制，将射频能量扩散到比数传速率高得多的伪码（如3Mbit/s）频谱内。这种扩频伪码还可用于测距、测速跟踪。扩频码还可作为多用户星的地址码，实现码分多址，即同波束内多个用户航天器可使用同一射频频率，在接收端靠解扩处理增益将各用户区分开。同样，这种解扩处理增益还可有效抑制外来射频甚至同频干扰。扩频以后的信号能量密度低，此外，一定长度的扩频码还能用来鉴别多径信号。为尽量减少航天器之间数传所需的EIRP，数传链路一般还要加验错、纠错编码调制，如R-S、卷积编码等。

在中继卫星系统中，地面终端站可使用性能良好的收、发设备，大口径天线，所以中继卫星—地面的双向馈入链路对整个前、返向链路数传速率和误码率影响很小，影响最大的是中继卫星—用户航天器这一部分星间链路性能。一般而言，在轨航天器所需前向链路的数传速率远低于返向数据速率。用户星—中继卫星之间反向链路的数传速率 R 可用下式粗略估计（前向链路只需要作相应的改动），即

$$R = \text{EIRP}_u - L_T - L_S - L_r + (G_r/T)_{TDRS} + 228.6 - (E_b/N_0) - M + G_{codec} \tag{8-1}$$

式中：R 为可达到的反向数传速率（dB·Hz）；EIRP_u 为用户星发射的等效全向辐射功率（dBW）；L_T 为发射系统传输损失（dB）；L_S 为载频信号空间传输损失（dB）；L_r 为接收系统跟瞄、极化和传输损失（dB）；$(G_r/T)_{TDRS}$ 为中继星接收系统的 G/T 值（dB/K）；E_b/N_0 为相应调制体制下所需每比特能量/噪声功率谱密度之比（dB）；M 为系统余量（dB）；G_{codec} 为数传链路纠错编码带来的净增益（dB）；-228.6 为玻耳兹曼常数（dB·J/K）。

当采用伪码扩频体制时，由于扩频、解扩处理过程有一定损失，为保证相同数据传输速率，要求发射端的 EIRP 增加 1~2dB。

8.2.3 跟踪与数据中继卫星系统特点与关键技术

TDRSS 具有以下显著特点。

（1）测控覆盖率高。

中继卫星轨道高度高，一般位于距地面35786km的地球同步轨道上，能对所有中、低轨道航天器进行几乎100%的跟踪。对轨道高度为200千米的航天器，能覆盖85%以上的轨道；对1200~2000km的航天器，能覆盖100%的轨道。

（2）服务用户数量多。

每颗中继卫星配置了多个高增益抛物面天线和相控阵天线，可同时为高、中数据速率用户和多个低速率用户航天器服务。实际上，许多在轨航天器很少需要连续测控和通信，因此可分时共享同一 SSA 或者 KSA 链路。在波束较宽的 SSA 业务中，还有可能借助频分或码分多址技术，使同一 SSA 波束内的两个用户航天器通过同一个单址天线同时完成前、返向数据传递服务。

（3）数据中继能力强。

中继卫星利用 K 频段来中继用户航天器的数据，数据率可高达几百 Mbit/s 量级，采用光学链路可达 Gbit/s 量级。用户卫星一般通过一颗中继卫星就可以将数据发回地面，切换相对较少，能够保持通信的连续，并且数据传输路径主要为空间真空路径，中间环节少，可靠性高，质量好。中继卫星相对地球是静止的，地面终端站天线易于保持对准卫星，无须复杂的跟踪系统，工作稳定，多普勒频移可以忽略。

其劣势主要是由于中继卫星的天线跟踪视场限制,不能跟踪高轨道和高椭圆轨道卫星;用户航天器与中继卫星的距离为4万~5万千米,远大于与地面的距离。导致传输损耗和传输时延较大,这要求用户航天器加大发射功率、采用高增益的窄波束天线,提高了对用户航天器的要求;为实现跟踪和数据中继任务,需要操控中继卫星对空间目标进行捕获跟踪,中继卫星自身的定轨精度要求和在轨操作难度比一般卫星要高;中继卫星高增益天线波束扫向地球,用户航天器天线旁瓣指向地面,会威胁所传信息的安全性,中继卫星也易受地面强信号的干扰。

由于TDRSS的特殊性,需要对以下关键技术进行深入研究。

1. 星载大天线设计与控制

高的数传速率要求链路具有高的 EIRP 值和 G/T 值,这都要求中继卫星单址天线具有高的增益,要实现高增益必然要求天线具有极高的电尺寸。此外,单址天线一般工作在K频段,工作波长越短,要求天线反射面的形面精度就越高,例如,工作于 Ka 频段的中继天线,如果要求其形面误差产生的天线增益损失小于 0.5dB,天线主反射面的形面误差就必须小于 0.3mm,这不但包括加工产生的误差,还应包括天线在轨时由于极端的真空环境和温差(可达250℃以上)环境对反射面形变的影响,这对于直径达几米的天线是一项异常艰难的任务。用于中继卫星的大型天线有固面和网状两种,前者尺寸适中,一般为 3m 左右,后者尺寸可做得更大(如美国中继卫星为 4.8m 左右),但受运载火箭尺寸限制,卫星发射时天线要收起来,入轨展开后还要保持较高的面形精度,研制难度更大,网状反射面在轨电性能和形面精度保证起来更为困难。

中继卫星在轨工作时,大型单址天线处于轨迹复杂、速度变化的运动状态。这种天线一般配置一两副,每副天线转动部分的质量可达 100kg 以上。星体和运动的天线之间存在严重的动力学耦合,加上天线本身是一个非线性、柔性结构系统,要想使波束极窄的天线完成对快速响应空间航天器的捕获跟踪任务,必须攻克高精度复合控制技术,应进行的工作至少包括考虑各系统和相关部件(如天线反射面、天线驱动机构、支撑杆和铰链等)的模态频率、阻尼等挠性影响,完成挠性结构动力学建模和分析,并考虑天线运动速度、产生的干扰力矩和卫星姿态运动的综合影响。如果天线选用网状的形式,其挠性特性、结构振动特性和与卫星的耦合动力学特性将更为复杂,复合控制也会更加困难。

2. 星间链路捕获跟踪技术

中继卫星与用户星星间链路的准确建立是圆满完成用户星数据中继任务的前提和关键。捕获一般包括三个程序:角度捕获、载波捕获和伪码捕获。首先让中继卫星天线与用户航天器的天线相互对准以实现角捕获和角跟踪;其次进行伪码的短码捕获,进而完成载波捕获锁定;最后完成伪码的长码捕获及锁定、跟踪。

中继卫星主要使用四种跟踪方式完成对用户星的捕获跟踪:扫描搜索+自动跟踪、程序跟踪+自动跟踪、程序跟踪、程序跟踪+扫描搜索+自动跟踪。程序跟踪模式是星间链路天线的一种较低精度的目标跟踪模式,主要用于 S 频段数据传输。程序跟踪模式是利用天线框架角测量信号做反馈量,控制星间链路天线跟踪给定的用户卫星运动轨迹。扫描搜索模式中,星间链路天线在一定的空间范围内,按一定的扫描搜索轨迹运动,搜索用户卫星的信号,以实现中继星天线对用户星的捕获,建立星间通信链路并转入对用户星的自动跟踪。自动跟踪模式实现对用户星的高精度指向跟踪。在天线自动跟踪模式下,可通过射频敏感器直接测量天线对用户航天器的跟踪误差，经天线自动跟踪控制与计算，驱动天线转动，实现对用户星的闭环高精度跟踪。

自动跟踪的信号通常是用户卫星发送的已调制（如 QPSK 和 8PSK）载波信号。中继卫星地面运控中心根据用户卫星轨道数据计算得到中继卫星星间天线指向控制参数，通过地面终端站注入中继卫星，中继卫星完成对用户卫星的捕获跟踪。为了便于用户卫星捕获跟踪中继卫星，通常在中继卫星上设置一个或两个信标信号。该信标信号通过一个宽波束天线发送，其波束宽度可以根据所要覆盖的用户卫星的轨道高度上限确定。当然，用户卫星捕获跟踪中继卫星时，也可以捕获跟踪地面终端站发送的经中继卫星转发的前向信号。用户卫星中继终端天线捕获中继卫星时，需要根据中继卫星轨道参数和用户卫星自身的轨道参数计算中继终端天线指向控制参数。中继卫星轨道参数通常存储在用户卫星上或经地面测控系统遥控信道向用户卫星注入。当中继终端具有前向接收功能时，也可以经过前向链路注入。

在不同频段、不同模式下，其捕获跟踪方式页有所不同。对于 SSA，由于 S 频段波束较宽（约 2°），捕获较易，只要应用较准确的轨道预报数据就能正确地引导 TDRS 的 S 波束指向用户航天器，故常采用程序（开环）控制方式。对于 KSA，波束变窄（约 0.28°），开环控制精度差，可利用 SSA 宽波束捕获引导，再转到 KSA 的窄波束跟踪。

窄波束天线的捕获、跟踪，需要测定 TDRS 和用户航天器的准确位置及它们的姿态，然后通过遥控指令实现姿态控制及 TDRS 天线的天地大回路开环控制和闭环跟踪，并且需要由测速分系统提供多普勒补偿以实现频率捕获，需要由遥控实现参数、频率、工况、备份等的控制。由于建立 Ka 频段星间链路使用的频率高、波束窄，需要解决星间链路天线运动、卫星姿态变化及轨道摄动等多种动态耦合因素对星间链路天线精准控制影响的关键技术。针对上述问题，可以采用模式实时切换、捕跟等待点和捕获阈值动态设置的方式，设计捕获跟踪流程，建立捕获跟踪状态，以提高中继卫星与用户星双向捕获跟踪效率。

由于用户航天器轨道高度较低，在地球边缘处开始捕获时信号可能穿过大气顶层，由此产生的信号衰落将对捕获跟踪功能带来不利影响；在自跟踪过程中，还可能出现来自地面和其他卫星的干扰信号，这些都是捕获跟踪设计时必须面对并尽量解决的问题。

3. 资源分配与调度技术

中继卫星资源调度是指中继卫星任务管理中心按照用户提出的各种任务申请，合理地分配中继卫星系统资源，从而完成跟踪、测控、通信等任务。中继卫星数量有限，特别是单址高速链路同时能够建链的用户航天器更少，用户任务请求无法全部得到满足，只能通过合理分配中继卫星系统载荷资源和时间资源给用户。为了更合理、有效地利用中继卫星资源，最大限度地提高中继卫星系统的业务能力与效率，需要按照任务的优先级和持续时间等属性，设计优化的资源分配策略及算法。在对中继卫星系统资源进行分配时，应保证优先级高的任务弧段优先得到支持，同时又不让低优先级的任务无限等待。

常规资源调度安排可以基于并行机调度理论，主要考虑的是用户航天器请求任务的优先级别属性，最终目标是在给定的时间资源区间内，通过对中继卫星天线资源的调度分配来最大化用户星的任务被服务数量。也可在考虑任务优先级别和持续时间属性基础上，在调度模型中引入多个可见时间窗口约束，对单址链路资源调度模型的求解采用基于有效基因路径表示的改进遗传算法，多址链路资源调度基于时间窗口期望值的多步迭代算法，生成合理的调度方案。

中继卫星系统在实际的运行过程中，用户航天器的状态可能会发生变化，例如当用户卫星可能因为敌方干扰或者自身工作故障，导致传感器失效及卫星失控，那么用户航天器的任务请求集合就会随之发生变化，因而还需要对动态调度问题加以考虑。即当中继卫星资源调度发生动态扰动后，根据变化情况重新建立新的调度模型并求解，生成适合动态调度问题的新方案。通过建立数学模型，中继卫星资源调度可以确定为数学中的优化问题，在求解中继卫星资源调度的优化算法中，主要有一般启发式算法和智能优化算法。智能优化算法并不拘泥于具体的优化问题本身，具有很好的适用性，在诸多优化问题中得到了成功应用，无论是对于小规模的优化问题还是对于参数繁多的组合优化问题都具备较高效的解空间搜索和寻找最优解的能力。

此外，针对空间高速数传，信道宽频带技术、波段与频率选择技术、信道的群延时均衡技术、非线性和相位噪声抑制技术、高效编译码、多路复用等也是 TDRSS 系统的关键技术，特别是近年来对数传速率提升的需求，无线频段向更高的 W 等频段发展，需要研究相关信号产生和处理技术，在光学链路中，激光通信的窄激光波束的捕获指向和跟踪，主辅星之间的瞄准技术等也是需要研究的关键技术方向。

8.2.4 跟踪与数据中继卫星系统应用

由于 TDRSS 具有高覆盖率、多目标测控通信、高数传速率的特点，可取代全球布站，大幅减少地面测控站数目及其维护费用，在航天测控领域有很广阔的应用前景。TDRSS 在建成的初期，主要用户是中、低轨航天器。经过几十年的发展，它已扩大到用于地面、大气层、月球探测和带动力飞行的火箭。由于中继卫星可以摆脱对绝大多数地面站的依赖，组成独立的专用系统，更有效地为军事服务。对于侦察卫星而言，利用跟踪与数据中继卫星连续转发侦察到的信息，可以实时掌握目标的动态情况，意义更加重大。

1. 在载人航天中的应用

载人航天器包括载人飞船、空间站、航天飞机。在载人航天应用中 TDRSS 可以实现高覆盖率和交会对接、返回着陆等实时图像传输。美国 TDRSS 的第一大用户就是航天飞机。自 1983 年美国第 9 次航天飞机飞行时开始应用 TDRSS 进行空地通信以来，TDRSS 就一直扮演着重要角色。TDRSS 对航天飞机测控时，利用 KSA 和 SSA 通信链路对航天飞机进行测控通信，利用 SSA 链路对航天飞机施放的轨道器进行测控通信，所有信息通过 TDRSS 转发到地面站，再通过地面通信网络传送到测控中心和数据处理中心。

2008 年 9 月以来，我国中继卫星系统执行多次载人航天任务，根据我国载人航天工程规划，空间站建设与运营均明确使用中继卫星系统作为天基测控通信手段。其效能主要体现在：为空间站和飞船在轨运行提供天基测控与数据中继传输服务，为飞船从入轨至返回全程提供前向与返向图像、话音等业务；将我国载人航天测控通信覆盖率从不足 20% 提高至 80% 以上，为出舱活动、交会对接、太空授课、天地通话等关键任务提供强有力的测控通信支持；可为我国空间站提供多路百 Mb 量级高速数传链路，以支撑空间站日常运营。

2. 在发射测控中的应用

发射场安全系统首先要利用遥测、外测等实时地测量火箭的状态，对火箭的飞行情况进行连续监视并做出准确的判断。靶场安全系统多采用地面安全系统，由多个遥控、遥测站组成，投资和维护费用很高。如果利用 TDRSS 组成天基安全系统，可得到简化，节省维护费用。

自 2012 年我国火箭发射任务开始基于中继卫星实施天基测控以来，我国中继卫星系统已为多款火箭型号发射及航天器早期测控任务提供了天基测控支持。火箭发射天基测控通常使用 S 频段中继链路，可以有效拓展火箭发射测控覆盖范围，弥补陆、海基测控盲区，下传关键箭载遥测数据。随着我国航天发射测控技术发展，火箭天基测控信息传输速率逐步不断增大，可以全程传输火箭实时图像，支持方式也由单颗中继卫星跟踪发展到双星接力跟踪。近年来，一些火箭型号也开始使用箭载 Ka 频段中继终端，返向数传速率成倍提升。其应用效能主要体现在：有效提升我国火箭发射测控覆盖率，通过运控系统合理设计，实现了对多款火箭型号天基测控全程可见，特别是在首区测控弧段之外，基于中继卫星实施天基测控的成本优势与灵活机动性优势凸显；通过中继卫星下传火箭全部遥测和多路图像，增强了火箭测控能力。

3. 在各种中、低轨航天器及其他任务中的应用

TDRSS 已为大量在轨应用卫星、科学试验卫星等航天器提供服务。如美国的 TDRSS 为哈勃太空望远镜、ESO 地球观察卫星、军用侦察卫星等开展服务，为其科学研究、军事行动等提供了有力的支持。

我国中继卫星系统自建成以来，为遥感、测绘等多个系列中低轨航天器提供了长期、稳定、可靠的天基数据传输及天基测控服务。其应用效能主要体现在：将中低轨航天器获取的数据以近实时方式中继回传至国内落地，大幅提升我国航天器数据实时获取能力，有利于充分挖掘航天器应用效能，特别是抢险救灾等突发事件，信息时效性显著提升；增强对中低轨航天器的测控覆盖率和应急抢救处置能力，有效减轻地基测控系统压力；用户可通过提前申请、按需接入等多种方式灵活使用天链中继卫星提供的前返向 SMA 链路，可以更灵活地支持航天器测控业务。

此外，我国中继卫星系统已成功支持远洋科考等多次重大航海任务，装载特制中继终端的舰船类用户通过中继卫星系统实现与陆地台站的双向图像、话音传输，为我国航海活动特别是远洋航行提供了安全可靠的通信手段。中继卫星系统也可为飞机、飞艇等航空应用提供远程、超视距天基测控与数据中继支持。

8.3 卫星导航定位系统测控技术

卫星导航定位系统是除中继卫星系统外的另一天基测控系统，能向各类用户和运动平台全天候、实时提供准确、连续的位置、速度和时间信息，成为普遍采用的导航定位技术。卫星导航定位系统用于飞船、空间站和低轨道卫星等航天飞行器的定位和导航，提高了飞行器定位精度,并简化了相应的测控设备,推动了航天技术的发展。由于卫星导航系统在国防和国民经济中的广泛应用,世界各航天大国都在积极发展自主的卫星导航系统。

8.3.1 卫星导航定位系统概述

8.3.1.1 卫星导航定位系统概况

第一代卫星导航系统是美国和苏联在20世纪60年代建立的基于测量卫星发播信号多普勒频移的无线电导航系统。由于第一代卫星导航系统存在不能进行全天候和全球性高精度连续导航与定位、轨道低难以精密定位、频率低难以补偿电离层效应的影响等缺点,美国和苏联分别开发了基于四星距离交会测量定位体制的第二代全球导航卫星系统——全球定位系统和GLONASS,并分别于1994年和1995年进入满星座实用阶段。此后发展的伽利略和北斗卫星导航系统均属于第二代卫星导航系统。

自20世纪70年代起,美国三军开始联合研制GPS,1994年3月,GPS正式建成。它由均匀分布在6个轨道平面内的24颗导航星组成,轨道高度约为20000km,周期约12h。每颗导航星上都装有铷原子钟,精度为每3万年误差1s。GPS能够为地球表面任何地点的用户提供精确的导航信息服务,时间仅需几秒至十几秒。后续一直在进行更新换代,截至2023年3月,共有31颗卫星在轨,其中包括6颗BLOCK IIR、7颗IIR-M、12颗IIF和6颗GPSⅢ。GPS是由美国国防部控制,可提供军民两种服务。军码定位精度10m,仅供美军及其盟友使用;民码定位精度在20m左右,平时向全球开放,战时能实施局部关闭。目前,美国正着眼2030年的技术发展与军用民用要求,加紧推行GPSⅢ计划。与现有的GPS相比,GPSⅢ的信号发射功率将提高100倍,定位精度将提高到0.2~0.5m。

20世纪70年代,为进一步满足军事需求,苏联开始建设自己的第二代卫星导航定位系统——GLONASS。1982年10月开始发射导航卫星,到1995年12月14日,俄罗斯建设完成了由24颗卫星组成GLONASS卫星工作星座。1996年2月俄罗斯政府宣布GLONASS具备全运行能力。GLONASS的空间部分也由24颗卫星组成,轨道排列在3个平面上,升交点赤经彼此相隔120°,轨道平面倾角为64.8°。每个轨道平面上有8颗卫星,同一平面上卫星分布均匀,卫星轨道长半轴25510km,卫星运行周期为11时15分。GLONASS信号与GPS相同的方面是都是用L频段上的两个频带(L1和L2)作为载波;在L1频带上发射伪随机码,且伪随机码周期都是1ms;以50bit/s向用户接收机发送卫星轨道概略坐标和定位使用的卫星星历。GLONASS信号与GPS不同之处在于它们表示卫星的方法不同。GPS卫星使用相同的频率工作,采用码分多址技术,每颗卫星发射不同的伪随机码来互相区分。GLONASS卫星则采用频分多址技术,根据卫星在轨道上的分布位置从1~24顺序编码,每颗卫星使用特定频率工作。

伽利略(Galileo)系统是欧盟研制的全球卫星导航系统,经过数年的准备,于2001年4月5日由欧盟交通部部长会议批准正式建设。伽利略系统设计能够与美国GPS和俄罗斯的GLONASS相互兼容,提供更高精度和更为可靠的民用全球导航定位服务。空间段由27颗工作卫星+3颗热备份卫星组成,平均分布在3个轨道高度23616km,赤道倾角56°的近圆形轨道上,每个轨道均有9+1颗卫星,卫星每14.4h运行一圈。在地球表面上任何一个地点一般至少能同时看见 10 颗卫星。GALILEO 卫星上除了导航载荷，还搭载有搜索与救援载荷。

北斗卫星导航系统（BDS）是我国自主建设、独立运行，并与世界其他卫星导航系统兼容共用的全球卫星导航系统。1994 年，我国启动北斗卫星导航试验系统建设；2000 年，相继发射 2 颗北斗导航试验卫星，建成北斗卫星导航试验系统，成为世界上第三个拥有自主卫星导航系统的国家；2003 年，发射第 3 颗北斗导航试验卫星，进一步增强了北斗卫星导航试验系统性能。试验系统的用户需要发射定位申请，地面控制中心完成位置结算，用户接收位置坐标信息等。用户的位置确定无法由用户独立完成，必须由外部系统进行距离测量和位置计算，再通过同一系统通知用户。这种方式不方便提供用户运动速度，难以提供人们所需的如速度、偏航差、到达目的地预测时间等导航参数，而是提供位置信息为主。

2004 年，我国启动北斗卫星导航系统工程建设，为区别于试验系统，又称其为北斗二代。2012 年底完成 5 颗 GEO 卫星、5 颗 IGSO 卫星和 4 颗 MEO 卫星组网，具备了区域服务能力。面向我国及周边大部分地区提供无源定位、导航和授时等服务。平面定位精度 10m，授时精度单向 50ns，双向 20ns；且兼容试验系统的定位方式，可以提供 120 个汉字/次短报文通信。2020 年 6 月 23 日，北斗三号最后一颗全球组网卫星发射成功，完成覆盖全球的系统建设目标。全球范围定位精度优于 10m，测速精度优于 0.2m/s，授时精度优于 20ns，区域通信能力达到每次 14000bit（1000 个汉字），全球 560bit。

由卫星导航系统提供的定位、导航和授时（positioning, navigation and timing，PNT）时空服务体系具有天然的脆弱性。导航卫星本身和卫星的重要载荷可能出现故障，卫星信号极易受到干扰和欺骗；卫星的星历一般靠地面跟踪站和运控系统提供，地面运控系统一旦崩溃，GNSS 的 PNT 服务将无法保障；无线电导航系统信号落地电平低，穿透力差，不能为地下、水下和室内等非暴露空间用户提供服务，甚至由于高楼、树丛等障碍物遮挡以及其他电磁环境的干扰，服务可能失效；此外，由于 GNSS 星座的局限性，在南北极地区的服务性能也相对较弱。综合 PNT 是未来定位导航和授时的发展方向，其核心是不过分依赖 GNSS，采用一切可以应用的 PNT 信息源实施全空域目标定位、导航与授时服务。杨元喜院士认为综合 PNT 是指基于不同原理的多种 PNT 信息源，经过云平台控制、多传感器的高度集成和多源数据融合，生成时空基准统一的，且具有抗干扰、防欺骗、稳健、可用、连续、可靠的 PNT 服务信息。以北斗为核心的安全 PNT 体系是中国 PNT 体系发展的必然趋势，综合 PNT、弹性 PNT 和智能 PNT 是实现安全 PNT 的重要手段。

全球导航卫星系统及其应用技术虽然也属于天基测控技术，但它只能定位、测速、授时，而不能进行遥控和遥测，因此它不是一个完整的测控系统。在使用时，一般要增加遥控和遥测设备，共同组成一个完整的测控系统。我国的北斗卫星导航系统由于具备短报文功能，可以用来实现低速率的遥测遥控服务。从全球发展的卫星导航定位系统来看，美国的 GPS 最为典型，下面以其为背景介绍 GNSS 定位原理和应用。

8.3.1.2 卫星导航定位系统组成

全球卫星导航定位系统由多颗导航卫星构成的导航星座、卫星跟踪站、数据注入站、时统中心、计算中心和控制中心以及用户接收设备等组成，可分为空间部分、地面监控部分和用户设备三大部分，如图 8-5 所示。

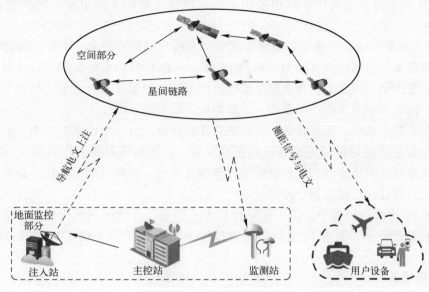

图 8-5　GNSS 组成

1. 空间部分

GPS 的空间部分设计由均匀分布在 6 个轨道上的 24 颗卫星（其中 3 颗为备份）组成，每个轨道倾角为 55°，各轨道升交点之间的角距为 60°，每轨道均匀分布 4 颗卫星，相邻轨道间的卫星彼此叉开 40°，以保证全球均匀覆盖的要求。卫星运行周期为 11 时 58 分，在同一测站上每天出现的卫星分布图相同，只是每天提前约 4min；每颗卫星每天约有 5h 在地平线上，同时位于地平线上的卫星数目随时间和地点而异，最少为 4 颗，最多为 11 颗。这样的卫星分布，可保证在地球上任何时间、任何地点至少同时观测到 4 颗卫星。这就保证了连续、实时全球导航能力。

卫星上安装有收发两用机、铯原子钟（稳定度为 $10^{-14} \sim 10^{-13}$）、计算机、两块太阳能翼板及其他装备，每颗卫星以 L1（1575.42MHz）和 L2（1227.60MHz）两个频率发射载波无线电信号。在 L1 载波上测距用 P 码（精码，码长约 30m）和 C/A 码（粗搜索码，码长约 300m）。C/A 码供民用的标准定位服务（SPS），P 码只供美国军方和授权用户使用。此外，在载波上还调制了 50bit/s 的数据导航电文，内容包括卫星星历、电离层模型系数、状态信息、时间信息和星钟偏差以及漂移信息等。

GPS 卫星采用多种编号识别系统，通常采用的编号是 PRN 数（伪随机噪声数）。由各卫星的导航电文获知。完整的 GPS 工作卫星星座可以保证在全球各处随时观测 4~8 颗高度角在 15° 以上的卫星。

2. 地面监控部分

控制部分负责监控 GPS 的工作，由五个地面站组成，包括 1 个主控站、1 个监测站和 3 个注入站。主控站设在美国本土科罗拉多的联合空间执行中心 CSOC，主要任务包括：负责地面监控站的全面控制；负责收集各监测站的观测数据，经过修正后，计算每颗 GPS 卫星的时钟、星历和历书数据的估计值，并依次外推一天以上的卫星星历及钟差，按一定格式转化为导航电文，传送给上行注入站；调整偏离轨道的卫星，使其沿预定的轨道运行；启用备用卫星以取代失效的工作卫星；负责监控整个系统的可靠性。

3 个注入站分别设在印度洋的迪戈加西亚、大西洋的阿森松岛、太平洋的夸贾林。注入站的主要设备，包括一台直径为 3.6m 的天线、一台 C 频段发射机和一台计算机，其主要任务是在主控站的控制下，将主控站推算出和编制的卫星星历、钟差、导航电文和其他控制指令等注入相应卫星的存储系统，并监测注入信息的正确性。

现有 5 个监测站中，除主控站、注入站兼作监测站，另一个设在夏威夷。监测站设有 GPS 用户接收机（对每颗可见卫星进行连续观测，并采集气象要素等数据）、铯原子钟、收集当地气象数据的传感器和进行数据预处理的计算机。监测站的主要任务是取得卫星的观测数据，并将这些数据送至主控站。

整个 GPS 地面监控部分，除主控站外均无人值守。各站间用现代化的通信系统联系在起来，在原子钟和计算机的驱动和精确控制下，各项工作实现了高度的自动化和标准化。

3. 用户设备

GPS 系统的用户设备部分由 GPS 接收机硬件和相应的数据处理软件和微处理机及其终端设备组成。GPS 接收机硬件包括接收机主机、天线和电源。接收机主机由变频器、信号通道、微处理器、存储器及显示器组成，如图 8-6 所示。用户设备的主要功能是能够捕获到按一定卫星高度截止角所选择的待测卫星的信号，并跟踪这些卫星的运行，对所接收到的 GPS 信号进行变换、放大和处理，以便测量出 GPS 信号从卫星到接收天线的传播时间，解译出 GPS 卫星所发送的导航电文，实时地计算出接收机的三维坐标，甚至三维速度和时间。

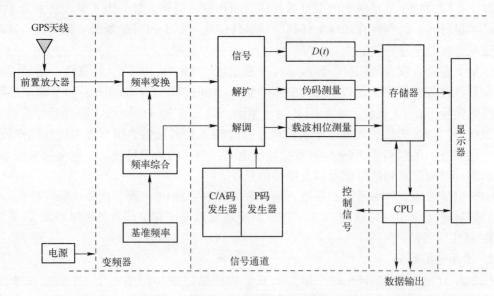

图 8-6　GPS 接收机组成

由于GPS导航定位技术的迅速发展，应用领域非常广阔，世界各国对GPS接收机研制与生产也越来越多，目前世界上GPS接收机产品有上百种，这些产品按照用途、功能等分类有以下几种。

GPS接收机按照接收机工作原理可分为码相关型接收机、平方型接收机、混合型接收机、干涉型接收机。其中：码相关型接收机是利用码相关技术得到伪距观测量，这种接收机一定要知道码的结构；平方型接收机是利用载波信号的平方技术去掉调制信号，得到去掉调制信号后的载波信号，通过相位计测定接收机内产生的载波信号与接收到的载波信号之间的相位差测定伪距观测值，该类接收机无须已知测距码结构，因此也称无码接收机；混合型接收机是综合码相关型接收机和平方型接收机的优点，既可以得到码相位伪距，也可以得到载波相位观测值；干涉型接收机是将GPS卫星作为射电源，采用与VLBI干涉测量相同的方法，即通过测定卫星信号到达两个测站的时间差来测定两个测站间的距离，此类接收机无须知道GPS卫星的结构和卫星星历，因此不会受美国军队对GPS控制的影响，但接收机体积重，结构复杂，故而很少使用。

GPS接收机按用途可分为测量型、导航型和授时型三类。其中：测量型主要用于精密大地测量和精密工程测量，这类仪器主要采用载波相位观测值进行相对定位，定位精度高，仪器结构复杂，价格较贵；导航型接收机（如车载式、船载式、机载式、星载式、弹载式）主要用于运动载体的导航，它可以实时给出载体的位置和速度，这类接收机一般采用C/A码伪距测量，单点实时定位精度较低，一般为±10m，但接收机价格便宜，应用广泛；授时型接收机主要利用GPS卫星提供的高精度时间标准进行授时，常用于天文台及无线电通信中时间同步。

有时也按接收机的载波频率将其分为单频接收机和双频接收机。其中：单频接收机只能接收L1载波信号，测定载波相位观测值进行定位，由于不能有效消除电离层延迟影响，单频接收机只适用于短基线（小于15km）的精密定位；双频接收机可以同时接收L1、L2载波信号，利用双频对电离层延迟的不一样，可以消除电离层对电磁波信号的延迟的影响，因此双频接收机可用于长达几千千米的精密定位。

此外，按接收机通道数可分为多通道接收机、序贯通道接收机、多路多用通道接收机。

GPS软件是指各种后处理软件包，它通常由厂家提供，其主要作用是对观测数据进行精加工，以便获得精密定位结果。

8.3.2 卫星导航定位系统信号结构与导航电文

GNSS卫星定位测量是通过用户接收机接收GNSS卫星发射的信号来测定测站坐标的，GNSS卫星信号包括导航电文、测距码和载波三类信号。其中：导航电文（数据码）用于提供卫星导航定位所需的卫星星历、时钟改正数、卫星工作状态、大气折射改正等信息；测距码信号用于测量卫星至地面GNSS接收机之间的距离；而载波信号的主要功能是通过信号的调制与解调将测距码信号和导航电文传送到地面，同时也可用于高精度测量和定位。目前，GNSS卫星信号的调制技术主要采用码分多址技术。

GPS开始具备工作能力时，测距码采用伪随机码C/A码（码长1023，码率1.023Mbit/s）和P码（总码长2.3547×10^{14}，每段6.1871×10^{12}，码率10.23Mbit/s）；载

波信号使用电离层延迟较小的 L 频段，由 L1 和 L2 两个分量组成，L1 的中心频率为 1575.42MHz，L2 的中心频率为 1227.6MHz。采用双频结构，不同频率的信号经过电离层时的延迟时间不同，从而可以测定并补偿电离层效应引起的延时。

GPS 卫星信号的基准时钟频率是星载原子钟产生的 10.23MHz 时钟信号，利用频率综合器经过分频或倍频后产生所需的各种频率。码率 50bit/s 的导航电文先被不同的伪码进行扩频，然后采用相移键控调制方式调制到不同的载波上发射。其中，L1 采用四相相移键控调制（QPSK），L2 采用二相相移键控调制（BPSK）。L1 的同相载波分量用 C/A 码扩频后的导航电文进行调制，而正交载波分量用 P 码扩频后的导航电文进行调制，L2 信号仅用进行 P 码扩频后的导航电文调制。GPS 卫星信号结构如图 8-7 所示。

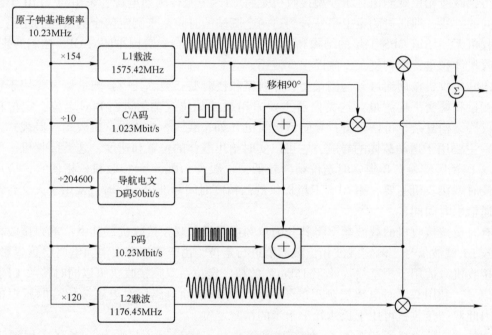

图 8-7　GPS 卫星信号结构

GPS 建成后即开展现代化工作，通过改进信号，进一步提升定位性能。通过多代卫星的升级，以增量方式增加 L1M、L2M、L2C、L5 和 L1C 等现代化导航信号。L2C 信号采用低码速率以及时分技术，既考虑系统间兼容性，又定位于低端消费电子类市场，显著降低接收机成本和功耗需求；L5C 信号采用更大带宽的正交相移键控（QPSK）调制，提升 GPS 的频谱占有率，满足三频民用需求，并划分信号导频分量，引入卷积编码，增加码长，增强使用可靠性；增加的军用 M 码采用二进制偏移载波（BOC）调制到 L1 和 L2 上，实现军民信号频谱分离，抗干扰能力更强。

导航电文是指导航卫星广播的包含导航信息的数据码，它是用户利用 GPS 进行导航定位的数据基础。导航信息包括遥测码、由 C/A 码确定的 P 码的交换码、时间系统、卫星星历、卫星工作状态、卫星历书、星钟改正参数、轨道摄动改正参数、大气折射改正参数。

导航电文以帧为单位向外播发，传输速率为 50bit/s，播发一帧电文需要 30s，一个主帧包含 5 个子帧，每个子帧均为 300bit，由 10 个字组成。其中前三个子帧每 30s 重复一次，每小时更新一次，第四、五个子帧各有 25 个不同的页面，因此总共有 37500bit，用户需要花费 750s 才能接收到一组完整的导航电文。GPS 卫星导航电文格式如图 8-8 所示。

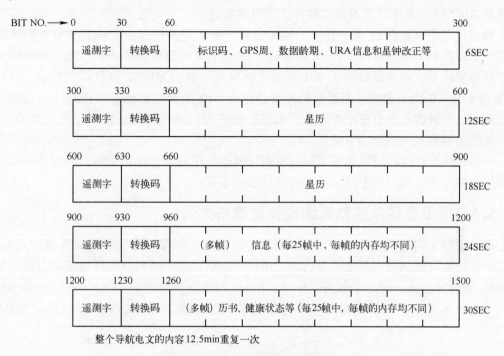

图 8-8　GPS 卫星导航电文格式

第一子帧的第 1 个字是"遥测字"，作为捕获导航电文的前导，协助用户快速解译导航电文，判定卫星可用与否。其前 8bit 为同步码（10001001），为各子帧编码提供了起始点；第 9~22bit 为遥测电文，包括地面监测系统注入数据时的状态信息、诊断信息和其他信息，以此指示用户是否选用该卫星；第 23、24bit 空闲备用，每个字的最后 6bit 都用于奇偶校验。

第 2 个字为"转换字"，用于使用户在捕获到 C/A 码解调出导航电文后能尽快捕获 P 码。为了实现此目的，用了第 31bit 至第 47bit 共 17bit 来表示 Z 计数，它表示从每星期六/星期日午夜零时起算的对 P 码中 PN1 的累计数；第 48bit 表明卫星注入电文后是否发生滚动动量矩缺载现象；第 4bit 用于指示数据帧的时间是否与 PN1 钟信号同步；第 50bit 至第 52bit 是子帧识别标志；第 53、54bit 无意义；第 55bit 至第 60bit 为奇偶校验码。

第 3 个字的前 10 个 bit 为星期数，来自 Z 计数器的高 10 位，指代当前的 GPS 星期，第 3 个字的第 11、12bit 表明，在 L2 载波上调制的是 C/A 码还是 P 码。第 13bit 至第 16bit 中给出了该卫星的用户测距精度（URA）值的指数。URA 是用户利用该卫星测距时可获得的测距精度，是一个数理统计指标。第 17bit 至第 22bit 给出了卫星的工作状况是否正常，其中第 1bit 反映导航资料的总体情况，若该 bit 为 0，表示全部导航资料都正常；若该 bit 为 1，表示部分导航资料有问题，后 5bit 则具体给出各信号分量的健康状况。后面还有时钟校正参数，大气传播时延改正和卫星时钟数据龄期（AODC）等信息。

第二、三子帧的数据组成星历数据，用于描述 GPS 卫星轨道的参数，利用这些参数就可以求出导航电文有效时间段内任一时刻 t 卫星在空间的位置及运动速度。主要包括 6 个开普勒轨道根数，9 个轨道摄动参数和 2 个时间参数。

第四、五子帧各含 25 页，其中子帧四含有 7 种不同的格式，子帧五含有 2 种不同的格式。子帧四和子帧五以较少的 bit 数给出了其他卫星的概略轨道及概略的卫星钟误差参数，即卫星历书，此外也给出了如电离层延迟参数、有关 UTC 的参数等。其内容包括了所有 GPS 卫星的历书数据。当接收机捕获到某颗 GPS 卫星后，根据所提供的其他卫星的概略星历、时钟改正、卫星工作状态等数据，用户可以选择工作正常和位置适当的卫星，并且较快地捕获到所选择的卫星。

当用户接收机接收到导航电文时，利用导航电文中的卫星星历数据、时间信息等，帮助用户得知卫星与用户的距离，从而确定自己的位置。

8.3.3 卫星导航定位系统定位原理与方法

GPS 定位采用被动定位原理，卫星测距定位系统是利用测距交会的原理确定点位的。设空中有三颗导航卫星，其坐标为已知，用户接收机在某一时刻分别测得三颗卫星至接收机的距离 ρ_1、ρ_2、ρ_3，理论上只需要以 A、B、C 三颗卫星为球心，以 ρ_1、ρ_2、ρ_3 为半径画出三个定位球面，即可交会出用户接收机的空间位置，图 8-9 所示为 GPS 卫星定位原理。

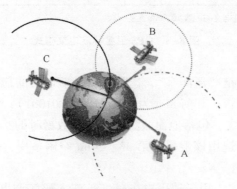

图 8-9 GPS 卫星定位原理

由于用户接收机使用的时钟与卫星星载时钟不可能总是同步的，除用户的三维坐标外，卫星与接收机之间的时间差也是未知数，因此，要想得到接收机的三维空间位置至少需要能接收到 4 个卫星的信号。

GPS 定位方式有单点绝对定位和相对定位（差分定位）。单点绝对定位就是根据一台接收机的观测数据来确定接收机在 GPS 坐标系中空间位置的方式，可用于车、船、导弹、卫星等的概略定位。相对定位（差分定位）是根据两台以上接收机的观测数据确定观测点之间的相对位置的方法，可用于大地测量、工程测量、控制测量以及汽车和飞行器等的精确导航定位等。

8.3.3.1 卫星导航定位系统观测量

GPS 基本的观测量有用户接收机到 GPS 卫星之间的伪码相位、载波相位观测值和多普勒观测值,其中常用伪码相位或载波相位确定的伪距 ρ 来进行定位解算。

1. 码相位伪距测量及其测量方程

码相位伪距测量是指将伪码发生器产生的与卫星结构完全相同的码经过延时器延时 τ 后便得到接收的测距码与接收机复制码的相关处理,相关系数为 1 时,τ 就是卫星信号延迟传播时间 Δt,将其乘以光速 c,则可得到卫星到接收机间的距离 $\rho = c \cdot \Delta t$。

由于卫星钟、接收机钟的误差及无线电信号经过电离层和对流层中的延迟,实际测出的距离 ρ 与卫星到接收机距离 R 存在误差,一般称此测量出的距离 ρ 为伪距。

考虑卫星钟、接收机钟的误差,以及电离层和对流层延迟的影响,可得伪距测量方程为

$$\rho^S = R^S + c(\delta T_A - \delta T_S) + c\tau_{\text{ion}} + c\tau_{\text{trop}} + \varepsilon\sqrt{b^2 - 4ac} \tag{8-2}$$

式中:ρ^S 为卫星与接收机的伪距;R^S 为卫星到接收机的真实空间几何距离;δT_S、δT_A 分别为第 k 个历元时卫星 S 和接收机天线 A 的时钟归化到 GPS 标准时的时间误差;τ_{trop}、τ_{ion} 分别为对流层和电离层所引起的测距码信号的附加时间延迟;ε 为随机误差。

假设 t 时刻,用户接收机瞬时位置用 (X, Y, Z) 表示,卫星 S 的位置用 (X_S, Y_S, Z_S) 表示,则

$$R^S = \sqrt{(X_S - X)^2 + (Y_S - Y)^2 + (Z_S - Z)^2} \tag{8-3}$$

卫星 S 的时钟误差可以利用其导航电文所给出的时钟参数 a_0、a_1、a_2 近似计算出,对流层和电离层时间延迟引起的误差可以分别利用对流层和电离层折射修正模型进行修正。因此,伪距测量方程中有接收机空间位置和接收机时钟误差共 4 个未知参数,因此需要同时观测 4 颗卫星才能解算出用户接收机的位置。

2. 载波相位观测值及其测量方程

载波相位观测值如图 8-10 所示。其中:N_0 为整周模糊度;$\Delta\phi_i$、$\Delta\phi_j$ 分别为卫星在 t_i、t_j 时刻接收机获得的载波相位不足一个整周的相位值;$\text{Int}(\phi_j)$ 为接收机记录得到的 t_i 到 t_j 时刻内的整周数变化值。

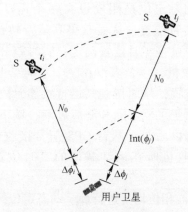

图 8-10 载波相位测量观测值

只要卫星 S 从 t_i 到 t_j 时刻内卫星信号没有失锁，则 N_0 就是一个常数，t_j 时刻卫星到接收机的相位差为

$$\phi_j^S = N_0 + \text{Int}(\phi_j) + \Delta\phi(t_j) \tag{8-4}$$

载波相位测量值为

$$\phi^S(t_j) = \text{Int}(\phi_j) + \Delta\phi(t_j) \tag{8-5}$$

则可得 t_j 时刻接收机对卫星 S 的载波相位测量方程为

$$\lambda\phi_j^S = \lambda N_S = R_j^S + c(\delta T_A - \delta T_S) + c\tau_{\text{ion}}^j + c\tau_{\text{trop}}^j + \varepsilon^j \tag{8-6}$$

式中：λ 为波长；ϕ_j^S 为相位测量值；N_S 为整周模糊度；R_j^S 为卫星到接收机的空间几何距离；δT_A 为接收机接对应的时钟归化到 GPS 标准时的时间误差；ε^j 为随机误差。

由于 GPS 观测量中包含了卫星和接收机的时钟误差、大气传播延迟、多路径效应等误差，在定位计算时还要受到卫星广播星历误差的影响，在进行相对定位时大部分公共误差被抵消或削弱，因此定位精度将大幅提高。由于双频接收机可以根据两个频率的观测量抵消大气中电离层误差的主要部分，在精度要求高，接收机间距离较远时（大气有明显差别），应选用双频接收机。

8.3.3.2　卫星导航定位系统定位方法

按照接收机所处的状态可将定位方法分为静态定位和动态定位。所谓静态定位指的是将接收机静置于某个位置数分钟至 1h 或更长的时间进行观测，以确定一个点在 WGS-84 坐标系中的三维坐标（绝对定位），或两个点之间的相对位置（相对定位），也就是 GPS 接收机在捕捉和跟踪 GPS 卫星的过程中位置固定不变，接收机高精度地测量 GPS 信号的传播时间，利用 GPS 卫星在轨道的已知位置，解算出接收天线所在的位置的三维坐标，常用于地面控制点位置确定等。动态定位是用 GPS 接收机测定运动物体的运行轨迹（包括绝对轨迹和相对轨迹），此时 GPS 信号接收机位于运动物体（也称载体，如航行中的舰船、空中的飞机、行走的车辆、空中的卫星、导弹等）上，载体上的 GPS 接收天线在跟踪 GPS 卫星的过程中相对地球在运动，接收机用 GPS 信号实时测得运动载体的状态参数（绝对位置或相对位置）。

在 GPS 动态定位中，常用的定位方法有单点动态定位、实时差分动态定位、后处理差分动态定位。其中：单点动态定位是用安设在一个运动载体上的 GPS 信号接收机，自主测量得到该运动载体的实时位置，从而获得其运行轨迹，因此又称绝对动态定位，常用在火车、汽车、导弹、卫星等实时位置确定；实时差分动态定位一般是用安设在一个运动载体上的 GPS 信号接收机，以及安设在一个基准点上的另一台 GPS 信号接收机，联合测得该运动载体的实时位置，从而得到其运行轨迹，故又称相对动态定位，由于该种定位方法是区域性的，常用于飞机着陆和舰艇进港、城市车辆导航等导航定位；后处理差分动态定位是在定位观测以后，对两台 GPS 信号接收机所采集的定位数据进行测后的联合处理，从而得到接收机所在运动载体的实时位置，该方法常用于航空摄影测量。

利用接收到的测距码或载波相位均可进行静、动态定位。由于载波的波长远小于测距码的波长，利用码相位的伪距测量只能用于单点绝对定位，而载波相位观测量可以用于单点绝对定位和相对定位，主要用于相对定位。

1. 伪距单点绝对定位

假设 t 时刻，目标的瞬时位置用 (X,Y,Z) 表示，卫星 k（$k=1,2,3,\cdots,N$；此处 $N=4$）的位置用 (X_k,Y_k,Z_k) 表示，接收机测得的目标与卫星 k 之间的伪距为 ρ_t^k，接收机时钟偏差引起的接收机与卫星 k 间的等效距离偏差为 b_t^k，则可得伪距观测方程组：

$$\begin{cases}\rho_t^1=\sqrt{(X_t^1-X_t)^2+(Y_t^1-Y_t)^2+(Z_t^1-Z_t)^2}+b_t^1\\ \rho_t^2=\sqrt{(X_t^2-X_t)^2+(Y_t^2-Y_t)^2+(Z_t^2-Z_t)^2}+b_t^2\\ \rho_t^3=\sqrt{(X_t^3-X_t)^2+(Y_t^3-Y_t)^2+(Z_t^3-Z_t)^2}+b_t^3\\ \rho_t^4=\sqrt{(X_t^4-X_t)^2+(Y_t^4-Y_t)^2+(Z_t^4-Z_t)^2}+b_t^4\end{cases} \quad (8-7)$$

通过解该方程组可得到接收机的空间三维位置。

若观测到的 GPS 卫星个数大于 4 个，则存在多余观测，首先对上式进行线性化，然后利用最小二乘法可以得到未知参数的值及精度。

2. 载波相位单点绝对定位

若接收机同时观测到卫星 k（$k=1,2,3,\cdots,N$；此处 $N\geqslant 4$）的相位测量值，则以卫星 1 为基准，对载波相位测量方程进行星间差分，可得到 $N-1$ 个星间差分方程：

$$\lambda\Delta\phi_j^{1m}+\lambda\Delta N_{1m}=\Delta R_j^{1m}-c\Delta t_{1m}+\varepsilon_{1m} \quad (8-8)$$

式中：$m=2,3,\cdots,N$；$\Delta\phi_j^{1m}=\phi_j^1-\phi_j^m$；$\Delta N_{1m}=N_1-N_m$；$\Delta R_j^{1m}=R_j^1-R_j^m$；$\Delta t_{1m}=\delta T_1-\delta T_m$，$\varepsilon_{1m}=\varepsilon^1-\varepsilon^m$。

由于卫星的时钟误差可以利用其导航电文所给出的时钟参数 a_0、a_1、a_2 近似计算出，则式（8-8）可以简化为

$$\lambda\Delta\phi_j^{1m}+\lambda\Delta N_{1m}=\Delta R_j^{1m}+\varepsilon_{1m} \quad (8-9)$$

利用该方程即可求出接收机的空间位置。

3. 箭（星）载 GPS 定位提高精度的方法

箭（星）载 GPS 定位误差包括卫星钟误差、星历误差、接收机时钟误差、基准参考站误差等，减小这些误差的方法有多种，如广域差分法、预处理法、滤波法等。

广域差分 GPS（WADGPS）是利用分布在大范围（一般为 100km 以上）的参考地面站网监测卫星轨道误差、卫星钟误差和空间信号传播误差，并通过数据链路将得到的差分改正信息实时传输给用户，用户用差分改正信息和接收到的卫星数据进行精确的导航定位。如美国、欧盟、日本等为了提高满足本国或地区的高精度导航需求，都已建或正在建广域差分 GPS 系统。

预处理法是选择合适的卫星和良好的数据进行定位。选择合适的卫星是指选择良好的几何位置，使卫星和用户接收机之间构成良好几何构型，确定处于良好工作状态的 GPS 卫星；选择良好的数据是指提出"野值"，并通过综合距离变化率、滤波平滑等方法，插补不连续点的值。

滤波法是指利用星（箭）运动的动力学模型和 GPS 接收机的观测方程分别组成状态方程和测量方程，然后利用卡尔曼滤波等方法进行处理以获得更高精度的轨道参数。但该方法需要建立精确的动力学模型等，否则会引入更大的误差。

4. 导航增强

为了提高卫星导航定位的精度、可用性和完好性，在基本导航系统卫星星座的基础上，发展了多种卫星导航增强系统。按照发射导航增强信号平台的位置，信号增强可分为地基增强和星基增强。按照增强方式可分为信息增强和信号增强两大类。信息增强是指通过修正卫星导航定位系统的误差提高导航定位精度和可靠性等的一种技术方式。信息增强不提供额外的距离观测量，只提供消除 GNSS 误差的修正信息和完好性信息。信息增强通常需要的是传输信道，能够把增强信息播发给用户。网络实时动态测量，又称载波相位动态实时差分（real time kinematic，RTK），其与星基差分等技术是典型的信息增强系统。信号增强是指通过除导航卫星外的平台发射导航信号，用户同时可以接收导航卫星系统本身的导航信号及其他额外的导航信号，进而提高导航定位精度和可用性的方法。信号增强通常需要信号发射机为用户提供测量信息。信号增强系统提供观测量，可以与 GNSS 联合定位或者独立定位。

从 20 世纪 90 年代初开始，国际上先后提出了以信息增强为主、信号增强为辅的 GNSS 增强系统，星基增强系统如美国的广域增强系统（WAAS）、俄罗斯的差分校正和监测系统（SDCM）等，地基增强系统如美国的局域增强系统（LAAS）等。这些系统综合使用了各种不同增强效果的导航增强技术，最终实现了其增强卫星导航服务性能的目的。从增强效果上看，这些增强系统所使用的卫星导航增强技术主要包括精度增强技术、完好性增强技术、连续性和可用性增强技术。其中：精度增强技术主要运用差分原理，进一步可分为广域差分技术、局域差分技术、广域精密定位技术和局域精密定位技术；完好性增强技术主要运用完好性监测原理，进一步可分为系统完好性监测技术、广域差分完好性监测技术；等等。连续性和可用性增强技术主要是增加导航信号源，进一步可分为天基卫星增强技术、地基伪卫星增强技术等。

近年来，低轨互联网星座方兴未艾，低轨卫星发射成本低、更新换代容易，通过搭载卫星导航增强载荷可提供导航增强服务，通导遥一体化也成为今后低轨卫星发展的重要方向。低轨互联网系统依托其传输速率高、能够进行大规模远程数据传输的优势，以及低轨星座自身具有的距离地球近、信号落地功率高、空间衰减小、几何变化快的特点，能够与中高轨 GNSS 星座形成互补，有望弥补卫星导航系统在播发速率和信号衰减方面的缺陷，解决当前传统卫星导航系统落地率较低和实时精密单点定位收敛时间过长的问题。基于低轨卫星导航增强平台既可提供信息增强服务，也可提供信号增强服务。低轨卫星既可作为"天基监测站"，实现对导航卫星的天基监测或对顶部电离层变化特性的探测，又可作为"导航信息源"，对地播发导航信号实现卫星导航服务的信号增强、功率增强和独立时空服务等服务目标。同时，借助低轨卫星的通信能力，可实现通信与导航服务的深度融合，起到缩短用户首次定位时间的作用。

8.3.4 卫星导航定位系统在航天测控中的应用

GNSS 在航天测控中的应用主要体现在：航天器轨道和位置确定，航天器精密测轨、航天器姿态测量，航天器交会对接，发射场外测跟踪测控（包括发射场安全跟踪和弹道测量等），精密测定测控站址，测定弹头飞船、回收舱的落点位置等。由于 GNSS 用于测控可进行全弹道高精度跟踪，且整个弹道上测量精度均匀一致；可跟踪低空目标，对巡航导弹和低高度再入体跟踪很有利；很容易解决多目标的精确跟踪问题；能在全球范围、全天提供精确七维信息，且不受天气条件影响；抗干扰能力强；既可高精度测定时间，也可进行精密的时间比对。因此，从发展的角度看，GNSS 可取代许多大型测控设备，将成为航天测控中的一种重要的技术手段。但 GNSS 在航天测控中应用时，也存在不能用于高轨道及深空测控，用于发射起始段效果不如地基测控，单点定位精度不能满足特殊需要等缺点。

1. 在航天器测量中的应用

1）航天器轨道和位置测量

GNSS 用于卫星轨道和位置测量，一般是在卫星上安装一台 GNSS 接收机，获得伪距和载波信息，然后利用轨道确定算法求出卫星轨道和位置参数。

星载 GNSS 接收机定轨有多种实现方案，根据定轨算法中是否考虑卫星运动动力学模型可分为几何法、动力学法和几何动力学法。

几何法是指不依赖任何力学模型，利用星载 GNSS 接收机和地面 GNSS 跟踪网接收的 GNSS 观测数据来确定低轨道卫星的位置。几何法获得的是离散几何点，若想获得连续的轨道，则需要通过拟合或内插来得到，该方法有时又称运动学法。

动力学定轨法是传统意义上的定轨方法，如序贯处理法、龙哥库塔法、阿达姆斯法等，其原理是根据卫星的动力学模型，通过对卫星运动方程积分将后续时刻的观测值归算到初始位置，以确定初始时刻的位置和速度。动力学定轨的精度受限于卫星动力学模型的精确程度和积分弧段的长度。

为减小动力学定轨中动力学模型误差的影响和几何定轨法中空间几何构型的影响，美国喷气推进实验室的 Yunck 等提出了简化动力学定轨法，即把动力学定轨中的动力学模型作为卡尔曼滤波的状态方程，将几何法中使用的数学模型作为卡尔曼滤波的测量方程，通过调整滤波中两者的权值，以获取高精度的轨道参数，因此又称几何动力学定轨方法。

对于定轨精度要求达厘米级的卫星，利用通用地基和天基航天测控网都难以满足要求，通常是将现有航天测控网与其他测量手段结合，例如在全球布设精密测距测速跟踪网或激光跟踪网，然后将各种测量信息进行融合处理获得高精度的轨道参数。

2）航天器姿态测量

利用 GNSS 进行相干测量可以得到航天器的姿态数据，即在航天器的适当位置上安装多副天线，用 GNSS 测定各天线的精确位置，从而可确定航天器的姿态，这种方法可以实时、全天候进行，且不会产生累积误差。利用 GNSS 进行姿态测量，在航天器上至少安装 3 个 GNSS 接收天线才能确定出航天器姿态，一般是安装 3 个呈 L 形或 4 个呈十字形的 GNSS 接收天线。在测量时先精确测定各天线的相位中心位置，求出各基线的矢量及长度，然后载波相位测量法实时求解出基线矢量，即可求出航天器姿态。

目前，GNSS 测姿算法中得到成功应用的主要有两种：一是先测量基线向量，再由基线向量求解姿态；二是从状态估计的角度，将姿态、基线向量等作为系统状态，通过滤波方法得到航天器姿态的最优估计。

3）航天器交会对接

航天器的交会对接过程中，需要精确测定航天器之间的相对状态（包括相对位置、速度和姿态），地基和天基测控系统都很难获得足够精度的航天器间相对状态，利用 GNSS 相对导航技术很容易测出这些量。在待对接的航天器上各装一台多通道定位测速和测姿的 GNSS 接收机。在航天器相距较远时，各测定自己的位置，在进入能相互沟通无线电信号的范围时，可交换各自测得的伪距、载波相位等测量信息；通过对自身和对方 GNSS 接收机的测量信息进行综合处理，可得到高精度的相对位置和相对速度。由于是相对导航，航天器间距离越近，相对位置和速度的测量精度越高，比较容易满足对接过程中对航天器间相对状态的精度要求。相对姿态的测量可以利用航天器上 GNSS 接收机获得的各航天器姿态测量值作差得到，其姿态测量精度也会随着航天器间相对距离的减小而提高。

由于航天器交会对接量的空域大、测量的精度高，国际上通常采用多种传感器分段测量方法。根据 GNSS 本身的一些特性，一般把它用在 150~0.1km 的距离段，完成对航天器间相对状态的测量。GNSS 用于交会对接测量具有测量准确、精度高、不受时间限制、系统价格便宜、设备简单、可实现航天器交会自主控制等优点。

4）编队航天器相对状态测量

由于编队航天器的优越性，世界各国纷纷在研制开发满足各种需求的编队航天器。为完成所承担的任务，组成编队的航天器必须满足一定的构型，并对航天器间的相对状态提出了更高的要求，由于 GNSS 用于航天器间相对状态测量可以获得较高的精度，各国都在研究如何将其应用到编队卫星的相对状态测量中。美国和德国于 2002 年发射的用于测量地球重力场梯度的 GRACE 双星系统就采用了 GPS 和 K 频段微波测距技术组合实现星间高精度相对状态测量。该相对测量系统采用 K/Ka 频段伪码测距作为星间跟踪测量的核心技术，使用单喇叭天线发送和接收 24GHz 和 32GHz 两个频率的微波信号，联合星载 GPS 进行修正，使星间测距的测量精度达到微米级。

5）授时

时统设备是航天和武器试验的关键设备之一，作为发射场测量的统一时间源，负责向测量、控制系统的各种设备提供标准时间和标准频率信号，保证整个测控系统在统一的时间尺度下工作。

由于每颗导航卫星上都配有带备份的精密铯原子钟，通过地面系统的严密监视，可精确掌握其变化规律，从而使整个星座的时间同步达到 5ns 以内。卫星导航接收机的时钟误差可以通过定位解算计算出来，并能给出所解算出的时钟误差精度。

卫星导航系统时与 UTC 除了有整秒差，在秒以下的同步精度优于 $1\mu s$，这已能够满足大多数用户要求。

在实际工作中，经常会要求两个或两个以上不同地点的时间准确同步，此时可通过站间时间比对，测定站间的钟差，需要高精度相对同步时可采用共视法，即两观测站同时观测同一颗导航卫星。由于可抵消公共误差，时间同步精度可高达几纳秒量级。

2. 在靶场外测跟踪中的应用

GNSS 应用于导弹试验靶场外弹道测量，既可以实时测定导弹的位置和速度，又可经事后处理得到精确的弹道参数，同时可获得准确的时间信息，并且能够克服目前无线电测量系统在跟踪方面的很多不利条件，是一种有生命力的外测手段，相比现有靶场外测技术成本低、技术先进。

利用 GNSS 接收机进行外弹道测量有两种方案：弹载接收机方案和转发器方案。

弹载接收机方案包括弹上接收机和地面遥测接收机、遥测数据记录器、基准接收机、数据处理计算机等。弹上接收机接收和跟踪导航卫星信号，计算导弹或卫星的位置和速度，然后通过遥测系统发给地面。地面遥测接收机接收到定位信息后，一路送到导航定位处理机进行差分修正，得到实时定位和测速结果，用于靶场安控；另一路送到遥测记录器记录下来供事后精密处理。

转发器方案是在弹上安装 GNSS 信号转发器，地面配置高动态接收机和基准接收机，弹上转发器转发的导航卫星信号，经遥测接收机接收后，送入中心处理站。然后将信号分成两路，一路送记录器记录存储；另一路送高动态接收机，进行跟踪测量。其测量结果经基准接收机的差分修正参数修正后进行实时定位。事后将记录信号重放，进行精确测量，获得观测值；与基准接收机观测数据进行精细的伪距差分定位和载波相位相对定位，最后得到高精度的弹道或轨道参数。

3. 在其他方面的应用

卫星导航的高精度定位能力在航天测控领域中还有以下应用。

（1）精确测定测控站的站址（固定站、测量船和测量飞机）。
（2）获取高精度的站间测量基线，基线精度可达厘米级甚至毫米级。
（3）校准和鉴定测量设备。
（4）测定弹头、飞船、卫星回收舱在陆上及海上的落点位置。
（5）利用 GNSS 双频能力，可以测定当地电离层分布的实时模型。
（6）利用 GNSS 测得的目标位置参数引导地面遥测天线或光测设备。
（7）测量发射场测定垂线和正北方向偏差，以及航天器定轨所需的多种物理量。
（8）常规靶场（如战术导弹、巡航导弹、无人飞机等）、电子靶场的时空信息的测量。

习　题

1. 跟踪与数据中继卫星系统如何实现对目标星的捕获与跟踪？
2. 跟踪与数据中继卫星系统反向数据传输中，调制体制会带来什么影响？
3. 简述卫星导航定位系统伪距测量基本原理，写出观测方程。
4. 探讨高轨卫星应用卫星定位系统实现自身定位的技术途径。
5. 如何应用各种手段，建立天地一体的全域测控网络？

参 考 文 献

[1] 和平江, 樊士伟, 蔡亚星. 卫星数据中继系统 [M]. 北京: 清华大学出版社, 2021.
[2] 孙晨华, 贾钢, 尹波, 等. 天地一体的天基传输网络 [M]. 北京: 人民邮电出版社, 2022.
[3] 赵琳, 丁继成, 马雪飞. 卫星导航原理及应用 [M]. 西安: 西北工业大学出版社, 2011.
[4] 孟维晓, 韩帅, 迟永钢, 等. 卫星定位导航原理 [M]. 哈尔滨: 哈尔滨工业大学出版社, 2013.

[5] 黄丁发, 张勤, 张小红, 等. 卫星导航定位原理 [M]. 武汉: 武汉大学出版社, 2015.

[6] 赵剡, 吴发林, 刘杨. 高精度卫星导航技术 [M]. 北京: 北京航空航天大学出版社, 2016.

[7] 贺涛, 李滚. 航天测控通信原理及应用 [M]. 北京: 国防工业出版社, 2022.

[8] 郭翔宇, 董开封, 张俊丽. 中继卫星系统对用户航天器快速测定轨能力分析 [J]. 载人航天, 2014, 20 (1): 65-68.

[9] 蒋罗婷. 国外小卫星测控通信网发展现状和趋势 [J]. 电讯技术, 2017, 57 (11): 1341-1348.

[10] 李于衡, 孙海忠, 王旭康. 近地卫星天基测控现状研究 [J]. 无线电工程, 2020, 50 (1): 1-9.

[11] 魏伟, 陈三楚, 敦怡, 等. 用于卫星入轨段测控的箭载天基测控中继系统 [J]. 中国空间科学技术, 2022, 42 (6): 64-70.

[12] 王磊, 姬涛, 郑军, 等. 中继卫星系统发展应用分析及建议 [J]. 中国科学, 2022, 52 (2): 303-317.

[13] 蒋文丰, 安建, 叶琪玮. 中继卫星终端相控阵天线自跟踪算法设计与性能分析 [J]. 电讯技术, 2023, 63 (3): 363-367.

[14] 王洋, 宫长辉, 张金刚, 等. 高码率全程天基测控关键技术研究 [J]. 导弹与航天运载技术, 2020 (4): 112-116.

[15] 杨红俊. 国外数据中继卫星系统最新发展及未来趋势 [J]. 电讯技术, 2016, 56 (1): 109-116.

[16] 雷厉. 航天测控通信技术发展态势与展望 [J]. 电讯技术, 2017 (12): 1464-1470.

[17] LI X X, WANG B, LI X, et al. Principle and performance of multi-frequency and multi-GNSS PPP-RTK [J]. Satellitenavigation, 2022, 3 (1): 128-138.

[18] 杨元喜. 综合PNT体系及其关键技术 [J]. 测绘学报, 2016, 45 (5): 505-510.

[19] 杨元喜, 任夏, 贾小林, 等. 以北斗系统为核心的国家安全PNT体系发展趋势 [J]. 中国科学: 地球科学, 2023, 53 (5): 917-927.

[20] 张小红, 马福建. 低轨导航增强GNSS发展综述 [J]. 测绘学报, 2019, 48 (9): 1073-1087.

[21] 陈静茹, 胡雨昕, 刘玥, 等. 面向低轨通信星座的导航定位方法比对研究 [J]. 信号处理, 2023, 39 (3): 428-438.

[22] 刘保国, 张国亭, 郭永强. 北斗三号短报文低轨卫星测控应用研究 [J]. 遥测遥控, 2021, 42 (1): 4-9.

[23] 朱向鹏, 党超, 刘涛, 等. 基于北斗报文通信系统的低轨航天器天基测控设计 [J]. 航天器工程, 2020, 29 (5): 19-25.

第 9 章 深空测控技术

深空测控技术是实现太阳系探测信息交互的唯一手段，也是深空探测器正常运行、充分发挥其应用效能不可或缺的重要保证。然而深空测控通信面临遥远的距离所带来的信号空间衰耗大、传输时间长、传播环境复杂等一系列问题，是开展深空探测的难点。近几十年，为解决深空测控通信时延、测角及测控弧段等问题，世界主要国家的深空测控网均在加大深空站天线口径、提高射频频段、深空干涉测量技术等方面进行了理论和工程技术研究。本章主要从深空测控发展概述及深空测控系统设计几项关键技术原理角度来描述深空测控相关概念。

9.1 深空测控概述

对未知世界的探索，是人类发展的永恒动力，对茫茫宇宙的认知，是人类的不懈追求。进入 21 世纪以来，随着航天技术与空间科学的飞速发展，人类认识宇宙的手段越来越丰富，范围也越来越广，开展地月日大系统研究、进行太阳系边际探测，已成为人类航天活动的重要方向。深空探测是指脱离地球引力场，进入太阳系空间和宇宙空间的探测活动。关于深空探测的定义，一种是国际电信联盟（ITU）在《无线电规则》第 1.77 款中关于深空的规定；另一种是为对月球及以远的天体或空间开展的探测活动。1988 年 10 月，世界无线电管理大会（WARC）ORB-88 会议确定将深空的边界修订为距离地球大于或等于 $2.0×10^6$ km 的空间，这一规定从 1990 年 3 月 16 日起生效，国际空间数据系统咨询委员会（the Consultative Committee for Space Data Systems，CCSDS）在其建议标准书中也将距离地球 $2.0×10^6$ km 以远的航天活动定义为 B 类任务（深空任务）；中国采用了第 2 种定义，将月球探测作为深空探测的起点。

相对于近地航天任务，深空航天器测控将面对距离遥远、飞行时间长、数据传输速率有限、深空环境复杂等一系列难题，需要不断地进行技术创新与验证。实施深空探测的航天器称为深空探测器，对其测控通信的系统称为深空测控通信系统。深空测控通信系统包括地面站和空间应答机两大部分，主要功能有跟踪、遥测、遥控和数传（TTC&DT）。在深空探测器的整个飞行过程中需要对深空探测器测控以保证飞行轨道的准确性，而在进入探测过程以后，需要传回探测信息。为了完成深空测控任务，需要在地面构建相应的测控网，实现对深空探测器的连续测量控制和通信导航，下面分析世界主要航天大国深空测控网概况及深空任务面临的技术挑战。

9.1.1 深空测控任务地面网

美国 NASA 的深空网（DSN）是世界上规模最庞大的深空测控通信地面网，它在地球上建立了三个深空站，每个站址的经度相隔约120°（图9-1）。三个深空站布设在：美国加利福尼亚州、西班牙马德里和澳大利亚堪培拉，它们是为完成20世纪60年代阿波罗载人登月任务而发展起来的。这三个站联合起来工作，对距离地面2万千米远的航天器基本上可实现全天时连续观测，网络控制中心建在加利福尼亚喷气动力实验室（JPL）。

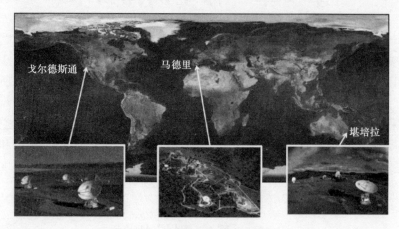

图9-1　美国三个深空站示意

欧空局（ESA）深空地面网的建设始于1998年，目前已经建成了三个全球分布的具有35m口径天线的深空站，分别是澳大利亚新诺舍站、西班牙塞夫雷罗斯站和阿根廷马拉圭站，三个深空站可以由位于德国达姆施塔特的欧洲空间操作中心（European Space Operations Centre，ESOC）进行远程操作控制，其布局如图9-2所示。ESA是世界上第2个建成全球布站深空测控网的航天机构。

图9-2　ESA深空测控网布局示意图

我国深空站测控网依托国内测站资源和国际合作，先后建设完成了西北部喀什地区35m深空站、东北部佳木斯地区66m深空站和位于南美洲阿根廷西部内乌肯省萨帕拉地区的35m深空站和深空任务操作控制中心（北京飞控中心）。从整体布局而言，中国深空测控网并不是最优的地理布局，国内两个深空站的经度差只有54°，喀什深空站和阿根廷深空站的经度差为146°，测控覆盖搭接时间约2小时，而阿根廷站和佳木斯站的经度差达到了160°，无法实现10°仰角的测控覆盖搭接。因此，中国深空测控网对深空航天器的测控覆盖率只能接近90%，如图9-3所示。中国深空测控网采用了国际标准的S频段、X频段和Ka三频段，频率范围覆盖NASA和ESA深空站的频率范围，符合国际电联和CCSDS的相关建议。目前S频段和X频段上下行链路均可用，Ka频段主要用于下行接收。

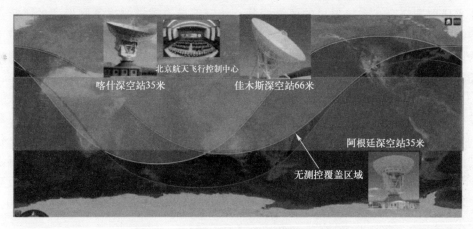

图9-3 我国三个深空站及覆盖率示意图

我国深空测控网在规模上与NASA和ESA的深空测控网相当，都是在全球范围内建设了三个深空站，具备独立支持深空探测任务的能力。我国深空测控网的建设起步晚、起点高，作为支撑国家重大航天工程任务的重要基础设施，立足现实、着眼长远，在总体设计上提出了：①兼顾中国月球探测和未来深空探测任务；②具备测控、通信和长基线干涉测量等多种功能，最大限度发挥了深空测控网效能；③在技术体制上与国际主流的NASA、ESA深空任务测控体制相互兼容，有利于国际合作与任务交互支持等基本原则。

在深空站的站址选择上，重点从电磁环境方面考虑，以确保深空站极高灵敏度接收机尽可能不受外界电磁干扰，达到国际电联建议书（ITU-RSA.1157-1）给出的深空站干扰保护标准。因此，所选深空站的站址基本上都处于远离微波中继通信干线、移动通信基站、高压线、高等级公路和电气化铁路的山区，从而避免外界电磁环境抬高接收的系统噪底导致的接收灵敏度恶化；同时还充分利用站址周围的地形遮蔽条件，进一步降低了外界电磁干扰对深空站的影响，也避免了深空站大功率发射信号对外界环境的电磁辐射影响。

9.1.2 深空测控任务技术挑战

随着深空探测任务的深入开展，深空测控通信将面临三个方面的技术挑战。

（1）信号空间衰减大。深空探测距离愈加遥远，信号传输更为困难，随着探测目标向火星以及更遥远的太阳系大天体延伸，探测距离将从目前月球探测的40万千米拓展到火星探测的4亿千米和木星探测的10亿千米，并将于2030年开展天王星探测时达到创纪录的30亿千米。由于信号传输功率衰减与传输距离的平方呈正比，同等星上EIRP发射条件下，天王星传回的信号功率将比月球传回的信号功率降低约100dB。同时，为了在不同形式的探测任务中获取更为丰富的图像、视频及各类科学探测信息，下行信息速率传输需求将由目前的2Mbit/s增长到250Mbit/s。遥远的信号传输距离和显著增长的下行传输速率需求共同构成了对深空测控通信信号传输的重大挑战。

（2）高精度导航困难。探测形式更为丰富，导航精度需求更高在探测目标延伸到太阳系各大天体的同时，探测器组成形式和探测飞行过程也将更为复杂和多样化，包括：①小行星探测任务的交会、绕飞、附着和采样；②火星表面软着陆与巡视探测、火星轨道交会；③木星探测交会、木星卫星的环绕探测；④天王星飞越探测。不同形式的飞行过程及任务关键阶段的操作管理对提高深空探测导航精度提出了更为迫切和刚性需求。以美国深空网为例，过去50余年来其地基导航精度提高了5个量级，为具有各类复杂探测形式的深空任务提供了有力支撑。

（3）信号空间传输时延长。近地卫星测控中，电波的空间传输时延为毫秒量级，在深空测控中，这个时间延长到分钟甚至数小时（例如，到火星平均11分钟，到海王星8个小时）。常规测控模式已经不再适应深空任务大时延的特点，比如要完成到火星1亿千米距离的测量，常规测距模式下距离捕获的时间将达到1.5小时，而对于海王星探测器测距时，上行测距音经过探测器转发返回地面后，地面站可能由于地球自转而无法接收到回波信号。针对以上特点，地面深空站需研究适应深空任务特点的深空测距流程，例如，三向测距技术。

9.1.3 深空站组成急需解决的关键技术

以我国喀什深空站为例，深空测控地面系统由天伺馈分系统、发射分系统、高频接收分系统、多功能数字基带分系统、监控分系统、VLBI测量采集记录分系统、数据传输分系统（DTE）、时频分系统、自动化测试分系统、标校分系统等组成。我国喀什深空地面站35米天线外观如图9-4所示。

图 9-4 我国喀什深空站 35 米天线外观

1. 天伺馈分系统

天伺馈分系统由天馈子系统、天线控制子系统和机械结构三部分组成。天馈子系统主要功能是完成对来自空间目标的微弱信号的收集和地面向目标发出信号的辐射。其主要由卡赛格伦双反射面和同时独立工作的 S、X 双频段波束波导传输馈电系统，以及 S、X 双频段微波辐射馈源等组成。天线控制子系统主要完成对天线的操控，使天线指向目标，完成对目标的跟踪，控制天线副面的调整，利用射电星对天线进行标校。它由天线驱动单元（ADU）、天线控制单元（ACU）、副反射面控制单元、天线轴角编码单元和天线控保单元等组成。其中，副反射面控制单元完成副反射面的姿态和位置调制，以克服因风阻、重力及材料刚度等引起天线重力变形所引起的天线主面的焦点变化，争取电性能达到最佳状态。天线机械结构部分主要功能是完成对天线反射面的支撑和支持天线的各种运动及采取控保措施。它由天线反射体及其支撑结构、天线俯仰组合、天线方位组合、天线运动支撑齿轮、天线保护装置等组成。

深空地面站天伺馈系统需要满足远距离深空测控技术挑战，与常规近地卫星测控站相比其需要解决的关键技术主要为大口径天线相关的工程实现问题，具体包括：波束波导设计技术、波束波导天线三轴测量技术、高精度位置编码技术、大天线副反射面调整技术、大口径天线标校测试技术等。

2. 发射分系统

发射分系统包括 S、X 频段上行链路，分别由各自的小信号分机及高功放两部分组成。其中小信号分机主要由上变频器、频综、小信号放大器等组成，高功放分机主要由前放、预放、10kW 速调管高功放、1kW 固态功放、超大功率环形器组件、控保电路（ALC 组件）、高压电源、液冷设备、高功放监控等组成。各频段上行链路采用链路备份方式，工作时 1:1 热备份。

深空测控系统发射分系统需要解决超远距离信号辐射的高功放设计问题，要研究宽带大功率速调管技术、大功率器件散热技术、功率精确控制技术。

3. 高频接收分系统

高频接收分系统主要由 S/X 频段低噪放及其冷却装置、测控和数传下变频信道、VLBI 测量下变频信道、中频开关矩阵等组成。其主要任务是接收并放大馈源送来的左右旋微波信号，经下变频器至 70MHz 和 280MHz。其中，测控信道、数传信道将微波信号下变频至 70MHz 后送测控基带、跟踪接收机及数传基带，VLBI 测量信道将微波信号下变频至 280MHz 后送 VLBI 测量采集记录分系统。高频接收分系统能够同时接收两个目标的测控和数传左右旋信号，且 S/X 可同时工作。

高频接收分系统是地面站高灵敏度接收深空微弱信号关键的一环，需要解决如下技术：超低相位噪声频综设计技术、低温接收机设计技术、超导滤波器设计技术、极低噪声测试技术等。

4. 多功能数字基带分系统

多功能数字基带分系统由 4 台 CPCI 工控机箱、1 个切换插箱组成，4 台 CPCI 工控机的配置相同、功能相同，包括测控基带的遥测遥控和测距测速、跟踪接收机、数传基带等，按 2:2 备份配置。分系统具有对下行两个目标测控或数传信号的接收能力，具有对数传信号极化合成的能力。多功能数字基带分系统主要完成上行遥控、测距信号调制，下行遥测、测距、测速、数传信号解调及合成以及角误差信号解调等功能。根据用户需求和设备实现能力，在基带设备设计时将测控、数传、跟踪接收机综合在一个工控机设备中。

相对于地面卫星测控基带，深空站多功能数字基带需要解决极低信噪比信号捕获技术、极窄带锁相环跟踪技术、低损耗解调译码技术等。

5. VLBI测量采集记录分系统

VLBI测量采集记录分系统主要功能是完成对经过VLBI测量信道的下行信号的接收、记录。通过对VLBI测量信道输出的下行信号进行数字化采样，然后记录在大容量磁盘中。VLBI测量采集分系统包括数字调理与采样模块、记录模块等。在VLBI分系统中还包括用于对设备时延进行校准的延迟校准信号产生器、GPS双频接收机、水汽微波辐射计设备。

VLBI测角系统为了解决深空高精度角跟踪难题，需要研究相关的干涉测量技术，具体包括：宽带信号基带转换、高稳定度原子钟、软件相关处理技术、大气参数修正技术、延迟校准技术、ΔDOR测量模式精度分析等。

6. 时频分系统

时频分系统主要为地面设备提供高可靠性、高精度的频率信号和时间基准，能接收外IRIG-B时间码信号，产生全系统所需的时间信号。该分系统主要由高精度标准频率信号产生单元（主动型氢钟）、时间基准接收单元、时码产生单元及采样脉冲产生单元等组成。时频分系统需要解决高稳定性主动性氢钟设计、屏蔽钟房设计等技术。

7. 监控分系统

监控分系统的主要功能是完成全系统的监视、控制和管理，接受中心的控制并向中心传送设备各类状态参数。监控分系统主要由系统监控单元与各分机监控处理器组成，具有分控、本控和远控三种工作方式。监控分系统采用客户机/服务器模式，通过大容量通信数据网，接受中心对全系统设备完全的远程监视和控制。监控分系统需要解决深空测控地面站自动运行设计、自动化测试设计等关键技术。

8. 自动化测试分系统

自动化测试分系统的主要功能是通过计算机调度测试过程完成各分系统和系统指标的自动化测试，并形成测试报告。自动化测试分系统主要由测试开关矩阵、测试仪器和扩展板卡及测试计算机等组成。深空站自动化测试相对于地球卫星地面站精度要求更高，测试点和测试方法更复杂。

9. 数据传输分系统

数据传输分系统的主要功能是完成监控分系统、基带分系统、天伺馈分系统与中心之间的透明信息交换。该分系统与常规测控站关键技术需求一致。

10. 标校分系统

标校分系统的主要功能是完成上、下行信道性能检查、系统常规角度标校及距离零值标定等。其主要由中频、射频模拟信号源、噪声源、小环检测接收机、联试应答机、校零变频器等组成。深空站需要高精度校零和校相，必须解决对超远距离的高精度信道模拟技术、距离和速度、加速度的严格相关模拟技术等难题。

综上，我国深空测控站主要任务包括：

（1）完成对我国月球探测器、火星探测器及其他深空探测器的测控和数据接收；

（2）兼顾我国地球中高轨道和超地球同步轨道卫星的测控和数据接收；

（3）能够为国际上其他国家和组织的月球和深空探测器提供测控和数据接收支持。

深空测控系统作为地面与深空探测器联系的通道和纽带,在深空探测任务中至关重要。我国深空测控网为了实现月球以远的跟踪测量,解决了大系统及分系统相关的各项关键技术,采用了深空专用空间链路扩展协议(SLE),可以和符合 CCSDS 相关建议标准的其他国外深空站实现深空测控任务的国际联测和数据交互。

对比深空测控与前序几章地球卫星测控采用的不同技术,从应对深空测控通信将面临的信号空间衰减大、高精度导航困难、信号空间传输时延长这 3 个技术挑战入手,下面将重点分析地面大口径天线技术、深空干涉测量技术和天线组阵技术几个关键技术,阐述深空测控系统如何解决各种技术难题。

9.2 深空大口径天线技术

天线是深空测控系统的重要组成部分,深空任务要求天线作用距离远、测角精度高,所以一般采用超大口径天线。深空大天线由卡塞格伦双反射面、波束波导传输馈电系统以及 S、X、Ka 频段馈源和其他微波功能组件组成。它主要完成对来自空间目标的微弱微波信号的收集和地面向目标发出遥控指令信号的辐射,实现对深空探测器快速有效的跟踪测量。

9.2.1 深空天线工作原理

天线对电波放大的原理与我们日常生活中经常使用的手电筒聚光原理是一样的,在手电筒没有聚光前,其照射距离很近,而经过聚光后就可以照到很远的距离。手电筒的灯泡相当于天线中的馈源,而手电筒中聚光碗就相当于天线反射面。

反射面天线有前馈和后馈(双反射面)两种,前馈抛物面天线的辐射器放置于抛物面焦点上,馈电和天线性能在很大程度上取决于一次辐射器方向图,它的漏射功率较大,辐射器和低噪声放大器之间的连接馈线较长,馈线损耗大,从而可引起大的天线噪声温度。前馈抛物面天线示意如图 9-5 所示。

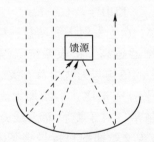

图 9-5 前馈抛物面天线示意

后馈抛物面天线为双反射面天线,根据二次反射面(副反射面)的形状不同,又可分为卡塞格伦天线、格里高利天线及环焦天线等。当副反射面采用双曲面时,称为卡塞格伦天线,当副反射面采用椭球面时,称为格里高利天线。卡塞格伦天线及格里高利天线示意如图 9-6 所示。

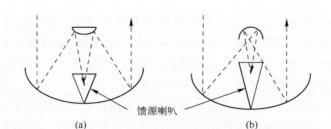

图 9-6 卡塞格伦天线及格里高利天线示意
(a) 卡塞格伦天线；(b) 格里高利天线。

后馈抛物面天线的一次辐射器与低噪声放大器之间的连接馈线短，副反射面可以赋形，使主反射面边缘溢失功率小及口径场近于均匀分布，具有高效率、低噪声的特点。大口径地面遥感遥测天线普遍采用双反射面天线，小口径天线则多采用前馈抛物面天线。

由于深空测控系统的目标距离地面非常遥远，其来波信号到达天线口面时已非常微弱，必须对信号进行放大提高信噪比后才能进行识别及处理，而抛物面天线的作用就是对照射到天线面上来波信号进行收集放大。因此，各国深空站都采用双反射面卡塞格伦天线。

深空测控系统中飞行器距离地球非常遥远，为满足测控距离、信道容量、减少空间设备功耗等要求，必须尽可能提高地面测控设备的有效发射功率 EIRP 和接收系统的品质因素 G/T 值，通常采用低噪声放大技术和增大天线口径（提高天线增益）等方法来实现。

天线增益可表示为：

$$G_t = \left(\frac{\pi D}{\lambda}\right)^2 \cdot \eta_A$$

式中：λ 为工作波长；D 为天线口径；η_A 为天线效率。

天线发射能力表示为：

$$\text{EIRP} = P_t + G_t - L_t$$

式中：P_t 为发射机高功放输出功率；G_t 为发射天线增益；L_t 为发射馈线损耗。

G/T 值越大，表示天线接收增益越高，接收系统噪温 T 越低，则系统接收灵敏度越高。由上面公式可见 EIRP 和 G/T 的值均与天线增益有关。

显然，天线增益与天线口径平方成正比，不断加大天线口径，可以获得相应的高增益；然而口径越大，天线波束就越窄，对于抛物面天线，其半功率波束宽度可近似表示为：$2\theta_{0.5} = 70\lambda/D$（度），很窄的波束又给捕捉目标带来了困难。为解决这一矛盾，必须保证天线具有很高的指向精度，使得天线指向目标时，飞行器进入主天线的波束范围内，便于后端伺服系统转入自跟踪。

9.2.2 波束波导技术

波束波导是由周期性排列的透镜或者反射镜组成的波导结构，其功能是把天线焦点处的能量，有效地传输到固定的装由接收机和发射机的地面建筑内的一点，因此就不需要高昂费用的旋转机构，解决了与此有关的一系列空间和结构的限制难题。常见的波束波导由透镜型和反射镜型两大类，不同类型的波束波导有着不同的传输损耗和不同的频率适应范围。透镜型适应于光波，双反射型适应于微波，单反射型适应于毫米波和亚毫米波。

波束波导馈电系统允许天线射频组件放置在天线塔基下机房内，便于对接收系统部分组件进行制冷，降低天线系统的噪声温度，提高天线系统的 G/T 值；减小馈源与发射机之间的馈线损耗，有利于提高系统的 EIRP；射频组件和各种高频设备的工作环境易得到保障，使系统的幅相特性、零点稳定性和指向特性得到保证。我国 S/X/Ka 频段深空测控系统天线采用了波束波导馈电方式的双反射面卡塞格伦天线，其结果如图 9-7 所示。

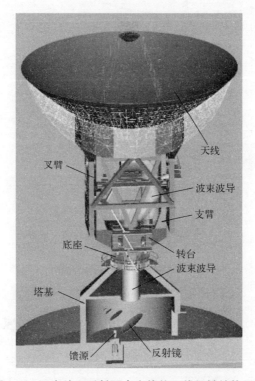

图 9-7 深空站双反射面卡塞格伦天线机械结构示意

我国深空站采用波束波导馈电结构，可以保证天线同时工作于 S、X、Ka 频段，各频段采用独立馈源，使天线主反射面在三个频段内均具有最佳照射，可以得到较高的照射效率、增益和较低的副瓣电平。同时，波束波导的最大优势是将体积较大的馈源及其它电子设备下移到地面，便于安装和维修，这有利于 LNA 等接收端器件采用低温制冷技术，为提高系统增益，降低噪温，创造条件，同时减小了大功率馈线的损耗。其波束波导馈电系统如图 9-8 所示。

由于采用波束波导馈电和频率选择面（FSS），简化了馈源系统的设计，S 和 X、Ka 频段馈源可以分别按性能进行最佳设计。馈源系统采用 TE_{21} 模跟踪体制，天线跟踪快速、稳定。为了降低馈源损耗引入的噪声，馈源系统后级发阻滤波器采用超导滤波器，置于制冷后的低温容器中。馈源系统的收发分频网络采用水循环冷却，可以完全满足发射 20kW 大功率的要求。

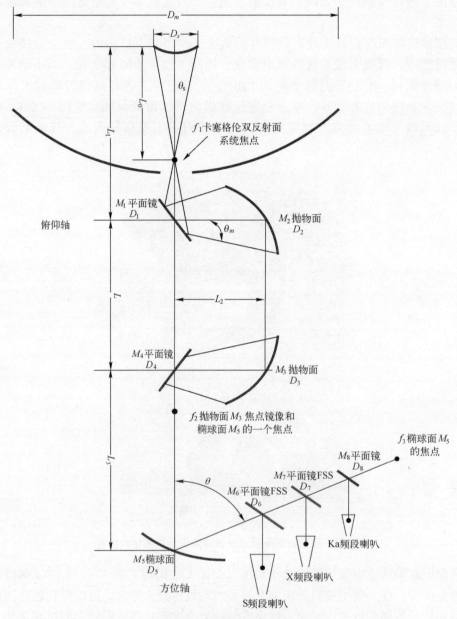

图 9-8 波束波导馈电系统

9.2.3 大口径天线标校测试技术

我国应用于深空测控，工作于 S、X、Ka 频段的 35m 大口径高精度天线，由于高增益、高指向精度的要求，测量与标校技术是保证设备研制并投入应用的关键环节。

大口径天线的射频指标测试和标校方法主要包括三频段（S、X、Ka）波束波导天线射频性能指标测试和天线标校技术，这也是与中小口径天线现场标校及测试方法不同的工作内容，具体有以下几个方面：

(1) 天线方向图测试（S、X、Ka 频段）；
(2) 天线 G/T 值的测试及校准；
(3) 角度标校，并为角度修正模型提供数据；
(4) 天线副反射面实时修正数据的标定。

根据天线及现场工作特点，标校及测试工作按下述顺序进行：

(1) 天线仰角在 45°以下利用卫星进行副反射面实时修正数据的标定。
(2) 天线仰角在 45°以下利用射电星进行角度标校。
(3) 利用上述副面实时修正数据外推（拟合曲线），得出天线仰角 45°以上的副面实时修正数据。
(4) 天线在 45°以上利用射电星进行副面实时修正数据的验证及标定。
(5) 天线射频指标的测试；天线仰角在 0°~90°范围进行角度标校。

9.3 干涉测量技术

深空测控干涉测量系统是由甚长基线干涉测量（VLBI）发展起来的，甚长基线干涉测量于 1965 年问世，广泛用于天体物理学的射电天文观测、大地测量等领域，工程上称为 DOR 测量和 DOD 测量。20 世纪 70 年代，为消除 DOR、DOD 测量过程中的站间时间同步、站址、电离层、对流层等公共误差，采用分时工作、顺序观测或者同时观测深空航天器和射电星对应作差消除公共误差源的实现方法，其测量元素为差分单向距离差和差分单向距离变化率，所以又称为 ΔDOR 和 ΔDOD 测量技术。它实质上对应的是航天器和射电星之间的相对位置或相对位置变化率。利用同样的原理，如果两个以上的深空目标同时位于深空测控站的同一波束内，则可以测量同一波束内深空航天器间的相对位置，工程上称同波束干涉测量（SBI）。

深空干涉测量系统具有 DOR/DOD 测量、ΔDOR/ΔDOD 测量和 SBI 的能力，完成航天器信号、射电星信号数字基带转换能力，S/X 双频段 DOR、DOD 干涉测量的能力，S/X 双频段 ΔDOR、ΔDOD 干涉测量的能力，S/X 双频段 SBI 的能力。

9.3.1 DOR/DOD 测量技术

9.3.1.1 基本原理

干涉测量就是利用两座相距很远（数千千米）的测控站同时接收来自同一源的信号，测量其到达两站的单向时间差（DOR）或单向多普勒频差（DOD），从而获得目标到两个站基线的夹角，工作原理如图 9-9 所示。

利用甚长基线干涉测量技术，可获得高精度的航天器空间角度信息。用两副以上的天线交替接收航天器信号和射电源信号，将所接收的信号经相关处理和参数解算后，可获得观测时刻航天器的位置、速度及与基线之间的夹角（图 9-9 中的 θ），由此通过定轨解算便可精确地测定出航天器的轨道。很明显，干涉测量技术有常规技术无法比拟的优势，特别是在目标角度信息的获取上,可以弥补传统测距测速技术的不足,因此,干涉测量技术和传统测距测速技术的联合定轨精度也就远高于常规技术。

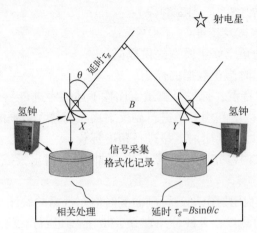

图 9-9 干涉测量工作原理

观测时,两个地面站指向同一个目标,信号采集与格式化记录系统对信号进行 A/D 采样,经过格式化处理记录在磁盘上。在观测完毕后,将数据送到数据处理中心,经过回放和相关处理,得到延时和延时变化率。如果通信链路容许,就可以通过网络等手段,将数据实时传送至数据处理中心。

与射电源 VLBI 测量输出的同一波前延时差不同,航天器 VLBI 测量输出结果的物理含义是同一时刻两个测控站收到航天器信号的延时差和延时差变化率。在实际观测中,通常两个测控站首先对航天器附近的射电星跟踪测量进行系统延时差校准,再将天线对准航天器进行跟踪测量,这样就可以有效地消除钟差、设备延时差等相对变化较慢的系统误差。

设 f_1、f_2 为航天器发射的两个单音信号频率,其频差为 f_1-f_2,在 T 时刻测控站 A、B 收到的对应 f_1 信号的相位差记为 $(\phi_A-\phi_B)_1$,在同一 T 时刻测控站 A、B 收到的对应 f_2 信号的相位差记为 $(\phi_A-\phi_B)_2$,根据国际上对单向 DOR 的定义,单向 DOR 的延时差 τ_{sc} 可以表示为

$$\tau_{sc} = \frac{(\phi_A-\phi_B)_2-(\phi_A-\phi_B)_1}{2\pi(f_2-f_1)} \quad (9-1)$$

由于工程上只能测量相位差的零头,单向 DOR 测量存在相位模糊,其中无模糊距离的大小为 $\tau_{scMAX} = c/(f_2-f_1)$,$c$ 为光速,可见频差 f_1-f_2 越小,无模糊距离越大。单向 DOR 测量精度与频差 f_1-f_2 成反比,与相位差测量精度成正比;相位差测量精度取决于测量信号的信噪比和测量设备本身,在相位差测量精度一定的情况下,频差 f_1-f_2 越大,测量精度越高。为解决解模糊和提高精度矛盾,航天器需要发射有一定跨度带宽的 DOR 音信号。其中,单音信号/遥测副载波信号的频率、幅度、调制度等根据工程任务具体设计。

同样地,观测时间内航天器延迟观测量 τ_{sc} 的变化率对应着两站间接收信号的多普勒差值,即 DOD 测量。

对航天器信号进行延迟差测量时,有

$$\tau_{sc'} = \tau_{sc} + \tau_{time} + \tau_{ch} + \tau_{atm} = \tau_{sc} + \tau_{sum} \tag{9-2}$$

式中:$\tau_{sc'}$为同一时刻两测控站接收的航天器信号间延迟差测量值;τ_{sc}为同一时刻两测控站接收的航天器信号延迟差的真实值;τ_{time}为两个测站的时钟误差;τ_{ch}为两个测站的信道延迟引起的测量误差;τ_{atm}为观测站与航天器视向路径上大气和电离层引起的测量误差。

可见,若要准确获得τ_{sc},需要获得τ_{sum}。

9.3.1.2 测量精度分析

经过对射电星观测标校后,影响 DOR 测量的误差主要有航天器热噪声误差、站址误差、设备通道间时延漂移误差、天线相位中心变化误差、校准信号稳定性误差、氢钟稳定性误差、中性大气误差、电离层延迟误差、地球定向参数误差等。各项误差见表 9-1。

表 9-1 DOR 实时处理误差估算结果

误差源	误差/cm
航天器热噪声误差	3.1
站址误差	4.2
设备通道间时延飘移不一致	21.2
天线相位中心变化误差	7
校准信号稳定性误差	0.85
氢钟稳定性误差	2
中性大气误差	7.2
电离层延迟误差	42
地球定向参数误差	4.2

DOD 和 DOR 最大的不同在于它们处理信号的本质不同,DOR 要从窄带信号实现宽带的效果,通过带宽综合提高干涉测量的精度。而 DOD 感兴趣的是遥测信号的残余载波或星上应答机转发的纯正弦波信号,因而 DOD 测量精度等同于单频信号的开环测速精度。

能够引起 DOD 测量误差的因素有接收机噪声(航天器信号)、站址变化率、钟差和设备延时的变化、中性大气短时变化、电离层短时变化和天线相位中心变化率等因素影响。

准实时相关处理时的 DOD 误差,见表 9-2。

表 9-2 准实时相关处理时的 DOD 误差

误差源	误差/(mm/s)
接收机噪声(航天器信号)	0.01
站址变化率	很小可忽略
钟差和设备延时的变化	很小可忽略
中性大气短时变化	0.4
电离层短时变化	很小可忽略
天线相位中心变化率	很小可忽略
总计(均方和)	0.4

9.3.1.3 观测实施

DOR/DOD 的观测实施按照下列步骤进行。

（1）编写观测纲要。首先获取航天器的轨道、频率及任务的开始时间和结束时间。根据任务的开始和结束时间选取一颗适合观测的射电星，根据航天器的频率编写观测的频率、通道、量化位数和信号带宽。

（2）下发观测纲要。观测纲要编写完成后，将观测下发到各深空站。

（3）深空站编写自动运行流程。深空站接收到观测纲要后，根据任务的起始时间，将设备加电预热。由于低温接收机从常温到低温工作制冷时间较长（大约 2h），所以需要提前至少 2h 开机。正常情况下，S 低温接收组件会温度达到 12K 左右，X 低温接收组件温度会达到 11K 左右，即可开始工作。其他设备比如干涉测量信道、基带转换与记录设备、大气参数测量设备也同时开机。时频设备处于常加电状态，不能断电。

（4）任务实施。任务开始后，各深空站根据自动运行流程的时间，统一观测射电星或航天器，同时基带转换与记录设备采集记录信号。如果是实时任务，将采集的数据通过网络送中心数据处理；如果是事后任务，则只记录数据。

（5）实时观测或事后观测。中心数据处理分系统接收到各站的数据后，对数据进行相关运算，将运算结果减去通过射电星获得的总误差及通过 PCAL 信号得到信道延时值的变化量，得到航天器的延时差和延时差变化率，将此测量结果实时送出，从而完成 DOR 和 DOD 的测量。

9.3.2 ΔDOR/ΔDOD 测量技术

9.3.2.1 基本原理

ΔDOR/ΔDOD 采用交替观测的方式，其测量技术原理如图 9-10 所示。地面观测站在短时间内对射电源和航天器进行交替观测，观测模式主要有射电源—航天器—射电源和航天器—射电源—航天器两种。

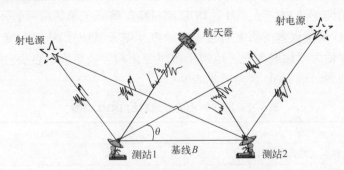

图 9-10　ΔDOR/ΔDOD 测量技术原理

在对航天器短时间观测后，将天线对准与角距临近的射电星，对射电星信号进行 VLBI 延迟差测量时，有

$$\tau_{g'} = \tau_g + \tau_{time} + \tau_{ch} + \tau_{atm} = \tau_g + \tau_{sum} \tag{9-3}$$

式中：$\tau_{g'}$ 为同一时刻两测控站接收的射电星信号的延迟差测量值；τ_g 为同一时刻两测控站

接收的射电星信号的延迟差理论值。

由于 ΔDOR/ΔDOD 交替观测的时间间隔较短，通常为几分钟，通常认为 τ_{time}、τ_{ch} 和 τ_{atm} 误差量在短时间内的变化不大，将航天器观测前后的射电源观测结果内插至航天器观测时刻用于获取精确的标校系统量，将航天器 DOR 结果与射电星观测内插测量值作差后得

$$\Delta\tau' = \tau'_1 - \tau'_g = \tau_1 - \tau_g \tag{9-4}$$

即经过差分消除了两次观测中近似相等的公共误差，再经过运算就可以得到航天器与射电星的精确相对角位置。

因此，ΔDOR/ΔDOD 的工作流程是，两个测站先对准航天器附近的射电星，采集信号并记录，进行 DOR/DOD 处理得到射电星到两个测站 S 和 X 频段的延迟差、延迟差变化率。再将测站对准航天器，采集信号并记录，进行 DOR/DOD 处理得到航天器信号到两个测站 S 频段和 X 频段定的延迟差和延迟差变化率，分别减去前后射电星观测的内插测量结果，得到 ΔDOR/ΔDOD 测量结果。

与 DOR/DOD 的区别是，ΔDOR/ΔDOD 测量的是射电星 DOR 和航天器 DOR 的差，最终获得的是航天器与射电星之间的夹角。而 DOR/DOD 获得的是航天器与基线之间的夹角。将射电源观测时获取的残余系统差作为标校系统差，从航天器 DOR 观测结果中消除，从而提高航天器 DOR/DOD 的观测精度，也可视为航天器 DOR/DOD 观测的一种特例。

在少数情况下，ΔDOR/ΔDOD 测量是在这种情况下观测的。若航天器与射电星角距较小，均在测站天线的波束宽度范围内，则可以进行 ΔDOR/ΔDOD 的同时观测，不足之处在于相关处理时两种信号会产生干扰，降低估计精度。对于相关处理器来说，输入为两测站同时收到的 S、X 频段信号，处理结果为 S、X 频段的航天器与射电星的延时差和延时差变化率。

9.3.2.2 测量精度分析

ΔDOR 测量精度不仅取决于航天器 DOR 测量的准确性，而且取决于射电星位置和延时的测量精度、时钟稳定性和设备相位响应及地球自转和传输介质的不确定性等因素。影响 ΔDOR 测量的误差主要有航天器热噪声误差、射电星相关热噪声误差、射电星位置误差、设备时变化误差、天线相位中心变化误差、校准信号稳定性误差、时钟稳定性误差、对流层误差、电离层误差、站址误差、地球定向参数误差、太阳等离子区误差等。ΔDOR 事后处理误差估算结果见表 9-3。

表 9-3 ΔDOR 事后处理误差估算结果

误差源	误差/cm
接收机热噪声（航天器信号）	3.10
接收机热噪声（射电星）	1.36
射电星位置	0.4
设备时延变化	6
天线相位中心变化	7
校准信号稳定性	0.85

续表

误差源	误差/cm
时钟稳定性	1.02
对流层	0.073
电离层	1.77
站址	0.36
地球定向参数	0.44
太阳等离子区	0.085
总计（均方和）	10.15

由 ΔDOR/ΔDOD 的观测模式可知，在影响 DOD 观测精度的站址、钟差和设备延时、中性大气和电离层等误差的变化几乎被消除，影响航天器 ΔDOD 测量精度的因素主要是航天器相关热噪声和射电星相关热噪声、天线相位变化和射电星位置短时变化等。事后高精度 ΔDOD 误差估算结果见表 9-4。

表 9-4 ΔDOD 误差估算结果

误差源	误差/(mm/s)
接收机热噪声（航天器信号）	0.01
接收机热噪声（射电星信号）	0.04
天线相位中心变化	4.75×10^{-5}
射电星位置	0.01
总计（均方和）	0.042

9.3.2.3 观测实施

天线首先指向射电星，并自动对射电星进行跟踪，基带转换与采集系统对数据进行采集；随后天线指向并跟踪航天器。跟踪一段时间后，再将天线指向射电星，在整个跟踪弧段一直采用这种交替观测方式直至观测结束。一般情况下，6min 为一个观测周期，即观测射电星 2min，再观测航天器 2min，剩余的 2min 为天线指向转换时间。

观测接收后，采集的数据，通过网络发送到中心处理设备（或者将数据直接送到中心）。中心数据处理分系统接收到各站的数据后，对数据进行相关运算，获得射电星延时差和延时差变化率和航天器的延时差和延时差变化率。由于是分时观测，航天器和射电星的观测结果不是同一时刻的，需要采用拟合法将射电星的测量结果进行外推，将射电星无法观测的那段数据补齐，再用航天器的测量结果减去射电星的测量结果，并将结果送出，从而完成 ΔDOR/ΔDOD 测量。

9.3.3 SBI 测量技术

9.3.3.1 SBI 应用概况

早在 20 世纪 70 年代"阿波罗"（Apollo）月球探测计划中，NASA 就利用月面试验装置组件发射器的信号在 Apollo 16 的月球车和登月舱之间进行了相对定位试验，成功地运用了 SBI 测量技术，确定了月球车相对于登月舱的运动轨迹。从此，SBI 测量技术开始应用于探测器的精密定轨、科学探测等领域。在 PioneerVenus 和 VEGA 任务中，SBI 被用来观测释放到金星大气中探空气球的三维运动，测定金星大气的风速和风向。在先锋 12 号（Pioneer 12）火星探测任务的初期，NASA 利用轨道器及四个探测器发射的信号也进行了 SBI 的测量。

将 SBI 技术应用于高精度航天器轨道确定的一次较为成功的案例是，NASA 在 1990—1991 年利用麦哲伦（Magellan）和 Pioneer 12 两个航天器进行了 SBI 测量，Magellan 和 Pioneer 均播发 S 频段（约 2.6GHz）和 X 频段（约 8.4GHz）信号，利用 S 频段信号进行 SBI 测量获得的航天器在天平面的位置精度（经 5min 平均）达到了 40~100m，采用 X 频段信号，测量精度将有望提高一个量级；1993 年，NASA 在"火星观测者"计划中，采用多普勒数据和 SBI 数据使火星着陆器——漫游车的相对位置定位精度优于 5m；在 2007 年日本著名的月球探测 SELENE 任务中，对两颗子卫星 Rstar 和 Vstar 利用多普勒和 SBI 测量方法进行了观测，得到了精度为 10m 航天器精密轨道确定结果，并获得了月球背面精确的重力场。

我国在 SBI 干涉测量领域的相关研究才刚刚起步，但是成果颇丰，上海天文台和国家天文台乌鲁木齐天文站的 25m 射电望远镜于 2008 年参加了日本月亮女神（SELENE）探月计划。对两个子卫星 Rstar 和 Vstar 的 SBI 观测，取得了几十个小时的 SBI 观测数据，当两卫星角距小于 0.1°时，X 频段的较差相位时延的测量残差为 0.15mm，比现有 VLBI 的最小残差改善了 1~2 个量级。当角距小于 0.56°时，获得 S 频段的较差相位时延，其测量残差为毫米级。最后得到的数据精度达到 20ps 以下，是目前 VLBI 技术的较高精度。在后续的嫦娥探测任务和天问一号火星探测任务中 SBI 技术都进行了试验应用，取得了高精度测量结果。

9.3.3.2 SBI 测量原理

当两个航天器在角度上非常接近时，可使用两个地面站天线对在一个波束内观测到的两个航天器进行同时观测，得到两航天器的双差分干涉测量量，最终获得天平面上这两航天器精度很高的相对距离信息，这一技术称为同波束干涉测量技术（SBI 技术），原理如图 9-11 所示。

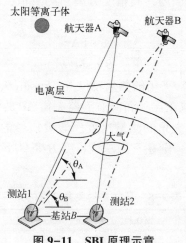

图 9-11 SBI 原理示意

SBI 技术是目前公认的优秀的高精度干涉测量技术，相比传统航天器干涉测量，具有操作上的优越性、测角精度高、实时性强、基线要求低等特点，在航天器的轨道测量、航天器间多星共位和交会对接、星体的重力场测定等方面得到了广泛应用，目前美国 NASA 已经把 SBI 技术作为未来重点研究开发项目，并把其与单向测速与再生测距技术、下一代 VLBI 技术（FSR/VSR）、CEI 测量技术和飞船对飞船的跟踪技术等作为未来深空无线电跟踪技术的发展方向。

SBI 测量的几何模型可参考图 9-11，两测站接收航天器 A、B 的信号，由于基线较短，目标航天器距离测站较远，可认为航天器发射的信号是平行入射的，对同一航天器信号到达两测站的几何时延 τ 进行测量并做差分可得 $\Delta\tau$，通过计算 $\Delta\tau$ 可转化为对距离延迟差 Δl 的测量，进而得到信号跟踪角度 θ_S。

根据几何关系：

$$\Delta\tau_A = \frac{\Delta l_A}{c} = \frac{B\cos\theta_A}{c} \tag{9-5}$$

$$\Delta\tau_B = \frac{\Delta l_B}{c} = \frac{B\cos\theta_B}{c}$$

SBI 测量模型中记 B 为基线长度，θ_S 为航天器 S（$S=A$，B）和测站连线与基线之间所形成的夹角，c 为光速，τ_S 表示航天器 S（$S=A$，B）到达测站 M（$M=1$，2）的时延，$\Delta\tau$ 表示航天器 S 到达两测站的时延差。

对两航天器到两测站的时延差再次作差，即 $\Delta\tau_A - \Delta\tau_B$，根据几何关系，得

$$\Delta\tau_{AB} = \frac{B}{c}(\cos\theta_A - \cos\theta_B) \tag{9-6}$$

式中 $\cos\theta_A - \cos\theta_B = 2\sin(\theta_A/2 - \theta_B/2)\sin(\theta_A/2 + \theta_B/2)$，若 $\alpha = \theta_A - \theta_B$ 足够小，则

$$\Delta\tau_{AB} = \frac{B\sin(\theta_A/2 + \theta_B/2) \cdot 2\sin(\alpha/2)}{c} \tag{9-7}$$

$$\alpha = 2\arcsin\left(\frac{c \cdot \Delta\tau_{AB}}{2B \cdot (\theta_A/2 + \theta_B/2)}\right) \tag{9-8}$$

由此可得两航天器在天平面内，高精度分离角测量值，对式（9-8）进行求导，可近似得

$$\delta\alpha = \frac{c \cdot \delta\Delta\tau_{AB}}{B \cdot \sin(\theta_A)} \tag{9-9}$$

由式（9-9）可知：航天器夹角的测角精度 $\delta\alpha$ 与 $\sin(\theta_A)$、基线长度 B 成反比，与双差时延 $\Delta\tau_{AB}$ 的测量精度 $\delta\Delta\tau$ 成正比。而两航天器夹角 $\Delta\theta$ 的精度 $\delta\Delta\theta$ 正比于 $\delta\alpha$。

基线长短直接影响航天器夹角的测量精度。假设信号的差分相位时延精度为 1/s，两航天器的角度 θ_A 可设定为 45°，则在不同基线长度 B 条件下，两航天器夹角精度 $\delta\Delta\theta$，见表 9-5。

表 9-5 基线 B 对测角精度的关系

基线长度 B	100m	500m	10km	50km	100km
$\delta\Delta\theta$/nrad	4239.71	847.94	42.40	8.48	4.24

由表 9-5 可知，基线长度 B 越长，测角精度 $\delta\Delta\theta$ 越高。观测角度对测角精度也有一定影响，假设信号的差分相位时延精度为 1/s，基线长度为 100km，对应不同角度，两航天器夹角精度 $\delta\Delta\theta$，如图 9-12 所示。

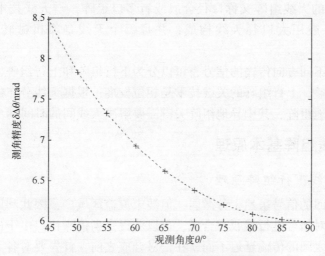

图 9-12　观测角度 θ 对测角精度的影响

如图 9-12 所示，观测角度越大对应的测角精度越高，当观测角达到 90°时，测角精度达到最大值，因此进行 SBI 观测时，最好让观测角大一些。

SBI 测量与 ΔDOR 测量类似，但 ΔDOR 测量是利用航天器的差分单向测距和角距邻近射电星的差分消除地面钟差和其他公共误差，其利用调制在下行载波上的 DOR 音确定群延时，其精度与最大横跨带宽对应的波长呈比例；而 SBI 测量时两个航天器的角距通常为 1mrad 量级，远小于 ΔDOR 测量的 175mrad（10°）；另外 SBI 测量元素为相位延时，其与载波波长呈比例，因而 SBI 的测量精度可高于 ΔDOR 测量几个数量级。

由于 SBI 观测不用射电星做参考，天线不用频繁改变观测姿态，数据处理过程也不用再进行宽带信号相关处理，消除了由射电源引起的一系列测量误差，可实时跟踪航天器 DOR 音的载波相位，测量精度和实时性得到保证。

SBI 测量时，地面测控站对两航天器的张角要小于 1°，ΔDOR 测量过程中的对流层误差、电离层误差、太阳等离子误差等误差源的大部分稳态误差均被相互抵消，因此 SBI 测量的主要误差源为接收机热噪声误差及不完全抵消的太阳等离子体、电离层、对流层、设备相位等随机动态误差。

9.4　天线组阵技术

天线组阵（antenna arraying）技术是随着人类探索外层空间的历程而逐步发展起来的。所谓天线组阵技术，就是利用分布在不同地点的多个天线组成阵列，接收来自同一深空探测器的信号，通过对信号加权合成提高接收信噪比（下行组阵），以及向深空探测器同步发射信号，通过空间辐射场强相干叠加提高发射功率（上行组阵）。目前，深空组阵合成系统主要有两种形式：一是利用已建成的大口径天线进行信号合成，二是建设专用的大规模天线阵。与单个大天线相比，采用天线阵进行深空测控通信不但可以节省建造费用，而且能够大幅提高系统的测控通信能力，增强系统工作的可靠性和操作的灵活性，并支持更多的深空探测任务。

在深空测控中的天线组阵又称口径合成或者多口径阵，与天线技术中的相控阵稍有区别，天线组阵一般用大口径天线构成，并且每个天线是靠机械转动带动方向图扫描的。

天线组阵根据不同方向传输的信号，可以分为下行组阵和上行组阵，其中下行组阵主要的指标是合成增益，上行组阵的关键技术是相位校准；根据天线分布的不同区域，可以分为本地组阵和异地组阵，其中异地组阵关键需要解决天线间的时间同步问题。

9.4.1 天线组阵基本原理

9.4.1.1 天线下行组阵原理

深空航天器发回的信号虽然十分微弱，但波束覆盖区域广，因此利用位于同一地域不同位置的多个天线对信号进行接收并合成，可以获得更高信噪比。由于信号传播路径及各天线到信号合成器之间的传输延迟不同，在信号合成之前，首先要对各天线接收系统的固定时间延迟进行精准标校，同时在信号合成过程中，还要对延迟抖动和相位漂移进行实时测量与修正。其原理如图 9-13 所示。

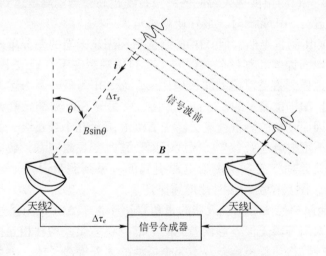

图 9-13 天线阵时间延迟测量原理

如图 9-13 所示，B 表示从天线 2 相位中心到天线 1 相位中心的基线矢量；i 表示天线观测方向的单位向量；θ 表示来波偏离天顶方向的角度，c 表示光速。以天线 1 的接收信号为参考，记作 $s(t)$，则天线 2 相对参考信号的总延迟为 $\Delta\tau = \Delta\tau_s + \Delta\tau_e$，其接收信号为 $s(t-\Delta\tau)$。在接收机至合成器的传输路径中加入相应延迟，将 $\Delta\tau$ 抵消。随后将天线 1、2 两路接收信号相加，若两个天线口径相同，则相加后信号能量将提高 1 倍。

在理想情况下，几何时延 $\Delta\tau_e$ 和传输延迟 $\Delta\tau_s$ 抵消后，信号之间的总时延 $\Delta\tau$ 消除，此时将信号直接相加，就可以完成信号合成。但在实际观测中，由于多普勒和轨道预测存在误差，使航天器观测角 θ 的预测精度受到影响，从而使 $\Delta\tau_s$ 补偿校正产生误差。另外，受大气湍流等因素的影响，信号在传输过程中会产生相位漂移抖动。以上因素都会降低组阵合成的性能，因此在信号合成过程中需要采用合适的算法对延迟抖动和相位漂移进行实时修正。

通过对天线组阵基本原理的分析可知：将阵元间接收信号的时间延迟 $\Delta\tau$ 修正后，就可进行组阵合成。同时，天线阵元数目越多，在理想情况下信号合成增益就越大，越有利于航天器的跟踪测量与数据解调。

2021 年我国在喀什深空站建成了 4×35 米天线组阵系统，如图 9-14 所示，并在"天问一号"和"嫦娥 4 号"任务中成功应用，其等效接收能力已经达到佳木斯 66 米天线测控通信灵敏度，而且支持多目标测控及站内干涉测量能力。

图 9-14 我国喀什深空站 4×35 米天线组阵系统

9.4.1.2 天线上行组阵原理

深空测控上行链路主要完成遥控和发送测距信号，与下行链路需要连续不间断工作不同，上行遥控操作的一个重要特点是断续工作，即只有当飞行任务切换，以及探测器及其有效载荷的工作状态、姿态、轨道参数与设计值对比出现较大偏差时，才编制遥控指令进行修正。另外，与下行链路相比，遥控指令的传送需要更高的可靠性，所以上行通信的误码率一般要求比下行通信低两个或两个以上的数量级，相应的链路信噪比（E_b/N_0）要求比下行遥测要高。目前，深空站主要通过增加地面发射功率和增大天线口径来提高上行信号能量，进而增大链路信噪比满足误码率要求。天线阵的等效全向辐射功率

$$\text{EIRP} \propto NA \cdot NP = N^2 AP = N^2 \text{EIRP}_0 \tag{9-10}$$

式中：N 为天线数；P 为发射功率；A 为天线面积；EIRP_0 为单个天线的等效全向辐射功率。

上行组阵可以有效提高发射信号的 EIRP，因为天线阵的空间辐射场强相干叠加后为单个天线的 N 倍，而等效功率密度是单个天线的 N^2 倍。

与下行组阵的 N 倍接收增益相比，上行组阵的 N^2 倍发射增益，可以使系统能够缩减天线阵元数目，或选择廉价的低功率发射机，例如单个 70m 天线可以用具有同样发射功率的 2 个 34m 天线代替，具体见表 9-6。由表 9-6 可知，20 个 12m 天线和单个 70m 天线具有相同的 EIRP，而且单个天线的发射功率只需要 2kW，这不但可以降低发射机的设计难度，而且系统的电磁辐射通量在近场将会很小，与单个大天线相比对周围人员和飞机安全

构成的威胁非常小。

表 9-6 不同天线阵元个数和天线口径条件下，上行组阵 EIRP 对比（工作于 X 频段）

天线口径/m	单个天线发射功率/kW	阵元数目/个	EIRP/GW
70	20	1	250
34	20	2	250
12	2	20	250

上行组阵原理与下行组阵相同，都是通过信号相位对齐然后合成实现信号能量的增强，只是信号传输的方向不同。与下行组阵相比，上行组阵在技术实现上更具挑战性，因为深空航天器无法自主将不同地面天线的上行信号对齐，所以上行信号的调整必须在地面完成。由于地面电子设备对上行链路信号的不可观测性，以及轨道预测精度、巨大的传输时延、环境因素引起的相位抖动漂移，使相位监测和闭环控制系统的设计非常困难。

上行信号一般为载波调相信号，假设载波频率为副词 f_c，基带调制信号带宽为 B，信号对齐操作可以分解为载波相位对齐和基带信号时延对齐，一般 $f_c \gg B$，所以时延校正容易实现，而上行组阵的关键是实现载波相位的对齐。成功的上行组阵主要包括两个步骤：首先是在跟踪航天器前，所有天线阵元的相位必须标校对齐；其次在跟踪航天器的过程中，天线间的相位必须一直保持对齐状态，跟踪时间一般为 8～12h。同时，为了补偿由于温度、风力、大气、机械和重力沉降引起的相位漂移，还必须进行周期性的闭环相位监测，以保持天线间相位的相干性。

9.4.1.3 天线组阵性能优势

为了满足日益增长的大容量数据传输需求，未来深空测控系统的工作频段将在 S 频段和 X 频段基础上，进一步提升到 Ka 频段（32GHz）、带宽将超过 500MHz，而且还需要大幅扩展天线接收面积，以提高灵敏度。目前，建设新的 70m 或更大口径的天线并不是最优方案，比建设大天线更好的方案是采用天线阵系统。首先从成本上考虑，天线的造价随着口径的增大急剧增长，而随着商业卫星通信市场的蓬勃发展，通过规模化生产，小天线（直径小于 10m）的成本已经非常低；其次从电子技术的发展趋势来看，光纤传输系统、低温微波电子器件、数字信号处理器等都可以在商业现货市场进行采购，据此可以使天线阵系统的建设成本开销大幅下降；再次系统采用更多电子器件比庞大的机械装置更可靠；最后通过增加更多的天线单元，系统可以持续升级扩展，灵敏度不断提高。

下面从测控性能上，比较天线阵与单个大天线的优缺点。图 9-15 所示为具有相同接收面积的 72m 口径的单个大天线、9 个 24m 中型天线阵和 36 个 12m 小天线阵的示意图。

图 9-16 所示为单个天线和天线阵相应的合成波束主切面方向图（工作频率 8.4GHz）。由图可知，72m 大天线的 3dB 波束宽度 $\theta_1 = 0.033°$；单个 24m 大天线的 3dB 波束宽度 $\theta_2 = 0.1°$，9 个 24m 天线阵合成波束的主瓣宽度 $\delta_2 = 0.0085°$；单个 12m 大天线的 3dB 波束宽度 $\theta_3 = 0.2°$，36 个 12m 小天线阵合成波束的主瓣宽度 $\delta_3 = 0.0017°$。

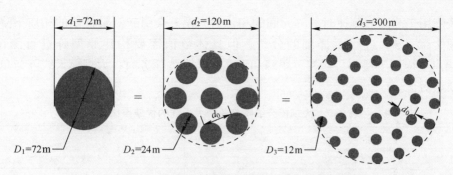

图 9-15 单个大天线和天线阵示意图（具有相同接收面积）

图 9-16 中单个大天线和天线阵具有相同的接收面积，如果系统的噪声温度也相同，则它们具有相同的接收灵敏度。但天线阵具有更宽的观测视场范围（等于单个天线的波束宽度），更容易捕获航天器，而且天线阵元越小视场范围越大。72m 大天线的主瓣波束宽度最大，而天线阵的合成波束主瓣宽度与布局直径成反比。由于 12m 小天线阵具有更大的布局面积，其主瓣宽度最小，相应的测角分辨率最高。当阵元数目较少时，天线阵具有较大的旁瓣电平，旁瓣电平由天线间距 d_0 及天线阵元的布局位置决定，通过增加天线数目和优化天线阵元位置可以减小旁瓣电平。

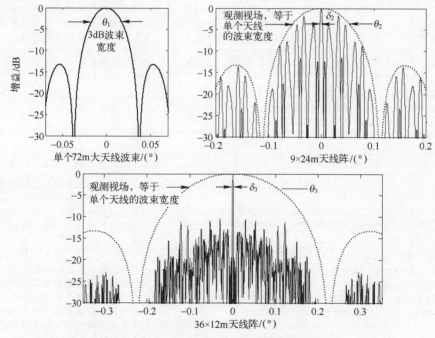

图 9-16 单个大天线和天线阵合成波束示意图
（具有相同等效接收面积，8.4GHz 工作频率）

天线阵具有极窄的合成波束，虽然对测角分辨率的提高有益，但用于上行遥控操作时，如何使极窄的合成波束准确地指向深空航天器，将是一项挑战性的工作。为了发挥天线阵的技术优势，可以把上行和下行链路天线阵从功能、设计规划和地理布局上分离，下行链路阵采用 6~12m 的小天线阵元，而上行链路阵选择 12~34m 这样的大天线阵元。另外,天线阵用于测距、测速时,阵元间的相位对齐误差会引起测量性能的相应下降,针对这个问题文献[5]进行了详细的分析,但具体数值需要构建原型阵进行测试验证。表 9-7 给出了应用于遥测、遥控、跟踪和天文科学观测任务时,大规模天线阵与单个大天线的优缺点对比。

表 9-7 大规模天线阵与单个大天线的优缺点比较

遥测(下行链路)	
优 点	缺 点
• 可以根据遥测通信的信噪比和容量要求,灵活选择合适的天线资源进行支持。新增加的天线单元对正在执行任务的设备不会有任何影响,可以根据不同任务需求设计不同的组阵方案和工作计划。 • 更高的可靠性:与大天线相比,采用更多的电子器件,弱化了机械控制的复杂性。因为电子器件更容易维护、监控和快速更换维修,所以系统可靠性更高。 • 使用天线阵,一个阵元天线的失效只会使系统性能下降,而不会导致整个系统瘫痪。而且可以启用备用天线或调用其他低优先级任务的天线阵单元。 • 可以只使用同一频段,采用 CDMA 技术在同一波束内区分并自动识别多个目标。利用干扰对消技术(RFI)对波束进行综合,增强对关键航天器的遥测保障能力。 • 航天器飞行过程中通信的数据率要根据地面的接收能力和任务计划,进行多次调整,此过程容易丢失目标航天器信号。由于单个天线的波束很窄,天线阵具有更宽的观测视场,有利于失锁的接收机重新捕获信号,并使数据快速同步。 • 天线阵可以实现更大的等效天线口径,易于实现 A/T(有效接收面积与系统温度比)的扩展。 • 当航天器和行星同时在波束内时,天线阵通过波束综合可以得到更低的系统噪声温度,同时与大天线相比,天线阵中单个天线口径小、波束宽、观测视场大,相应的等效背景噪声温度小	• 需要更多的电子设备,控制复杂,但更容易监控。 • 当工作于 Ka 频段时,阵元相位对齐操作复杂,而且合成损失远大于单个天线的接收损失,对气象条件(雨、雪和风)的变化敏感。 • 由于阵元口径减小,单个天线接收射电源信号的能力变弱,天线实时校准的难度增加。 • 天线阵系统的接收灵敏度由瞬时综合波束和波束内的行星背景干扰决定,当航天器对行星天体绕飞时,随着航天器与行星的相对位置及天线阵投影基线的变化,系统的接收灵敏度是时变的,而且天线阵系统的变化大于单个大天线。但通过轨道计算,灵敏度的变化可以预测
遥控(上行链路)	
优 点	缺 点
• 天线阵可以大规模采用固态发射机,而不再需要复杂的真空管发射机,这不但可以提高发射机的带宽、增加可靠性,而且减小了维护时间和成本。 • 天线阵的等效辐射功率 $EIRP_{all} = N^2 \times EIRP_0$,其中 $EIRP_0$ 为单个天线的等效辐射功率。这表明上行链路组阵随着天线数目的增加,系统的等效辐射功率将急剧增大。 • 系统更容易维护:通过合理的任务规划,可以不中断任务操作,完成部分天线的检修和保养	• 必须解决发射机相位自适应调整问题,由于地面电子设备对上行链路信号的不可观测性,以及对流层、风等环境因素引起的相位抖动,实现 Ka 频段的上行组阵非常困难。 • 天线阵对航天器进行关键任务遥控时,要求天线具有很高的机械扫描精度,单个大天线的伺服系统更容易满足要求。而随着工作频率的提高,天线阵系统由机械扫描误差引起的合成性能下降将很难控制。但单个天线机械扫描速度更快,而且可以通过电子扫描提高控制速度
跟踪(下行链路)	
• 如果采用小天线阵元(直径 5~6m),则天线阵具有更大的观测视场,任一时刻单个天线波束内存在强辐射天体的概率就越大,在跟踪航天器的过程中采用 VLBI 技术可以方便实现天线阵相位的实时标校,并改善测角分辨率。 • 采用小天线阵,不但可以使波束内的射电源增加,而且由于单个天线波束更宽利于采用 SBI 技术提高航天器定轨精度	• 当发射阵和接收阵分离时,测距、测速系统需要重新设计。而且测距系统需要高精度的标校,阵元天线口径越小,系统标校难度越大

续表

天文科学观测	
优　　点	缺　　点
天线阵可以支持 VLBI 观测，并能作为类似于 ATA、SKA 和 ALMA 的综合孔径干涉仪，应用于射电天文观测，支持对空间碎片和太阳等天体的观测	观测性能更易受大气湍流和射频干扰影响
综合分析	
<ul><li>可以减少用于备件的费用。与全时全功能工作的单个天线所必需的 100% 的备份件要求相比，天线阵只需要一个分数量级的备件配置方案。</li><li>系统可用性更高、维护灵活且工作可靠。常规的预防性维护可以在轮换使用不同天线的基础上实现，使系统能全时全功能工作。</li><li>可以通过使用更小口径的天线来降低成本。因为从质量和尺寸考虑，小口径天线更容易建造和购买 COTS（商用现货），制造过程可以实现批量化、自动化，从而降低成本。</li><li>对于大口径天线来说波束宽度相对较窄，因此天线指向误差就是个大问题。高指向精度使得大口径天线的制造越来越困难。天线阵使用口径较小的天线，单个天线具有相对宽的波束，不需要苛求指向误差。</li><li>当规划和选择组阵方案时，采用地理分隔的独立发射阵和接收阵可能更经济可行。分离发射功能和接收功能可以简化电子系统的设计难度。下行链路接收的天线阵和上行链路发射阵，在设计优化时，天线口径、阵元数量等参数选择并不一致。上行链路独立于下行链路可以实现多目标分时遥控和高速上行数据传输</li></ul>	<ul><li>控制软件设计更复杂，但可以借鉴射电天线阵已有的技术</li><li>通过 JPL 组阵经验及天文观测中 ATA 等大规模天线阵的建设经验，下行组阵通信和遥测，在技术上已经成熟，同时成本优势明显。目前天线阵能否完全取代大天线（如 70m 口径）关键性难题，就是天线阵是否支持上行链路组阵</li><li>实现上行链路的闭环相位控制是系统设计的难点</li></ul>

通过分析可知，在下行遥测和跟踪任务中，采用大规模天线阵比单个大天线具有明显的优势，但在上行遥控任务中，大规模天线阵还需要解决一些关键技术难题，在天文科学观测方面各有优势。在实际组阵系统规划时，由于上行工作频段和下行工作频段不同，采用分离的上行链路阵和下行链路阵将更具工程可实现性。

9.4.2　深空天线阵布局优化技术

与单个大口径天线相比，深空大规模小天线阵的建设成本只是其一小部分，同时通过后续天线数量的增补可以满足未来深空通信容量和航天器数量增长的要求。建造大规模小天线阵需要考虑的一个重要问题是如何优化天线阵元的地理布局。

9.4.2.1　天线阵布局约束条件

接收灵敏度是深空测控通信一直致力提高的一个重要指标，由于深空接收信号十分微弱，天线阵地理布局应产生低旁瓣的瞬时合成波束以减少临近天体的干扰增强接收灵敏度。除此之外，针对深空测控的特点还应对天线阵的布局设定如下约束条件：

1. 布局应紧凑

天线阵系统的信号合成损失主要由天线单元间的相位对齐误差决定。天线间距越小，由大气引起的相位差越小，其接收信号相位的相关度越高，合成性能也越好。大气相位漂移典型的分析尺度为数百米，当天线间距大于该尺度时，相位误差会增大，在 Ka 频段尤其明显。另外，为了节约建设经费，应尽量压缩天线阵的占地面积，缩短光缆的铺设长度，使天线阵元密集排列。

2. 避免遮挡

如果天线间距太紧凑，在跟踪航天器时，天线间会产生遮挡。相邻天线单元的遮挡由天线直径、天线间的最小距离和最小跟踪仰角决定。如图 9-17 所示，不产生遮挡的最小仰角如果为 α，则天线间距必须大于 $L_{\min}$，$L_{\min} \approx D/\sin(\alpha)$。

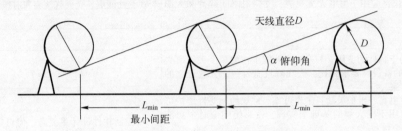

图 9-17 天线阵最小间距示意图（为避免相互遮挡）

3. 灵活划分和改变子阵布局

不同的深空测控任务需要不同数量的天线单元组成子阵列，子阵列之间应有较长的基线使系统具有较高的角分辨率。通过改变天线阵的规模，适应不同深空探测任务。通过划分多个子阵和多波束同时跟踪多个航天器，同时布局还要考虑地形条件和铺缆建设等问题。

9.4.2.2 天线阵方向图计算

在满足天线阵布局的约束条件下，如何选择阵元布局使天线阵方向图在跟踪航天器过程中保持低旁瓣，是布局优化的主要目标之一。低旁瓣的瞬时合成波束可以使天线阵在接收航天器信号时，减少来自航天器附近行星、太阳以及射电天体的干扰和背景噪声。下面以线阵为例，讨论天线阵方向图的计算方法。

图 9-18 所示为一个 N 阵元的线阵。其中，第 i 个天线阵元的激励电流为 I_i，$i=0$，$1, \cdots, N-1$。每一个天线单元所辐射的电场强度与其激励电流成正比。第 i 个天线阵元的方向函数以 $f_i(\theta, \varphi)$ 表示，它距远场目标的距离为 r_i。设第 i 个天线阵元的激励电流 I_i 具有相位 ϕ_i，第 i 个阵元在远场目标处产生的电场强度 E_i 可表示为：

$$E_i = K_i I_i \mathrm{e}^{-\mathrm{j}\phi_i} f_i(\theta, \varphi) \frac{\mathrm{e}^{-\mathrm{j}\frac{2\pi}{\lambda} r_i}}{r_i} \tag{9-11}$$

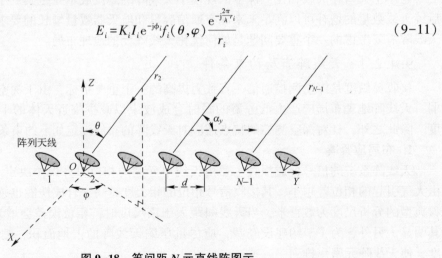

图 9-18 等间距 N 元直线阵图示

式中：K_i 为第 i 个阵元辐射场强的比例常数，λ 为波长。

对于线性传播媒质，电磁场方程是线性方程，可以应用叠加定律。因此，远场观察点 P 处的总场强可以认为是线阵中 N 个阵元在 P 点产生的辐射场强的叠加，故得

$$E = \sum_{i=0}^{N-1} E_i = \sum_{i=0}^{N-1} K_i I_i e^{-j\phi_i} f_i(\theta,\varphi) \frac{e^{-j\frac{2\pi}{\lambda}r_i}}{r_i} \tag{9-12}$$

若各个阵元是相似元，即各天线阵元是同样形状的，阵元方向图一致，比例常数 K_i 一致时，式（9-12）可表示为

$$E = Kf(\theta,\varphi) \sum_{i=0}^{N-1} I_i e^{-j\phi_i} \frac{e^{-j\frac{2\pi}{\lambda}r_i}}{r_i} \tag{9-13}$$

设天线阵元的间距为 d，则 $r_i = r_0 - i \cdot d\cos\alpha_y$，式中，$\alpha_y$ 为矢量 $\boldsymbol{r}_i$ 的方向余弦，

$$\cos\alpha_y = \sin\theta\sin\varphi \tag{9-14}$$

因此，式（9-13）可表示成

$$E = Ke^{-j\frac{2\pi}{\lambda}r_0} \frac{1}{r_0} f(\theta,\varphi) \sum_{i=0}^{N-1} I_i e^{-j\phi_i} e^{j\frac{2\pi}{\lambda}id\cos\alpha_y} \tag{9-15}$$

可见，合成场强 E 是 θ、φ 的函数，应以 $E(\theta,\varphi)$ 表示，若不考虑幅度和相位的常数项，有

$$E(\theta,\varphi) = f(\theta,\varphi) \sum_{i=0}^{N-1} I_i e^{j\left[\frac{2\pi}{\lambda}id\sin\theta\sin\varphi - \phi_i\right]} \tag{9-16}$$

这里，式（9-16）右边部分的 $f(\theta,\varphi)$ 是天线阵元的方向图，其余为阵列因子。因此，天线阵的方向图 $E(\theta,\varphi)$ 等于天线阵元方向图与阵列因子的乘积，又称为方向图的乘积定理。线阵方向图的计算方法可以推广到平面天线阵。阵因子只取决于各天线元之间的相互位置关系，而与各个天线阵元的具体类型无关，也就是说除了对称阵子之外，其他各种天线、面天线乃至天线阵都可以作为天线元组成新的天线阵。

9.4.2.3 布局优化实例分析

大规模天线阵的规划和建设，需要不断的经验积累和技术创新，采用循序渐进的方案演进是很好的选择。例如，国外 ATA 天线阵就采用分期建设的思想：一期工程包括 42 个天线已于 2007 年建成，随后三期工程（98、206、350 个天线）将根据资金和技术等条件的逐步成熟再进行建设。

根据以上分析，假设我国未来深空天线阵的规模为 100 个 12m 天线组成的阵列，选择其中 24 个天线和 48 个天线作为布局的一期和二期建设目标，同时这两个子布局应具有好的旁瓣特性，以便作为天线阵原型进行测试评估。在布局面积为 800m×800m，天线最小间距 40m 的约束条件下，经过算法的优化，图 9-19 设计了一种布局方案：一期 24 个天线位于阵列的中心，旁瓣电平小于 0.18；二期 48 个天线在一期的基础上向外扩展，旁瓣电平小于 0.09；最终 100 个天线阵建成后的旁瓣电平小于 0.06。

理论上 100×12m 天线阵的等效接收面积相当于单个 120m 直径的大天线，但其合成波束宽度却等效于直径为 800m 的大天线，所以天线阵更有利于提高深空航天器的测角分辨率。实际布局规划过程中，还应考虑短基线干涉测量技术的应用，如果将 100 个天线划分为 2 个子阵列相距 10~50km，既可以实现干涉测量又可以联合组阵接收。

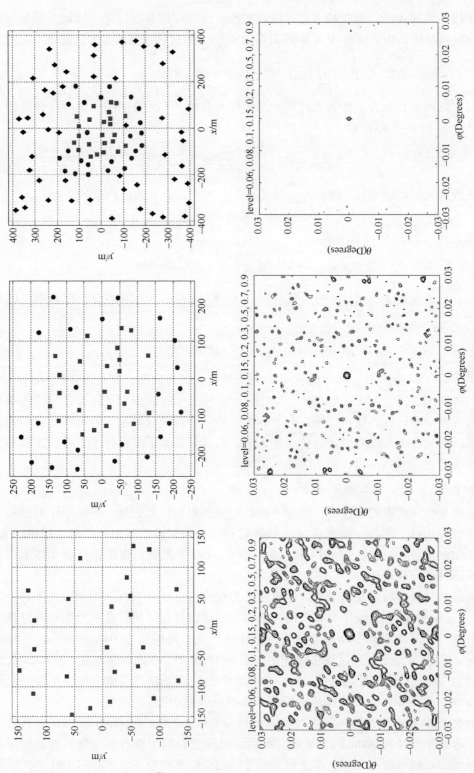

图 9-19 100×12m 天线阵布局方案及其瞬时合成波束图

当天线阵的阵元数目达到 100 个这样的规模后,经过仿真可以发现:细微改变其中若干个天线的位置后(改变量的均方误差为<0.5m)对天线阵波束的合成性能的影响几乎忽略不计。这意味着,我们可以将天线布局进行旋转和对阵元位置进行挪移来解决地形约束限制,而不会引起性能的明显下降。

9.4.3 天线组阵信号处理技术

9.4.3.1 阵元间时延差估计方法

多天线信号合成方法将不同天线接收到同一信源的信号进行合成,从而提高接收信号的信噪比。图 9-20 为多天线信号时延估计与对齐合成原理示意图,以双天线为例,两天线接收到来自同一信源的信号并通过 AD 采集为数字信号,由于信号传播路径不同,导致信号间存在差异,这些差异将损失信号间的相干性。

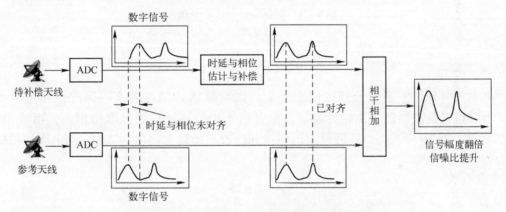

图 9-20 多天线信号补偿对齐合成原理示意图

两天线信号间存在频差、时延差与相位差,信号不能直接对齐合成。需要对其进行时延差与相位差估计并补偿。理想情况下,N 个天线合成信号的信噪比为单天线接收信号的 N 倍。而在实际情况下,受限于信号时延差估计或补偿的精度,天线信号间信号差不可能完全对齐,导致合成信号的信噪比小于单天线接收信噪比的 N 倍。

合成的成功取决于良好的相关处理结果,信号合成处理需要计算天线间的时延和相位差,这些信息是通过互相关来提取的。针对不同的航天器信号类型,可以选取最佳的提取残余时延的频带,如图 9-21 所示。

为了获得所有天线相对于参考信号的残余时延,如上图 9-21 所示,FSC 将每个天线信号的上边带和下边带与参考天线的上边带和下边带分别进行相关处理,便得到了上边带和下边带各自中心频率的相位差 ϕ_L 和 ϕ_U,则残余时延和相位分别为:

$$\Delta\tau = \frac{\phi_U - \phi_L}{2\pi(f_U - f_L)} \qquad \Delta\phi_c = \frac{\phi_U - \phi_L}{2} \tag{9-17}$$

式中:f_U 和 f_L 分别表示上边带和下边带的中心频率;$\Delta\phi_c$ 表示载波的残余相位差。

由以上分析可知,残余时延利用群时延方式求取,若设 ϕ_L 和 ϕ_U 的相位差的估计误差的方差为 σ_ϕ^2,则由下式可知,残余时延的估计方差为

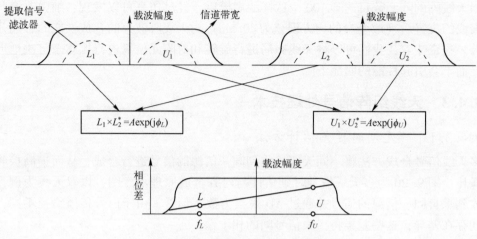

图 9-21 时延估计方法的原理图

$$\sigma_{\Delta\tau}^2 = \frac{\sigma_\phi^2}{2\pi^2(f_U - f_L)^2} \tag{9-18}$$

由上式可知，上下边带频率间距越大，则时延估计精度越高，因此，在宽带条件下，上下边带滤波器的距离越远越好。但是由于相位估计只能提取初相差，则 ϕ_L 和 ϕ_U 的差不能大于 2π。因此，若假设轨道预报和标校后的残余时延为 $\Delta\tau_0$，则上下边带的频差为

$$f_U - f_L \leqslant \frac{1}{\Delta\tau_0} \tag{9-19}$$

该方法时延测量精度受限于补偿时延精度和相位估计精度。

综合以上分析，基于上下边带的方法具有如下优点：可以对时延和相位进行联合估计；采用中心频率可变的子带接收，可以针对不同信号类型设置最优接收滤波器，高效灵活；可以利用 Sumple 等自适应算法来提高每个子带的相位估计精度。

该方法还存在如下问题：时延测量精度受限于补偿时延精度和相位估计精度；通过延迟线来补偿残余时延，为实现高精度时延补偿，需要利用可变分数时延滤波器，实现较复杂；通过相位旋转器来补偿相位，需要实时调节 NCO，实现复杂且精度有限，而且只能补偿固定相位差，不能针对相位非线性的情况（群时延失真）进行补偿。

相位估计算法的一般过程为，首先对两信号进行相关处理，然后对相关信号进行累加平均，最后利用反正切相位鉴别器来估计相位差。信号相关处理的目的是通过两信号的互相关谱得到干涉条纹，最终求得时延和条纹率。相关处理一般分为 XF 型相关处理和 FX 型相关处理两种类型。

XF 型方法的基本原理如图 9-22 所示，先计算两个信号的相关函数，即进行相关运算（相乘积分过程，记为"X"过程），然后再对相关函数进行傅里叶变换（记为"F"过程）得到相关功率谱。FX 型方法的基本原理如图 9-23 所示，先对两个信号分别进行傅里叶变换（记为"F"过程），再对两信号的频谱交叉相乘积分（记为"X"过程）。根据傅里叶变换理论，FX 型算法与 XF 型算法求取的功率谱是完全相同的。

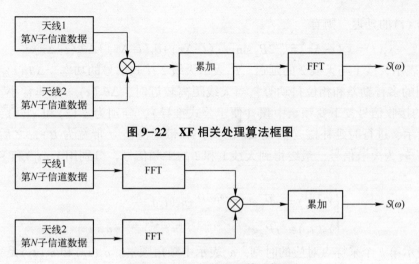

图 9-22 XF 相关处理算法框图

图 9-23 FX 相关处理算法框图

9.4.3.2 阵元间相位差估计方法

天线组阵的合成性能主要由相位差校准算法的性能决定。下面给出双天线阵的相位差校准原理,如图 9-24 所示。

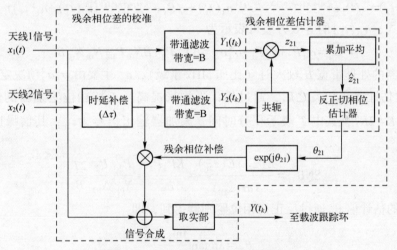

图 9-24 天线间残余相位差估计原理

由图 9-24 可见,时延补偿和残余相位补偿是相互独立的,首先进行时延补偿,然后利用相关相位估计器来估计残余相位差。可以看出,相关相位估计器是合成处理的核心,其相位估计性能直接影响合成性能,接下来,我们对其相位估计性能进行分析。

这里考察相位调制形式,将天线 1 接收到的有用信号 $s_1(t)$ 建模如下:

$$s_1(t) = \sqrt{2P_1} \sin[\omega_c t + \theta_1(t)] \tag{9-20}$$

式中:P_1 表示天线 1 接收信号的功率。ω_c 表示载波的角频率。$\theta_1(t)$ 为

$$\theta_1(t) = md(t) Sqr(\omega_{sc} t + \theta_{sc}) + \theta_d(t) + \theta_{osc}(t) \tag{9-21}$$

式中:m 表示调制指数。$d(t)$ 表示调制数据。ω_{sc} 和 θ_{sc} 分别表示方波副载波的角频率和相位,$\theta_d(t)$ 表示深空探测器运动引起的多普勒,$\theta_{osc}(t)$ 表示频标的相位噪声。设天线 2 接收

的信号为 $s_1(t)$ 的延迟，则有

$$s_2(t) = s_1(t-\Delta\tau) = \sqrt{2P_2}\sin[\omega_c(t-\Delta\tau)+\theta_1(t-\Delta\tau)+\Delta\theta_2(t-\Delta\tau)] \quad (9-22)$$

式中：$\Delta\tau$ 表示天线1与天线2的延迟。P_2 表示天线2接收信号的功率。$\Delta\theta_2(t)$ 考虑了天线1和2之间的多普勒差和相位抖动等，当天线距离较近时，$\Delta\theta_2(t)$ 一般非常小。下面将天线1和2的接收信号复下变频至中频（便于公式推导），分别为 $x_1(t)$ 和 $x_2(t)$，然后按照图9-24所示，进行时延补偿（假设 $\Delta\tau$ 已知）和带通滤波（带宽为 B），之后以频率 $2B$ 进行采样，转为离散信号，最终得到天线1和2的中频信号，分别用 $Y_1(t_k)$ 和 $Y_2(t_k)$ 表示，则有如下：

$$\begin{cases} Y_1(t_k) = \sqrt{P_1}\,e^{j[\omega_I t_k+\theta_1(t_k)]}+n_1(t_k) \\ Y_2(t_k) = \sqrt{P_2}\,e^{j[\omega_I t_k+(\omega_I-\omega_c)\Delta\tau+\theta_1(t_k)+\Delta\theta_2(t_k)]}+n_2(t_k) \end{cases} \quad (9-23)$$

式中：t_k 表示第 k 个采样点对应的时刻。ω_I 表示中频角频率。$n_1(t_k)$ 和 $n_2(t_k)$ 是独立的复高斯随机变量，设其方差分别为 $\sigma_1^2 = N_{01}B$ 和 $\sigma_2^2 = N_{02}B$。下面按照相关处理过程，对 $Y_1(t_k)$ 和 $Y_1(t_k)$ 进行相关（共轭相乘），可得

$$z_{21}(t_k) = \sqrt{P_1 P_2}\,e^{j[\theta_{21}(t_k)]}+n_{21}(t_k) \quad (9-24)$$

式中：$\theta_{21}(t_k) = (\omega_I-\omega_c)\Delta\tau+\Delta\theta_2(t_k)$ 表示天线1和2间的相位差。$n_{21}(t_k)$ 为

$$n_{21}(t_k) = \sqrt{P_2}\,e^{j[\omega_I t_k+(\omega_I-\omega_c)\Delta\tau+\theta_2(t_k)]}n_1(t_k)+\sqrt{P_1}\,e^{-j[\omega_I t_k+\theta_1(t_k)]}n_2(t_k)+n_1(t_k)n_2(t_k) \quad (9-25)$$

根据上式，$n_{21}(t_k)$ 的等效方差可表示为

$$\sigma_z^2 = \sigma_1^2 P_2 + \sigma_2^2 P_1 + \sigma_1^2 \sigma_2^2 = BN_{01}P_2 + BN_{02}P_1 + N_{01}N_{02}B^2 \quad (9-26)$$

当相关器的处理带宽 B 较大时（比如 MHz 量级），σ_z^2 主要由 $\sigma_1^2\sigma_2^2$ 项决定，即 $\sigma_z^2 = N_{01}N_{02}B^2$，相位估计器在相关之后，通过累计平均来提高反正切相位鉴别器的输入信噪比。设累计次数 $K = 2BT$，其中 T 表示积分时间，累加器输出信号为 $\hat{z}_{21}$，其信噪比用 SNR_{21} 表示，则有

$$\mathrm{SNR}_{21} = \frac{E(\hat{z}_{21})E(\hat{z}_{21}^*)}{Var(\hat{z}_{21})} = \frac{KP_1P_2}{\sigma_z^2} \approx \frac{P_1}{N_{01}}\frac{P_2}{N_{02}}\frac{2T}{B} \quad (9-27)$$

$\theta_{21}(t_k)$ 的估计值 $\hat{\theta}_{21}$ 通过反正切相位鉴别器得到，即

$$\hat{\theta}_{21} = \arctan\frac{\mathrm{Im}[\hat{z}_{21}]}{\mathrm{Re}[\hat{z}_{21}]} \quad (9-28)$$

$\hat{\theta}_{21}$ 即为天线1和天线2之间的残余相位差。利用 $e^{j\hat{\theta}_{21}}$ 对天线2信号进行相位补偿即可实现相位对齐。经过时间和相位对齐后，对天线1和2信号进行相加，理论上，合成信号 $Y(t_k)$ 的信噪比是 $Y_1(t_k)$ 的2倍。最后，将 $Y(t_k)$ 输出给后续的解调设备。

9.4.3.3 天线组阵信号合成算法

信号合成是下行链路组阵的一项关键技术。深空天线阵采用抛物面天线阵元，其合成波束极窄，而且信号的来波方向事先根据轨道预测准确已知，通过机械扫描进行跟踪，所以不需要空域自适应阵列处理，进行干扰零陷。由于深空信号极低的接收信噪比，所以天线组阵合成更关注合成信号信噪比的提高，以及由大气湍流等引起的信号相位漂移抖动对信号合成的影响。目前，可以用于深空组阵的信号合成技术主要分成两类：一类是基于统

计意义的最优方法；另一类是非先验数据依赖的方法。第一类方法的最优设计依赖于接收信号的统计特性（MMSE），例如常用的最小均方（LMS）、直接矩阵求逆（DMI）和正交投影等算法。第二类方法的最优设计依赖于对输出信号信噪比特性的评估。但所有的波束合成算法都需要利用输入信号协方差矩阵的相关性，通过特定的控制准则调整一组权值，使最后合成结果最优。第一类波束合成算法需要提供参考信号来完成信号的合成，而第二类算法不需要参考信号。深空下行组阵信号合成的原理如图 9-25 所示，天线阵接收信号 $X(n)$ 并进行加权合成，合成处理的目标是找到最优合成权向量 $\overline{w}$ 来补偿相位和幅度使合成后的信号 $Y = \overline{w}_1 x_1 + \overline{w}_2 x_2 + \cdots \overline{w}_N x_N$ 达到最优。

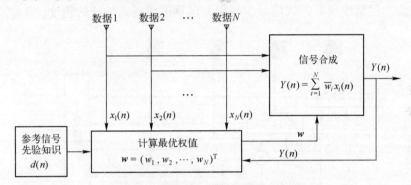

图 9-25　深空下行组阵信号合成原理图

为了对算法合成性能进行评估，设定评价准则为：组阵信号合成增益损失最小。不失一般性，如果天线阵列各单元接收的深空信号相位分别为 $e^{-j\theta_1}, \cdots, e^{-j\theta_N}$，则天线阵列信号合成时最优权值应为 $\boldsymbol{w}_0 = [e^{-j\theta_1}, \cdots, e^{-j\theta_N}]^T / \sqrt{N}$，最优合成输出信号为：

$$Y(t) = \sqrt{N} S(t) + \sum_{i=1}^{N} \overline{w}_i z_i \qquad (9\text{-}29)$$

假设噪声加干扰的方差为 σ^2，则合成信号的 SINR 为：

$$\text{SINR} = N \cdot \frac{E[|S|^2]}{\sigma^2} = N \cdot \text{SINR}_i \qquad (9\text{-}30)$$

上式表明理想条件下，最优合成信号的 SINR 为单个天线信号的 N 倍。定义信噪比合成损失因子 $\zeta(n)$。

$$\zeta(n) = (\text{SNR}_{y,w(n)} - \text{SNR}_{y,w_0(n)}) \, dB \qquad (9\text{-}31)$$

其中，$\text{SNR}_{y,w(n)}$ 为实际算法的合成信噪比，$\text{SNR}_{y,w_0(n)}$ 为理想条件下最优合成信噪比。

2003 年，Rogstad 首次介绍了 Simple 算法和 Sumple 算法，并于 2005 年详细描述了算法原理、实现步骤、收敛速率和合成性能，并指出了 Sumple 算法存在的相位漂移问题。1996 年，Cheung 将 Eigen 理论应用于天线组阵的相位估计中，Eigen 算法需要构造协方差矩阵，因此需要 L×(L-1)/2（L 为天线阵元总数）个相关器，硬件开销巨大。2002 年，Lee 和 Cheung 等人首次将幂法（power method，PM）引入到 Eigen 算法中，并于 2003 年提出了一种改进的幂法，即 Matrix-Free 算法，该方法通过迭代运算来搜索最优权值，一方面避免了特征值的分解运算，另一方面避免了协方差矩阵的构造，从而大大减小了常规 Eigen 算法的计算量（只需要 L 个相关器）。

Simple 算法是全频谱合成最基础的算法,算法原理参考图 9-26,算法的基本思想是:有 L 个天线,将其中 1 个天线作为参考天线,通常参考天线选取为 G/T 值最大的天线。其余 $L-1$ 个天线均与参考天线作相关运算求得信号差。然后修正除参考天线外 $L-1$ 个天线信号的时延和相位,最后将参考天线信号与修正后的 $L-1$ 个天线的信号相干相加,进而得到信噪比提高的合成信号。Simple 算法的优点是其原理简单、运算量低、硬件开销小(只需 $L-1$ 个相关器)且易于实现。由此可见,Simple 算法主要适用于组阵中有一个接收性能好的天线,此时其余天线与其相关获得的相关信噪比较高,可以较好地估计出信号差。而当组阵中的单天线接收噪比较低或相关时间短导致无法准确估计出信号差时,就必须采用其他的相关算法,尽量使所有天线信号参与相关运算进而提高估计的精度。

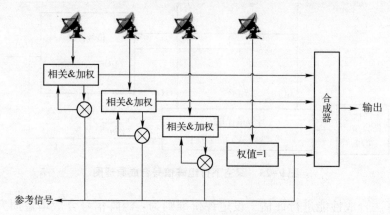

图 9-26 Simple 算法框图

相较于 Simple 算法中参考天线为 G/T 值最大的某个天线,Sumple 算法则是将参考天线设置为其余所有天线的加权和。每个天线轮流与这个加权和形成的参考天线进行相关运算,换句话说,Sumple 算法中的参考天线不是真实存在的某个天线,而是通过加权和构造的虚拟天线。图 9-27 所示为 Sumple 算法框图,它是一种迭代算法。其参考天线始终在变,但其信噪比又比 Simple 算法的参考天线高很多,因此 Sumple 估计相位结果更精确。Sumple 的缺点在于它比 Simple 算法复杂度更高,同时存在相位偏移问题。

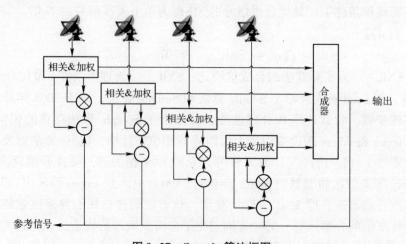

图 9-27 Sumple 算法框图

9.4.3.4 信号合成性能的评估方法

为了对不同信号合成方法的性能进行评估和对比,需要设定性能评价指标。目前主要有三种性能评价指标,分别是合成增益、合成效率和合成损失。为了便于说明,考虑均匀阵的情况,设天线数为 L,单天线信噪比为 SNR,实际合成信噪比为 SNR_{real},理想合成信噪比为 $\text{SNR}_{\text{ideal}} = L \times \text{SNR}$。

合成增益是指实际合成信噪比与单天线信噪比的比值,即

$$D_{\text{gain}} \triangleq 10 \lg \frac{\text{SNR}_{\text{real}}}{\text{SNR}} \tag{9-32}$$

合成效率是指实际合成信噪比与理想合成信噪比的比值,用百分比形式表示,即

$$D_{\text{efficiency}} \triangleq \frac{\text{SNR}_{\text{real}}}{\text{SNR}_{\text{ideal}}} \times 100\% \tag{9-33}$$

合成损失是将合成效率用 dB 形式表示,即

$$D_{\text{loss}} \triangleq 10 \lg \frac{\text{SNR}_{\text{real}}}{\text{SNR}_{\text{ideal}}} \tag{9-34}$$

在理想情况下,$D_{\text{gain}} = 10\lg(L)\,\text{dB}$,$D_{\text{efficiency}} = 100\%$,$D_{\text{loss}} = 0\text{dB}$,在最恶劣情况下,$\text{SNR}_{\text{real}} = \text{SNR}$,则 $D_{\text{gain}} = 0\text{dB}$,$D_{\text{efficiency}} = (1/L) \times 100\%$,$D_{\text{loss}} = -10\lg(L)\,\text{dB}$。

天线组阵的目标就是在最大程度上提高合成增益,同时尽量提高合成效率,降低合成损失。一般而言,当评估天线组阵的合成能力时,用合成增益,当评估信号合成方法的性能时,用合成效率或合成损失,为避免混淆,一般采用合成损失作为信号合成方法的性能评价指标。

未来我国将建设具有大口径多天线组阵、全球多基线干涉测量、系统规模和能力仅次于 NASA 深空网的全球深空测控网,并对我国自主火星探测和后续深空任务提供测控支持。我国深空测控系统实现了从无到有,从弱到强的历史性发展,将我航天测控能力由近地延伸至深空,具备了独立开展深空测控的能力,技术水平达到世界前列。后续我国也将不断完善和提高自身的深空测控系统能力,攻克一系列关键技术,为圆满完成后续任务奠定坚实基础。

习 题

1. 简述深空测控技术与近地卫星测控相比有何特点。
2. 深空测控采用的关键技术有哪些?
3. 简要描述美国、欧洲及中国的深空地面站选址情况。
4. 请描述我国深空站波束波导天线技术原理。
5. 简要阐述采用超低噪声温度接收技术的意义。
6. 三种干涉测量技术的相同点和不同点有哪些?
7. 请描述天线组阵技术的技术原理和相比单个天线的技术优势。

参 考 文 献

[1] 吴伟仁. 深空测控通信系统工程与技术 [M]. 北京：科学出版社，2014.

[2] 董光亮，李国民，雷厉. 中国深空网：系统设计与关键技术：上 [M]. 北京：清华大学出版社，2016.

[3] 董光亮，李国民，雷厉. 中国深空网：系统设计与关键技术：中 [M]. 北京：清华大学出版社，2016.

[4] 董光亮，李国民，雷厉. 中国深空网：系统设计与关键技术：下 [M]. 北京：清华大学出版社，2016.

[5] 吴伟仁，李海涛，李赞. 中国深空测控网现状与展望 [J]. 中国科学：信息科学，2020，50（1）：87-108.

[6] 于志坚，李海涛. 月球与行星探测测控系统建设与发展 [J]. 深空探测学报，2021，8（6）：543-554.

[7] 吴伟仁，王赤，刘洋. 深空探测之前沿科学问题探析 [J]. 科学通报，2023，68（6）：606-627.

[8] AHMET HAMDI TAKAN A H. 月球和深空探测合作：中国月球和深空探测计划倡议引起国际关注 [J]. Aerospace China，2023，20（1）：234-238.

[9] WU YANHUA. 中国的深空探测 [J]. Aerospace China，2023，20（1）：24-32.

[10] 于登云，马继楠. 中国深空探测进展与展望 [J]. 前瞻科技，2022，1（1）：17-27.

[11] 李雄飞，董超，翟盛华. 深空探测器间通信技术发展概述 [J]. 空间电子技术，2023，20（1）：1-8.

[12] 黄磊，李海涛，董光亮. 嫦娥五号任务测控系统方案设计 [J]. Transactions of Nanjing University of Aeronautics and Astronautics，2022，39（5）：530-540.